理科が
面白いほど
わかる

‖ 改訂版 ‖

大学入試

漆原 晃の

# 物理基礎・物理

[力学・熱力学] が面白いほどわかる本

代々木ゼミナール
講師

漆原 晃

＊本書は、小社より2014年に刊行された『大学入試　漆原晃の　物理基礎・物理 [力学・熱力学編]が面白いほどわかる本』の改訂版です。また、最新の学習指導 要領に対応させるための加筆・修正をいたしました。

# はじめに

　本当に生徒のことを思って書かれた参考書とは，どんなものだろう？
　ボクは，生徒が試験本番で，初めて見る問題が出たとしても，自力で合格答案が書ける力を効率よく身につけさせるモノだと思う。

　そのために必要なのは，「シンプル」でかつ，「万能」な解法なんだ。
　**「シンプル」な解法**……とは，例えば本書の「円運動なら①中心，②半径，③速さの３点セットだけで解ける」のような単純ですっと頭に入る解法のこと。
　あたり前だが，試験本番には参考書なんて見ることなんてできない。
　結局は，キミの頭ひとつで勝負だね。
　シンプルな解法じゃないと，自由自在に使いこなせないよね！

　**「万能」な解法**……とは，例えば，熱力学では，「定積変化はこう解け，定圧変化ではこう解け，等圧変化ではこう解け，……」と各変化ごとに解法をまとめてある参考書がほとんどだよね。
　でもそれじゃあ，本番の試験で初めて見るタイプの変化が出たらどうするの？
　お手上げでしょ。
　だから，本書のように，「〇〇変化とはまったく関係なく，いつもこの方法だけで攻める」という一定の解法で攻めないと，本番の未知の問題には，対応できないんだ。

　この本は，そのような「**シンプルな万能解法**」＝「**漆原の解法**」を知識ゼロ状態の超初心者から，無理なく確実にマスターできるように書かれている。
　そして，その解法によって，どのレベルの大学入試にも通用する実践力を手に入れてほしい！

# この本の使い方

この本は，STORY，・POINT・，チェック問題，まとめの４つの部分から構成されています。この本をより効果的に活用するための使い方のコツは，次の３つです。

## 1〉まず問題に入る前にSTORYの中の本文をじっくり読み込もう。

➡ この本文の中では，まず知識ゼロの状態から始め，そして身につけたい必須知識，難解な概念，陥りやすい落とし穴を，

「キャラクター 」とやりとりしながら，マンツーマン感覚で

学ぶことができるので，考え方をどんどん吸収できます。

➡ STORYは，「漆原の解法」の導入部にもなっており，本文を読むことで，深く理解した上で解法を活用できるようになります。

## 2〉・POINT・にくるたびに，それまでの話を振り返って確認しよう。

➡ 「物理」は建物と同じで，１つの考えが次の考えの土台になっていきます。ですから，あわてず，じっくりと，・POINT・で，それまでの話の要点を確かめながら，読んでいきましょう。

## 3〉チェック問題は，単なる答えあわせに終わらせず，解説まで読もう。

➡ 解説にも「キャラクター 」を登場させて，ミスしやすい

盲点部分や解法の根拠などを，生徒の立場に立っていっしょに考えていきます。また，別解によって，視点を変え，物理的センスを養い，ナットクイメージによって，本番に役立つ答えの吟味法を身につけます。

➡ 問題レベルは，易，標準，やや難および解答時間が示されているので，参考にしてください。

# も く じ

本文イラスト：中口　美保

たはら　ひとえ

協力：C. A. L

# 物理基礎 の 力 学

※とくに断らない限り重力加速度の大きさを $g$ とする。

第1章

# 速度・加速度

▲速度と加速度で運動を表そう

## STORY 1 　速　度

### 1 速度って何？

いま，**図1**のように，右向きを正の向きにとった $x$ 軸があるね。その上を時刻 $t = 0\,\mathrm{s}$(秒)で座標 $x = 0\,\mathrm{m}$ からスタートした球が，$t = 1\,\mathrm{s}$ で $x = 2\,\mathrm{m}$，$t = 2\,\mathrm{s}$ で $x = 4\,\mathrm{m}$，……と一定のペースで動いていくとする。

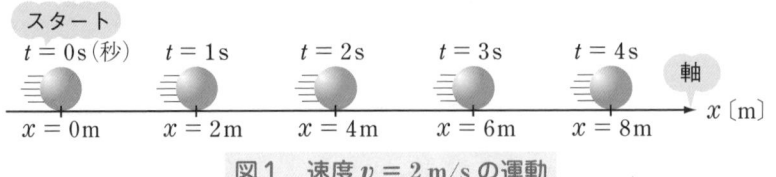

スタート
$t = 0\,\mathrm{s}$(秒)　$t = 1\,\mathrm{s}$　$t = 2\,\mathrm{s}$　$t = 3\,\mathrm{s}$　$t = 4\,\mathrm{s}$　軸

$x = 0\,\mathrm{m}$　$x = 2\,\mathrm{m}$　$x = 4\,\mathrm{m}$　$x = 6\,\mathrm{m}$　$x = 8\,\mathrm{m}$　$x\,\mathrm{(m)}$

図1　速度 $v = 2\,\mathrm{m/s}$ の運動

このとき，$1\,\mathrm{s}$(秒)あたりの座標 $x\,\mathrm{(m)}$ の変化のことを速度 $v\,\mathrm{(m/s)}$ と約束するよ。

**図1**では，$1\,\mathrm{s}$(秒)あたりに座標 $x$ は $2\,\mathrm{m}$ ずつ増すので，$v = 2\,\mathrm{m/s}$ となっているね。“1秒あたり”の“変化”を強調してね。

> **• POINT ❶ •** 速 度
> :: 速度 $v$ 〔m/s〕 = 1秒あたりの座標 $x$ 〔m〕の変化

### **2** $x-t$ グラフの傾きと $v-t$ グラフの面積

次に，**図1**の運動を，座標 $x$ −時刻 $t$ グラフと速度 $v$ −時刻 $t$ グラフに表してみよう（物理では，縦軸が△，横軸が☆のグラフを，△−☆グラフのようによぶよ）。

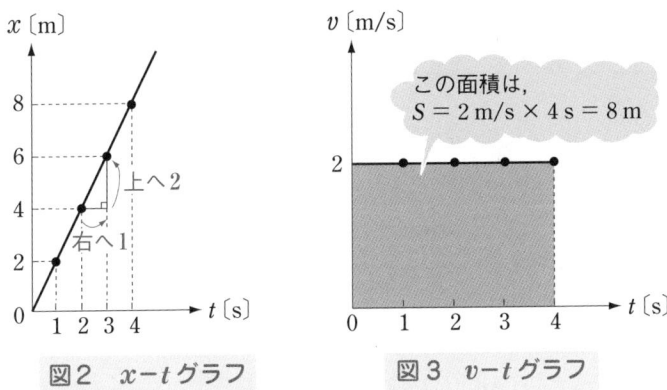

図2 $x-t$ グラフ　　　図3 $v-t$ グラフ

**図2**の $x-t$ グラフの傾きはいくらかな？　キミ，考えてくれる？

> えーと，右へ1いって，上へ2上がっているから……そう，2です。

いま，「右へ1いって，上へ2上がった」と言ったね。それは，言いかえると，グラフ上で右へ1いく，つまり1秒あたりに，グラフ上で上へ2上がる，つまり座標が2m増えるということだね。これはまさに，そう，速度 $v$ の定義そのものだね。

このように，$x-t$ グラフの傾きは速度 $v$ を表すんだ。

次に，**図3**の $v-t$ グラフのほうで，質問だ。4秒間での移動距離 $S$ はいくら？

えーと，**図3**を見ると1秒に2mずつ動いて，4秒経つから，$S = 2 \times 4 = 8\,\mathrm{m}$ ですね。

いま，ここで $2 \times 4$ をしたね。これは，**図3**の $v{-}t$ グラフの下の面積，つまり横軸との間ではさまれる長方形の面積を計算したのと同じだね。

このように，$v{-}t$ グラフの下の面積は移動距離を表すんだ。

---

**・POINT ②・** $x{-}t$ グラフと $v{-}t$ グラフ

:: $x{-}t$ グラフの傾きは，速度 $v$ を表す。

:: $v{-}t$ グラフと横軸ではさまれる面積は，移動距離 $S$ を表す。

---

**3** 負の速度に注意

 速度 $v$ って負になることもあるんですか？

おっ！ とてもいい質問だ。1秒あたりの座標の変化が負というのは，座標が減ること，つまり $x$ 軸の負の向きに動いていくことだ。

具体的に**図4**で $v = -3\,\mathrm{m/s}$ の例を見てみようか。この例では，時刻 $t = 0$ で $x = 6$ から出発しているぞ。

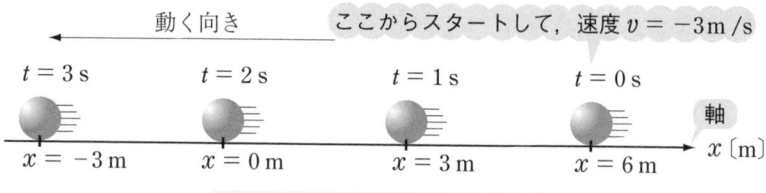

図4 速度 $v = -3\,\mathrm{m/s}$ の運動

---

**・POINT ③・** 負の速度の運動

:: 負の速度をもつ ＝ $x$ 軸の負の向きへ運動している。

---

## 4 速さとは

　速さとは，速度の大きさ，つまり速度の絶対値のこと。速度の向きによらず，必ず正の値になる量だ。**図4**の例では，速度は $v = -3$ m/s だけど，速さは $|-3|$ m/s $= 3$ m/s になるんだ。これからも，速さと速度をしっかりと区別してね。1文字違いで全然違う意味をもつんだ。

> **・POINT ④・ 速 さ**
>
> ■■ 速さ = 速度の大きさ（絶対値）　　向きによらず必ず正

---

## STORY② 加 速 度

## 1 加速度って何？

　キミが駅のホームへの階段を下りていたら，電車がゆっくり走っているのが見えた。この電車がすでに出発してしまったのか，それとも，これから到着するのか，気になるね。どうやったら判定できるかな。

> 電車のスピードがどんどん増えたらもう出発後。
> 逆にどんどん遅くなっていったら，これから到着です。

　そうだよね。この例のように，運動では速度だけではなくて，その速度がどう変化していくのかも重要なことなんだ。その変化の割合を表すのが加速度 $a$ 〔m/s²〕とよばれる量だ。ここで，1秒あたりの速度 $v$ 〔m/s〕の変化のことを加速度 $a$ 〔**m/s²**〕と約束するよ。

　いま，次のページの**図5**のように，時刻 $t = 0$ s で速度 $v = 3$ m/s をもっていた球が，$t = 1$ s で $v = 5$ m/s，$t = 2$ s で $v = 7$ m/s，……と一定のペースで加速しているとする。この例では，1 s あたり速度 $v$ は 2 m/s ずつ増すので，そう，$a = 2$ m/s² となっているね。やっぱり "1秒あたり" の "変化" が大切なんだ。

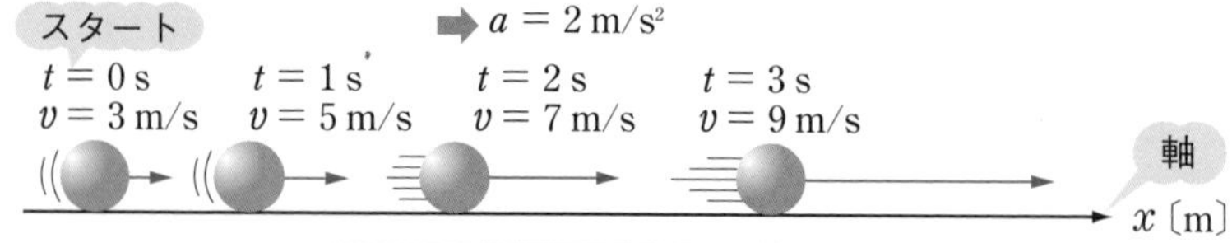

スタート
$a = 2$ m/s²
$t = 0$ s
$v = 3$ m/s
$t = 1$ s
$v = 5$ m/s
$t = 2$ s
$v = 7$ m/s
$t = 3$ s
$v = 9$ m/s
軸
$x$〔m〕

図5　加速度 $a = 2$ m/s² の運動

**POINT ⑤　加速度**

**加速度 $a$〔m/s²〕= 1 秒あたりの速度 $v$〔m/s〕の変化**

## 2 負の加速度には 2 つある

**図6**の 2 つの運動は，どちらも加速度 $a = -3$ m/s²（1 秒あたりの速度の変化が $-3$）の運動だ。このように，加速度が負の場合には全くイメージが異なる 2 つの運動があることに注意しよう。試験では特に②が狙われるぞ。

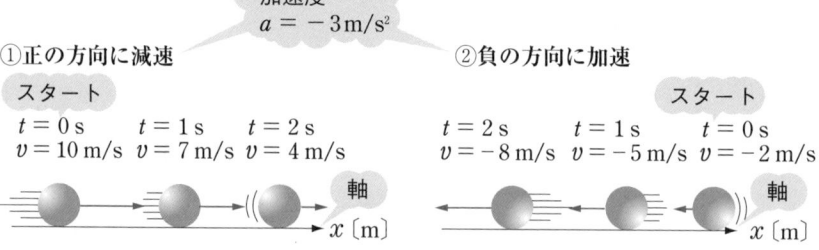

ともに
加速度
$a = -3$m/s²
①正の方向に減速
②負の方向に加速
スタート
$t = 0$ s
$v = 10$ m/s
$t = 1$ s
$v = 7$ m/s
$t = 2$ s
$v = 4$ m/s
軸
$x$〔m〕
スタート
$t = 2$ s
$v = -8$ m/s
$t = 1$ s
$v = -5$ m/s
$t = 0$ s
$v = -2$ m/s
軸
$x$〔m〕

図6　加速度 $a = -3$ m/s² の運動

**POINT ⑥　負の加速度運動の 2 つのパターン**

**$x$ 軸の正の向きに速さがだんだん遅くなる。**

**$x$ 軸の負の向きに速さがだんだん速くなる。**　狙われる

### 3  $v\text{-}t$ グラフの傾き

再び，$v\text{-}t$ グラフに戻る。

例として，**図5**の初速度 $v = 3\,\mathrm{m/s}$，加速度 $a = 2\,\mathrm{m/s^2}$ の運動の $v\text{-}t$ グラフを書いてみよう。

すると，**図7**のように，右に1いって（1秒あたり），上に2上がっている（速度が2増加した）ので，その傾きは $2\,\mathrm{m/s^2}$ で，ちょうど，そう，加速度 $a$ と同じことがわかるね。

**POINT ❷** と合わせると，次のようにまとめられるね。

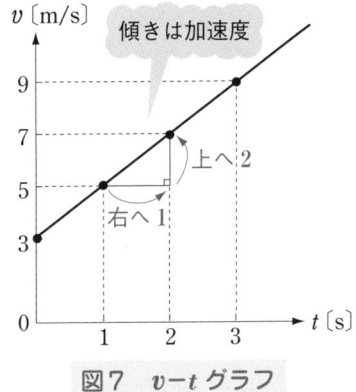

図7　$v\text{-}t$ グラフ

傾きは加速度

上へ2

右へ1

---

**POINT ❼** $v\text{-}t$ グラフの2とおりの読み方

▪️ $v\text{-}t$ グラフの傾きは，加速度 $a$ を表す。

▪️ $v\text{-}t$ グラフと横軸で囲まれる面積は，移動距離 $S$ を表す。

---

さあ，以上の内容が理解できたか試すために次の問題にチャレンジしよう。物理では，「わかる」と「解ける」は車の両輪のようなもので，両方そろってはじめてグングンと前に進んでいくんだ。

解いたあとは解説の文章も読んでね。ますます実力が定着していくぞ。

さあっ　いよいよ「物理基礎」の「力学」の勉強が始まったよ。楽しみながら学んでいこう！

 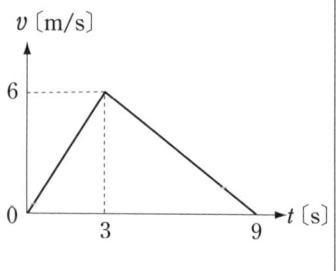

**チェック問題 1 加速度, $v$−$t$ グラフの読み方** 易 **3**分

右の図は，ある物体の $v$−$t$ グラフである。このとき，次の量を求めよ。

(1) $t = 2\,$s での加速度 $a_1\,$[m/s²]

(2) $t = 4\,$s での加速度 $a_2\,$[m/s²]

(3) $t = 0$ から $t = 9\,$s までの移動距離 $S\,$[m]

**解説** (1) $t = 0$ から $t = 3$ では，3秒間で速度が $v = 0$ から $v = 6$，つまり，6 m/s 増加したね。これを，1秒あたりの速度の増加 = 加速度 $a_1\,$[m/s²] に直すと，

$$a_1 = \frac{6\,\text{m/s 増加}}{3\,\text{秒間で}} = 2\,\text{m/s}^2 \cdots\cdots \boxed{答}$$

(2) $t = 3$ から $t = 9$ では，6秒間で速度が $v = 6$ から $v = 0$，つまり，$0 - 6 = -6\,$m/s 増加（6 m/s 減少）するね。これより，

$$a_2 = \frac{-6\,\text{m/s 増加}}{6\,\text{秒間で}} = -1\,\text{m/s}^2 \cdots\cdots \boxed{答}$$

(3) $v$−$t$ グラフの下の面積が移動距離を表すんだったね。右図の色の部分の三角形の面積より，

$$S = \frac{1}{2} \times \underset{\text{底辺}}{9} \times \underset{\text{高さ}}{6}$$
$$= 27\,\text{m} \cdots\cdots \boxed{答}$$

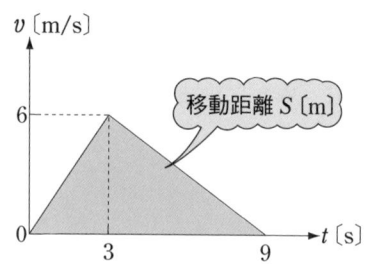

移動距離 $S\,$[m]

**別解** (1)(2)は $v$−$t$ グラフの傾きから求めることもできる（右図）。

(1) $t = 2$ での傾き $a = 2\,$m/s² $\cdots\cdots\boxed{答}$

(2) $t = 4$ での傾き $a = -1\,$m/s² $\cdots\cdots\boxed{答}$

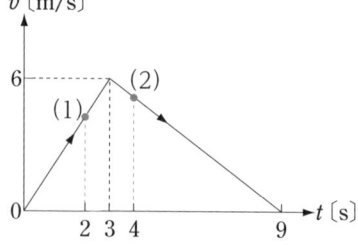

## 第 1 章 まとめ

(1) 速度 $v$ 〔m/s〕：1秒あたりの座標 $x$ 〔m〕の変化

(2) 速さ ＝ 速度の絶対値（必ず正）

(3) 加速度 $a$ 〔m/s²〕：1秒あたりの速度 $v$ 〔m/s〕の変化

(4) $x-t$ グラフの傾き ＝ 速度 $v$

(5) $v-t$ グラフの2とおりの読み方
　① 　$v-t$ グラフの傾き ＝ 加速度 $a$
　② 　$v-t$ グラフと横軸で囲まれる面積 ＝ 移動距離 $S$

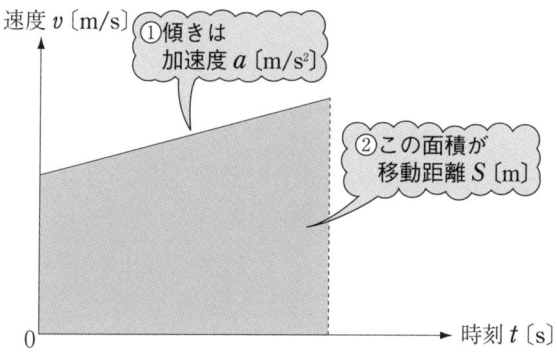

速度 $v$〔m/s〕

①傾きは
加速度 $a$〔m/s²〕

②この面積が
移動距離 $S$〔m〕

時刻 $t$〔s〕

言葉はシンプルに
定義しようね。

# 等加速度運動

この3枚で
アナタの未来が
見えます

▲「3点セット」で未来を予言する

## STORY① 等加速度運動の公式

### 1 $t$ 秒後の速度 $v$ を求めよう

前章で，1秒あたりの速度の変化が加速度 $a$ [m/s²] ということを見てきたね。この加速度がいつも一定になる運動を等加速度運動という。つまり，1秒ごとに速度が $a$ ずつ，一定のペースで変化する運動だ。この章では，等加速度運動の未来の速度 $v$ や位置 $x$ を予言する公式を一緒につくっていこう。公式がつくれれば理解が深まるよ。

まず，図1のように，道路上に $x$ 軸をしっかりと立てよう。ここで，時刻 $t=0$ に初期位置 $x=x_0$ から，初速度 $v=v_0$ でスタートし，一定の加速度 $a$ で加速していく車を考えよう。

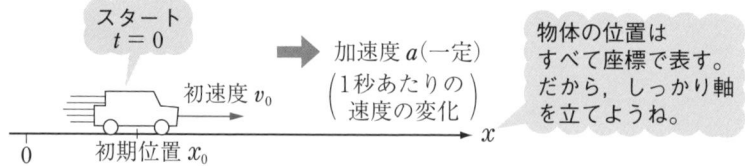

スタート
$t=0$

初速度 $v_0$

加速度 $a$（一定）
（1秒あたりの
速度の変化）

物体の位置は
すべて座標で表す。
だから，しっかり軸
を立てようね。

初期位置 $x_0$

$x$

図1　等加速度運動スタート！

さて，スタートしてから1秒後，2秒後，3秒後の車の速度はそれぞれいくらになるかな？

　　1秒ごとに，$a$ ずつ速度が増えるから，それぞれ
　　$v = v_0 + a$, $v_0 + a \times 2$, $v_0 + a \times 3$ です。

　OK！　いいイメージだ。
　同様に，任意の時刻 $t$ での速度 $v$ は $v = v_0 + a \times t$ となるね。

---

**・POINT・①** 　等加速度運動の ［公式ア］

**t 秒後の速度 $v$ の式：$v = \underset{\substack{\text{はじめの}\\\text{速度}}}{v_0} + \underset{\substack{t \text{秒間での}\\\text{速度の増加分}}}{a \times t}$**

---

この式で，未来の速度が予言できることになったね。

## 2　t 秒後の座標 $x$ を求めよう

　1 で求めた $v = v_0 + a \times t$ の式を $v$–$t$ グラフ上に書こう。
　すると，**図2**のように，切片が $v_0$，傾きが $a$ の直線のグラフになるね。

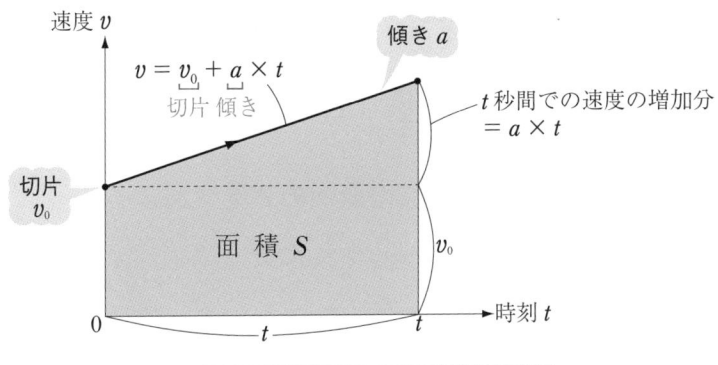

図2　図1の運動の $v$–$t$ グラフ

図2の$v$–$t$グラフの下の台形部分の面積$S$は何を表すかな？

図3のように，車が$t$秒間に移動した距離$S$です。p.13で学習しました。

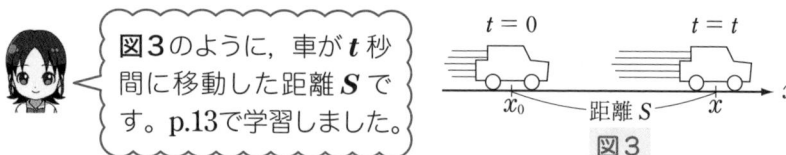

図3

すると，この図3から，時刻$t$での車の座標$x$は，次のように求められるね。

座標 $x = \underset{\substack{\text{はじめの} \\ \text{座標}}}{x_0} + \underset{\substack{\text{図2の} \\ \text{台形の面積}}}{S}$

図2の$v$–$t$グラフの下の台形の面積$S$を長方形と三角形に分けた

$$= x_0 + \left( \quad v_0 + \quad at \right)$$

$$= x_0 + \left( v_0 t + \frac{1}{2} at^2 \right)$$

---

**・POINT ❷** 等加速度運動の ［公式❶］

■■ $t$秒後の座標$x$の式：$x = x_0 + v_0 t + \dfrac{1}{2} at^2$

$\underset{\substack{\text{はじめ} \\ \text{の座標}}}{}$ $\underset{\substack{t\text{秒間での} \\ \text{座標の変化}}}{}$

㊟ $x$はあくまでも座標であり，移動距離ではないよ。

---

この式で，いつ，どこにいるのかが予言できるようになったね。

### 3 速度の２乗の変化と座標の変化の式を求めよう

たとえば，車が$x = 100\,\text{m}$の地点を通過したときの速度$v_1$を求めるとき，これまでの公式だけを使うとすると，どうするかい？

えーまず，［公式❶］で$x = 100$となる時刻$t_1$を求めます。次に，その時刻$t_1$のときの速度$v_1$を［公式❼］で求めます。

OK！　でもいちいち時刻 $t$ を求めるのはめんどうだね。そこで，これから［公式⑦］として，時刻 $t$ をいっさい求めることなしに直接 $x$ と $v$ の関係が求められる，とっても便利な式を導くよ。少し式変形が続くけど，頑張って一つひとつ追っていってね。

まず，［公式⑦］$v = v_0 + at$ を，$t$ について解くと，

$$t = \frac{v - v_0}{a} \cdots\cdots ①$$

次に，①式を［公式⑦］$x = x_0 + v_0 t + \frac{1}{2} at^2$ に代入して，

$$x = x_0 + v_0\left(\frac{v - v_0}{a}\right) + \frac{1}{2} a\left(\frac{v - v_0}{a}\right)^2$$

右辺を展開して，

$$x = x_0 + \frac{1}{2a}(2v_0 v - 2v_0^2 + v^2 - 2vv_0 + v_0^2)$$

$$= x_0 + \frac{1}{2a}(v^2 - v_0^2)$$

式を整理して，次の式を得る。

$$\underbrace{v^2 - v_0^2}_{\substack{\text{速度の} \\ \text{2乗の変化}}} = 2a\underbrace{(x - x_0)}_{\text{座標の変化}}$$

この式から，直接速度 $v$ と座標 $x$ の関係を求めることができるね。

---

**・POINT ❸・　等加速度運動の ［公式⑦］**

**■■** （速度）$^2$ の変化と座標の変化の式：$\underbrace{v^2 - v_0^2}_{\text{速度の2乗の変化}} = 2\,a\,\underbrace{(x - x_0)}_{\text{座標の変化}}$

㊟　$x$ はあくまでも座標であり，移動距離ではないよ。

---

以上，ここまで3つの公式を一つひとつ導いたね。物理は公式を導ければ，得意になれるよ。次は，これら3つの式の使い方のコツを伝授するよ！

# STORY ② 等加速度運動の解法

## 1 等加速度運動は「3点セット」で予言できる

**STORY①** で導いた3つの公式を，もう1回まとめて書くと，

[公式**ア**] $v = \underline{v_0} + \underline{a}\,t$

[公式**イ**] $x = \underline{x_0} + \underline{v_0}\,t + \dfrac{1}{2}\underline{a}t^2$

> $x$ は座標だよ！
> 移動距離じゃな
> いからね。

[公式**ウ**] $v^2 - \underline{v_0}^2 = 2\underline{a}(x - \underline{x_0})$

この3つの式は結局，$\underline{x_0}$，$\underline{v_0}$，$\underline{a}$ さえわかれば書き下せるね。

たとえば，**図4**の運動ならば

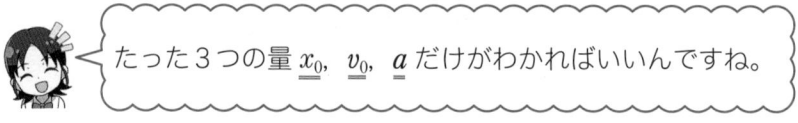

$t = 0\,\mathrm{s}$

$v_0 = 2\,\mathrm{m/s}$　　$\underline{a} = 3\,\mathrm{m/s^2}$　　軸

$0\,\mathrm{m}$　$\underline{x_0} = 1\,\mathrm{m}$　　　　　　　　　　$x$

図4

[公式**ア**] $v = 2 + 3\,t$

[公式**イ**] $x = 1 + 2\,t + \dfrac{1}{2} \times 3\,t^2$

> $x$は座標だよ！　移動距離じゃない
> からね。(何度もくり返すけど)

[公式**ウ**] $v^2 - 2^2 = 2 \times 3 \times (x - 1)$

で，完全に $t$ 秒後の $v$ と $x$，さらに，$v$ と $x$ の関係が予言できたね。

> たった3つの量 $\underline{x_0}$，$\underline{v_0}$，$\underline{a}$ だけがわかればいいんですね。

そうだ！　本書では，この3つの量，

初期位置 $x_0$，初速度 $v_0$，加速度 $a$

を等加速度運動の「3点セット」とよぶことにするよ。

## 2 等加速度運動の解法パターン

**1** により，どんな等加速度運動でも，次の手順で解けてしまうことがわかる。

---

**・POINT ④・ 等加速度運動の解法**

**STEP 1** $x$ 座標軸を立てる（原点，正の向き**明記**）
物体の位置は座標 $x$ で表す。だから，軸はしっかり立てるべき。

**STEP 2** 初期位置 $x_0$，初速度 $v_0$，加速度 $a$ の「3点セット」を表にする。

**STEP 3** 等加速度運動の［公式⑦，⑦，⑦］を書き下す。
（「$v$–$t$ グラフの 2 とおりの読み方(p.13)」も活用しよう！）

---

では，さっそく，この解法を使ってみよう！ 一つひとつの STEP に忠実に解いていくと，いつの間にか，スラスラ解けるようになっているよ。

「解法パターン」であっても，丸暗記ではなく，理由を考えながら覚えていこうね！

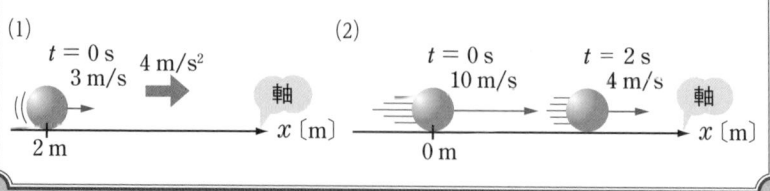

**チェック問題 1** 〉**等加速度運動の「3点セット」** 📖 **易 5分**

次の等加速度運動の「3点セット」初期位置 $x_0$，初速度 $v_0$，加速度 $a$ を表にせよ。さらに，時刻 $t$ での速度 $v$ と座標 $x$ を，$t$ を使って表せ。

(1)
$t = 0\,\mathrm{s}$
$3\,\mathrm{m/s}$　$4\,\mathrm{m/s}^2$
軸
$x\,[\mathrm{m}]$
$2\,\mathrm{m}$

(2)
$t = 0\,\mathrm{s}$　$t = 2\,\mathrm{s}$
$10\,\mathrm{m/s}$　$4\,\mathrm{m/s}$
軸
$x\,[\mathrm{m}]$
$0\,\mathrm{m}$

**解説** (1) 《等加速度運動の解法》(p.21)で解く。

**STEP1**　$x$ 軸はすでに立っている。

**STEP2**　与えられた図より，「3点セット」の表は，

| 初期位置 $x_0$ | 2 m |
|---|---|
| 初 速 度 $v_0$ | 3 m/s |
| 加 速 度 $a$ | 4 m/s² |

**STEP3**　[公式⑦] (p.17) より，$v = 3 + 4t$……**答**

[公式⑦] (p.18) より，

$$x = 2 + 3t + \frac{1}{2} \times 4t^2$$

$$= 2 + 3t + 2t^2$$……**答**

> $x$ は座標だよ！移動距離じゃないからね。

(2) **STEP1**　$x$ 軸はすでに立っている。

**STEP2**　加速度だけ不明なので，求める必要がある。

加速度 $a$ とは，1秒あたりの速度の変化なので，

$$a = \frac{(4 - 10)\,\mathrm{m/s}\,変化}{2\,秒間で} = -3\,\mathrm{m/s}^2$$

つまり，$a$ は負で減速運動となっている。

以上より，「3点セット」の表は，

| | |
|---|---|
| 初期位置 $x_0$ | 0 m |
| 初 速 度 $v_0$ | 10 m/s |
| 加 速 度 $a$ | $-3$ m/s$^2$ |

**STEP3** ［公式⑦］より，$v = 10 + (-3)t = 10 - 3t$……答

［公式④］より，

$$x = 0 + 10t + \frac{1}{2} \times (-3)t^2$$
$$= 10t - 1.5t^2 ……答$$

> $x$ は座標だよ！
> 移動距離じゃな
> いからね。

さあ，次の問題で等加速度運動の総まとめをしよう。

> いつも座標を意識
> している人は物理
> が得意になれるよ。

**チェック問題 2** 等加速度運動　　　　　　　　　　標準 **7**分

　　右向き正の $x$ 軸の $x = 5\,\mathrm{m}$ の点から時刻 $t = 0\,\mathrm{s}$ に右向きに $12\,\mathrm{m/s}$ の速さで出発した物体が，等加速度運動して，2 秒後には正の向きに $4\,\mathrm{m/s}$ の速さになった。このとき，次の量を求めよ。

(1)　加速度 $a\,[\mathrm{m/s^2}]$

(2)　速さが 0 になるときの座標 $x_1\,[\mathrm{m}]$，そのときの時刻 $t_1\,[\mathrm{s}]$

(3)　時刻 $t = 7\,\mathrm{s}$ での物体の座標 $x_2\,[\mathrm{m}]$

(4)　$t = 0\,\mathrm{s}$ から $t = 7\,\mathrm{s}$ の間の全移動距離 $S\,[\mathrm{m}]$

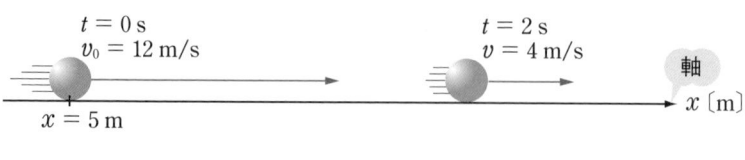

**解説** (1) 《等加速度運動の解法》(p.21)で解こう。

**STEP1** $x$ 軸はもう立っている。物体の位置は，この軸上の座標 $x$ で表そう。$x$ はあくまでも座標だよ。

**STEP2** 加速度だけは与えられていない。

　　　加速度 $a$ とは，1 秒あたりの速度の変化だから，

$$a = \frac{(4 - 12)\,\mathrm{m/s}\ 変化}{2\ 秒間で} = -4\,\mathrm{m/s^2}\cdots\cdots 答$$

(2)　(1)の結果より，次の「3点セット」の表がつくれるね。

| 初期位置 $x_0$ | $5\,\mathrm{m}$ |
|---|---|
| 初 速 度 $v_0$ | $12\,\mathrm{m/s}$ |
| 加 速 度 $a$ | $-4\,\mathrm{m/s^2}$ |

**STEP3**

[公式⑦]より，$v = 12 + (-4)t \cdots\cdots$ ①　　　← $v$ と $t$ の関係

[公式④]より，$x = 5 + 12t + \dfrac{1}{2} \times (-4) \times t^2 \cdots\cdots$ ②　← $x$ 座標と $t$ の関係

[公式⑤]より，$v^2 - 12^2 = 2 \times (-4) \times (x - 5) \cdots\cdots$ ③ ← $v$ と $x$ 座標の関係

24 ｜ 物理基礎の力学

あとは，各問題ごとに，①，②，③のどの式を使えばいいのかを判断しよう。ポイントは何と何の関係を問われているかだ。

本問では，$v = 0$ となるときの $x$ 座標 $x_1$ を求める。

これは，$v$ と $x$ の関係を求めることなので，③式より，

$$0^2 - 12^2 = 2 \times (-4) \times (x_1 - 5)$$

よって，$x_1 = 23\,\mathrm{m}$……答

次に，$v = 0$ となるときの時刻 $t = t_1$ を求める。

これは，$v$ と $t$ の関係を求めることなので，①式より，

$$0 = 12 + (-4) \times t_1$$

よって，$t_1 = 3\,\mathrm{s}$……答

(3) $t = 7$ での $x$ 座標 $x_2$ を求める。これは $t$ と $x$ の関係で，②式より，

$$x_2 = 5 + 12 \times 7 + \frac{1}{2} \times (-4) \times 7^2 = -9\,\mathrm{m}$$……答

(4) キミがやってみて！

> う～ん。$t = 0$ で，$x = 5$，(3)より $t = 7$ で，$x = -9$ だから，差をとって，$5 - (-9) = 14\,\mathrm{m}$ です。

ハイ，ドカーン！　やっちゃったね。キミが求めたのは全移動距離じゃなくて，変位（座標の変化）の大きさなんだ。

全移動距離を問われたら，途中の運動の軌跡を，とくに折り返し点の座標に注意して，軸上に図示する必要があるんだ。

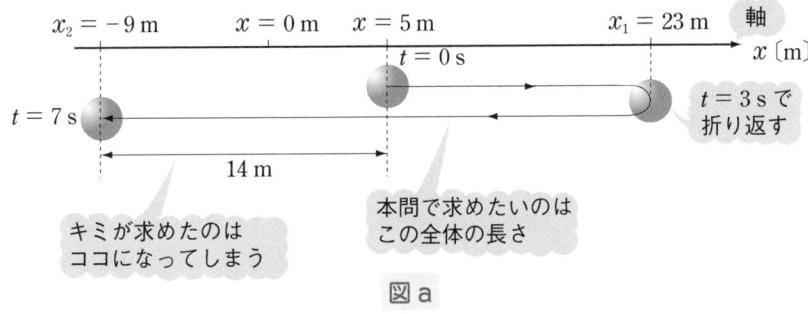

図 a

この**図a**から，正しい全移動距離 $S$ は，

$$S = \underbrace{(23 - 5)}_{t=0\text{から}t=3} + \underbrace{|23 - (-9)|}_{t=3\text{から}t=7} = 50 \text{ m} \cdots\cdots 答$$

---

**•POINT ⑤•** 座標と移動距離

■ 等加速度運動の公式で出てくる $x$ はあくまでも，$x$ 軸上の座標 $x$ であり，移動距離ではないことに注意する。

■ 移動距離を求めるには，実際に $x$ 軸を図示して，その上に物体の動いた軌跡の図をかく必要がある。

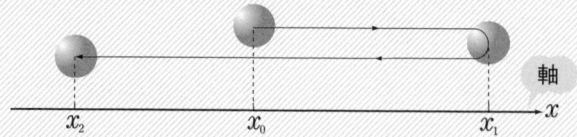

何度も言うが「公式中の $x$ は軸上の $x$ 座標の値であり，移動距離ではないんだ」という強い認識が必要なんだ。

---

**別解** $v-t$ グラフをかいてみよう。

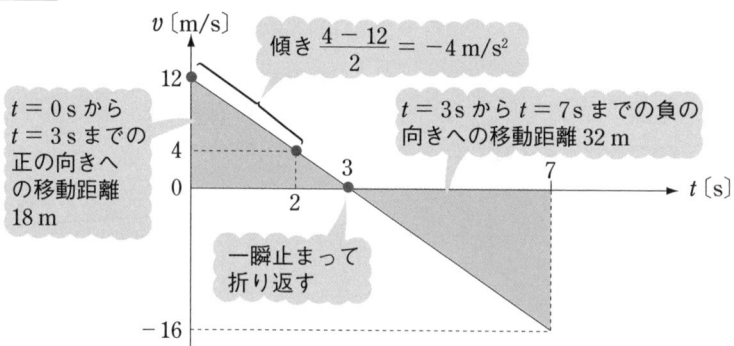

よって，全面積，つまり全移動距離は，$18 + 32 = 50$ m $\cdots\cdots$ 答

また，このグラフのように $t$ 軸よりも下の面積は，$x$ 軸の負の向きへの移動距離になることも覚えておこう。

## 第 2 章
# まとめ

### ■等加速度運動の解法

**STEP1** $x$ 座標軸を立てる。

**STEP2** 「3点セット」の表をつくる。

| 初 期 位 置 | $x_0$ |
|---|---|
| 初 速 度 | $v_0$ |
| 加 速 度 | $a$ |

物体の位置は座標で表すから，軸をしっかり（原点，正の向き明記）立てることが大切！ 座標で考えることができる人は，力学の点がぐんぐん伸びるよ

**STEP3** 等加速度運動の公式を書き下す。

[公式ア] $v = v_0 + at$ ←$v$ と $t$ の関係

[公式イ] $x = x_0 + v_0 t + \dfrac{1}{2}at^2$ ←$x$ 座標と $t$ の関係

[公式ウ] $v^2 - v_0^2 = 2a(x - x_0)$ ←$v$ と $x$ 座標の関係

あとは，各問で何と何の関係を問われているかによって，3つの式を使い分ける。

※ 軸を立て座標で考えることは，次の章でも最重要なポイントになっていくよ。

次からは，「落体の運動」について勉強していくよ。
「3点セット」の表さえつくれれば楽勝だぜ！

# 第3章 落体の運動

▲ 「投げ上げ運動」してみよう

STORY 1 // 自由落下，鉛直投げ上げ運動

## 1 自由落下とは

　前章で見た等加速度運動の代表例が落体の運動だ。落体とは，重力のみを受けて空中を動く物体だ。この運動中の加速度は，物体の質量や飛び方によらず，必ず鉛直下向きに $g = 9.8\,\mathrm{m/s^2}$ の大きさになるよ。この加速度 $g$ を重力加速度というんだ。

　図1のように，初速度 0 で落下する物体の運動を自由落下という。落下を始めた点を原点とし，鉛直下向きに $x$ 軸をとると，等加速度運動の「3点セット」(p.20)は下向き正として，

| 初期位置 $x_0$ | 0 |
|---|---|
| 初 速 度 $v_0$ | 0 |
| 加 速 度 $a$ | $+g$ |

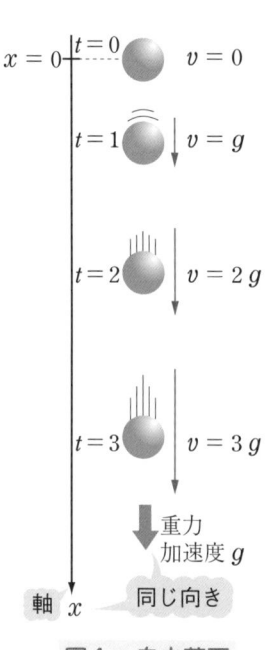

図1　自由落下

あとは《等加速度運動の解法》(p.21)で運動を予言できるね。

## 2 鉛直投げ上げ運動とは

物体を鉛直上方へ投げ上げたときの運動を鉛直投げ上げ運動という。このときもやはり，物体は下向きに重力を受けているので，その加速度は，下向きの重力加速度 $g$ となる。

図2のように，上向きに軸を立てると，等加速度運動の「3点セット」は上向き正として(加速度の符号が負になることに注意！)

| 初期位置 $x_0$ | $0$ |
|---|---|
| 初 速 度 $v_0$ | $v_0$ |
| 加 速 度 $a$ | $-g$ |

$x$ 軸の正と逆向き！

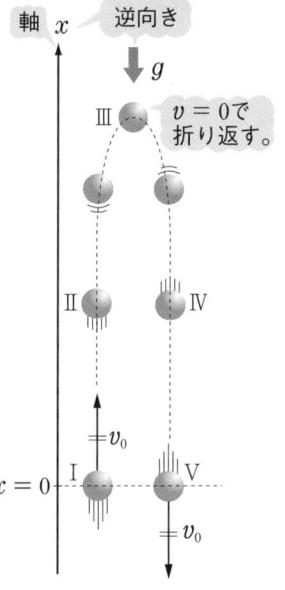

図2　鉛直投げ上げ運動

とくに，次のⅠ～Ⅴの5つのシナリオを一つひとつ順に確認してほしいな。

Ⅰ：初速度 $v_0$ で投げ上げ

Ⅱ：1秒に $g$ ずつ速度が遅くなっていく(加速度 $-g$ の運動)。

Ⅲ：最高点で一瞬止まって($v = 0$)折り返す。

Ⅳ：1秒に $g$ ずつ $-x$ 方向の速さが増していく(加速度 $-g$ の運動)。

Ⅴ：発射した点を $-x$ 方向の速さ $v_0$ で通過する。
<u>行きと帰りの対称性</u>

また，(Ⅰ～Ⅲまでの時間)と(Ⅲ～Ⅴまでの時間)は行きと帰りの対称性より同じとなる(例：10秒で上がれば10秒で下がってくる)。

---

**・POINT ①** 自由落下，鉛直投げ上げ運動

**::** 自由落下：初速度 $0$，加速度 $g$（下向き正のとき）

**::** 鉛直投げ上げ運動：初速度 $v_0$，加速度 $-g$（上向き正のとき）
━━▶ 行きと帰りの対称性をもつ

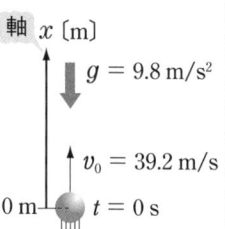

### チェック問題 1 〉 鉛直投げ上げ運動 📖 易 3分

右図のように，ボールを真上に初速度 39.2 m/s で投げ上げた。

重力加速度を $9.8\,\mathrm{m/s^2}$ とする。次の値を求めよ。

(1) 時刻 $t$ [s] での速度 $v$ [m/s] と座標 $x$ [m]

(2) 最高点の時刻 $t_1$ [s] と座標 $x_1$ [m]

(3) 投げたところに再び戻る時刻 $t_2$ [s]

**解説** (1) 《等加速度運動の解法》(p.21) で解く。

**STEP1** $x$ 軸はすでに与えられている（原点は地面，上向き正）。

**STEP2**

| 初期位置 $x_0$ | 0 |
|---|---|
| 初 速 度 $v_0$ | 39.2 |
| 加 速 度 $a$ | $-9.8$ |

$x$ 軸の正と逆向き

> 軸の向きで加速度の符号が決まるので，はっきりさせる必要があるんだ。

**STEP3** 等加速度運動の [公式 ㋐, ㋑] (p.17, 18) より，

$$v = 39.2 + (-9.8)t \cdots\cdots ① \quad \cdots\cdots 答$$

$$x = 0 + 39.2\,t + \frac{1}{2}(-9.8)t^2 \cdots\cdots ② \quad \cdots\cdots 答$$

$x$ はあくまでも座標だよ！　移動距離じゃないよ。

(2) 最高点とは，上下方向の運動が一瞬止まる点なので，①の式に $v = 0$，$t = t_1$ を代入して，

$$39.2 - 9.8\,t_1 = 0 \quad したがって，t_1 = 4\,\mathrm{s} \cdots\cdots 答$$

また，このときの座標 $x = x_1$ は，②式より，

$$x_1 = 39.2 \times 4 - 4.9 \times 4^2 = 78.4\,\mathrm{m} \cdots\cdots 答$$

(3) 戻るとは座標 $x = 0$ にくることなので，②式より，

$$0 = 39.2\,t_2 - 4.9 \times t_2{}^2 \qquad t_2 = 0 は除外$$

よって，$t_2 = 8\,\mathrm{s} \cdots\cdots 答$

**別解** 対称性より，$t_2 = 2 \times t_1 = 2 \times 4 = 8\,\mathrm{s} \cdots\cdots 答$

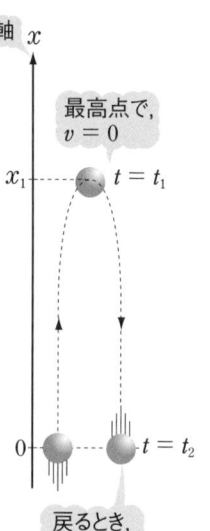

最高点で，$v = 0$

$x_1 \cdots\cdots$ $t = t_1$

$0 \cdots\cdots$ $t = t_2$

戻るとき，$x = 0$

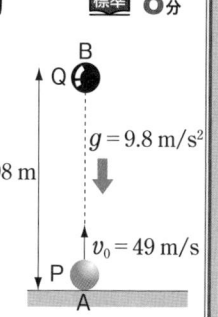

チェック問題 **2** 〉 **自由落下と鉛直投げ上げ運動**　標準 **8**分

地上の点Aより,小球Pを初速度49m/sで投げ上げると同時に,Aの真上で高さ98mの点Bより小球Qを自由落下させる。重力加速度の大きさを $g = 9.8\,\text{m/s}^2$ として,次の値を求めよ。

(1)　PとQが衝突するまでの時間 $t_1$〔s〕と衝突点の高度 $h_1$〔m〕

(2)　衝突時のQから見たPの速さ $v_1$〔m/s〕

**解説**　(1)　《等加速度運動の解法》(p.21)で解く。

**STEP 1**　この問題のように,$x$ 軸が与えられていない問題では,まず自分でしっかりと $x$ 軸を立てよう。**図a**のように,地面を原点として,上向き正の $x$ 軸を立てる。

すると,P,Qそれぞれの「3点セット」は,

**STEP 2**

| 上向き正 | P | Q |
|---|---|---|
| 初期位置 $x_0$ | 0 | 98 |
| 初速度 $v_0$ | 49 | 0 |
| 加速度 $a$ | $-g = -9.8$ | $-g = -9.8$ |

$x$ 軸の正と逆向き

Qは自由落下なのに,どうして加速度 $a$ はマイナスで $-g = -9.8\,\text{m/s}^2$ なんですか?

いい質問だ。それは,Qの速度が1秒ごとに $0,\ -g,\ -2g,\ -3g$ と速度変化,つまり,$x$ 軸の負の向き(下向き)の速さを増やしていくことを意味しているんだ。p.12を見てほしい。

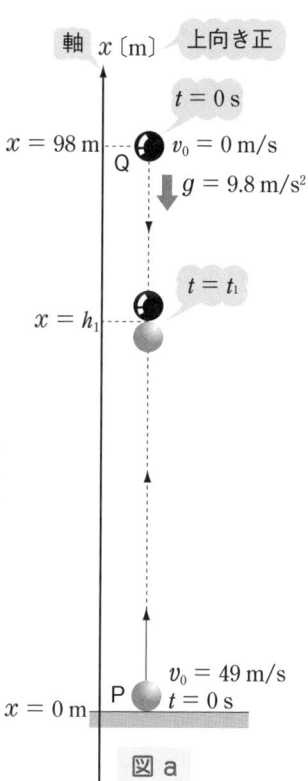

図 a

**STEP3**   $v_P = 49 + (-9.8)t$ ……①

$v_Q = 0 + (-9.8)t$ ……②

$x_P = 0 + 49t + \dfrac{1}{2}(-9.8)t^2$ ……③

$x$ は座標だよ！
移動距離じゃないよ。

$x_Q = 98 + 0 \times t + \dfrac{1}{2}(-9.8)t^2$ ……④

ここで質問「PとQが衝突する」というのはどういうこと？

え〜と，PとQが同じ位置，つまり同じ座標にくることです。

OK！　そんなふうにいつでも，移動距離ではなく，座標で考える習慣をつけてね。本問では $t = t_1$ で，PもQも $x = h_1$ となるので，③，④式より，

P：$h_1 = 0 + 49t_1 + \dfrac{1}{2}(-9.8)t_1^2$ ……⑤

Q：$h_1 = 98 + 0 \times t_1 + \dfrac{1}{2}(-9.8)t_1^2$ ……⑥

⑤，⑥式の左辺どうしが等しいので，右辺どうしも等しくなり，

$$49t_1 + \dfrac{1}{2}(-9.8)t_1^2 = 98 + \dfrac{1}{2}(-9.8)t_1^2$$

よって，$t_1 = 2\,\text{s}$ ……**答**

これを⑤式に代入して，

$$h_1 = 49 \times 2 + \dfrac{1}{2} \times (-9.8) \times 2^2 = 78.4\,\text{m}$$ ……**答**

(2)　衝突する時刻 $t_1 = 2$ でのP，Qの速度 $v_P$，$v_Q$ は，①，②式より，

$$v_P = 49 + (-9.8) \times 2 = \underset{\text{上向き}}{+29.4}$$

$$v_Q = 0 + (-9.8) \times 2 = \underset{\text{下向き}}{-19.6}$$

よって，Qから見たPの相対速度 $v_1$ は，図bより，

$v_1 = 29.4 + 19.6$

$= 49\,\text{m/s}$ ……**答**

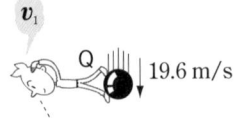

図 b

**別解**　この相対速度は時刻 $t$ によらず，いつも $49\,\text{m/s}$

よって，(1)の $t_1 = \dfrac{(\text{はじめの PQ 間の距離 98 m})}{(\text{相対速度 49 m/s})} = 2\,\text{s}$ ……**答**

第 3 章
# ま と め

**① 落体の運動**

重力のみを受けて空中を動く運動。必ず鉛直下向きの重力加速度 $g = 9.8 \ [\mathrm{m/s^2}]$ をもつ。

**② 自由落下**

《等加速度運動の解法》(p.21) で初速度 0，加速度 $g$ (下向き正の軸を立てるとき) とする。

**③ 鉛直投げ上げ運動**

① 《等加速度運動の解法》(p.21) で初速度 $v_0$，加速度 $-g$ (上向き正の軸を立てるとき) とする。

② 行きと帰りの対称性をもつ。

ポイントは
軸をしっかりと定め
「3点セット」の表を
つくることだ！

# 第**4**章 力のつり合い

▲スポーツは力とのたたかいである

## STORY① 力の書き方

### 1 力って何？

　力とは，物体を変形させたり，物体の運動の状態を変える原因となるものだ。**図1**のように，力は大きさと向きをもつ量(ベクトル)で，矢印で表す。力がはたらく点を作用点といい，力の矢印を延長した線を作用線という。力の大きさを表す単位を〔N〕(ニュートン)といい，$m$〔kg〕の物体にはたらく重力の大きさを $m \times g$〔N〕($g = 9.8 \, \text{m/s}^2$ は重力加速度)と約束する。たとえば，1 kg の物体の重力は約 9.8 N となる。

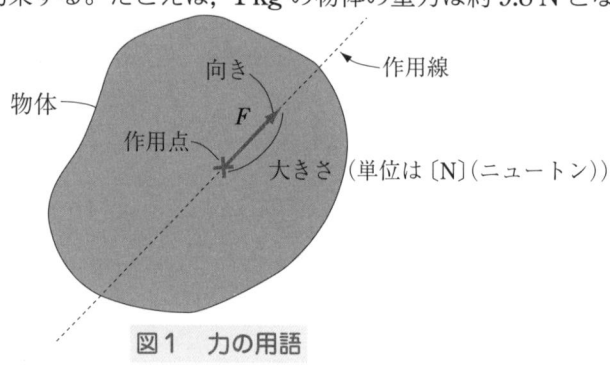

図1　力の用語

## 2　2種類の力を意識しよう

　身のまわりの物体は，いろいろな力を受けているが，それらの力は
（慣性力や遠心力を除いて）次のたった２種類の力に分類できる。

力 ┬─「接触力」：物体が，他の物体と接している点から受ける力
　 └─「場の力」：物体が，重力場などの空間そのものから受ける力

　たとえば今，キミが机の前でイスに座ってこの本を読んでいるとす
る。すると，キミのおしりはイスに接触してるので，イスから受けて
いる力を感じているね。そして，キミの足は床に接触しているので，
床から力を受けているね。さらに，キミが机にひじを乗せていると，
ひじは机に接触しているので，机から受けている力を感じる。以上が
「接触力」の例だ。
　一方，キミの体は地球から下向きに引力を受けている。じつはこの
引力（重力）は，先ほどまでの「接触力」とは全く異なるタイプの力な
んだ。
　わかりづらければ目の前の消しゴムを持ち上げて手を離してほしい。
手から離れた直後，空中にある消しゴムは地球に接触してはいないに
もかかわらず，地球から重力を受けて落下していく。これは明らかに
「接触力」ではないね。
　この重力は地球がそのまわりにつくりあげた，重力場という空間そ
のものから受ける力で「場の力」の代表例なんだ。

図２　力には２種類ある

## 3 力をもれなく正しく書き込むコツ

 力を書くときによく力を書き落としたり，余分な力を書いてしまいます。どうしたら正確に書けますか？

　大丈夫。前ページで見たように「接触力」「場の力（重力）」に分けて力を書き込めば，正確に書けるよ。

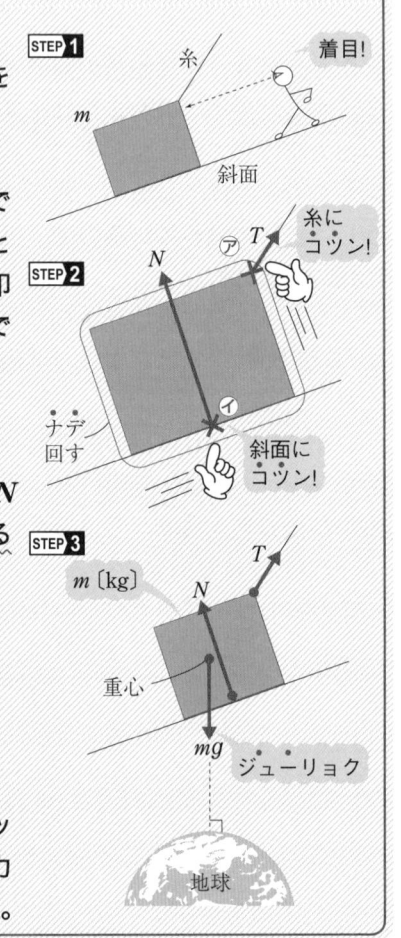

**・POINT ①・ 力の書き方**

**STEP1** まず着目物体（これから力を書こうとする物体）を決める。

**STEP2** その着目物体の周囲を指で1周ナデ回して，他の物体とコツンとぶつかる接触点に×印をつける。そして，そこで受ける「接触力」を書く。
　　主な接触力は次の5つ。
　㋐　糸から引かれる張力 $T$
　㋑　面から押される垂直抗力 $N$
　㋒　粗い面のみからこすられる摩擦力 $F$
　㋓　ばね・ゴムから受ける弾性力 $kx$
　㋔　液体，気体から受ける圧力 $P$，浮力 $\rho Vg$

**STEP3** 着目物体の質量 $m$ をチェックし，地球から引かれる重力（ジューリョク）を $mg$ 〔N〕と書く。

以上の3ステップを「ナデ・コツ・ジュー」と本書ではよぶよ。

チェック問題 **1** 力の書き方「ナデ・コツ・ジュー」 📖 易 **6**分

次の灰色をつけた物体が受ける力を矢印で書き込め。

(1)

なめらかな壁　棒　$m$〔kg〕　粗い床

(2)

糸　$m$〔kg〕　物体　$M$〔kg〕　台　床

**解説**

(1) 《力の書き方》(p.36)の3ステップに忠実に力を書き込んでいこう。

STEP**1** 着目物体は棒のみ

STEP**2** 棒をナデ回すと，周囲に「コツン」とぶつかる接触点 ✕ は壁と床との2点のみ。

ここまでの話はよろしいかな？

さて，次は各接触点で受ける力について見ていこうか。

ここで，意外と見落としがちな力の作図のポイントとは

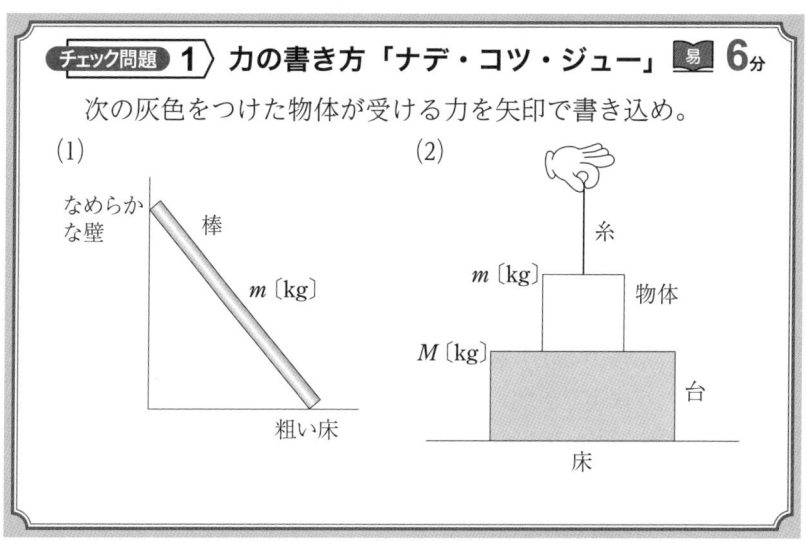

コツン　ナデ回す　棒に着目　図 a　コツン

力はすべて**受け身**（引かれる力，押される力，こすられる力）で書く

ということだ。

図のように壁は「なめらか」な
ので，棒は壁から，右向きに押さ
れる垂直抗力 $N_1$ のみを受ける。
　一方，床は「粗い」ので棒は床
からは上向きに押される垂直抗力
$N_2$ と左向きにこすられる摩擦力 $F$
の２つの力を同時に受ける。

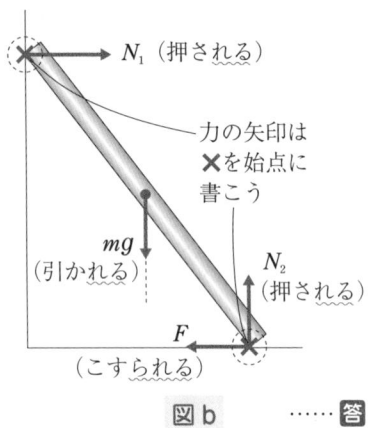

$N_1$（押される）

力の矢印は
✕を始点に
書こう

$mg$
（引かれる）

$N_2$
（押される）

$F$
（こすられる）

図 b　　……答

STEP3 最後に，地球から下向き
　　に引かれる重力 $mg$ を補って
　　全ての力が作図できた。

(2)《力の書き方》(p.36) の３ス
　テップで書くだけ。

STEP1 着目物体は台のみ

STEP2 台をナデ回すと床から
　　コツンと上向きに押される力 $N_1$
　　と物体の底面からコツンと下向
　　きに押される力 $N_2$ を受ける。

STEP3 重力 $Mg$ を補っておしまい。

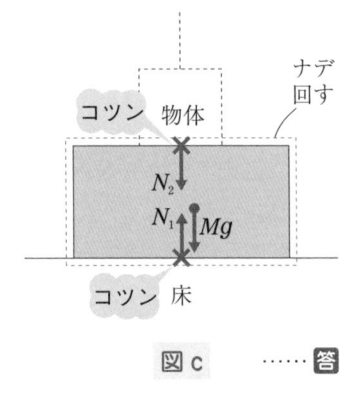

ナデ
回す

コツン　物体

$N_2$

$N_1$　$Mg$

コツン　床

図 c　　……答

あれ!?　台はその上
に乗っかっている物
体の重力 $mg$ は受け
ないんですか？

　受けはしないよ。たとえば，プロレスラーが君の頭上の天井にぶら下
がっているとするよ。
　そのプロレスラーが，そっと君の頭に触れたよ。そのとき君の頭はプロ
レスラーの全体重を感じるかい？　感じたら首の骨はボキッ！だね。
　同じように台は物体に触れる点から押される力 $N_2$ を感じるだけなんだよ。
　この $N_2$ は，上の物体が糸から引き上げられる力に応じて変化する。だか
らまず未知の数 $N_2$ と仮定しておき，$N_2$ の具体的な値については，あとで上
の物体のつり合いの式から求めるしかないのだ。

## 注意すべき４つの力

　力のうちで，とくに(1) 摩擦力　(2) 弾性力　(3) 水圧の力　(4) 浮力がキミたちが苦手にしている力だね。これから，それぞれの力の攻略法のポイントを一つひとつまとめていこう。

### 1 摩擦力の攻略法

　テストで最も狙われ，そして，キミたちが最も苦手にしているのが，この摩擦力だろう。その攻略法を伝授するぞ。

#### ① 摩擦力の向き

　摩擦力の向きは，基本的には「すべりを妨げる向き」となる。もし，判断が難しいときは，次の方法を用いて決めるといいよ。

---

**・POINT ②・ 摩擦力の向きの決め方**

**STEP1** 摩擦力が生じる接触面の間に凸凹（でこぼこ）を仮定する。

引く

**STEP2** 物体が動いたとき，この凸と凹がどのように引っかかるかを図にかく。

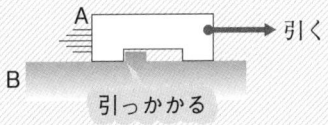

引く

引っかかる

**STEP3** このときに凸凹の側面が受ける力の向きが，着目物体の受ける摩擦力の向きになる。

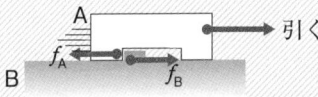

引く

$f_A$：A が B から受ける摩擦力
$f_B$：B が A から受ける摩擦力

---

## ②　摩擦力の大きさ

「セリフ」に応じて究極の３タイプを判定せよ。

　物体を粗い面の上に置いて，引く力の大きさ $f$ をだんだんと大きくしていくと，床から受ける摩擦力の大きさ $F$ は次の３段階で変化する。

### (i)　物体が「びくともしない」とき

➡　静止摩擦力　$\underline{F = f}$

　　　　　　　左右の力のつり合いより

たとえば，引く力 $f = 1$ のときは摩擦力 $F = 1$ で，$f = 2$ にすると $F = 2$ となるように，引く力 $f$ を強くすると摩擦力 $F$ も強くなるので，$F$ の値は不定。よって，$F$ の値はとりあえず未知数 $F$ と仮定しておいて，あとで式を立てて求めるしかないのだ。

### (ii)　物体が「すべる直前」のとき

➡　最大(静止)摩擦力 $F = \mu \times N$

　ここで $\mu$（ミュー）は静止摩擦係数といい，静止物体が感じる面のザラザラ度合いを表す定数である。$N$ は床から受ける垂直抗力だ。

　この式のイメージは，「面が粗く（$\mu \rightarrow$ 大），物体と床が強く押しつけ合う（$N \rightarrow$ 大）ほど，動かすのに大きな力 $F = \mu \times N$ が必要」というとてもナットクできるものだ。たとえば，おすもうさんがおろし金の上に乗っていたら，動かすのはメチャクチャ大変だよね。

　ここで大切なことは，$F = \mu \times N$ とできるのは，あくまでもズルッとすべる直前の状態という，ごくごく限られた場合だけということだ。摩擦力というと，何でもかんでも条件反射的に $F = \mu \times N$ とやる人が多いよ。とっても危険だ！

(iii) 物体が「もうすべっている」とき

➡ 動摩擦力 $F = \mu' \times N$

ここで$\mu'$は動摩擦係数といい，動く物体の感じる面のザラザラ度合いを表す定数である。

じつはこの動摩擦力の大きさ$F$はすべる速さによらないんだ。よく，カウボーイ映画でロープにつながれて，馬でザザザーと引かれるシーンがあるけど，動摩擦力で考えると，ジワジワとゆっくり引こうが，ザザザーと速く引こうが同じことになるんだよ。

あの〜，いまさらながら，ソボクなギモンですが，どうして$\mu$と$\mu'$という2つも摩擦係数が必要なんですか？

鋭い質問だね。キミが重い机を引きずるイメージで考えてみよう。

重い机もいったん引きずってしまえば，意外と軽く引きずれちゃうでしょ。

一般に，静止している物体が感じる面のザラザラ度合よりも，動いている物体が感じる面のザラザラ度合いのほうが小さく，$\mu' < \mu$なので，$\mu'$と$\mu$はキッチリ区別する必要があるんだ。

---

**・POINT ❸・ 摩擦力の大きさの決め方**

「セリフ」に合わせて，究極の3択をせよ。

(i) 「びくともしない」；静止摩擦力 $F$（未知数）

(ii) 「すべる直前」；最大静止摩擦力 $\mu \times N$

(iii) 「もうすべっている」；動摩擦力 $\mu' \times N$

㊟ 「すべり出した」「すべり始めた」というのも，(ii)の「すべる直前」に入る。

---

## 2 弾性力は，ばねに「セリフ」を言わせよ

伸び縮みしたばねが，もとの長さ（自然長）に戻ろうとしてはたらく力が弾性力だ。

ばねの弾性力の大きさ $F$ [N]は，ばねの伸び縮みの大きさ $x$ [m]に比例する。これを**フックの法則**という。

$$\boxed{F = k \times x}$$

このとき，この比例定数 $k$ [N/m]を**ばね定数**とよぶ。ばね定数とは，ばねを 1 m 伸ばしたり縮めたりするのに要する力だよ。よって，$k$ が大きいばねほど硬いばねとなるね。

ここで，問題だ。次のすべてのばねとおもりは，それぞれ同一のものとする。このとき，ばねの伸びが大きいのは次の(A)と(B)のどっち？

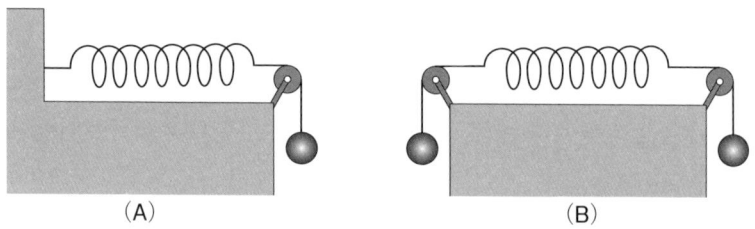

(A)　　　　　　　　　　　　　(B)

う〜ん。(B)のほうが 2 つのおもりで引かれているから，2 倍の伸びになっているのかなあ〜。

一見そう見えるよね。でもあくまでも基本に忠実に力を書いてごらん。それぞれのばねの伸びを $x_A$，$x_B$ と仮定することが大切だよ。

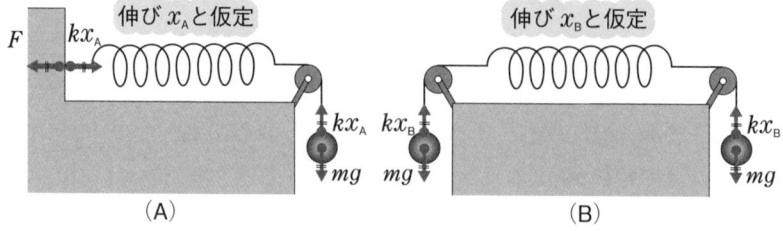

伸び $x_A$ と仮定　　　　　伸び $x_B$ と仮定

(A)　　　　　　　　　　　　　(B)

そして，次に，おもりに注目して力のつり合いを考えると，

(A)のおもり $kx_A = mg$

(B)のおもり（どちらでもよい） $kx_B = mg$

よって，$x_A = x_B$ となるのだ。よって，(A)と(B)のばねはどちらも同じ伸びなのだ。ちょっと引っかけ問題だったかな。

 ウーン，それでもやっぱり(B)のほうが両側から引いているから，伸びが大きくなるように思えるなあ。

じゃあ，こう考えたらどうだろう。つまり「(A)の壁と(B)の左側のおもりは同じ役目をしているのだ」と。(A)の壁のつけ根の力のつり合いの式は，$F = kx_A = mg$ となって，$mg$ と同じ力をばねに与えているだろう。

弾性力で大切なのは，ばねを見たら伸び縮みを未知数 $x$ として仮定して，そのばねについている物体に関する式を立てて，仮定した $x$ の値を求めるというやり方なんだ。

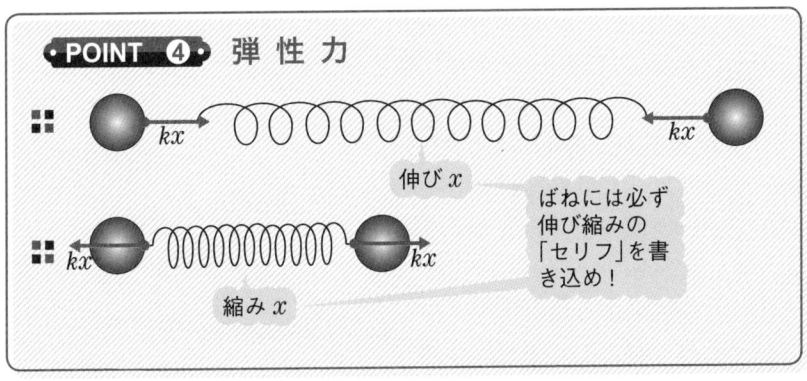

・POINT ❹ 弾 性 力

伸び $x$

ばねには必ず伸び縮みの「セリフ」を書き込め！

縮み $x$

### 3 力の分解法

　物体にはたらく力を書き込んだら，他の力と平行や垂直でない力は分解する。その力の分解のコツをつかもう。図3で $x$ 軸との間にはさむ角 $\theta$ をもつ力 $F$ を，$x$，$y$ 方向の力 $F_x$，$F_y$ に分解することを考える。大切なのは $F$ の矢印の先から，$x$，$y$ 軸に垂線を下ろすことだ。すると，図3の右側のような直角三角形が見えてくるはずだ。

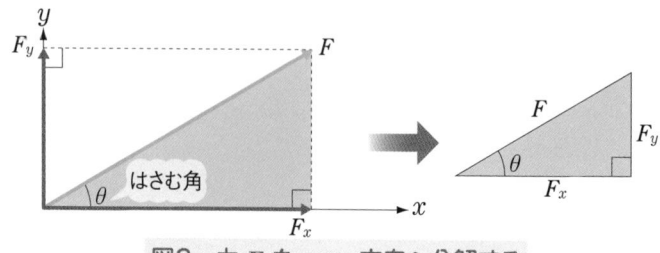

**図3　力 $F$ を $x$ , $y$ 方向へ分解する**

　ここで，三角比の定義から $\cos\theta = \dfrac{F_x}{F}$，$\sin\theta = \dfrac{F_y}{F}$。

　よって，$F_x = F\cos\theta$，$F_y = F\sin\theta$ と求まる。ポイントは「$F$ と $\theta$ をはさみ合う成分 $F_x$ を求めるには $\cos\theta$ を掛ける」ということで **はさむと $\cos\theta$** と覚えてほしい。

　最もひんぱんに出てくるのは，傾き $\theta$ をもつ斜面上での重力の分解。よく $\theta$ のとり方でミスする人がいる。

　コツがあるよ。図4のように，$mg$ の矢印と，水平線を延長して灰色で塗った**直角三角形**をつくるんだ。

　すると，図のように，$(90°-\theta)$ という角度が見えてくるね。すると，図の●の角度が $\theta$ ということになるよ。これで，ミスは激減するはずだよ。

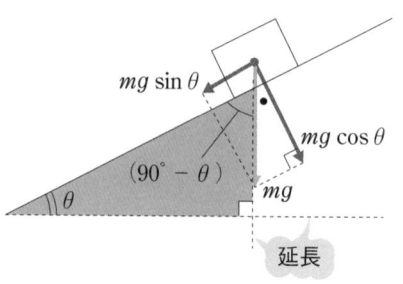

**図4　重力の分解**

**チェック問題 2** 弹性力と摩擦力　　　　　標準 **10**分

(1) 図1で，ばねはすべて自然長であった。図2のように，点Qを $d$ だけ引くとき，点Pの動く距離 $x$ はいくらになるか。

(2) 図3で，物体と斜面との静止摩擦係数を $\mu$ とする。

  (a) 張力 $T = 0$ のとき，静止している物体が斜面から受ける摩擦力の大きさ $F$ はいくらか。

  (b) 糸の張力を $T = T_1$ にすると，おもりはすべり始めた。$T_1$ を求めよ。

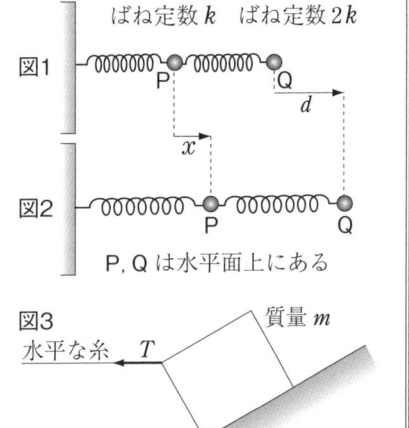

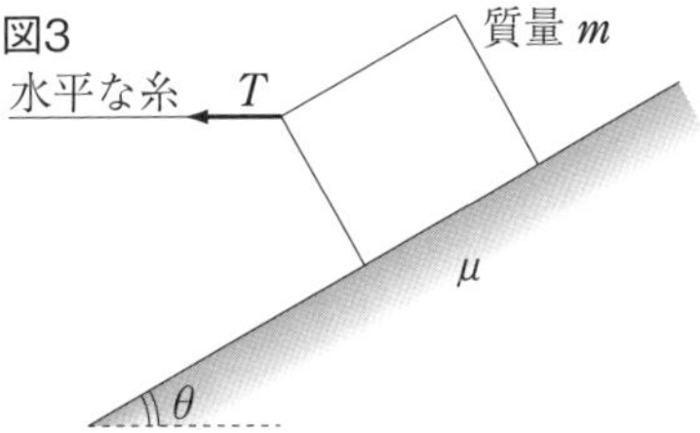

ばね定数 $k$　ばね定数 $2k$

図1

図2

P, Qは水平面上にある

図3　質量 $m$
水平な糸　$T$　$\mu$　$\theta$

---

**解 説** 着目物体に力を書き込み，力のつり合いの式を立てて解く。

(1) ばねには伸び縮みの「セリフ」を仮定するんだったね。（p.43）

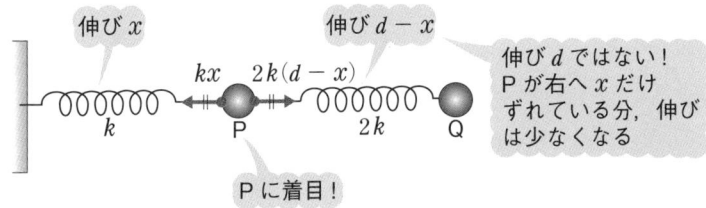

伸び $x$　　　　伸び $d - x$

$kx$　$2k(d - x)$

伸び $d$ ではない！
Pが右へ $x$ だけ
ずれている分，伸び
は少なくなる

$k$　P　$2k$　Q

Pに着目！

図でPの力のつり合いより，

$$kx = 2k(d - x) \qquad \text{したがって，} \quad x = \frac{2}{3}d \cdots\cdots \text{答}$$

(2)(a)

ウ〜ン。静止摩擦係数が $\mu$ ということだから，摩擦力の大きさは，$F = \mu N = \mu mg \cos\theta$ かな？

ドッカ～ン！　ものの見事に落とし穴にはまってくれたね。摩擦力といえば，まず，「3つのセリフの判定」だ。問題文に何て書いてある？

「静止している」とある。あ！　そうか。「すべる直前」ではないね。まだ p.40 での「びくともしない」だ。

気付いたね。すると，最大静止摩擦力ではなくて，静止摩擦力だから，未知数 $F$ としか仮定できないでしょ。

　図aのように力を書き，重力を斜面と平行な $x$ 方向，垂直な $y$ 方向に分解。$x$ 方向の力のつり合いから，

$F = mg \sin \theta$ ……答

と求めるのが正解。

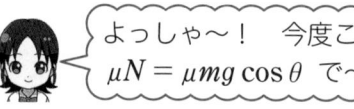

はさむと $\cos \theta$

図 a

(b)　今度こそは，「すべり始めた」とあるので最大静止摩擦力だね。じゃあ，力を書き込んで，最大静止摩擦力の大きさを求めてみてね。

よっしゃ～！　今度こそ $\mu N = \mu mg \cos \theta$ で～す。

何がで～すじゃ！　$N = mg \cos \theta$ と思い込んでるな。図bをよく見てごらん！

とくに $y$ 方向の力のつり合いの式は，

$T_1 \sin \theta + N = mg \cos \theta$

となり，

$N = mg \cos \theta - T_1 \sin \theta$　だぞ。

この式を $x$ 方向の力のつり合いの式

$T_1 \cos \theta + mg \sin \theta = \mu N$

に代入して，

$T_1 \cos \theta + mg \sin \theta = \mu (mg \cos \theta - T_1 \sin \theta)$

$T_1$ について解くと，

$T_1 = \dfrac{\mu \cos \theta - \sin \theta}{\cos \theta + \mu \sin \theta} mg$ ……答

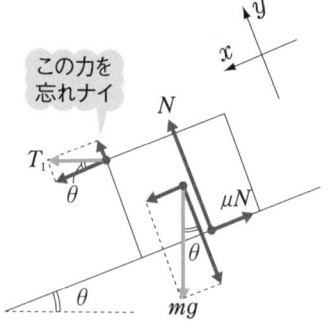

この力を忘れナイ

図 b

## 4 水圧の考え方

　水圧とは水が，大気圧とは大気が，その中で面 $1\,\text{m}^2$ あたりを押す力のことで，単位は $[\text{N/m}^2]$（ニュートン毎平方メートル）だ。

　いま，大気圧 $P_0\,[\text{N/m}^2]$ の大気の下で，水深 $d\,[\text{m}]$ の場所における水圧 $P\,[\text{N/m}^2]$ がいくらになるのかを求めてみよう。ただし，水の密度（$1\,\text{m}^3$ あたりの質量）は $\rho_水$（ロー）$[\text{kg/m}^3]$ とする。

　ここで最大のポイントは，図5のように，断面積 $1\,\text{m}^2$ を底面にもつ，水面から深さ $d\,[\text{m}]$ までの「水の柱」を書くことだ。

　この「水の柱」が底面 $1\,\text{m}^2$ を押す力が求める水圧 $P$ となる。この $P$ は図5より次の❶と❷の力を足したものになる。

❶　大気圧が「水の柱」の水面 $1\,\text{m}^2$ を押す力

　これは大気圧の定義そのものなので，この力は $P_0\,[\text{N}]$ となる。

❷　底面 $1\,\text{m}^2$ を押す「水の柱」の重力

　まず，「水の柱」の体積は $\underset{底面積}{1\,\text{m}^2} \times \underset{高さ}{d\,[\text{m}]} = d\,[\text{m}^3]$ となる。

　次に「水の柱」の質量は $\underset{水の密度}{\rho_水\,[\text{kg/m}^3]} \times \underset{体積}{d\,[\text{m}^3]} = \rho_水 d\,[\text{kg}]$ である。

　よって「水の柱」の重力は $\underset{質量}{\rho_水 d} \times g = \rho_水 dg\,[\text{N}]$ となる。

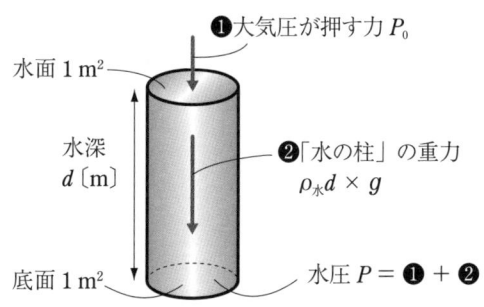

❶大気圧が押す力 $P_0$

水面 $1\,\text{m}^2$

水深 $d\,[\text{m}]$

❷「水の柱」の重力 $\rho_水 d \times g$

底面 $1\,\text{m}^2$

水圧 $P = $ ❶ $+$ ❷

図5　水圧ときたら $1\,\text{m}^2$ の「水の柱」を書こう

図5のように以上の❶と❷の力を足して，

$$水圧 P = \underbrace{P_0}_{❶の力} + \underbrace{\rho_水 dg}_{❷の力}$$

---

**・POINT ⑤・ 水圧の公式**

$$水圧 P = 大気圧 P_0 + \rho_水 dg$$

$1m^2$ の断面積で深さ $d$ の「水の柱」の重力

（この式を覚えてはいけない。図5を書いていちいち導くこと）

---

### 5 浮力もこれでバッチリ

　液体中や気体中にある物体は，液体や気体から圧力を受けている。物体の各面が受ける力をすべて足し合わせると，結局，上向きの力が残る。この力を浮力という。この浮力も，**公式を導く過程が大切**だぞ。

　図6のように，大気圧 $P_0$ [N/m²] の下の密度 $\rho_水$ [kg/m³] の水中に沈めた，断面積 $S$ [m²]，高さ $h$ [m] の箱にはたらく浮力 $F$ [N] を導いてみよう。

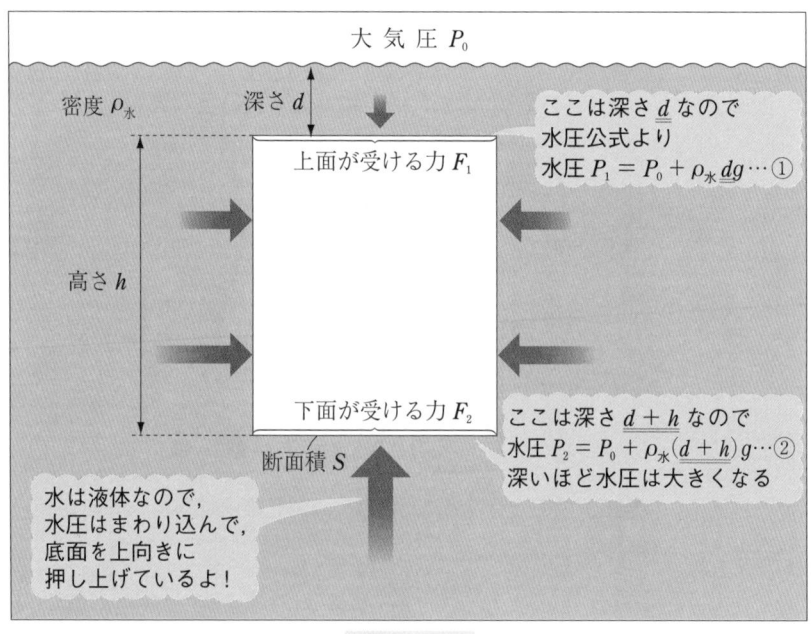

図6　浮力

図6で，箱の上面 $S$ [m²] が水圧 $P_1$ [N/m²] によって下向きに押される力 $F_1 = P_1 \times S$ [N] と，箱の下面 $S$ [m²] が水圧 $P_2$ [N/m²] によって上向きに押し上げられる力 $F_2 = P_2 \times S$ [N] を比べると，$F_2$ のほうが強い。よって，全体としては上向きの力

$$F = F_2 - F_1$$
$$= P_2 S - P_1 S$$

が残る。この力 $F$ のことを浮力という。

ここで $P_1$ と $P_2$ には図6の①，②式を代入して，

$$F = \left\{ \cancel{P_0} + \rho_水(d + h)g \right\}S - (\cancel{P_0} + \rho_水 dg)S$$
$$= \rho_水 \times hS \times g$$

最後に，この直方体の体積 $V = hS$ [m³] を用いて，

> 大気圧 $P_0$ の押す力どうしは，相殺して消えている。つまり，浮力は，大気圧 $P_0$ にはよらないのだ。

$$\boxed{\text{浮力}\quad F = \rho_水 V g}$$

> ここまで自力で導けるように！

ちなみに，この式の中の $\rho_水 \times V$ は何を表すかな？

> （水の密度）×（箱の体積）　そう！　箱が押しのけた水の質量。

そのとおり。浮力は箱が押しのけた液体にかかる重力と同じ大きさだね。これをアルキメデスの原理という。たとえば，満タンのおふろに，おすもうさんが入って，お湯 200 [kg] が押しのけられてあふれ出せば，その体には $200 \times g$ [N] の浮力がはたらくというカンタンなルールだ。

---

**・POINT 6 ・ 浮力の公式（アルキメデスの原理）**

**アルキメデスの原理**

$$\text{浮力}\ F = \underline{\rho_水 V} \times g$$

物体が押しのけた液体の質量

注　浮力は大気圧 $P_0$ にはよらない。

---

**チェック問題 3** 水圧と浮力　　　　　標準 **6**分

右図のように，底面積 $S$ で高さ $h$ の箱が，密度 $\rho_水$ の水中にその下側 $\dfrac{h}{3}$ の高さだけ水に入った状態で浮かんでいる。

(1) この箱の質量 $m$ を $\rho_水$, $h$, $S$ で表せ。

(2) ここで，この箱の下に質量 $M$, 体積 $V$ のおもりを軽い細いひもでつり下げるとき箱がさらに沈む距離 $x$ を $M$, $V$, $\rho_水$, $S$ で表せ。ただし，箱はすべて沈んでしまわないものとする。

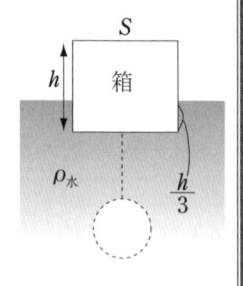

**解説** (1) 箱に着目して力を書き込む。**図 a** でアルキメデスの原理より，箱は水を体積 $\dfrac{h}{3}S$ だけ押しのけているので，浮力の大きさは，$\rho_水\dfrac{h}{3}S \times g$ となる。重力と浮力の力のつり合いの式より，

$$mg=\rho_水\frac{h}{3}Sg\cdots① \quad \therefore\ m=\frac{1}{3}\rho_水hS\cdots\cdots 答$$

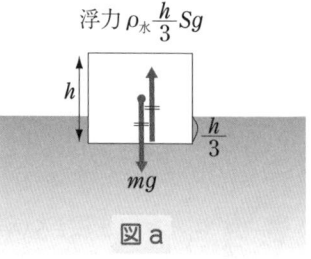

浮力 $\rho_水\dfrac{h}{3}Sg$

図 a

(2) 箱とおもり全体に着目して力を書き込む。**図 b** でアルキメデスの原理より，箱とおもりを合わせて体積 $\left(\dfrac{h}{3}+x\right)S+V$ だけ水を押しのけているので，浮力の合計は，

$$\rho_水\left\{\left(\frac{h}{3}+x\right)S+V\right\}g$$

となる。

箱とおもり全体に着目した力のつり合いの式より，

$$mg+Mg=\rho_水\left\{\left(\frac{h}{3}+x\right)S+V\right\}g$$

よって，$x=\dfrac{M}{\rho_水 S}-\dfrac{V}{S}$（①式を代入した）……答

浮力 $\rho_水\left(\dfrac{h}{3}+x\right)Sg$

浮力 $\rho_水 Vg$

図 b

全体に着目しているので，糸の張力は考えなくてよい

# ま と め

① 物体が受ける力の書き込み方３ステップ
（ナデ・コツ・ジュー）
① 着目物体
② ナデ回して接触力
③ 重力

② とくに注意すべき４つの力
① 摩擦力
　　向き；すべりを妨げる向き
　　　　　（凸と凹の引っかかり方で決めよう）
　　大きさ；「セリフ」に応じて３タイプ
　　（ⅰ）「びくともしない」
　　　　→静止摩擦力　$F$（未知数）
　　（ⅱ）「すべる直前」「すべり始めた」「すべり出した」
　　　　→最大静止摩擦力　$F = \mu \times N$
　　（ⅲ）「もうすべっている」（$\mu' < \mu$）
　　　　→動摩擦力　$F = \mu' \times N$
② 弾性力…伸び $x$, 縮み $x$ の「セリフ」を必ず書き込む。
③ 水圧 $P = P_0 + \rho_水 dg$　（深いほど強くなる）⎫自力で導け
④ 浮力 $F =$ （物体が押しのけた液体の質量）$\times g$ ⎭るように

力の書き込みが力学の基本作業だ。

# 運動方程式

重いほど
加速は鈍い

軽いほど
加速が良い

▲運動方程式とは日常の経験を式にしたものにすぎない

## STORY① 運動の三法則

**1 慣性の法則って何？**

水平面をすべっている物体を考えてみよう。もし、ある瞬間の小物体の速度が $v_0$ だったとき、その後の物体の速度は、水平面の状態によって変わってくるね。もし、水平面がアスファルトの道路のようにザラザラしていたら、その後の物体の速さはどうなっていくかな？

> だんだんと遅くなって、やがて静止してしまいます。

そうだね。それは、物体が水平面から動摩擦力を進行方向と逆向きに受けるからだね。この摩擦力がブレーキの原因だね。

じゃあ、もし、水平面が、スケートリンクのように、摩擦力のはたらかないなめらかな面だったら、物体の速度 $v_0$ はどうなる？

> うーん。摩擦力を受けていないから、そう、速度 $v_0$ のまま、スーとすべっていくと思います。

その通り。物体が力を受けない，または，受けていても，つり合っていて打ち消し合っているとき，物体は，その速度を（速度0の静止状態を含めて）保つ。これを慣性の法則（運動の第一法則）という。

図1　力を受けなければ等速度運動を続ける

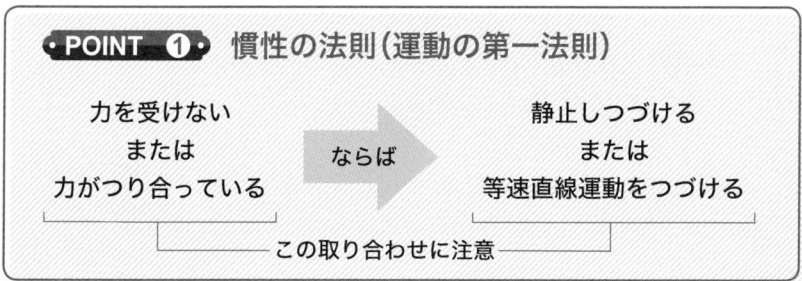

POINT ①　慣性の法則（運動の第一法則）

力を受けない
または
力がつり合っている

ならば

静止しつづける
または
等速直線運動をつづける

この取り合わせに注意

## 2 運動方程式って何？

1では，力を受けないときの法則を見てきたね。今度は，物体が力を受けるときの法則を見ていこう。**図2**のように，水平面上になめらかに動く質量 $m$ [kg] の台車が止まっている。いま，この台車に右向きの一定の大きさ $F$ の力を加えつづける。すると，この台車の速度 $v$ [m/s] はどうなっていくかな？

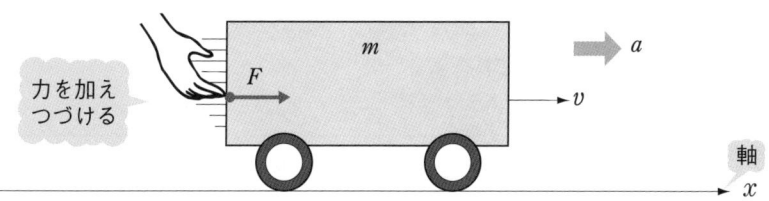

力を加え
つづける

図2　力を受けると加速度が生じる

右向きに動き出してグングン速度 $v$ は増えていくぞ〜

いいイメージだね。単に右に動くことだけじゃなくて，その速度 $v$ が増加していくことまでちゃんと見てる。つまり，加速度 $a$ [m/s²] （＝１秒あたりの速度 $v$ [m/s] の変化）が生じていることになるね。

物体に生じる加速度 $a$ は，物体が受ける力 $F$ と物体の質量 $m$ によって決まる。実験をしてみると，次の①，②，③の３つの事実がわかるんだ。これを運動の第二法則という。

① 力 $\vec{F}$ を加えた向きに加速度 $\vec{a}$ は生じる。
  （右向きに力を加えたのに上向きに動き出したらコワイでしょ）

② 加速度の大きさ $a$ は力の大きさ $F$ に比例する。
  （力を強く加えるほど，よく加速しますね）

③ 加速度の大きさ $a$ は質量 $m$ に反比例する。
  （重いほど加速は鈍くなるね）

> すべて日常で経験しているあたりまえのことだね

### 3 運動方程式が出てきたぞ！

2 で見た運動の第二法則①，②，③を１つの式にまとめると，次のようになるね。

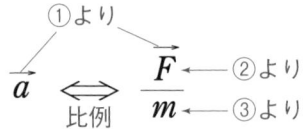

いつも，いちいち $\Longleftrightarrow$ の記号を使うのはめんどうだね。そこで，次のように力の単位を約束するよ。

---

$m = 1\,\text{kg}$ の物体に $a = 1\,\text{m/s}^2$ の加速度を生じさせる力の大きさを $F = 1\,\text{N}$（ニュートン）とする。

---

すると，すべてが1にそろうので，左ページの式の⟷は＝となるね。つまり，$\vec{a} = \dfrac{\vec{F}}{m}$ よって，運動方程式 $m \times \vec{a} = \vec{F}$ が出てきた。

---

**・POINT ②・ 運動方程式（運動の第二法則）**

$$m \times \vec{a} = \vec{F}$$

（質量が大きいほど加速は鈍くなり，力を強めるほど加速度は増すということ）

---

### 4 運動の第三法則（作用・反作用の法則）

トツゼンだけど，黒板をトンと軽くたたくのと，ドン！ と思いっ切りなぐるのとでは，どちらが痛いかな？

> なぐったら手をケガしますよ！

そりゃそうだ。例えば，黒板Aを1000 Nの力で右向きになぐれば，なぐった手Bは同じ1000 Nの力で左向きに力を受け返される。この異なる2物体AとBがやりとりする力の法則を作用・反作用の法則という。これで運動の三法則がすべてそろった。

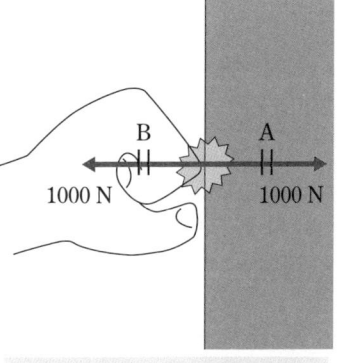

図3 作用・反作用の法則

---

**・POINT ③・ 作用・反作用の法則（運動の第三法則）**

「物体Aが物体Bから受ける力」と「物体Bが物体Aから受ける力」は同一作用線上，同じ大きさで逆向きの力になる。

---

## 1 運動方程式の立て方

物体が受ける力を「ナデ・コツ・ジュー」(p.36)と書き終えたとき, 物体がある方向に加速度をもっていたら, その方向の運動方程式を立てよう。運動方程式を立てる手順は, 次のようにまとめられる。

### ・POINT ④・ 運動方程式の立て方

**STEP 1** 運動をイメージして加速度 $\vec{a}$ の矢印を書き込む。

この加速度 $\boldsymbol{a}$ は原則として〔慣性力(p.175)や遠心力 (p.191)を用いないとき〕, 大地や床から見たものを用いる。

とくに, 箱内の物体や台上の加速度を書くときには「対大地」を強く意識してほしい。

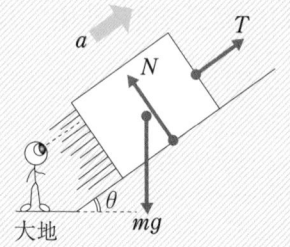

STEP 1 上向きにグングン加速しているな!

**STEP 2** 加速度と同じ向きに $x$ 軸, それと垂直な方向に $y$ 軸を立てる。

そして, 軸と斜めの力は $x$, $y$ 方向に分解する。

各方向ごとに完全に独立して分けることが大切なのだ。右の例では, 重力 $\boldsymbol{mg}$ を分解することになるね。

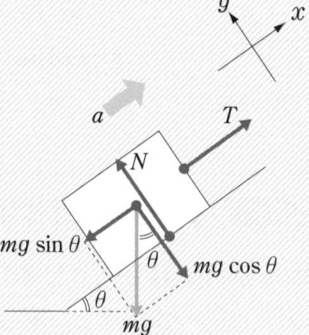

STEP 3 $x$ 軸方向には運動方程式を，$y$ 軸方向には力のつり合いの式を立てる。

　運動方程式の右辺の力の符号がポイント。
　加速度と同じ向きの力は加速度を増すので正の力，逆向きの力は加速度を減らすので負の力とするのだ。

STEP 3

$x$ 軸方向の運動方程式
$$ma = + T - mg \sin \theta$$

$\vec{a}$ と同じ向きの力は正の力

$\vec{a}$ と逆向きの力は負の力

$y$ 軸方向の力のつり合いの式
$$N = mg \cos \theta$$

　念のため，もう一度，運動方程式を立てる上で，陥りやすい「3つの落とし穴」をまとめておこう。

**・POINT ❺・ 運動方程式 $m\vec{a} = \vec{F}$ の3つの落とし穴**

** $m$ には，着目している物体のみの質量を書くこと。**
（とくに，上に物体が乗っていたり，2物体全体に着目するとき，要注意）

** $\vec{a}$ は，原則として大地(床)から見た加速度を用いること。**
（とくに，箱内や台上にある物体の加速度のとき注意）

** $\vec{F}$ には，$\vec{a}$ と同じ向きのときは正の符号，逆向きのときは負の符号をつけて足し合わせる。**
（加速度を増す力は正，減らす力は負とイメージしよう）

## 2 運動方程式の例

### ① 重力加速度 $g$

落体の運動(p.28)で見てきたように，重力のみを受ける物体は，どんな質量 $m$ をもっていようとも，どんな飛び方をしていようとも，必ず鉛直下向きに加速度 $g$ をもっていたね。これを証明してみよう。

図4のように，空中を重力のみを受けて飛んでいるボールの運動方程式は，

$$x : ma = \underbrace{+mg}_{a と同じ向きの力}$$

ここで両辺の $m$ を消して

$$a = g$$

だから，$m$ にはよらないんだ

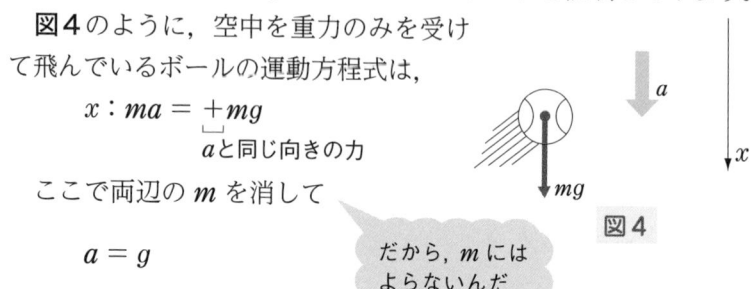

図4

となるね。たしかに加速度は，必ず $g$ となるね。

### ② 軽い糸の両端の張力

まず，質量 $m$ の糸の両端に，図5のような張力 $T_1$，$T_2$ がはたらいている状態を考えよう。このとき，右向きに加速度 $a$ が生じるとし，糸に着目して，運動方程式を立ててみよう。

$$x : ma = \underbrace{+T_1}_{a と同じ向きの力} \underbrace{-T_2}_{a と逆向きの力}$$

図5

この式で糸が軽い($m = 0$)とすると，$T_1$ と $T_2$ の関係はどうなるかな？

$0 \times a = T_1 - T_2$ で……あ！　$T_1 = T_2$ だ！　しかも $a$ によらない。

そうだ。だから，軽い糸の両端の張力は，いつでも $a$ によらず，必ず等しいんだ。

このことは，次の チェック問題 1 でも使っていくよ。

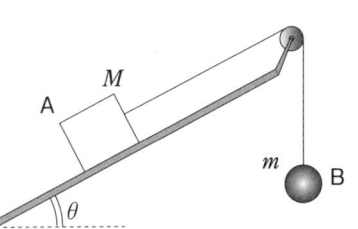

**チェック問題 1 〉 運動方程式の立て方**　標準 **10**分

右の図のように，傾き $\theta$ が自由に変えられる板の上に質量 $M$ の物体 A を乗せ，軽い糸でなめらかな滑車を通し質量 $m$ のおもり B をつるした。物体 A と斜面との静止摩擦係数を $\mu_0$，動摩擦係数を $\mu$ として，次の問いに答えよ。

(1) $\theta = 0$ つまり板を水平としたとき，B は下降した。その加速度の大きさ $a_1$ を求めよ。

(2) $\theta = \theta_1$ のとき，A が斜面下方へすべり始めた。$\mu_0$ を求めよ。

(3) $\theta > \theta_1$ のときの B の上昇加速度の大きさ $a_2$ を求めよ。

**解説** (1) 図aで，糸は軽いので，両端の張力 $T$ は等しい。

A は「もうすべっている」(p.41)ので，動摩擦力 $\mu N$ を受ける。

《運動方程式の立て方》(p.56)で，

**STEP1** A は右向き，B は下向きの同じ大きさ $a_1$ の加速度をもつ。

**STEP2** 図のように軸を立てる。

**STEP3** A について，

$x$：運動方程式：$Ma_1 = +T - \mu N$……①

$y$：力のつり合いの式：$N = Mg$……②

B について，

$X$：運動方程式 $ma_1 = +mg - T$……③

①＋③より，

$(M + m)a_1 = mg - \mu N$

②を代入して，$a_1$ について解くと，

$$a_1 = \frac{m - \mu M}{M + m} g \cdots\cdots 答$$

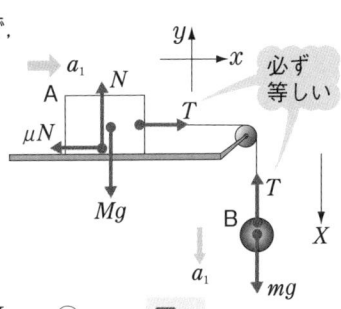

図a

必ず等しい

$a_1$ と同じ向きの力は正，逆向きの力は負

$T$ を消すためのおきまりの式変形♪

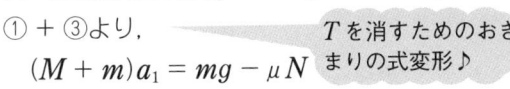

ナットクイメージ

$m \to \infty$ にもっていくと，$a_1 \to g$ つまり，B の自由落下に近づく

(2) **図b**のように，力を書く。Aは「す
べる直前」(p.41)なので，斜面上向き
に最大静止摩擦力 $\mu_0 N$ を受ける。

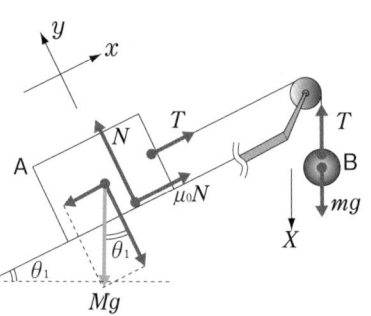
図 b

まだかろうじて静止しているので，
各方向ごとの力のつり合いの式より，
Aについて，

$x : T + \mu_0 N = Mg \sin\theta_1$ ……④

$y : N = Mg \cos\theta_1$ ……⑤

Bについて，

$X : T = mg$ ……⑥

⑤，⑥を④に代入して，

$mg + \mu_0 Mg \cos\theta_1 = Mg \sin\theta_1$

よって， $\mu_0 = \tan\theta_1 - \dfrac{m}{M \cos\theta_1}$ ……答

(3) **図c**で，Aは「もうすべって
いる」(p.41)ので，斜面上向き
に動摩擦力 $\mu N$ を受ける。

《運動方程式の立て方》で，

STEP1 Aは斜面下向き，Bは上
向きの加速度 $a_2$ をもつ。

STEP2 図のように軸を立てる。

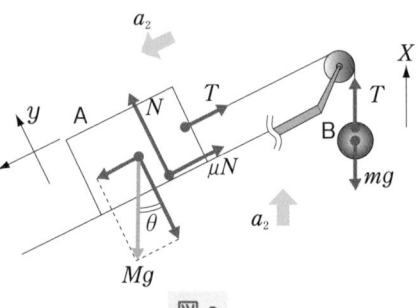
図 c

STEP3 Aについて，

$x$：運動方程式：

$Ma_2 = +Mg\sin\theta - \mu N - T$ ……⑦

$y$：力のつり合いの式：$N = Mg\cos\theta$ ……⑧

Bについて，

$X$：運動方程式：$ma_2 = +T - mg$ ……⑨

辺々⑦＋⑨して，おきまり♪ ⑧を代入して，$a_2$ について解くと，

$a_2 = \dfrac{(\sin\theta - \mu\cos\theta)M - m}{M + m} g$ ……答

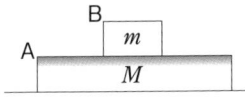

### チェック問題 2 〉 重ねた2物体の運動 　標準 15分

なめらかな床の上に，質量 $M$ の板
A と質量 $m$ の物体 B が重ねて置かれ
ている。板 A と物体 B の間は粗く，そ
の静止摩擦係数は $\mu$，動摩擦係数は $\mu'$ であるとする。加速度
の正の向きを右向きとする。

(1) 板 A を大きさ $F_1$ の力で右向きに引いたら，板 A と物体 B
　　は一体となって加速度 $a_1$ で動いた。$a_1$ を求めよ。

(2) 板 A を大きさ $F_2$ の力で右向きに引いたら，物体 B は板 A の
　　上をすべり始めた。そのときの加速度 $a_2$ と $F_2$ を求めよ。

(3) 今度は，物体 B を大きさが $F_3$ の力で右向きに引いたら，
　　板 A と物体 B はそれぞれ異なる加速度 $a_A$，$a_B$ で動いた。
　　$a_A$，$a_B$ をそれぞれ求めよ。

**解説** このタイプの問題を苦手にしている人は多いね。大切なのは「摩
擦力の向きと大きさを正しく決めること」と，「床から見た A，B の加速度を
正しく仮定できること」の2つなんだ。

(1) A を右へ引いたときの摩擦力の向
　　きは，**図a**のように，A と B の間に凸
　　と凹を考えて，その側面が受ける力
　　の向きによって判定しよう（p.39）。
　　すると，A は左へ，B は右へ，摩擦
　　力を受けることがわかるね。

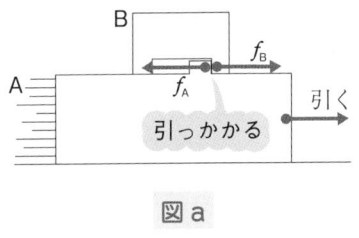

図 a

　　次に，摩擦力の大きさだ。問題文に「一体となって動いた」とあるね。
そこで「びくともしない」（p.41）と
見て，静止摩擦力で，作用・反作用
の法則（p.55）より同じ大きさの未知
数 $f$ と仮定しよう（**図b**）。

　　次は，A と B の加速度を決めるけど，
B はどちら向きの加速度をもっているかな？

図 b

ちょっと待って！　BはAの上で「びくともしない」から，静止で，加速度0じゃないですか。Bは力のつり合いですよ。

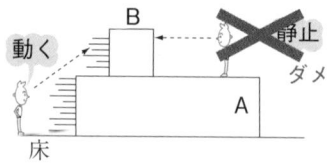

アチャー！　見事に落とし穴にはまっているよ。キミは，BをAの上から見ちゃってるね。そして，静止しているというイメージをもっているんだね。いいかい！　あくまでも，床から見たBの動きを考えるんだよ。

あ！　そうすると，BはAと一体となって，同じ加速度 $a_1$ で右へ動いています。

そうだ。すると，正しい加速度は，図cのように書けるね。
　運動方程式は，

A：$Ma_1 = F_1 - f$ ……①

B：$ma_1 = f$ ……②

①＋②より，おきまり♪

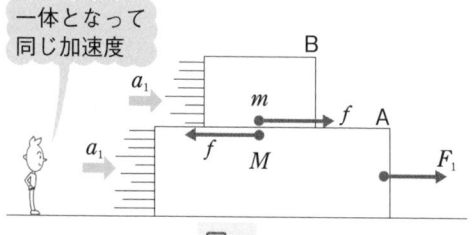

図c

$$(M + m)a_1 = F_1 \quad よって， a_1 = \frac{F_1}{M + m} ……答$$

**別解**

　本問では，とくに，AB間の静止摩擦力については求められてはいないね。だから，一体となって動くAとB全体を，質量 $M + m$ のカタマリと見て，全体としての運動方程式を立ててもいいよ。全体に着目すると，AB間の摩擦力は必ず作用・反作用の法則で

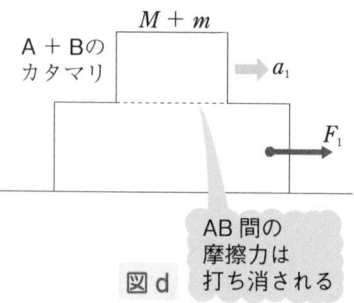

図d

打ち消されるので，図dのように，水平方向は $F_1$ のみになる。運動方程式は，

A＋B全体：$(M + m)a_1 = F_1$

よって，$a_1 = \dfrac{F_1}{M + m}$ ……答　ととってもカンタンに計算できるね。

(2) Bは，Aの上を「すべり始めた」とあるけど，「すべり始めた」というのは，「すべる直前」かな？　それとも「もうすべっている」？

> う〜ん，「すべり始めた」と，過去形になっているから，「もうすべっている」んじゃないの？

　ブブー！　そこが，物理の問題文独特の読み取り方なんだ。あくまでも「すべり始めた」の「始め」に注目して，ギリギリ直前と見るんだ。要は，すべるすべらないの境界に近い言い回しは，すべて「すべる直前」とするんだ。「疑わしきは罰せず」ならぬ「疑わしきは『すべる直前』」と考えてほしい。

　すると，本問では，最大静止摩擦力 $f = \mu N = \mu mg\,(N = mg$ より$)$ が AB 間にはたらいていることになるね。その力の向きは，(1)で見た**図a**・**図b** と全く同じやり方で決めればいいね。

　次は，AとBの加速度を決めるけれど，Bはどちら向きの加速度をもっているかい？

> 床から見るんでしたね。　そして「すべる直前」だから，かろうじてBは，Aと一体となって右へ加速度もっているぞ。

　スバラシイ！　そう！　Bは，**図e**のように右へ，Aと同じ加速度をもっているよ。だって，まだすべる直前だもんね。

　以上より，A, Bの運動方程式は，

A：$Ma_2 = F_2 - \mu mg$ ……③

B：$ma_2 = \mu mg$ ……④

④より，$a_2 = \mu g$ ……⑤　……**答**

⑤を③に代入して，

$\quad M\mu g = F_2 - \mu mg$

よって，$F_2 = \mu(m + M)g$ ……**答**

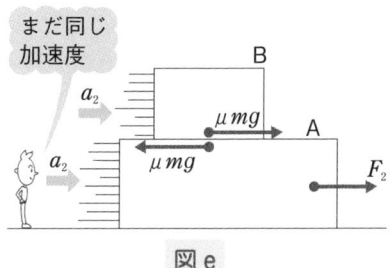

図e

> ③と④は，$a_2$ と $F_2$ の 2つの未知数の連立方程式とみよう

(3) 今度は B を引く。すると，摩擦力の向きと大きさはどうするかな？

> ハイ！　A と B の間は「もうすべっている」ので，動摩擦力 $\mu'N = \mu'mg$ です。その向きは，**図 f** のように凹凸で考えます。

　もうコツはつかんだようだね。摩擦力の大きさは「**3 つのセリフ**」（p.41）で判定し，向きは「**凸凹の引っかかり**」（p.39）で決める。これが摩擦力攻略の 2 本柱だね。

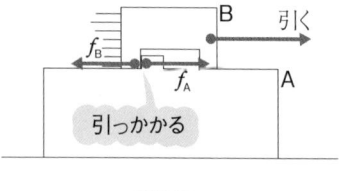

図 f

　さて，A, B の加速度は床から見て，それぞれ右へ $a_A$, $a_B$ となるので，**図 g** より，運動方程式は，

A：$Ma_A = \mu'mg$

B：$ma_B = F_3 - \mu'mg$

よって，$a_A = \mu'\dfrac{m}{M}g$ ……答

$a_B = \dfrac{F_3}{m} - \mu'g$ ……答

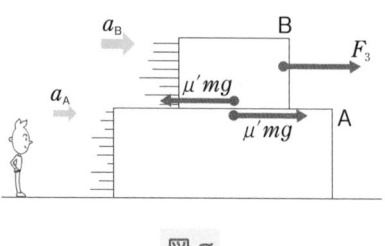

図 g

　本問には，運動方程式と摩擦力の重要ポイントがすべてつまっているので，くり返し解いて完全にマスターしてほしい！！！

> 「運動方程式」を立てるには問題文をしっかり読んで大地（床）から見た加速度を正しくとらえることが必要だ。

## ま と め

① 慣性の法則（運動の第一法則）
合力 ＝ 0のとき, 静止しつづける, または, 一定速度を保つ。

② 運動方程式（運動の第二法則）の意味

$$\overset{①}{\vec{a}} = \frac{\overset{②}{\vec{F}}}{\underset{③}{m}} \qquad \text{よって,} \quad m\vec{a} = \vec{F}$$

① 力 $\vec{F}$ を加えた向きに加速度 $\vec{a}$ は生じる。
② 力 $\vec{F}$ の大きさが大きいほど, 加速度 $\vec{a}$ は大きくなる。
③ 質量 $m$ が大きいほど, 加速度 $\vec{a}$ は小さくなる。

③ 作用・反作用の法則（運動の第三法則）
「**A** が **B** から受ける力」と「**B** が **A** から受ける力」とは逆向きで同じ大きさ。

④ 運動方程式の立て方
① 加速度 $\vec{a}$ の向きの決定
② $\vec{a}$ と同じ方向に $x$ 軸, 垂直方向に $y$ 軸, 力の分解
③ $x$ 方向には運動方程式, $y$ 方向には力のつり合いの式

⑤ 運動方程式の3つの落とし穴

$$\underset{①}{m} \times \underset{②}{\vec{a}} = \underset{③}{\vec{F}}$$

① $m$ には, 着目物体のみの質量。
② $\vec{a}$ は, 原則として大地（や床）から見た加速度。
③ $\vec{a}$ と同じ向きの力には正の符号, 逆向きの力には負の符号をつける。

# 運動方程式の応用

手順に
忠実，忠実

▲手順に忠実にしたがおう

## STORY ① 等加速度運動の予言法

じつは，これまでの章で力学の大きなストーリーが完成したんだ。

---

### ◆POINT ①◆ 等加速度運動の予言法

**STEP1** 力の書き込み「ナデ・コツ・ジュー」(p.36)

**STEP2** 運動方程式を立てる(p.56)。そして，加速度 $\vec{a}$ を求める。

**STEP3** 座標軸を立て 超大切 ，等加速度運動の「３点セット」
（初期位置 $x_0$，初速度 $v_0$，加速度 $a$）を表にする(p.21)。

**STEP4** 等加速度運動の３公式(p.20)で，$t$ 秒後の速度 $v$ と座標
$x$ を求める。

$v$ と $t$ の関係を問う →〔公式⑦〕 $v = v_0 + at$

$x$ と $t$ の関係を問う →〔公式①〕 $x = x_0 + v_0 t + \dfrac{1}{2}at^2$

$v$ と $x$ の関係を問う →〔公式⑦〕 $v^2 - v_0^2 = 2a(x - x_0)$

---

ということは，結局，なんと！

> ## 力さえ書ければ，運動の未来を予言できる！

ということになる。本章では，この≪等加速度運動の予言法≫の手順に忠実にしたがって，問題をどんどん解いていこう。

---

### チェック問題 1 〉 なめらかな斜面上の往復運動　　標準 **7**分

　　傾き $\theta$ の斜面上の点 O から，質量 $m$ の小物体を，斜面上向きに初速度 $v_1$ ですべり上がらせる。斜面はなめらかなものとする。

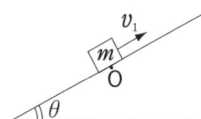

(1) 運動を開始してから，物体の達する最高点までの距離 $l$ を求めよ。

(2) 運動を開始してから，物体が元の点まで戻ってくるまでの時間 $T$ を求めよ。

---

**解 説** 〈 (1) **STEP1** 力の書き込み「ナデ・コツ・ジュー」(p.36)で，力を書き込む。垂直抗力を $N$ とする。

**STEP2** 斜面上向きに加速度 $a$ を仮定。
図aのように，$x$，$y$ 軸をとり，$x$ 方向の運動方程式を立てると，

$$x：ma = \underset{a と逆向きの力}{-mg \sin \theta}$$

よって，$a = -g \sin \theta$ 負なので，減速運動

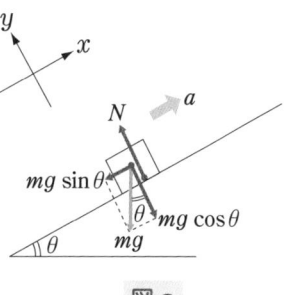

図 a

**STEP3** 図bで点Oを原点とした$x$軸上の等加速度運動の「3点セット」(p.20)は,

| 初期位置 $x_0$ | 0 |
|---|---|
| 初 速 度 $v_0$ | $v_1$ |
| 加 速 度 $a$ | $-g\sin\theta$ |

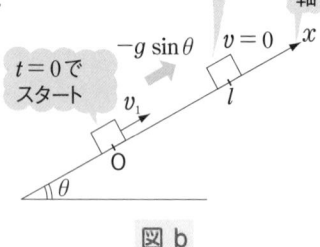

図 b

**STEP4** 本問では,最高点で一瞬止まる。つまり,<u>速度$v = 0$のときの座標$x = l$</u>を問われているので,<u>これは速度$v$と座標$x$の関係</u>なので,〔公式⑦〕(p.19)より,

$$0^2 - v_1^2 = 2(-g\sin\theta)(l - 0)$$

よって,$l = \dfrac{v_1^2}{2g\sin\theta}$……**答**

(2) 下降中に物体が受ける力は,やっぱり上昇中と同じ,$N$と$mg$だけ。よって,上昇中から一瞬止まって折り返して下降していく運動は,全体として一連の投げ上げ運動と見なせる。

そこで,**STEP1**〜**STEP3**までは(1)と全く同じなので省略し,**STEP4**から入る。

**STEP4** 図cで,<u>座標$x = 0$に戻る時刻$T$</u>を問われている。これは<u>$x$と$t$の関係</u>なので,〔公式①〕(p.18)より,

図 c

$$0 = 0 + v_1 T + \frac{1}{2}(-g\sin\theta)T^2$$

よって,$T = 0,\ \dfrac{2v_1}{g\sin\theta}$

ここで,$T = 0$は,出発時に$x = 0$にしたことを意味するだけなので,カット。よって,求める時刻は,

$$T = \frac{2v_1}{g\sin\theta}……**答**$$

ここまでできたら,次の チェック問題 **2** に入ってほしい。

**チェック問題 2** 〉 **粗い斜面上の往復運動**　　　標準 **9**分

**チェック問題 1** で斜面が粗く，物体との動摩擦係数が $\mu$ のとき，

(1) 最高点までの距離 $l'$ を求めよ。

(2) 物体が元の位置に戻ってきたときの速さ $v'$ を求めよ。

**解説** (1) **STEP1** 「もうすべっている」(p.41)ので，物体の受ける力は斜面下向きの動摩擦力 $\mu N$ になる。

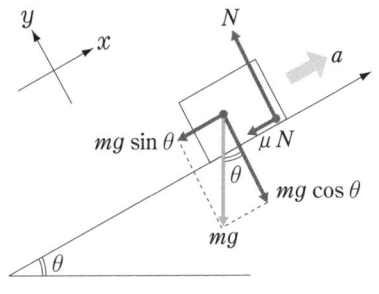

図 a

**STEP2** 斜面上向きに加速度 $a$ をとり，$x$，$y$ 方向に重力を分解する。

$x$ 方向：運動方程式

$$ma = -mg\sin\theta - \mu N$$

$y$ 方向：力のつり合いの式

$$N = mg\cos\theta$$

よって，$a = -(\sin\theta + \mu\cos\theta)g$ ……①

**STEP3** 点 O を原点とした $x$ 軸上の等加速度運動の「3点セット」は，

| 初期位置 $x_0$ | $0$ |
|---|---|
| 初 速 度 $v_0$ | $v_1$ |
| 加 速 度 $a$ | $a$（①式） |

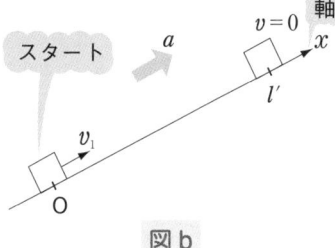

図 b

**STEP4** $v = 0$ のときの $x$ 座標 $= l'$ を求めたいので，〔公式②〕(p.19)より，

$$0^2 - v_1^2 = 2a(l' - 0)$$

よって，$l' = -\dfrac{v_1^2}{2a}$

①を代入して，

$$l' = \frac{v_1^2}{2(\sin\theta + \mu\cos\theta)g} \cdots\cdots ② \cdots\cdots \text{答}$$

●ナットクイメージ●
$\mu = 0$ とすると，
**チェック問題 1** の
$l$ と一致するよ！

(2)　さて，今回も <チェック問題 1> （p.67）と同じように，上昇中と下降中を共通の加速度をもつ一連の投げ上げ運動としていいかな？

え～と，あ！　今回は粗い斜面だから，動摩擦力の向きが行きと帰りで逆向きになっている！　つまり，加速度が変わる！

　Good！　よく気付いた。すると，(1)とは全く別運動として，**STEP 1** からやり直す必要があるね。動摩擦力の向きは，運動方向によって変わるから要注意。

**STEP 1** 物体は，下降中は斜面上向きに動摩擦力 $\mu N$ を受ける。

**STEP 2** 斜面下向きに加速度 $a'$ をとり，$x$，$y$ 方向に重力を分解する。

　$x$ 方向：運動方程式
　　$ma' = +mg \sin\theta - \mu N$
　$y$ 方向：力のつり合いの式
　　$N = mg \cos\theta$
よって，$a' = (\sin\theta - \mu\cos\theta)g$ ……③

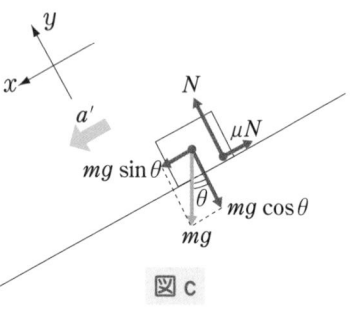

図 c

**STEP 3** 図 d で，最高点を原点として，斜面下向きを正とした $x$ 軸をとり直すと，「3 点セット」の表は，

| 初期位置 $x_0$ | 0 |
|---|---|
| 初 速 度 $v_0$ | 0 |
| 加 速 度 $a$ | $a'$（③式） |

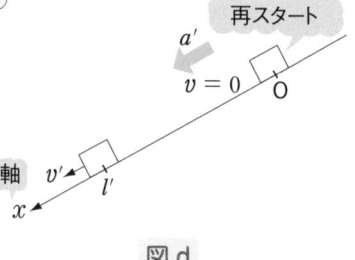

図 d

**STEP 4** $\underset{\sim}{x 座標 = l'}$ のときの $\underset{\smile}{v = v'}$ を求めたいので，〔公式 ❸〕（p.19）より，
　　$v'^2 - 0^2 = 2a'(l' - 0)$
よって，$v' = \sqrt{2a'l'}$
　　　　　$= \sqrt{\dfrac{\sin\theta - \mu\cos\theta}{\sin\theta + \mu\cos\theta}} \times v_1$ ……答
　　②, ③より

┌─ナットクイメージ─┐
$\mu = 0$ とすると，
$v' = v_1$ で，同じ速さ
で戻るね
└──────────┘

チェック問題 3 〉 **重ねた2物体の運動** やや難 **14**分

図のように，水平でなめらかな床の上に質量 $3m$ の板 A を置き，時刻 $t=0$ に質量 $m$ の物体 B を初速度 $v_0$ ですべらせる。すると，A は動き出し，やがて B は A に対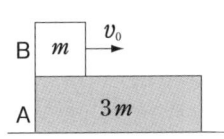

して静止した。A と B の間の動摩擦係数を $\mu$ とする。右向き正とする。

(1) B が A 上をすべっている間の A，B の加速度 $\alpha$，$\beta$ をそれぞれ求めよ。

(2) B が A に対し静止するときの時刻 $t_1$ を求めよ。

(3) B が A に対し静止したときの，A の速度 $v_1$ を求めよ。

(4) B が A の上をすべった距離 $l$ を求めよ。

**解説** (1) STEP1 図 a のように，A の凸，B の凹が引っかかる様子を拡大して作用・反作用の関係にある動摩擦力 $\mu N = \mu mg$ の向きを決める。

STEP2 運動方程式は，図 a より，

A：$3m\alpha = \mu mg$

B：$m\beta = -\mu mg$

よって，$\alpha = \dfrac{1}{3}\mu g$……① ……**答**

$\beta = -\mu g$……② ……**答**

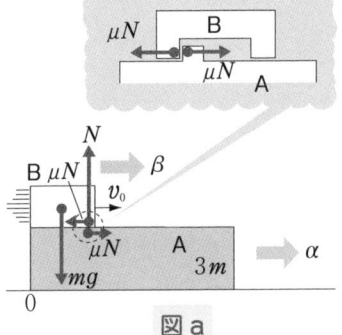

図 a

念のために聞いておくけど，$\alpha$，$\beta$ はだれから見た加速度かい？

もちろん，慣性力を使わない限り，床から見たものです。

そうだ！ その見方をしっかり忘れないでちょうだい。

(2) **STEP 3** $t = 0$ の左端を原点とした $x$ 軸上の等加速度運動の「3点セット」の表は，

| | A | B |
|---|---|---|
| 初期位置 $x_0$ | 0 | 0 |
| 初速度 $v_0$ | 0 | $v_0$ |
| 加速度 $a$ | $\alpha$ | $\beta$ |

となる。

**STEP 4** 「B が A に対して静止」というのは，どんなイメージかな？

> う～ん，A と B 両方動くと，どうも，イメージしづらいなあ。

そうだねぇ。じゃあ，一緒に考えていこう。

**図 b** で A は $t = 0$ で $v = 0$ だったのが，だんだん速くなっていく。B は $t = 0$ で $v = v_0$ だったのが，だんだん遅くなる。

すると，ついに A と B とが同じ速度 $v = v_1$ になるでしょ。その時刻が $t = t_1$ というわけだ。

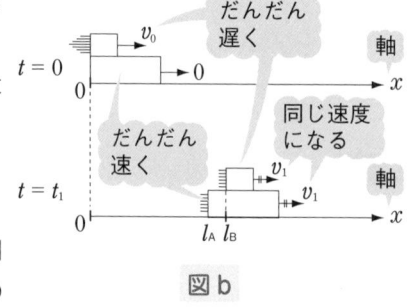

図 b

$t = t_1$ のときの A，B の速度はともに $v = v_1$ なので，〔公式⑦〕（p.17）より，

A：$v_1 = 0 + \alpha t_1$

B：$v_1 = v_0 + \beta t_1$

この2式より，$v_1$ を消して，$t_1$ について解くと，

$$t_1 = \frac{v_0}{\alpha - \beta} = \frac{3 v_0}{4 \mu g} \cdots\cdots ③ \quad \cdots\cdots \boxed{答}$$
　　　　　 ①, ②より

(3) 上の A の速度の式より，

$$v_1 = \alpha t_1 = \alpha \times \frac{3 v_0}{4 \mu g} = \frac{1}{4} v_0 \cdots\cdots ④ \quad \cdots\cdots \boxed{答}$$
　　　 ③より　　　　 ①より

(4) $t = t_1$ のときの A, B の座標をそれぞれ $x = l_A$, $l_B$ とすると,

〔公式❶〕(p.18) より,

$$l_A = 0 + 0 \times t_1 + \frac{1}{2}\alpha t_1^2$$

$$l_B = 0 + v_0 t_1 + \frac{1}{2}\beta t_1^2$$

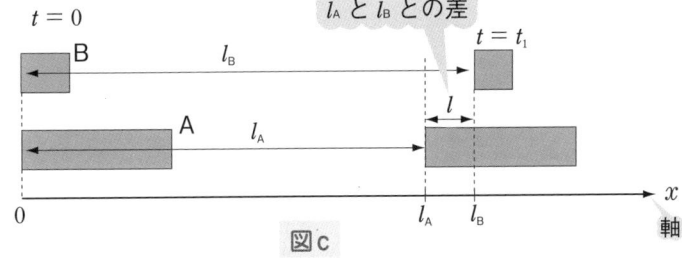

$t = 0$

$l_A$ と $l_B$ との差

$t = t_1$

B

$l_B$

$l$

A

$l_A$

$x$ 軸

0

$l_A$

$l_B$

図 c

ここで求めたいのは, あくまでも「A に対する」B の移動距離 $l$ なので, 図 c より,

$$l = l_B - l_A$$

$$= v_0 t_1 + \frac{1}{2}(\beta - \alpha)t_1^2$$

$$= \frac{3v_0^2}{4\mu g} + \frac{1}{2}\left(-\mu g - \frac{1}{3}\mu g\right) \times \left(\frac{3v_0}{4\mu g}\right)^2$$

①, ②, ③

$$= \frac{3v_0^2}{8\mu g} \cdots\cdots 答$$

じつは(4)には一瞬で解ける別解があるんだ。次のページが楽しみだね。

**別解** このような問題では，$v-t$ グラフをかかされることが多い。(3)
が終わった段階で，$v-t$ グラフをかいてみよう。

　等加速度運動なので傾き（加速度）は一定。よって，**図d**のような直線
のグラフになる。ここで A の $v-t$ グラフは実線で，B の $v-t$ グラフは破
線で表そう。

速度 $v$（対床，右向き正）

$v_0$　　B がスタート

A と B が
一体になる

$\dfrac{1}{4}v_0$

0　　　　　　　　　　　　　　　　時刻 $t$
　　　　　　　　$t_1$

A がスタート

**図 d**

　ここで，**図c** で見たように，

$$l = \underbrace{l_B}_{} - \underbrace{l_A}_{}$$
B のグラフの下の面積　　A のグラフの下の面積
（ピンク色の部分）　　　（斜線部分）

　よって，$l$ ＝（A と B のグラフで囲まれた三角形の面積 $S$）

$$= \frac{1}{2} \times \underbrace{v_0}_{底辺} \times \underbrace{t_1}_{高さ}$$

$$= \underbrace{\frac{3{v_0}^2}{8\mu g}}_{③} \cdots\cdots 答$$

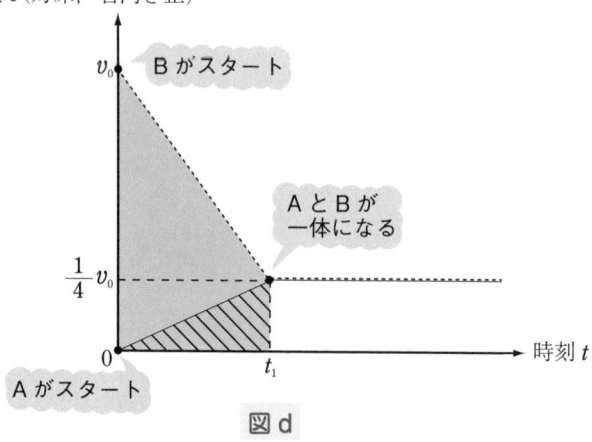

となって，はるかに計算量が少なくなってラクに出るね。

## 第 6 章
# ま　と　め

★　等加速度運動の予言の手順

**STEP 1**　力を書き込む。

**STEP 2**　運動方程式を立て，加速度 $a$ を求める。

**STEP 3**　座標軸を立て（じつは一番大切），等加速度運動の「3点セット」
を表にする。

| 初期位置 | $x_0$ |
|---|---|
| 初　速　度 | $v_0$ |
| 加　速　度 | $a$ |

**STEP 4**　等加速度運動の3公式を書く。

$v$ と $t$ の関係を問う　➡　〔公式⑦〕$v = v_0 + at$

$x$ と $t$ の関係を問う　➡　〔公式④〕$x = x_0 + v_0 t + \dfrac{1}{2} at^2$

$v$ と $x$ の関係を問う　➡　〔公式⑨〕$v^2 - v_0^2 = 2a(x - x_0)$

$x$ は座標だよ

これで等加速度運動については自由自在に予言できるようになったネ！
次は，等加速度運動以外の運動でも解ける強力な武器を導入しよう。

# 仕事とエネルギー

▲エネルギーとは相手に仕事をする能力

## STORY① 仕　事

### 1 仕事って何？

　物体に力を加えて動かす。この効果を仕事という。より大きな力で，より長く押せば押すほど，仕事は大きくなるね。とくに，一定の大きさの力 $F$ を加えて，その向きに距離 $x$ 動かしたときの仕事 $W$ は，

$$（仕事\ W\,[\mathrm{J}]）=（力\ F\,[\mathrm{N}]）\times（距離\ x\,[\mathrm{m}]）$$
$$\mathrm{J}（ジュール）= \mathrm{N}\cdot\mathrm{m}$$

となるよ。ただし，次の3つの場合には注意しよう。

### ① 力 $F$ が一定でない場合

　その場合は図1のように，$F$–$x$ グラフをかいて，その横軸と囲まれる面積が仕事 $W$ となる（各微小区間動かしたときの仕事が各長方形の面積になるから，それらの総和が $W$ になる）。「変化する力の仕事は，グラフで求める」が合言葉だ。

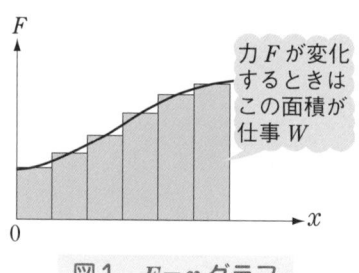

力 $F$ が変化するときはこの面積が仕事 $W$

図1　$F$–$x$ グラフ

## ② 力 $F$ の向きと，動かす向きが，異なる場合

この場合の説明として，引っ越しのアルバイトの例を考えよう。キミが引っ越し会社の社長としよう。そして，3人のバイト君（A君，B君，C君）を使って荷物を右へ $x$ [m]動かすという仕事をさせよう（**図2**）。

このとき，キミはA君，B君，C君それぞれに，どのような評価を下すだろうか。A君は $F_A$，B君は $F_B$，C君は $F_C$ の力をそれぞれ加えたとする。

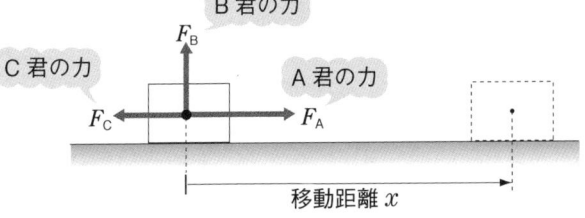

**図2　仕事は符号が命**

(i)　A君には，どう言おうか？

「よし！　力を荷物を動かす向きに加えた。プラスの効果だ」とホメます。

そのとおり。だから，A君は，
$$W = \underset{\text{プラス}}{+} F_A \times x$$

という**正の仕事**をしたと言えるのだ。

(ii)　B君には，どう言う？

「キミは上向きに力を加えたけど物体は上向きなんかにひとつも動いていない。ムナシイね。バイト代はゼロだ」と言う。

そうだ。よって，B君は全く仕事をしていない（$W = 0$）。つまり，力を加えても，その力の向きが移動方向と $90°$ のときは仕事をしないのだ。

(iii)　C君には，どう言いわたそうか？

「コリャ～ッ！　じゃますんな！　マイナスの効果だ！逆にこっちが給料もらいたいぐらいだ！」

まさにそうだね（笑）。だから，C君の仕事はマイナスで，

$$W = \underset{\text{マイナス}}{-} F_C \times x$$

となる。つまり，じゃますると負の仕事になるのだ。

### ③ 力$F$の向きと，動かす向きが，斜めになる場合

図3のように，力$F$を，動かす向きの力$F\cos\theta$と，それと垂直の力$F\sin\theta$に分解しよう。そして，仕事をしない$F\sin\theta$はポイッと捨て，$F\cos\theta$のみ考え，

$$W = F\cos\theta \times x$$

としよう。

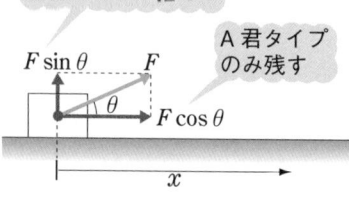

図3　斜めの力の場合

以上，まとめると，

---

**・POINT ①・ 仕事の５大ポイント**

仕事$W$（J）は，基本的に力$F$（N）と移動距離$x$（m）の積だけども，

- ⫶ $\vec{F}$と$\vec{x}$が同じ向き　　$W = +Fx$　　←A君タイプ
- ⫶ $\vec{F}$と$\vec{x}$が直角　　　　$W = 0$　　　←B君タイプ
- ⫶ $\vec{F}$と$\vec{x}$が逆の向き　　$W = -Fx$　　←C君タイプ
- ⫶ $\vec{F}$と$\vec{x}$が斜め　　　　$W = F\cos\theta \cdot x$
  　　　　　　　　　　（$\theta$は$\vec{F}$と$\vec{x}$のはさむ角）
- ⫶ $\vec{F}$が$x$によって変化する　$W =$（$F-x$グラフの下の面積）

---

### 2 仕事率とは

短い時間で多くの仕事ができるほど仕事の能率が大きいといえるね。とくに，1秒あたりにする仕事を仕事率$P$ [W]（W（ワット）= J/s）という。

ここで，（1秒あたりの移動距離）=（速さ$v$）なので，仕事率$P$は・POINT ①・で距離$\vec{x}$ ➡ 速度$\vec{v}$とおきかえたものとして計算することもできるね。

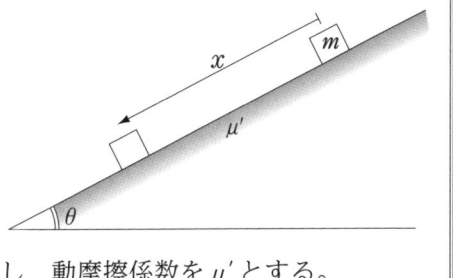

質量 $m$ の物体が傾き $\theta$ の粗い斜面に沿って，距離 $x$ だけすべり降りる。このとき,物体にはたらく

(1) 重力の仕事 $W_g$

(2) 垂直抗力の仕事 $W_N$

(3) 動摩擦力の仕事 $W_F$

をそれぞれ求めよ。ただし，動摩擦係数を $\mu'$ とする。

**解 説** まずは，図aで，重力を物体の移動方向と，それに垂直な方向に分解する。そして，斜面に垂直な方向の力のつり合いより,

$$N = mg\cos\theta \cdots\cdots ①$$

これで準備完了！

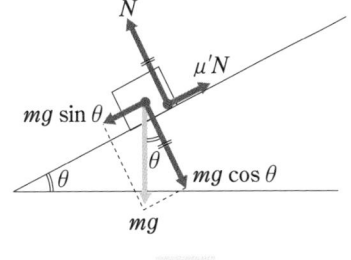

図 a

(1) 重力は斜面と斜めの力なので，分解し，斜面と平行方向成分の $mg\sin\theta$ のみ考える。この成分は，移動方向と同じ向きなので,

$$W_g = \underline{+mg\sin\theta \times x} \cdots\cdots 答$$

A君タイプ

(2) 垂直抗力は移動方向と直角なので，仕事をしない。

$$W_N = \underline{0} \cdots\cdots 答$$

B君タイプ

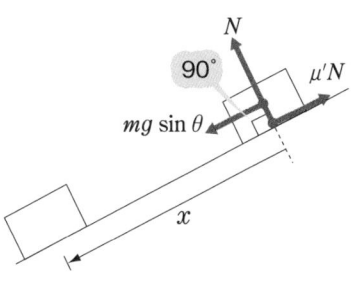

図 b

(3) 動摩擦力は，移動方向と逆向きなので,

$$W_F = \underline{-\mu' N \times x} = \underline{-\mu' mg\cos\theta \times x} \cdots\cdots 答$$

C君タイプ　①より

## 1 エネルギーって何?

「あっ危ない! だれかが投げてきた剛速球がキミの顔にぶつかってきた。」(**図4**)「ゴン! ググググ〜。キミの顔はボールから力を受け押されていく〜。」(**図5**)

図4                図5

この例でのボールのように，相手に対して仕事をする(力を加えて押せる)能力をもつことを，エネルギーをもっているという。

上の例のほかに，「あっ危ない! 頭上からお米の袋が落ちてきた。」(**図6**)「グググーと縮んだばねがキミの顔の横にある〜!」(**図7**)など，いろいろな場面で物体はエネルギーをもっているのだ。

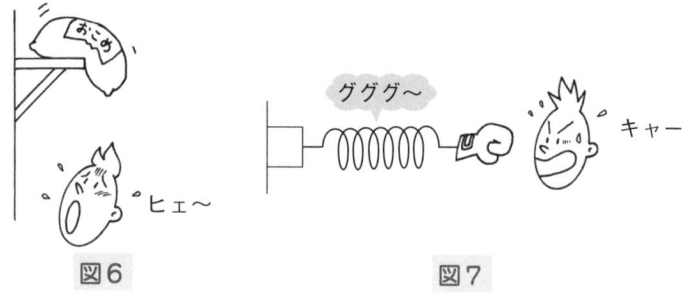

図6                図7

いずれにしても，**エネルギーとは相手に仕事をする能力**で，次のように定義できる。

> **・POINT ❷** エネルギー $E$ の定義
>
> 　物体が今の状態から，基準点で静止するまでに，他の物体に対して $E$〔J〕の仕事ができる能力をもつとき，その物体はエネルギー $E$〔J〕をもっているという。

## ❷ 運動エネルギー $K$

❶の剛速球の例からもわかるように，速くて，重い物体ほど相手により多くの仕事をする能力＝エネルギーをもつ。このように速くて重い物体がもつエネルギーを運動エネルギー $K$〔J〕という。

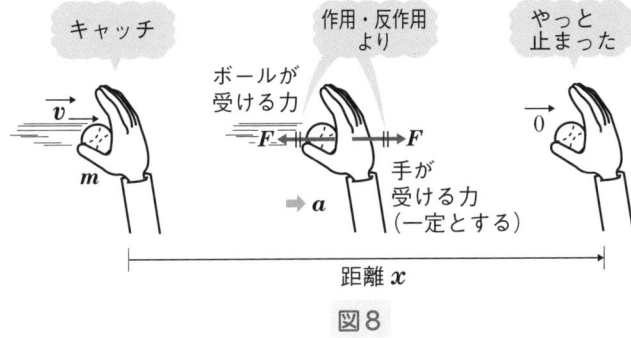

図8

図8で，速さ $v$ で飛ぶ質量 $m$ のボールが止まるまでに手にする仕事は，

$$W = \underset{\text{力}}{F} \times \underset{\text{距離}}{x}$$

ボールについての
運動方程式 $ma = -F$ より

$$= -ma \times x$$

$$= -m\left(\frac{-v^2}{2x}\right)x$$

等加速度運動の〔公式❷〕(p.19)
で，$0^2 - v^2 = 2a(x - 0)$ より

$$= \frac{1}{2}mv^2$$

となる。したがって，運動エネルギー $K$ は，

$$\boxed{K = \frac{1}{2} \times (質量\ m) \times (速さ\ v)^2}$$

となる。$K$ は，物体の質量 $m$ に比例し，速さ $v$ の2乗に比例する。

だから，車のスピードの出し過ぎは怖いんだ。時速 40 km と 120 km では，速さ $v$ は 3 倍違うだけだけど，事故の規模を表す運動エネルギーは何倍になるかな？

3 × 3 ＝ 9倍　ヒェ〜グシャグシャだ〜！

大学に入って免許を取っても，ゼッタイにスピードを出し過ぎるんじゃないぞ！

## 3 重力による位置エネルギー $U_g$

図6のお米の袋の例からもわかるように，重くて，高いところにある物体ほど，相手により多くの仕事をする能力（エネルギー）をもつ。

このように，重くて，高いところにある物体がもつエネルギーを重力による位置エネルギー $U_g$ 〔J〕という。

図9で，高さ $h$ にある質量 $m$ の物体には，$mg$ の重力がはたらいている。

いま，物体がゆっくりと，高さ0の基準点まで動く間に，この重力 $mg$ は，

$W = \underbrace{mg}_{力} \times \underbrace{h}_{距離}$ の仕事をする。

よって，重力による位置エネルギー $U_g$ は，

$$U_g = （質量\ m）\times g \times （高さ\ h）$$

となる。「重力 $mg$ を加えて，距離 $h$ 押し込む能力」と覚えよう。

高さ $h$

一定の力

距離 $h$

高さ0の基準点

図9

## 4 弾性力による位置エネルギー $U_k$

図7のばねの例からもわかるように，より硬くて，より伸びている（または縮んでいる）ばねほど，相手により多くの仕事をする能力＝エネルギーをもつ。このように，伸びたり縮んだりしたばねがもつエネルギーを，弾性力による位置エネルギー $U_k$ 〔J〕という。

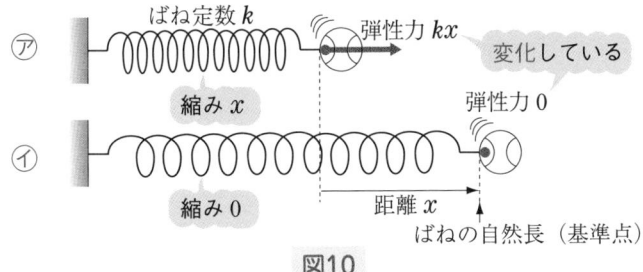

ばね定数 $k$　弾性力 $kx$
⑦　　　　　　　　　　　　　　　変化している

縮み $x$　　　　　　　　　　弾性力 $0$
⑦

縮み $0$　　　　距離 $x$
　　　　　　　　ばねの自然長（基準点）

図10

　図10で，はじめの⑦で縮みが $x$ のときのばねの弾性力の大きさは $kx$ だね。この⑦から自然長（基準点）の⑦の状態まで距離 $x$ だけ移動する間に，ばねの弾性力がした仕事 $W$ はいくらになるかな？

う〜ん？　弾性力が $kx$ で，距離が $x$ だから，$W = kx \cdot x$ かな？

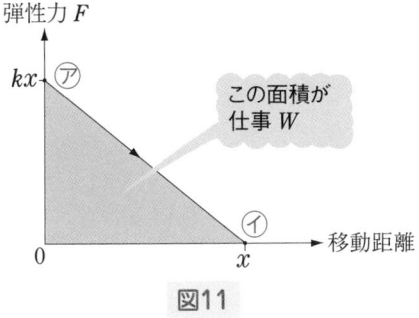

弾性力 $F$

$kx$　⑦

この面積が仕事 $W$

　　　　　　　　　　　　　　⑦　　移動距離
$0$　　　　　　　　　$x$

図11

　ほーら，やっぱり間違えた。弾性力 $F$ は，たしかにはじめ⑦では $F = kx$ だ。しかし，その後，ばねが自然長に近づくと，弾性力 $F$ はばねの縮みが減るのに伴って，小さくなっていく。そして，自然長⑦に達すると，弾性力は $F = 0$ となってしまうね。

そうか！　弾性力は減っていくんだ。変化する力のする仕事は，p.76のように図11の $F-x$ グラフの下の面積で求めるんだ！

　気づいたね！　だから，求める仕事は，図11の $F-x$ グラフの下の三角形の面積 $W$ で，

$$W = \frac{1}{2} \times \underset{底辺}{x} \times \underset{高さ}{kx} = \frac{1}{2} kx^2$$

となる。

よって，弾性力による位置エネルギー $U_k$ は，

$$U_k = \frac{1}{2} \times （ばね定数\ k） \times （ばねの縮みまたは伸び\ x）^2$$

となる。

あの〜。バネが $x$ 縮んでいるときのエネルギーは $\frac{1}{2}kx^2$ で，ばねが $x$ 伸びているときのエネルギーは $-\frac{1}{2}kx^2$ じゃないんですか。

いいえ，**図12**のように，伸びたばねの場合でも，自然長に戻るまでの間に弾性力 $F$ は必ず正の仕事をする能力＝正のエネルギーをもつんだ。

運動エネルギーと弾性エネルギーは必ず正の値をとるんだ（重力によるエネルギーは基準点より低ければ負になるよ）。

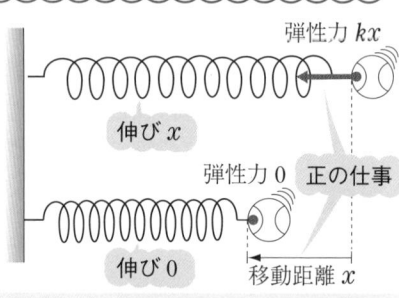

図12　伸びたばねも正の仕事をする

## 5 力学的エネルギーは「3要素」で決まる

**図13**のように，質量 $m$ のボールが，速さ $v$ で，高さ $h$ の位置から，$x$ だけ縮んだばね定数 $k$ のばねによって発射されたとする。

運動エネルギーの効果と，重力による位置エネルギーの効果と，弾性力による位置エネルギーの効果がいっぺんに積み重なる。各エネルギーを合わせたもの

$$E = \frac{1}{2}mv^2 + mgh + \frac{1}{2}kx^2$$

を力学的エネルギーという。

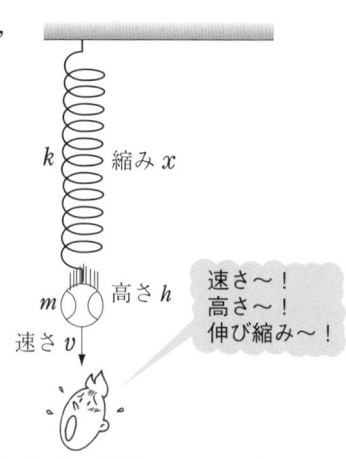

図13　力学的エネルギーの「3要素」

この式から，力学的エネルギーは次の３つの量＝「３要素」だけで決まってしまうことがわかるね。

> **・POINT ❸・ 力学的エネルギー $E$ の「３要素」**
>
> （速さ $v$，高さ $h$，伸び縮み $x$）の「３要素」によって，
>
> $$E = \frac{1}{2}mv^2 + mgh + \frac{1}{2}kx^2 \quad と書ける。$$
>
> 運動　　　　重力による　弾性力による
> エネルギー　位置エネルギー　位置エネルギー

> **チェック問題 ❷ 力学的エネルギーの「３要素」　📖2分**
>
> 次の(1)，(2)の各状態のもつ力学的エネルギー $E$ を求めよ。
>
>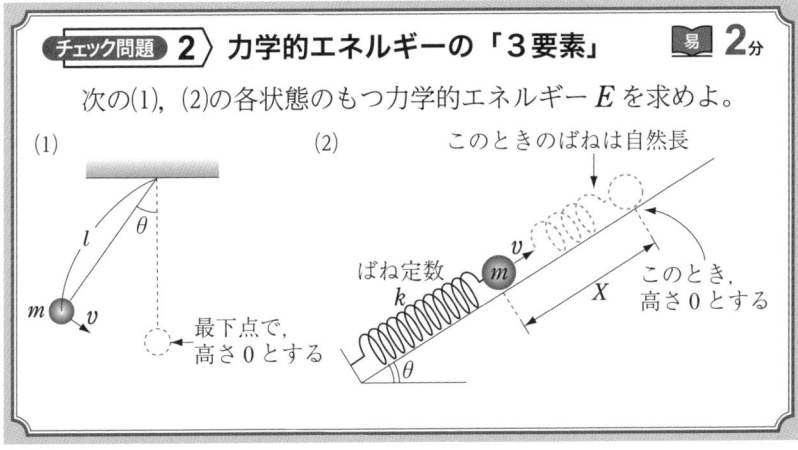

**解説** （速さ $v$，高さ $h$，伸び縮み $x$）の「３要素」で力学的エネルギーは決まる。とくに，高さ $h$ については次に注意しよう。

> **・POINT ❹・ 高さ $h$ についての注意点**
>
> ∷ 高さ０の基準点が与えられていなければ**勝手に仮定**してよい。
> ∷ 高さ０よりも低ければ，高さは**負（マイナス）**となる。

(1) 「3要素」は,

(速さ $v$),（高さ $\underbrace{l - l\cos\theta}_{\text{図aより}}$),（ばねナシ）

$$E = \frac{1}{2}mv^2 + mgl(1 - \cos\theta) \ \cdots\cdots \boxed{答}$$

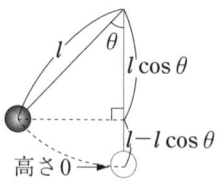

図a

(2) 「3要素」は,

(速さ $v$),（高さ $\underbrace{-X\sin\theta}_{\substack{\text{図bで高さ0よりも} \\ \text{低いのでマイナス}}}$),（縮み $X$)

$$E = \frac{1}{2}mv^2 + mg(-X\sin\theta) + \frac{1}{2}kX^2$$
$$= \frac{1}{2}mv^2 - mgX\sin\theta + \frac{1}{2}kX^2 \cdots\cdots \boxed{答}$$

図b

「3要素」の明記を怠ると, 入試本番で痛い目に遭ってしまうよ！ 差がつくのは, むしろこういう習慣だからね〜。

第 7 章

## ま と め

**①** 仕事 $W$ は力 $F$ と移動距離 $x$ の積であるが，

① $\vec{F}$ と $\vec{x}$ が同じ向きのとき　　$W = +Fx$

② $\vec{F}$ と $\vec{x}$ が直角のとき　　　$W = 0$

③ $\vec{F}$ と $\vec{x}$ が逆の向きのとき　$W = -Fx$

④ $\vec{F}$ と $\vec{x}$ が斜めのとき　　　$W = F\cos\theta \cdot x$

　　　　　　　　　　　　　　（$\theta$ は $\vec{F}$ と $\vec{x}$ のはさむ角）

⑤ $\vec{F}$ が変化するとき　　　　$W = (F{-}x\, グラフの下の面積)$

**②** 力学的エネルギー $E$ = 相手に仕事をする能力

**③** まず(速さ $v$), (高さ $h$), (伸び縮み $x$)の「3要素」をはっきりと明記せよ(高さ0の点を1つ決めよ)。

すると，力学的エネルギーは次のように決まる。

$$E = \frac{1}{2}mv^2 + mgh + \frac{1}{2}kx^2$$

運動エネルギー　　重力による位置エネルギー　　弾性力による位置エネルギー

必ず正　　正または負　　必ず正

いよいよこれで，次の強力な武器《仕事とエネルギーの関係》を使える準備が整ったよ！

# 第8章 仕事とエネルギーの関係

▲貯金箱の中のお金の流れと同じ

## STORY① 仕事とエネルギーの関係

### 1 仕事とエネルギーの関係はお金の流れと同じ

　まず例として、キミの貯金箱に 100 万円（わーい！）入っていたとしよう。このお金を増やしたかったら、どうするかぃ？

 お金よ増えよ〜と祈る、というのは冗談で、マジメにバイトしてお金を投入します。

　たとえば、20 万円のお金を投入したら、合計 100 ＋ 20 ＝ 120 万円になるね。

$$\begin{pmatrix} はじめ（前）の \\ 貯金 \\ 100 万円 \end{pmatrix} + \begin{pmatrix} 途中（中）で \\ 投入したお金 \\ 20 万円 \end{pmatrix} = \begin{pmatrix} あと（後）の \\ 貯金 \\ 120 万円 \end{pmatrix}$$

　上の式は、当たり前のことだね。貯金というのは、何もしないのに勝手に増えたり、減ったりしない量だね。物理では、このような量のことを**保存量**というんだ。主な保存量としては、前章でやった力学的エネルギー、その他、運動量、電気量などがあるよ。

ここで，（貯金100万円）＝（お金を100万円使うことができる能力）といいかえることができるので，前の式は次のように書けるね。

$$\left(\begin{array}{c}\text{⑪}\\ \text{お金を使える能力}\\ \text{100万円}\end{array}\right)+\left(\begin{array}{c}\text{⊕}\\ \text{投入したお金}\\ \text{20万円}\end{array}\right)=\left(\begin{array}{c}\text{⑭}\\ \text{お金を使える能力}\\ \text{120万円}\end{array}\right)$$

　つまり，お金を使える能力は，お金を投入した分だけ増えるというわけだ。ここからが本題だ！　ここで試しに「**お金**」を「**仕事**」におきかえると，

$$\left(\begin{array}{c}\text{⑪}\\ \text{仕事をする能力}\end{array}\right)+\left(\begin{array}{c}\text{⊕}\\ \text{投入した仕事}\end{array}\right)=\left(\begin{array}{c}\text{⑭}\\ \text{仕事をする能力}\end{array}\right)$$

　この**仕事をする能力**は，前章でもやったけど，何のことか覚えているかな？

> ハイ！　覚えてます！
> （仕事をする能力）＝（力学的エネルギー）　です！

　では，そのように上の式を書きかえると，次の式が出てくるね。

---

**・POINT ❶** **仕事とエネルギーの関係**

$$\left(\begin{array}{c}\text{⑪の力学的}\\ \underset{\sim\sim\sim\sim}{\text{エネルギー}}\end{array}\right)+\left(\begin{array}{c}\text{⊕で重力・弾性力}\\ \text{以外のした仕事}\end{array}\right)=\left(\begin{array}{c}\text{⑭の力学的}\\ \text{エネルギー}\end{array}\right)$$

$\parallel$

運動エネルギー　　$\dfrac{1}{2}mv^2$

　　＋

重力による位置エネルギー　　$mgh$

　　＋

弾性力による位置エネルギー　　$\dfrac{1}{2}kx^2$

> 重力・弾性力のする仕事は，すでに⑪⑭の位置エネルギーの形で計算されてしまっている。（**2**で見る）
> 　だから，ダブルカウントを防ぐために，⊕では重力・弾性力のする仕事はわざと除外してある。

どうして途中では，重力・弾性力のする仕事を除外するんですか？　かわいそうじゃないですか！

まあまあ落ち着いて。その点については次の **2** で具体的に確かめてみよう。

## 2 仕事とエネルギーの関係の「具体的証明」

**1** では貯金にたとえて，仕事とエネルギーの関係のおおまかなイメージをつかんだね。ここでは，より具体的にこの関係式を導いてみよう。
一つひとつの式の変形を追ってみてね。

図1で，手の力 $F$ が重力 $mg$ に逆らって物体を持ち上げるとしよう。
前で高さ $h_1$ から速さ $v_1$ で上げはじめ，
中で一定の手の力 $F$ で距離 $h_2 - h_1$ だけ一定の加速度 $a$ で持ち上げて，
後で高さ $h_2$ を速さ $v_2$ で通過させる。

まず，前後での等加速度運動の
［公式◯］（p.19）より，

$$v_2{}^2 - v_1{}^2 = 2\,a(h_2 - h_1)$$

この式の両辺に $\dfrac{1}{2}m$ をかけて

$$\frac{1}{2}mv_2{}^2 - \frac{1}{2}mv_1{}^2 = ma(h_2 - h_1)$$

右辺に中の運動方程式

$$ma = +F - mg$$

を代入すると，

$$\frac{1}{2}mv_2{}^2 - \frac{1}{2}mv_1{}^2 = (F - mg)(h_2 - h_1)$$

左右の辺を入れかえて展開すると，

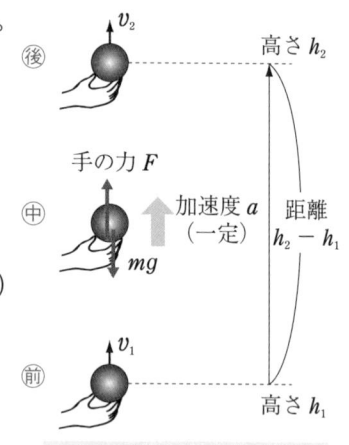

**図1　ボールを持ち上げる**

$$\therefore \quad \frac{1}{2}mv_1^2 + F(h_2 - h_1) - mg(h_2 - h_1) = \frac{1}{2}mv_2^2$$

$$\therefore \quad \left(\frac{1}{2}mv_1^2 + mgh_1\right) + F(h_2 - h_1) = \left(\frac{1}{2}mv_2^2 + mgh_2\right)$$

前の力学的 ⊕で手の 後の力学的
エネルギー した仕事 エネルギー

　ここで，注目してほしいのは最後の式変形で，重力のする仕事 $-mg(h_2 - h_1)$ が，重力による位置エネルギー $mgh_1$ と $mgh_2$ へと姿を変えてしまっていることだ。だから，⊕では重力のする仕事は除外されることになるんだね。

　全く同様に，⊕で弾性力のする仕事も弾性力による位置エネルギーへと姿を変えてしまい，⊕から除外されてしまうんだ。

### 3 力学的エネルギー保存の法則の成立条件

　2で（力学的エネルギー）が，⊕で入った（重力・弾性力以外の仕事）分だけ変化することを見たね。ならば，もし⊕で（重力・弾性力以外の仕事）がなかったら，（力学的エネルギー）はどうなるかな？

　途中で何も入ってこないので，前後の力学的エネルギーは，変わりようがないですよ。前と後で等しくなるはずです！

```
・POINT ❷・ 力学的エネルギー保存則
                ポイント

  もし，⊕で重力・弾性力以外の仕事がなければ，

  （前の力学的エネルギー） ＝ （後の力学的エネルギー）
```

まとめると，このようになるね。

$$\left(\begin{array}{l}⊕の重力・弾性力\\以外の仕事\end{array}\right) \rightarrow \boxed{\text{あり}} \Rightarrow 《仕事とエネルギーの関係》$$
$$\rightarrow \boxed{\text{なし}} \Rightarrow 《力学的エネルギー保存則》$$

## 4 仕事やエネルギーはいつ使うのか？

 あの〜，そもそも，この仕事やエネルギーというのは，どんな問題で使うんですか？

おお！　いいぞ！「いつ使うのか？」というのは，すごくいい質問だ。答えはズバリ！

---

**・POINT　③・　エネルギーによる解法はいつ使うのか**

力学的エネルギーの「3要素」(p.85)(速さ $v$)，(高さ $h$)，(伸び縮み $x$)や(すべった距離 $l$)を問われたとき

---

となる。理由はカンタン。たとえば，速さ $v$ を問われたら，《仕事とエネルギーの関係》を書いて，その式を「$\frac{1}{2}mv^2 =$」の形にし，それを $v$ について解けば，$v$ は求まるね。

高さ $h$ も同じように，「$mgh =$」の形にして，その式を $h$ について解けばいいし，伸び縮み $x$ も「$\frac{1}{2}kx^2 =$」の形にして，その式を $x$ について解けば求められる。すべった距離 $l$ は動摩擦力の仕事，「$-\mu N \cdot l =$」の形にもっていき，その式を $l$ について解けば求められるね。

要は，求めるものを含む式を立てればいいんだ。では，さっそくこの解法を使ってみよう。

次の問題にトライだ !!!

 さっそく
使ってみよう！

**チェック問題 1 〉 仕事とエネルギーの関係** 📖 易 **6**分

　　⑦ $x$ だけ縮んだ，ばね定数
$k$ のばねで打ち出された質量 $m$
の物体が，⑦自然長で速さ $v_1$ で
ばねから外れ，⑨傾き $\theta$ の斜面
の動摩擦係数 $\mu$ の部分を $l$ だけ
登って，高さ $h$ で止まった。

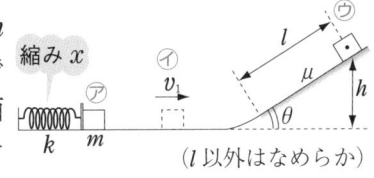

（$l$ 以外はなめらか）

(1)　$v_1$ を，$x$，$k$，$m$ を使って表せ。

(2)　$l$ を，$v_1$，$h$，$\mu$，$g$，$\theta$ を使って表せ。

**解説** 速さ $v_1$，距離 $l$ を問うので，仕事とエネルギーを使った解法で
解こう。(1)では⑦〜⑦，(2)では⑦〜⑨に注目する。

(1)　⑦〜⑦では，重力・弾性力以外の仕事はあるかな？

 いいえ。弾性力の仕事のみです。

ということは，《力学的エネルギー保存則》(p.91)で解くね。

　図aで，エネルギーの「3要素」(p.85)は
⑦（速さ0），（高さ0とする），（縮み $x$），
⑦（速さ $v_1$），（高さ0），（縮み0）。
よって，
《力学的エネルギー保存則》は，

縮み $x$　0　　縮み0　$v_1$

高さ0
とする

図 a

$$\overset{⑦}{\frac{1}{2}kx^2} = \overset{⑦}{\frac{1}{2}mv_1{}^2}$$

よって，$v_1 = \sqrt{\dfrac{k}{m}} \cdot x$ ……**答**

(2) ㋑〜㋒では重力・弾性力以外の仕事はあるかな？

> あります！　動摩擦力が負の仕事 $-\mu N \cdot l = -\mu mg \cos\theta \cdot l$ をしています！

ということは，《仕事とエネルギーの関係》(p.89)で解くね。

**図b**で，エネルギーの「3要素」は，

　　㋑(速さ $v_1$)，(高さ0とする)，(縮み0)，
　　㋒(速さ0)，(高さ $h$)，(ばねなし)
　　よって，
《仕事とエネルギーの関係》の式は，

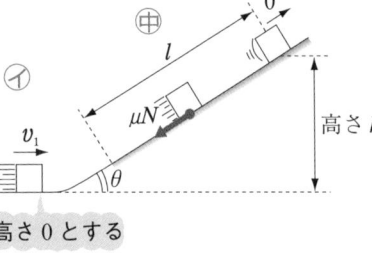

図 b

$$\underbrace{\frac{1}{2}mv_1^2}_{㋑} + \underbrace{(-\mu mg\cos\theta \cdot l)}_{㊥の動摩擦力の仕事} = \underbrace{mgh}_{㋒}$$

　　よって，$l = \dfrac{v_1^2 - 2gh}{2\mu g\cos\theta}$ ……答

> 1つつっこみを入れていいですか。p.90の **2** で等加速度運動の公式から導いた仕事とエネルギーの関係を，どうして本問のような等加速度運動ではない運動にまで使っていいのですか。

　ドキッ！　鋭いね。たしかにそう思えるよね。

　たとえば，**図c**のような曲線経路をすべっていくボールは，全体としては等加速度運動はしていない。

　しかし，経路を細かく分割して，1，2，3，……，$N$ の微小区間に分ければ，一つひとつの区間ごとはほぼ直線と見なせ，**各区間内では等加速度運動と見なせる。**

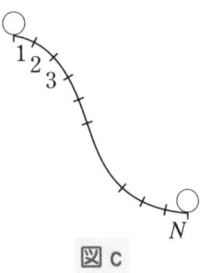

図 c

そこで各区間ごとに《仕事とエネルギーの関係》

（前のエネルギー）＋（中の重力・弾性力以外の仕事）＝（後のエネルギー）

を立てると，

　　区間1：前$_1$ ＋ 中$_1$ ＝ 後$_1$

　　区間2：前$_2$ ＋ 中$_2$ ＝ 後$_2$

　　区間3：前$_3$ ＋ 中$_3$ ＝ 後$_3$

　　　⋮　　　⋮　　　⋮　　　⋮

　　区間$N$：前$_N$ ＋ 中$_N$ ＝ 後$_N$

ここで各辺を足すと，

　　　　　後$_1$ ＝ 前$_2$, 　後$_2$ ＝ 前$_3$, 　……，　後$_{N-1}$ ＝ 前$_N$ 　だから，

左右の辺で打ち消し合って，結局残るのは，

　　　　　前$_1$ ＋ （中$_1$ ＋ 中$_2$ ＋ 中$_3$ ＋ …… ＋ 中$_N$） ＝ 後$_N$

　つまり，全体の区間としては，全く等加速度運動ではないにもかかわらず，等加速度運動の公式から導いた《仕事とエネルギーの関係》が使えてしまうのだ。つまり図dのイメージだ。

─── 《仕事とエネルギーの関係》(p.88) ───

等加速度運動以外の一般運動

─── 《等加速度運動の予言法》(p.66) ───

等加速度運動

**図d　各解法が扱える運動の範囲**

さあ！　次からは「物理基礎」の総仕上げ問題だ。　最高の気合いで臨め！

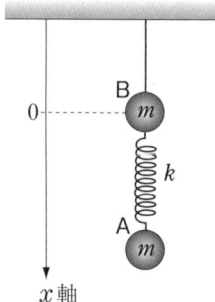

### チェック問題 2 〉 鉛直ばね振り子

やや難 **12**分

ばね定数 $k$，自然長 $l$ の軽いばねの両端に，ともに質量 $m$ の小球 A，B がつけられており，B は天井からつるした軽い糸の先についている。$x$ 軸は，B の位置を原点にして，鉛直下向き正にとる。

(1) A をつり合いの位置で静止させたとき，

  (ア) 糸の張力 $T$ を求めよ。

  (イ) A の座標 $x_1$ を求めよ。

(2) (1)の状態からばねの自然長の位置まで，A を持ち上げ，静かに放した。

  (ア) A を持ち上げた外力のした仕事 $W$ を求めよ。

  (イ) A が(1)のつり合いの位置を通過するときの速さ $v_1$ を求めよ。

  (ウ) 糸は張力が $2.5\,mg$ になると切れる。糸が切れる直前のばねの伸び $d_1$ を求めよ。

  (エ) 運動中に糸が切れるかどうか判定せよ。

---

**解説** (1)(ア) 糸の張力 $T$ が問われているので，力のつり合いの式を考える。図 a で，2 つの小球に着目した力のつり合いの式より（ばねの弾性力どうしは相殺），

$$T = mg + mg = 2mg \cdots\cdots 答$$

(イ) つり合いの位置でのばねの伸びを $d$ とする。図 a で，A のみに着目した力のつり合いの式より，

$$kd = mg \quad よって，d = \frac{mg}{k} \cdots\cdots ①$$

よって，求める座標 $x_1$ は，

$$x_1 = l + d = l + \frac{mg}{k} \cdots\cdots 答$$

ここまで，まだエネルギーは使っていないよ。

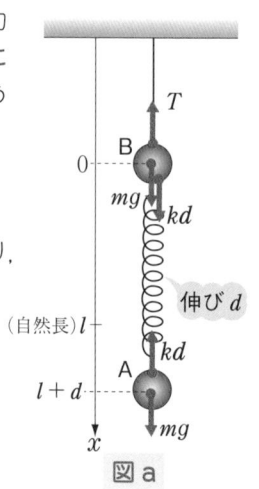

図 a

(2)(ア) 仕事が問われているから，原則として（力×距離）でいくけれど，今の場合，少し注意が必要だ。それは，小球を持ち上げる外力 $F$ の大きさが変化することだ。A を持ち上げていくと，ばねの力は弱くなってしまう。よって，A を支えなければならない外力 $F$ は，**図b**のように，$F = 0$ から $F = mg$ まで大きくしていく必要がある。

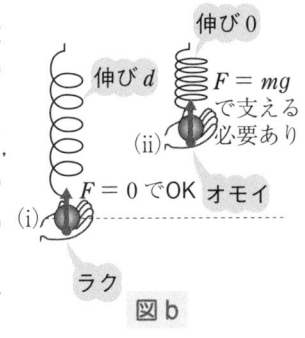

図b

このように，変化する力 $F$ のする仕事を計算するには何が必要かな？

p.76の $F - x$ グラフの下の面積です。

そのとおり！ **図c**の $F - x$ グラフの下の面積により，求める仕事 $W$ は，

$$W = \frac{1}{2}dmg$$

図c の三角形の面積

$$= \frac{(mg)^2}{2k} \cdots\cdots答$$

①より

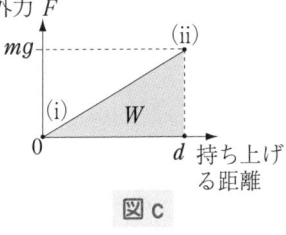

図c

(イ) 速さ $v$ が問われているので，さあ，いよいよエネルギーを用いるね。重力・弾性力以外の仕事はないので，《力学的エネルギー保存則》が使える。「3要素」（p.85）は**図d**で，前では（速さ0），（高さ0とする），（伸び0）後では（速さ $v_1$），（高さは前よりも $d$ だけ低いので，$-d$），（伸びは $d$）となる。

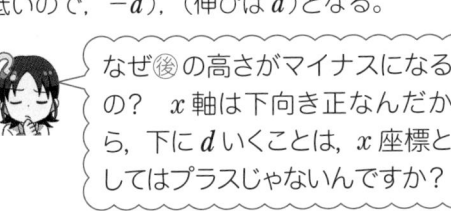

なぜ後の高さがマイナスになるの？ $x$ 軸は下向き正なんだから，下に $d$ いくことは，$x$ 座標としてはプラスじゃないんですか？

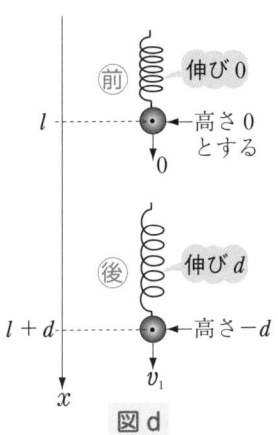

図d

いいかい。たとえ座標がプラスになろうとも，高さが0よりも低ければ必ずマイナスになるんだよ。

よって，

$$\overset{\text{前}}{\phantom{0}}\overset{\text{後}}{\overbrace{\phantom{\frac{1}{2}mv_1{}^2 + mg(-d) + \frac{1}{2}kd^2}}}$$
$$0 = \frac{1}{2}mv_1{}^2 + mg(-d) + \frac{1}{2}kd^2$$

①式 $d = \dfrac{mg}{k}$ を代入して整理すると，

$$0 = \frac{1}{2}mv_1{}^2 - \frac{(mg)^2}{2k}$$

したがって，$v_1 = g\sqrt{\dfrac{m}{k}}$ ……答

(ウ) これは一見伸びが問われているように見えるけれど，結局は，糸の張力が $2.5mg$ になるときの弾性力 $kd_1$ が問われているので，力の問題。**図 e** で，B のみに注目した力のつり合いの式より，

$$2.5mg = kd_1 + mg$$

よって，$d_1 = \dfrac{3mg}{2k}$ ……② ……答

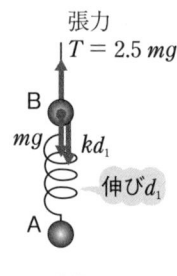

図 e

(エ) 最下点の伸び $d_2$ が問われている問題で，エネルギーで解く。$d_2 > d_1$ なら糸は切れる。

⊕では，重力・弾性力以外の仕事はないので，《力学的エネルギー保存則》で解く。

「3要素」(p.85) は，**図 f** より，

前 (速さ0)，(高さ0とする)，(伸び0)
後 (速さ0)，(高さ $-d_2$)，(伸び $d_2$)

より，

$$\overset{\text{前}}{\phantom{0}}\overset{\text{後}}{\overbrace{\phantom{mg(-d_2) + \frac{1}{2}kd_2{}^2}}}$$
$$0 = mg(-d_2) + \frac{1}{2}kd_2{}^2$$

よって，$d_2 = \dfrac{2mg}{k}$ ……③ （$d_2 = 0$ は除外）

②，③より，$d_2 > d_1$ となるので，運動中に糸は切れてしまう。……答

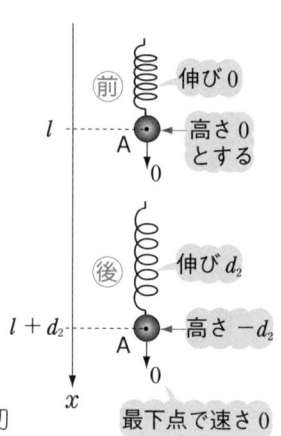

図 f

**チェック問題 3** 滑車と放物運動　　　　やや難 15分

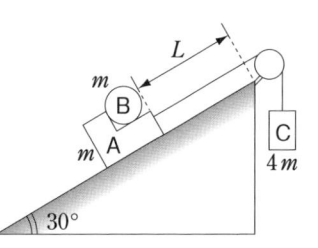

図のように，上端に滑車のついた傾角30°の粗い斜面がある。質量 $m$ の台車Aの上に質量 $m$ の球Bを乗せ，軽い糸で滑車を通して質量 $4m$ のおもりCにつなげ，全体を静かに平板上に置いた。台車は，動摩擦係数 $\dfrac{\sqrt{3}}{3}$ の斜面上 $L$ だけ登り，滑車に衝突すると，球はそのときの初速度で空中に飛び出していって最高点に達した。

(1) 球が飛び出す速さ $v_1$ はいくらか。

(2) 球が飛び出した位置からはかった，最高点の高さ $h_1$ はいくらか。ただし，最高点での球の速さは $\dfrac{\sqrt{3}}{2}v_1$ となる。

**解説** (1) 速さを問うので，エネルギーで解こう。まずは，動摩擦力から出してみよう。

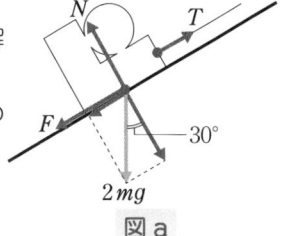

図aで，台車と球の斜面と垂直方向の力のつり合いの式により，垂直抗力 $N$ は，

$$N = 2mg\cos 30° = \sqrt{3}\,mg$$

よって，動摩擦力の大きさ $F$ は，

図a

$$F = \frac{\sqrt{3}}{3}N = \frac{\sqrt{3}}{3} \times \sqrt{3}\,mg = mg \cdots\cdots ①$$

ここで，台車と球に注目して《仕事とエネルギーの関係》を立てると，「3要素」は（ばねナシ），

㊞（速さ0），（高さ0とする）

㊞（速さ $v_1$），（高さは $L\sin 30° = \dfrac{1}{2}L$）で，

図b

㊞　　　　　㊥　　　　　　　㊞

$$0 + (-F \times L) + \underbrace{(張力\,T)}_{未知} \times L = \frac{1}{2}2mv_1{}^2 + 2mg \times \frac{1}{2}L \quad となるね。$$

この式から $v_1$ は求まるかい？

ダメ！　張力 $T$ が未知なんだから，$v_1$ について解いても ムリ！

そうだね。糸の張力 $T$ がジャマだね。そうすると，全体に着目して，糸 の張力の仕事どうしを相殺させてしまうしかないね。

図cで，「台車と球」そしておもり全体に 着目して，「3要素」は（ばねナシ），

㊙（「台車と球」とおもりすべての速さ0），
　（「台車と球」とおもりのそれぞれの位 置を高さ0とする）

㊨（「台車と球」とおもりすべての速さ $v_1$），
　（「台車と球」の高さは $L\sin 30° = \dfrac{1}{2}L$ でおもりの高さは $-L$）。

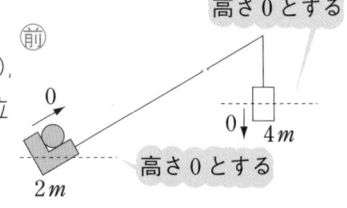

㊙で，「台車と球」とおもり， それぞれ独自に，高さ0とし てしまっていいんですか？

いいんだよ。なぜなら，エネルギーの式 では，結局㊙㊨の高さの差だけが残るから ね。どこを高さ0の点に選んでも答えは同 じだ。各物体ごとに，それぞれ一番わかり やすい所を高さ0とすればいいんだ。

全体に着目した《仕事とエネルギーの関係》より，

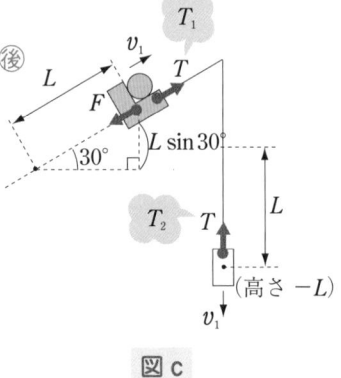

図 c

$$\underset{㊙}{0} + \underbrace{(-F \times L)}_{F\text{の仕事}} + \underbrace{T \times L}_{T_1\text{の仕事}} + \underbrace{(-T \times L)}_{T_2\text{の仕事}}$$

$$= \frac{1}{2} \times 2m{v_1}^2 + \frac{1}{2} \times 4m{v_1}^2 + 2mg \times \frac{1}{2}L + 4mg(-L)$$

①を代入して，

$$0 = +mgL + \frac{1}{2} \times 6mv_1{}^2 - 3mgL$$

よって，

$$v_1 = \sqrt{\frac{2}{3}gL} \cdots\cdots ② \quad \cdots\cdots 答$$

(2) 高さが問われているのでエネルギーで解こう。詳しくは次の章で見る
けれど，放物運動の命は水平方向と鉛直方向に分けること。

ここで初速度 $v_1$ を水平方向 $\frac{\sqrt{3}}{2}v_1$，鉛直方向 $\frac{1}{2}v_1$ に分ける
と，水平方向には重力を受けないので，速度の水平成分は $\frac{\sqrt{3}}{2}v_1$
で，一定のままだ。

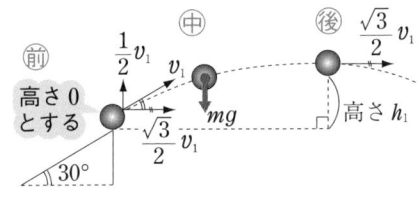

図d

最高点では，純粋に水平方向のみの速さ $\frac{\sqrt{3}}{2}v_1$ をもつ。ここで，**図d**の
⊕では，重力のみしか受けないので，《力学的エネルギー保存則》が成り
立つね。

**図d**で，「3要素」(ばねナシ)は，

⊝ （速さは斜面方向の $v_1$），（高さは0とする）

⊛ （速さは水平方向の $\frac{\sqrt{3}}{2}v_1$），（高さは $h_1$ とする）

$$\overbrace{\frac{1}{2}mv_1{}^2 + mg \times 0}^{⊝} = \overbrace{\frac{1}{2}m\left(\frac{\sqrt{3}}{2}v_1\right)^2 + mgh_1}^{⊛}$$

よって，$h_1 = \dfrac{v_1{}^2}{8g} = \dfrac{1}{12}L \cdots\cdots 答$

②より

**別解**

　詳しくは次の章で見るように，放物運動では，水平方向の等速運動と，鉛直方向の投げ上げ運動に完全に分けて考えることが大切なんだ。そこで，**図 e** のような鉛直方向の投げ上げ運動のみを考えて，

「3点セット」(p.20)の表は，

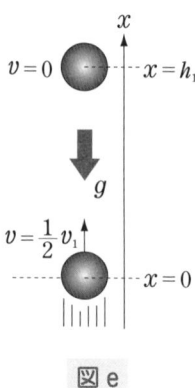

図 e

| 初期位置 $x_0$ | $0$ |
|---|---|
| 初 速 度 $v_0$ | $\dfrac{1}{2}v_1$ |
| 加 速 度 $a$ | $-g$ |

ここで等加速度運動の〔公式❸〕(p.19)より，

$$0^2 - \left(\frac{1}{2}v_1\right)^2 = 2(-g)(h_1 - 0)$$

よって，$h_1 = \dfrac{v_1^{\,2}}{8g} = \dfrac{1}{12}L$ ……**答**

　　　　　②より

手ごわい問題だから，解ききった達成感も強いよね！
お疲れさま！！

## 第 8 章
# ま と め

① 「**3要素**」速さ $v$, 高さ $h$, 伸び縮み $x$ やすべった距離 $l$ を問うとき。

$\downarrow$

② ⑪⑭⑱ の図をかき「**3要素**」をそろえる。

$\downarrow$

③ もし, ⑭で重力・弾性力以外の仕事が,

　　あり　《仕事とエネルギーの関係》

$$\begin{pmatrix} ⑪ の力学的 \\ エネルギー \end{pmatrix} + \begin{pmatrix} ⑭で重力・弾性力 \\ 以外のした仕事 \end{pmatrix} = \begin{pmatrix} ⑱ の力学的 \\ エネルギー \end{pmatrix}$$

$$= \left( \frac{1}{2}mv^2 + mgh + \frac{1}{2}kx^2 \right)$$

　　なし　《力学的エネルギー保存則》

　　（⑪の力学的エネルギー）＝（⑱の力学的エネルギー）

$\downarrow$

④ $v$, $h$, $x$, $l$ を求める。

　　注　2物体以上が張力どうし, 垂直抗力どうしをおよ
　　ぼし合いながら運動しているときは, **なるべく全体
　　に着目**して, それらの力どうしの仕事を相殺させよ。

次からはいよいよ「物理」の内容に入っていくよ。引き続きヨロシク!!

# 物理の力学

※とくに断らない限り重力加速度の大きさを$g$とする。

# 第9章 放物運動

▲カキーン！「打球は放物軌道を描いてスタンドに吸いこまれていきます！」

## STORY 1 // 放物運動

### 1 等加速度運動の復習

まずは「物理基礎」のp.21で扱った《等加速度運動の解法》の3ステップをもう一度おさらいしよう。

**STEP 1** 座標軸を立てる

なるべく原点は運動のスタート点にとる。そして物体が動き出す向きを軸の正の向きにとろう。

**STEP 2** 初期位置 $x_0$、初速度 $v_0$、加速度 $a$ の「3点セット」(p.20)を表にする。

| | |
|---|---|
| 初期位置 | $x_0$ |
| 初 速 度 | $v_0$ |
| 加 速 度 | $a$ |

**STEP 3** 等加速度運動の〔公式⑦⑦⑦〕（p.20）を書き下す。

〔公式⑦〕 $\quad v = v_0 + at$ $\qquad$ ← $v$ と $t$ の関係

〔公式⑦〕 $\quad x = x_0 + v_0 t + \dfrac{1}{2} at^2$ $\qquad$ ← $x$ 座標と $t$ の関係

〔公式⑦〕 $\quad v^2 - v_0^2 = 2a(x - x_0)$ $\qquad$ ← $v$ と $x$ 座標の関係

あとは，各問いで何と何の関係を問われているかによって3つの式を使い分ければよかったんだよね。

さて，「物理基礎」ではp.28の落体の運動として，鉛直下向きに重力加速度 $g$ をもつ，自由落下や鉛直投げ上げ運動などの直線運動を扱ったね。さらに「物理」では曲線を描いて飛んでいく放物運動を見ていこう。

## 2 放物運動に関する2つのナヤミ

> 放物運動って，どーもあの曲線の軌道が苦手です。
> それと，公式がいっぱい出てきて覚えきれないなあ〜。

なるほどね〜。キミのように，放物運動を苦手にする人が抱える悩みを，ボクなりに分析すると，次の2つにまとめられる。
❶ 曲線の軌道がイメージしづらく，扱いにくい。
❷ 公式が数多く出てきて，覚えにくい。
今から，この2つに対する解決法を伝授しよう。

### 3 水平投射運動

　まず，❶曲線の軌道の扱いにくさを解決しよう。そのカギを握るのは運動の独立性だ。運動の独立性とは難しく聞こえるけど，要するに，運動を $x$，$y$ 方向に完全に分けて考えられるということだ。

　図1の水平にボールを投げる運動を $x$，$y$ 方向に完全に分けてごらん。

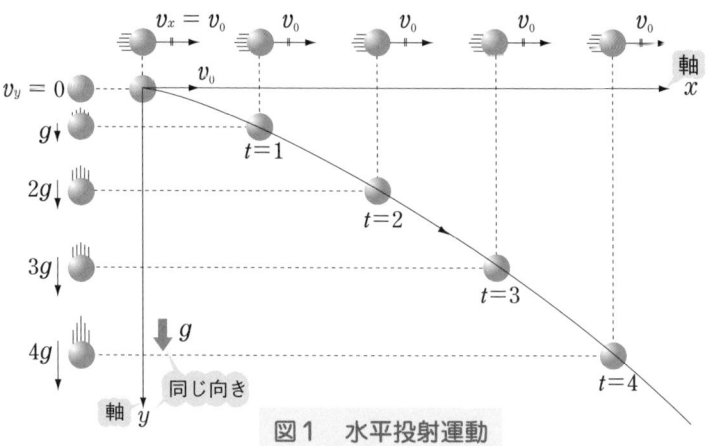

図1　水平投射運動

> $x$ 方向は初速度 $v_0$ の等速度運動で，$y$ 方向は自由落下しているぞ。

　そうだね。$x$ 方向には重力を受けないから一定速度 $v_0$ を続けるね。一方，$y$ 方向にはズンズン重力を受けてるから自由落下だね。

　すると話はカンタンで，$x$，$y$ 方向それぞれの「3点セット」は，

| 3点セット | $x$ 成分 | $y$ 成分 |
|---|---|---|
| 初期位置 $x_0$ | 0 | 0 |
| 初 速 度 $v_0$ | $v_0$ | 0 |
| 加 速 度 $a$ | 0 | $+g$ |

一定速度なので　　$y$ 軸の正と同じ向き

　あとは，等加速度運動の［公式㋐，㋑，㋒］（p.20）で自由自在に $x$，$y$ 方向それぞれの運動を予言できるね。これで❷の「式の暗記」も全くいらなくなるね。だって，「3点セット」だけ押さえればいいんだから。

## 4 斜方投射運動

次は，**図2**の斜めにボールを投げる斜方投射運動の例だ。ここでもやはり，$x$，$y$ 方向に完全に分けて運動を考えてね。

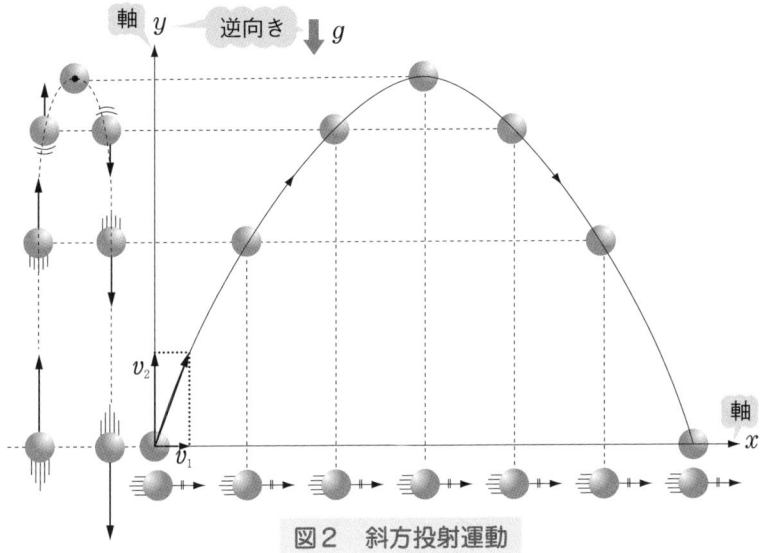

図2　斜方投射運動

$x$ 方向は初速度 $v_1$ の等速度運動で，今度は，$y$ 方向は初速度 $v_2$ で投げ上げ運動をしているぞ。

OK！　$x$，$y$ 方向それぞれの「3点セット」は，

| 3点セット | $x$ 成分 | $y$ 成分 |
|---|---|---|
| 初期位置 $x_0$ | 0 | 0 |
| 初 速 度 $v_0$ | $v_1$ | $v_2$ |
| 加 速 度 $a$ | 0 | $-g$ |

のようになるね。　一定速度なので　　$y$ 軸の正と逆向き

ちなみに，$t$ 秒後の速度の $x$，$y$ 成分 $v_x$，$v_y$，そして座標 $x$，$y$ は，等加速度運動の［公式⑦，⑦］(p.20) より，次のように書けるよ。

$$v_x = v_1 + 0 \cdot t = v_1$$
$$v_y = v_2 + (-g)t = v_2 - gt$$
$$x = 0 + v_1 t + \frac{1}{2} \times 0 \times t^2 = v_1 t$$
$$y = 0 + v_2 t + \frac{1}{2}(-g)t^2 = v_2 t - \frac{1}{2}gt^2$$

> あくまでも座標だよ！
> 移動距離ではないからね

言うまでもなく，上の 4 つの式はいっさい暗記不要！　何度もくり返すけど，「3 点セット」の表と［公式⑦，⑦，⑦］(p.20) だけ押さえれば済むんだ。

以上，放物運動のポイントと解法は，次のようにまとめられるね。

---

**・POINT ①　放物運動の解法**

> ココが
> 最も大切！

**STEP 1** $x$，$y$ 軸を立てる（原点，正の向き明記）。
**STEP 2** $x$，$y$ 軸方向に初速度を分解する。
**STEP 3** $x$，$y$ 方向別々に「3 点セット」(p.20) を表にする。
**STEP 4** $x$，$y$ 方向別々に［公式⑦，⑦，⑦］(p.20) を書き下す。

---

**チェック問題 ①〉 水平投射**　　　　　　　標準 **7** 分

右の図のように，地面から高さ $h$ の位置で，時刻 $t = 0$ でボールを水平に投げた。

(1) 地面に落下する時刻 $t_1$ を求めよ。

(2) 地面に落下するとき，図のように，水平となす角度 $\theta$ となるための初速度の大きさ $v_0$ を求めよ。

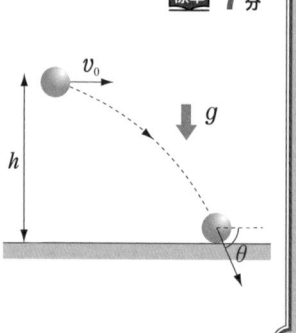

**解説** (1) 《放物運動の解法》(p.110)で解こう。

**STEP1** 初期位置を原点にとり，初速度の方向に $x$ 軸をとる。$y$ 軸はこれからボールは落下していくので，下向きにとる。今後，完全に $x$, $y$ に分けて考える。

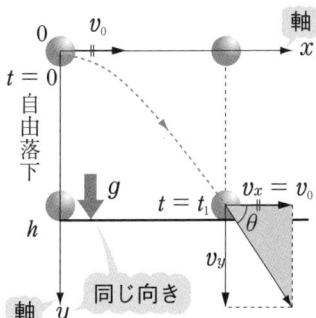

**STEP2** 初速度は $x$ 軸のみ。

**STEP3**

| 3点セット | $x$ 成分 | $y$ 成分 |
|---|---|---|
| 初期位置 $x_0$ | 0 | 0 |
| 初 速 度 $v_0$ | $+v_0$ | 0 |
| 加 速 度 $a$ | 0 | $+g$ |

$y$ 軸の正と同じ向き

**STEP4** $t = t_1$ で地面($y$ 座標 $= h$)なので，完全に $y$ 方向の自由落下のみを考えよう。[公式④] (p.20)より，

$$h = 0 + 0 \times t_1 + \frac{1}{2}gt_1{}^2$$

よって，$t_1 = \sqrt{\dfrac{2h}{g}}$……① ……**答**

(2) 角度 $\theta$ とくると，「もうワカンナイ！」とパニくる人がいるけど，完全に $x$, $y$ に分ければ，難しいことはないよ。

$t = t_1$ で $x$ 方向の速度は，$v_x = v_0$

$y$ 方向の速度は，[公式⑦] (p.20)より，$v_y = 0 + gt_1$ となるね。

図の $v_x$ と $v_y$ でつくる直角三角形の $\tan\theta$ を考えるのがコツ。

$$\tan\theta = \frac{v_y}{v_x} = \frac{gt_1}{v_0}$$

$$\therefore \quad v_0 = \frac{gt_1}{\tan\theta} = \frac{\sqrt{2gh}}{\tan\theta} \cdots\cdots \textbf{答}$$

①より

**チェック問題 2 〉 放物運動**　　　　　　　標準**10**分

　右の図の放物運動で，初速度の
大きさを $v_0$，重力加速度を $g$ とす
る。次の量を求めよ。

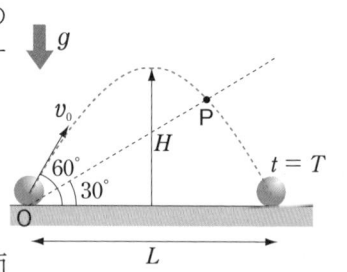

(1) 最高点の高さ $H$

(2) 滞空時間 $T$

(3) 飛距離 $L$

(4) 破線の位置に傾き $30°$の斜面
　　を置いたときの発射点 O から衝突点 P までの距離 $l$

---

**解説**　(1)《放物運動の解法》(p.110)で解こう。

**STEP1** 図aのように，発射点を原点
にとった $x$，$y$ 軸を立てる。$y$ 軸
方向には投げ上げ運動になるので，
上向きを正にとる。

**STEP2** 初速度 $v_0$ を分解する。

**STEP3**

| ３点セット | $x$ 成分 | $y$ 成分 |
|---|---|---|
| 初期位置 $x_0$ | 0 | 0 |
| 初 速 度 $v_0$ | $+\dfrac{1}{2}v_0$ | $\dfrac{\sqrt{3}}{2}v_0$ |
| 加 速 度 $a$ | 0 | $-g$ |

$y$ 軸の正と逆向き

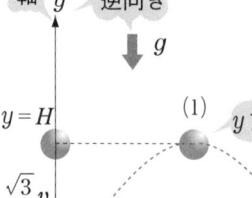

図 a

**STEP4** $y$ 座標 $= H$ で，最高点（$y$ 方向の速度 $= 0$）より，完全に $y$ 方向の
投げ上げ運動のみを考えて，[公式❷]（p.20）より，

$$0^2 - \left(\frac{\sqrt{3}}{2}v_0\right)^2 = 2(-g)(H-0) \quad よって，H = \frac{3v_0^{\,2}}{8g} \cdots\cdots 答$$

(2) $t = T$ で地面に着く（$y$ 座標 $= 0$ だよ。あくまでも座標で考えるんだ）ので、完全に $y$ 方向の投げ上げ運動のみを考えて、［公式➊］（p.20）より、

$$0 = 0 + \frac{\sqrt{3}}{2}v_0 T + \frac{1}{2}(-g)T^2$$

よって、$T = \dfrac{\sqrt{3}\,v_0}{g}$ ……① ……答

$T = 0$ の解も出るけど、これは発射時の時刻なので、除外

**別解** 投げ上げ運動の対称性より、最高点までの時間は滞空時間 $T$ の半分の $\dfrac{1}{2}T$。よって、$t = \dfrac{1}{2}T$ で $y$ 方向の速度 $= 0$ で、［公式➐］（p.20）より、

$$0 = \frac{\sqrt{3}}{2}v_0 + (-g)\frac{1}{2}T \quad \text{よって、} \quad T = \frac{\sqrt{3}\,v_0}{g} \text{……答}$$

(3) $t = T$ で $x = L$ より、完全に $x$ 方向の速さ $\dfrac{1}{2}v_0$ の等速運動のみを考えて、

$$L = \frac{1}{2}v_0 \times T \underset{\text{①より}}{=} \frac{\sqrt{3}\,v_0{}^2}{2g} \text{……答}$$

(4) 図 **b** より、斜面上の衝突点の座標は、

$$\left(\frac{\sqrt{3}}{2}l, \ \frac{1}{2}l\right)$$

ここで、「$t = t_1$ で点 P に着く」と、$t_1$ を勝手に仮定しておくのがコツ。

$x$ 方向の等速度運動のみを考えて、$t = t_1$ で、$x = \dfrac{\sqrt{3}}{2}l$ より、

$$\frac{\sqrt{3}}{2}l = \frac{1}{2}v_0 \times t_1$$

よって、$t_1 = \dfrac{\sqrt{3}\,l}{v_0}$ ……②

$y$ 方向の投げ上げ運動のみを考えて、$t = t_1$ で $y = \dfrac{1}{2}l$ より、［公式➊］で、

$$\frac{1}{2}l = 0 + \frac{\sqrt{3}}{2}v_0 t_1 + \frac{1}{2}(-g)t_1{}^2 \text{……③}$$

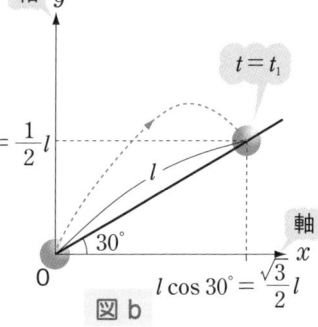

軸 $y$

$t = t_1$

$l \sin 30° = \dfrac{1}{2}l$

$l$

軸

$30°$

$x$

$0$

$l \cos 30° = \dfrac{\sqrt{3}}{2}l$

図 **b**

②式を③式に代入して，
$$\frac{1}{2}l = \frac{\sqrt{3}}{2}v_0 \times \frac{\sqrt{3}\,l}{v_0} - \frac{1}{2}g\left(\frac{3l^2}{v_0{}^2}\right)$$
よって，$l = \dfrac{2v_0{}^2}{3g}$……答（$l = 0$ の解は除外したよ）

**別解**

　図cのように斜面と平行に $X$ 軸，斜面と垂直に $Y$ 軸を立てると，$Y$ 軸の座標が斜面との距離を表すので簡単になる。

　ただし，初速度 $v_0$ と加速度 $g$ のベクトルを $X$，$Y$ 軸のそれぞれの方向に分ける必要がある。

| 3点セット | $X$成分 | $Y$成分 |
|---|---|---|
| 初期位置 $x_0$ | 0 | 0 |
| 初 速 度 $v_0$ | $\dfrac{\sqrt{3}}{2}v_0$ | $\dfrac{1}{2}v_0$ |
| 加 速 度 $g$ | $-\dfrac{1}{2}g$ | $-\dfrac{\sqrt{3}}{2}g$ |

$X$軸の正と逆向き　$Y$軸の正と逆向き

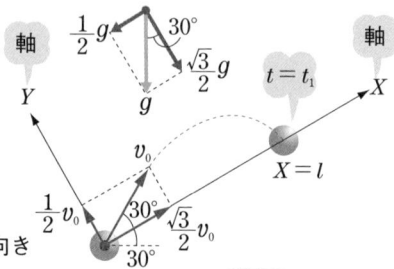

図 c

$t = t_1$ で斜面に衝突するので，$Y = 0$
よって，〔公式❶〕より，
$$0 = 0 + \frac{1}{2}v_0 t_1 + \frac{1}{2}\left(-\frac{\sqrt{3}}{2}g\right)t_1{}^2$$
$$\therefore \quad t_1 = \frac{2v_0}{\sqrt{3}\,g}\cdots\cdots④ \quad (t_1 = 0 \text{ の解は除外したよ})$$

$t = t_1$ での $X$ 座標が $l$ なので，〔公式❶〕より，
$$l = 0 + \frac{\sqrt{3}}{2}v_0 t_1 + \frac{1}{2}\left(-\frac{1}{2}g\right)t_1{}^2 = \frac{2v_0{}^2}{3g}\cdots\cdots答$$
④より

p.113と比べて計算量がずいぶんと減少したね。

第 9 章
# ま と め

**①** **放物運動の解法**

**STEP1** $x$, $y$ 軸を立てる。初期座標 $(x_0,\ y_0)$ を求める。
（物体の位置は座標で表すから，しっかり軸を立てることが大切だよ）

**STEP2** $x$, $y$ 軸方向に初速度を $(v_x,\ v_y)$ と分解する。

**STEP3** $x$, $y$ 軸別々に「**3点セット**」(p.20) を求める。

| 3点セット | $x$ 成分 | $y$ 成分 |
|---|---|---|
| 初期位置 | $x_0$ | $y_0$ |
| 初 速 度 | $v_x$ | $v_y$ |
| 加 速 度 | $0$ | $\pm g$ |

$y$ 軸の正が下向きなら，$+g$
$y$ 軸の正が上向きなら，$-g$

**STEP4** $x$, $y$ 方向に完全に分けて，

それぞれの方向の直線運動におきかえて，等加速度運動の［公式 ⓐ, ⓑ, ⓒ］(p.20) を使う。

**②** **キーワード**

① 最高点 ➡ $y$ 方向の速度が $0$

② 床につく ➡ $y$ 座標 $= 0$

③ AとBが衝突 ➡ AとBの座標が一致

④ 水平となす角 $\theta$ ➡ $\tan\theta = \dfrac{v_y}{v_x}$

⑤ 斜面と衝突 ➡ 斜面と平行, 垂直に $X, Y$ 軸を立て $Y = 0$

完全に $x$, $y$ に分ければカンタンだ。

# 力のモーメントのつり合い

▲身近ないたるところで，力のモーメントが利用されているのだ

## STORY① /// 力のモーメント

### 1 「力のモーメント」って何？

　大きさはもつが，力を加えても変形しない理想的な物体を剛体（ごうたい）という。大きさをもたない質点では，運動としては位置の変化のみを考えた。しかし，剛体では物体の回転運動まで考える必要があるんだ。

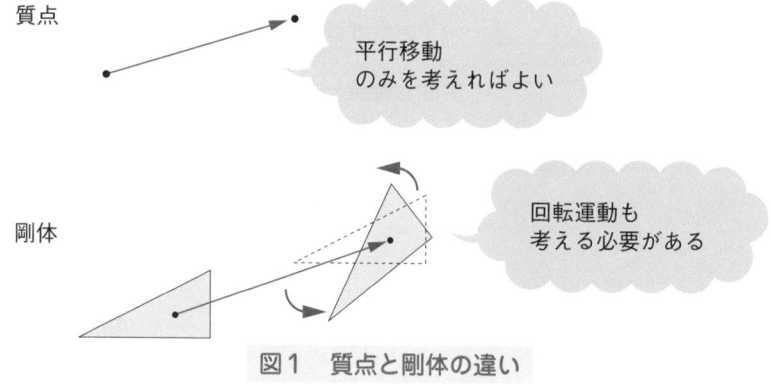

質点　　　　　　　　　　　　平行移動
　　　　　　　　　　　　　　のみを考えればよい

剛体　　　　　　　　　　　　回転運動も
　　　　　　　　　　　　　　考える必要がある

図1　質点と剛体の違い

すると，剛体を完全に止めるには，平行移動だけじゃなくて，回転も止める必要があるのですね！

　そのとおり。だから，剛体のつり合いを考えるには，この回転が止まるという条件も必要になるんだよ。

　そこで，この「回転が止まるという条件」とは何かを考えるために，キミが小学校で習った「てんびん」を思い出してみよう。

　次の図で，各おもりは 3 kg と 1 kg，棒は軽いとする。このとき，指でどこを支えると，バランスがとれるかな？

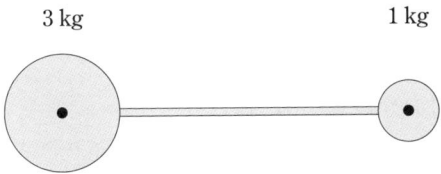

ええと，真ん中じゃバランスが悪いから，次の図のように重い 3 kg の方へずれたところかな？

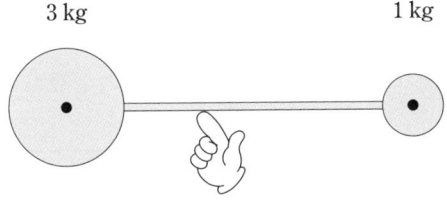

　よーし！　いいセンスだ。物理ではそういう感覚的なところが大切になってくるからね。

　もう少し補わせてもらうと，指の位置は，3 kg のおもりの重心の位置と，1 kg のおもりの重心の位置を結ぶ線分に対し，質量の逆比である ① ： ③ に内分した点となるんだ。こうなる理由を次にもう少し詳しく考えてみよう。

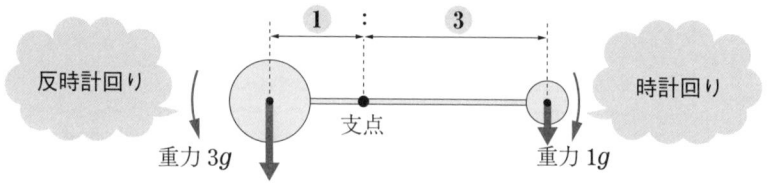

このとき，上の図では支えている点（支点）を中心に，3 kg のおもりにはたらく重力 3g は反時計回りに，1 kg のおもりにはたらく重力 1g は時計回りに棒を回転させようとしているね。

このとき，支点の左右で何が等しくなっているかな？

> う～ん，うでの長さは 1：3 で等しくないし，それから力の大きさも 3g と 1g で違うし……

ある量とある量のかけ算でもいいよ。

> あ！　重力 3g とうでの長さ 1 のかけ算と，重力 1g とうでの長さ 3 のかけ算は，どちらも 3g × 1 と 1g × 3 で，同じだ！

そのとおり。この（力）×（うでの長さ）のことを，力のモーメントというんだ。「回転が止まる条件」というのは，支点を中心にして，反時計回りの力のモーメントと，時計回りの力のモーメントが等しくなることなんだ。このことを「力のモーメントのつり合い」というよ。

---

**・POINT ①・ 力のモーメントと剛体**

:: **力のモーメント ＝ 力 × うでの長さ**

:: **剛体の回転が止まる条件：支点を中心にして，**
**（反時計回りの力のモーメント）＝（時計回りの力のモーメント）**

---

次は，この力のモーメントのつり合いの式を立てる前に必要となる作図について見ていこう。

## 2 力のモーメントの作図法

力のモーメントの分野の攻略法は，作図法を押さえることだ。いっぺんに作図しようとするのではなくて，手順どおりに行えば，カンタンだ。

物体に右図のような力がはたらいているとき，力のモーメントのつり合いの式を立ててみよう。

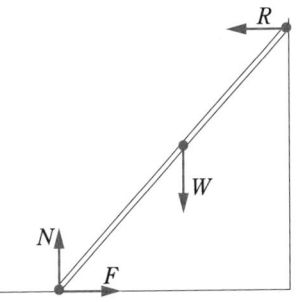

▶ ▶ ▶ 力のモーメントのつり合いの式の立て方 ◀ ◀ ◀

### STEP 1

支点を 1 つ選び，「グリグリ」と点⊙を打つ。

原則として支点はどこに選んでもよいが，なるべく未知の力 $N$，$F$ が集中している下端にとると，$N$ と $F$ の力のモーメントが 0 になって考えなくて済むので，楽だ。

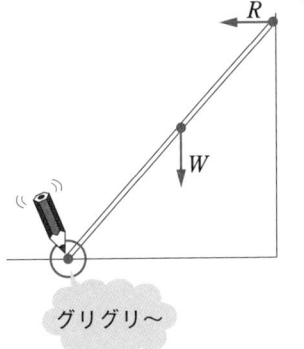

グリグリ〜

### STEP 2

力の作用線を「テンテン」と引いていく。

力の作用線というと難しく聞こえるが，単に力の矢印を延長した線だ。

この力の作用線の作図をしっかりすることが，最大のポイントなんだ。

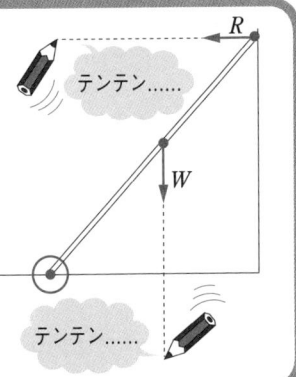

テンテン……

テンテン……

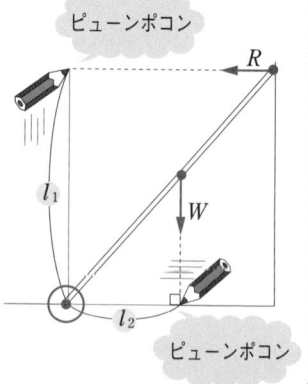

## STEP 3

支点⊙から力の作用線に向けて、垂線を「ピューンポコン」と下ろし、うでの長さ $l$ を求める。

この垂線を「うで」といい、この長さを「うでの長さ」という。

支点から作用線に垂線を落としていく感覚だ。$R$，$W$のうでの長さをそれぞれ $l_1$，$l_2$ としよう。

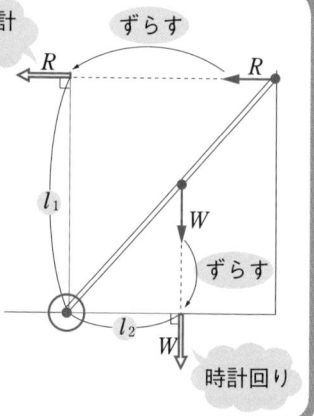

## STEP 4

力をうでの位置までずらして、時計回り、反時計回りを判定する。

力の矢印は、作用線上を動かしても、その効果は変わらない。

そこで、$R$ と $W$ をうでの位置までずらすと、$R$ は反時計回り、$W$ は時計回りのモーメントと判定できる。

以上より、力のモーメントのつり合いの式は、

反時計回りのモーメント　　時計回りのモーメント

$$\odot \quad \underbrace{R}_{\text{力}} \times \underbrace{l_1}_{\text{うでの長さ}} = \underbrace{W}_{\text{力}} \times \underbrace{l_2}_{\text{うでの長さ}}$$

となる。

以上の作図を、

「グリグリ♪テンテン♪ピューンポコン♪」

とリズミカルに覚えようね(笑)。

### チェック問題 1 〉 剛体のつり合い　　　　標準 **8**分

次の図で，棒 AB は長さ $2l$ で，質量 $m$ の一様な棒である。糸は水平から $60°$ の角度で張っている。

(1) 棒が糸から受ける張力 $T$，床から受ける垂直抗力 $N$，静止摩擦力 $F$ の大きさを求めよ。

(2) 棒と床との間の静止摩擦係数 $\mu$ がいくら以下になると，棒はすべり始めるか。

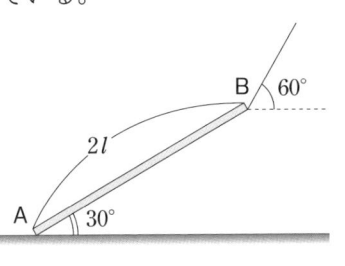

**解説** 　(1)　まずは，力を《力の書き方》(p.36) で「ナデ・コツ・ジュー」と書き込もう。

このとき，床から受ける静止摩擦力 $F$（まだ「すべる直前」ではないので，決して $F = \mu N$ とはしないこと(p.40)！）の向きは，棒が右へすべってしまうのを妨げようとする向きなので，左向きとなる。

また，「一様な棒」なので，重心は中央で，その位置に重力 $mg$ を書く。

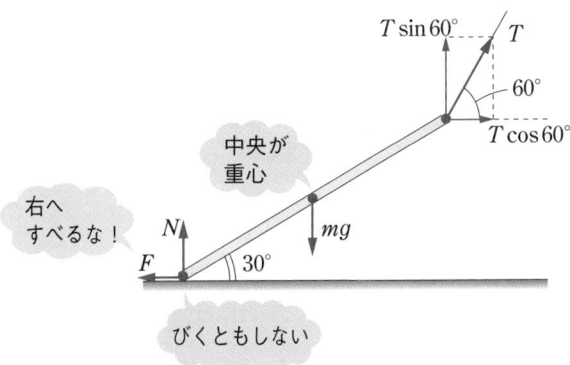

次に，張力を上，右方向に分解したら，力のつり合いより，

上下：$T \sin 60° + N = mg$ ……①
左右：$T \cos 60° = F$ ……②

前ページの2つの式の中に, 未知数は何個入っているかな？

そう, $T$, $N$, $F$ の3つだね。すると, この①, ②式だけでは解けないので, あと1つの式を, 力のモーメントのつり合いの式から求めよう。

いまみたいに, いちいち未知数の個数のチェックをして, 力のモーメントのつり合いの式の必要性を確かめることが, 実戦上ものすごく大切だ。

ここで《力のモーメントのつり合いの式の立て方》(p.119)より,

**STEP1** 支点⊙は, 未知の力の集中する A 点に「グリグリ」ととる($N$, $F$ は考えずに済む)。

**STEP2** $T\sin 60°$, $T\cos 60°$, $mg$ の力の延長線(力の作用線)を「テンテン」と引く。

**STEP3** 支点⊙から力の作用線の点線まで「ピューンポコン」と垂線を下ろし, うでをつくる。

**STEP4** 図のように, $T\sin 60°$, $T\cos 60°$, $mg$ の位置をうでの位置までずらす。

すると, $T\sin 60°$は反時計回り, $T\cos 60°$, $mg$ は時計回りと判定できるね。

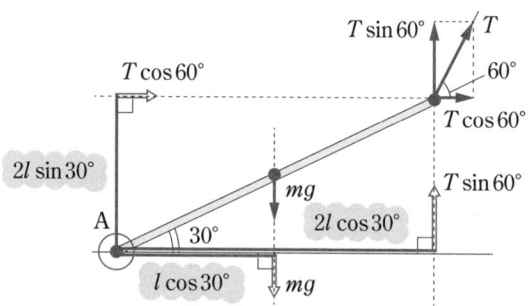

力のモーメントのつり合いの式は, 上の図より,

⊙ $\underbrace{T\sin 60° \times 2l\cos 30°}_{\text{反時計回りのモーメント}} = \underbrace{T\cos 60° \times 2l\sin 30° + mg \times l\cos 30°}_{\text{時計回りのモーメント}}$ ……③

③より, $T = \dfrac{\sqrt{3}}{2}mg$, ①, ②より, $F = \dfrac{\sqrt{3}}{4}mg$, $N = \dfrac{1}{4}mg$ ……**答**

(2) すべる直前 ⟷ $F = \mu N$ より,

$$\mu = \frac{F}{N} = \frac{\dfrac{\sqrt{3}}{4}mg}{\dfrac{1}{4}mg} = \sqrt{3}$$ ……**答**

## STORY② 重 心

### 1 重心って何？

剛体には，その点を支えるとバランスがとれる点がある。その点を重心という。

 じゃあ，STORY① で見た「てんびん」の場合では，図2のように重心 G の位置はちょうどバランスがとれた支点のところですね。

まさに，そういうことだ。

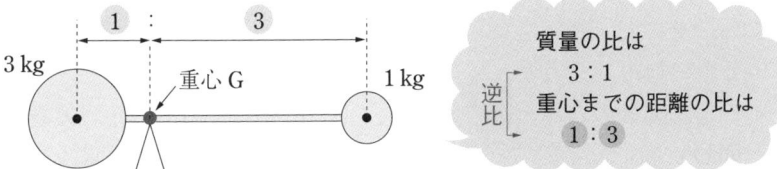

**図2 重心でバランスがとれる**

一般に，2物体の重心は，質量の逆比に内分する点（質量が 3 kg と 1 kg だと，①：③ に内分する点）にあるんだ。

また，重心とは，その点に物体のすべての質量がギュッと集中した点と見なすことができるぞ。

 「質量が集中した点と見なせる」というのは，一体どういうことですか？

そうだね……

たとえば，やじろべえで遊んだことはあるよね。どうしてやじろべえが倒れないのか，考えたことはあるかな？

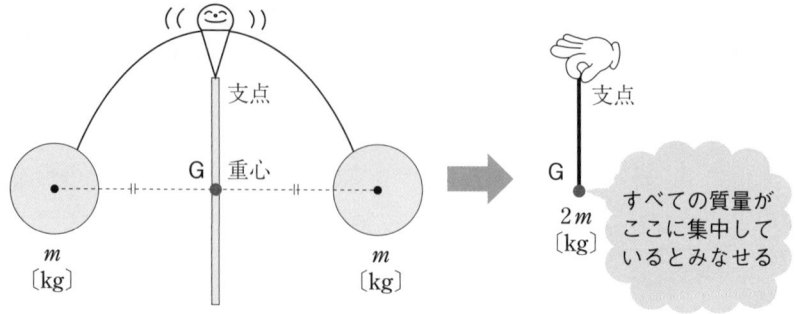

**図3　やじろべえは結局，振り子と同じ安定性**

　**図3**でやじろべえの2つのおもり全体の重心は，その中間点Gにあるよね。そのG点に，2つのおもりの質量$2m$〔kg〕がすべて集中しているものとみなそう。

　すると，**図3**の右側の図のように，上方の支点からぶら下げた振り子と同じ状態になる。この振り子を左右に振っても，必ず真ん中に戻ってくるように，やじろべえも，倒れても必ずまた起き上がるんだ。

## 2　代表的な重心の例は3つのみ

①　2物体に分けられる場合➡2物体を質量の逆比に内分する点。
②　「一様な」物体➡棒；中央，円・球；中心，三角形；重心。

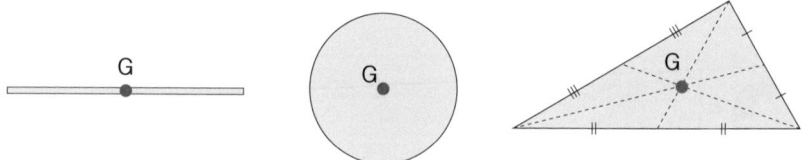

③　「一様でない」物体➡重心の位置は不明。重心位置を仮定して，
　　　　　　　　　　　力のモーメントのつり合いの式で求める。
　①が最も入試で狙われる。②か③かは，文章中に「一様な」という言葉があるかどうかで判定しよう。

## チェック問題 **2** 重　心 　標準 **5**分

図の ABC は，全長 $3l$ の一様な全質量 $3m$ の細い針金を，直角に折り曲げたものである。

(1) この針金の重心 G の位置を図示せよ。

(2) この針金を，B 点に糸をつけて天井からつり下げたときにとる形を図示せよ。

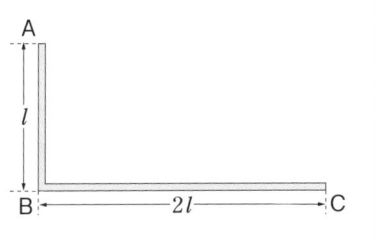

**解説** (1) AB と BC の 2 物体に分けることがポイントだよ。

図 a で AB，BC の質量は $m$，$2m$ で，それぞれの中央が重心位置 P，Q となる。

2 物体の重心 G は，質量の比 $m : 2m = 1 : 2$ の逆比にあたる **2** : **1** に P，Q を内分した点にある。

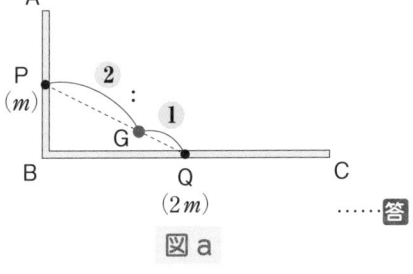

……答

図 a

(2) 重心 G に，ABC の全質量 $3m$ が集中していると考えよう。

すると，安定したつり合いとなるのは，図 b のように，支点 B の真下に重心 G が「ぶら下がっている」状態だよね。

また，このとき，B を支点としたときの点 P の重力 $mg$ と点 Q の重力 $2mg$ の力のモーメントが

$2mg \times$ **1** $= mg \times$ **2**

となって，つり合っていることもわかるね。

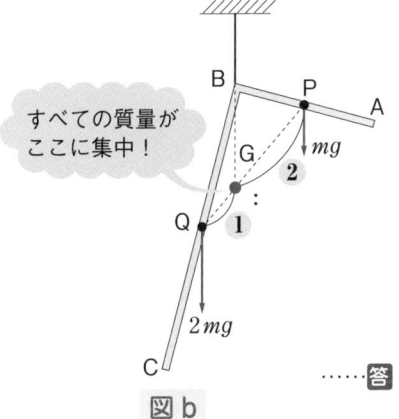

すべての質量がここに集中！

……答

図 b

## 1 平行でない３力がつり合うための必要条件

まず，イキナリ２択の問題から。

次の図の中のＡの板とＢの板には，どちらも３つの力 $\vec{F_1}$, $\vec{F_2}$, $\vec{F_3}$ がはたらいているけど，どちらか一方だけ，つり合いの状態にあるとすれば，それはどちらだろうか？

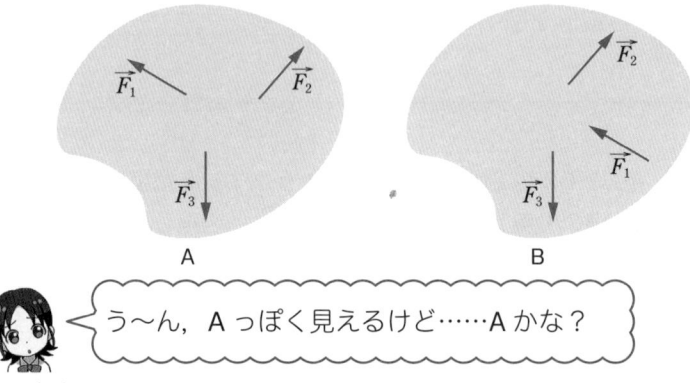

う～ん，Ａっぽく見えるけど……Ａかな？

ブブー。正解はＢだ。じつは，一瞬で判定する方法があるんだ。

それは，次の図のように３つの力の作用線を引くこと。もし引いた３本の作用線が１点で交わらなければ，それら３つの力はつり合うことはできない。で，今の場合，Ａはつり合いの状態じゃないんだ。

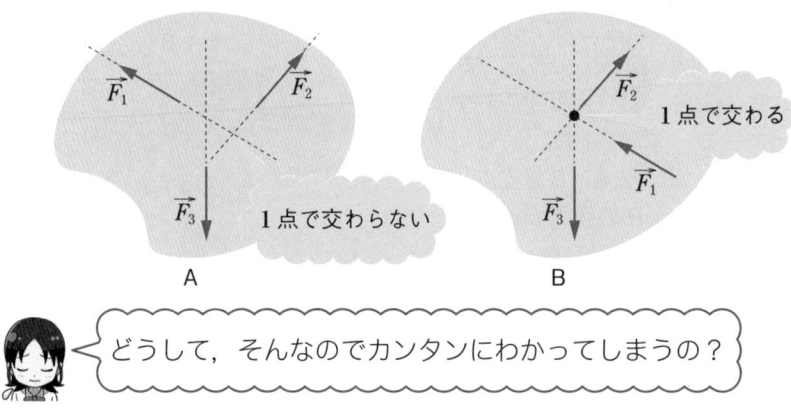

どうして，そんなのでカンタンにわかってしまうの？

うん，それは，次の図のように3力のうち，$\vec{F_1}$，$\vec{F_2}$ を作用線上に
ずらして，それらの合力 $\overrightarrow{F_{1+2}}$ をつくってみるとわかるんだ。

$\overrightarrow{F_{1+2}}$ と残る $\vec{F_3}$ がつり合うには，それらが一直線上にあることが必
要だね。

そのためにはどうしても，下の図のBのように3力の作用線が1点
で交わる必要があるだろう。この事実を知っていることは，力のモー
メントの問題を解くうえで，とても重要なのだ。

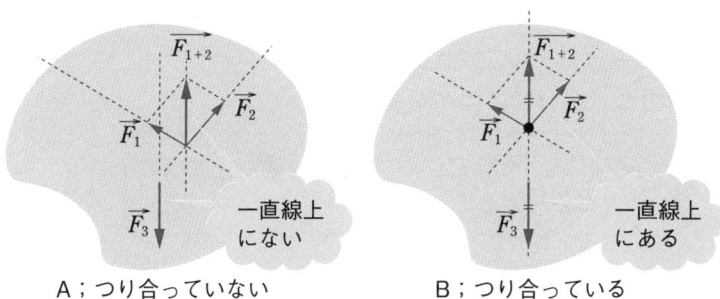

A；つり合っていない　　　　　　B；つり合っている

**POINT ❷ 平行でない3力のつり合い**

　平行でない3力がつり合うためには，3力の作用線が1点
　で交わることが必要条件である。

## 2 転倒条件のよくわかるイメージ

図のように，粗い斜面上に静止している物体がある。物体は倒れる前
にはすべり出すことはないものとするよ。この物体が受ける力を，とく
に力のモーメントに注意して，なるべく正確に書き込んでくれたまえ。

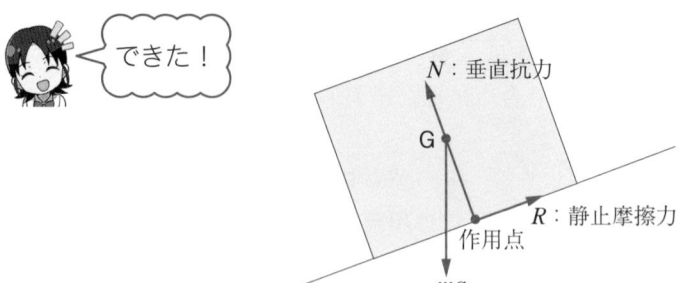

できた！

N：垂直抗力

G

R：静止摩擦力

作用点

mg

アチャーッ！　もう忘れたのかッ！
３力のつり合いでは何が必要なのか。

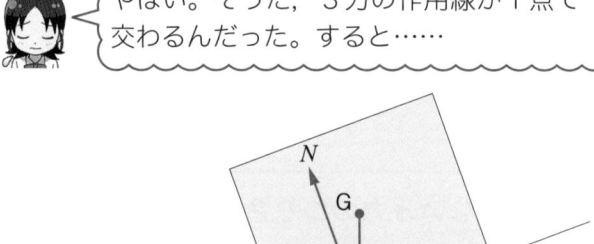

やばい。そうだ，３力の作用線が１点で
交わるんだった。すると……

N

G

R

B

A

P

mg

1点で交わる！

　よし！　今度はOK！　この図をよーく見てくれ。物体の底面で，
垂直抗力の作用点となるＰ点は，底辺 AB のうち，よりＡ点のほうに近
い位置にあるね。これは，斜面が傾いているため，箱の底面にかかる
力は，より斜面の低い方にあるＡ点に近い所にかかっていることにな
るね。つまり，Ａの方へ「つんのめって」きているんだ。ここで，ど
んどん斜面の傾きを増していくと，Ｐ点の位置は，ますますＡ点に近
づいていくね。そして，とうとうＰ点がＡ点と一致すると，……

倒れ始めるね！

そのとおり！　**図4**を見てほしい。

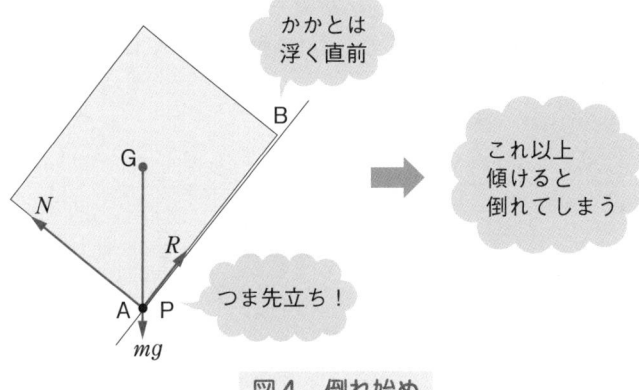

かかとは
浮く直前

これ以上
傾けると
倒れてしまう

つま先立ち！

図4　倒れ始め

**・POINT ❸・ 倒れる直前**

- 倒れる直前 ＝ つま先立ち
  ➡倒れる方向への「つま先」の上に垂直抗力がはたらく。

---

**チェック問題 3〉 転倒条件**　　標準 **8**分

　傾き $\theta$ の粗い斜面上に，図の形の断面 ABCD をもった，質量 $m$ の一様な直方体が静止している。この物体の辺 AD に平行に力を加え，その大きさ $F$ を増していったときに，直方体が倒れる直前となるときの $F$ の値を求めよ。

　ただし，物体は倒れる前にはすべり出すことはないものとする。

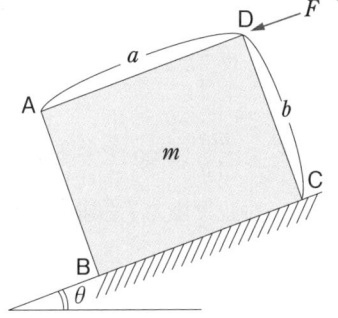

**解説** 倒れるとは，この場合，B 点を中心に反時計回りに倒れることだよね。

よって，倒れる直前では，底面が受ける垂直抗力 $N$ は，ちょうど「つま先」の B 点にはたらいている。

また，図のように静止摩擦力 $f$ を（ $\mu N$ としてはいけないよ（p.40））作図する。

重力 $mg$ は，中央の重心 G に書く。斜面と平行，垂直方向の力のつり合いより

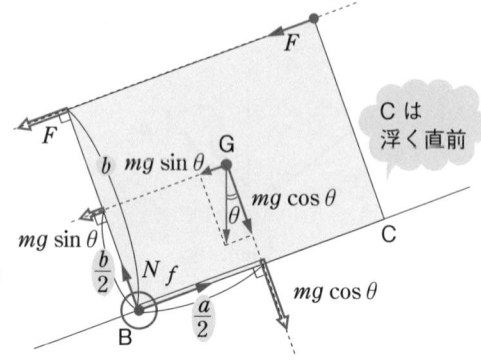

$$f = F + mg \sin\theta \cdots\cdots ①$$
$$N = mg \cos\theta \cdots\cdots ②$$

ここまでに，未知数は $f$, $F$, $N$ の 3 つある。

ここで《力のモーメントのつり合いの式の立て方》（p.119）より

**STEP1** 支点◉は，未知の力の集中する B 点に「グリグリ」とる。（$N$, $f$ は考えずに済む）

**STEP2** $F$, $mg \sin\theta$, $mg \cos\theta$ のそれぞれの力の作用線を「テンテン」と引く。

**STEP3** 支点◉からそれぞれの力の作用線まで垂線を「ピューンポコン」と下ろし，「うで」をつくる。

**STEP4** 図のように $F$, $mg \sin\theta$, $mg \cos\theta$ をうでの位置までずらす。

すると，力のモーメントのつり合いの式は，支点を B 点にとって，

$$◉ \quad \underbrace{F \times b + mg \sin\theta \times \frac{b}{2}}_{\text{反時計回りのモーメント}} = \underbrace{mg \cos\theta \times \frac{a}{2}}_{\text{時計回りのモーメント}} \cdots\cdots ③$$

③より，

$$F = \frac{mg}{2b}(a \cos\theta - b \sin\theta) \cdots\cdots \boxed{答}$$

もし，静止摩擦力 $f$ も求めたければ，①式を用いればよいね。

## 第 10 章
# ま と め

① 力のモーメントの作図法
  ❶ **支点**（グリグリ）
  ❷ **力の作用線**（テンテン）
  ❸ ❶から❷に**うで**を下ろす（ピューンポコン）。
  ❹ 力を，うでの位置までずらして，時計回り，反時計回りを判定する。

② 剛体が回転しない条件
  　　　　（反時計回りの力のモーメント）
  　　　　　＝（時計回りの力のモーメント）

③ 重心 G ┬ その点を支えるとバランスがとれる点。
  　　　　└ その点に全質量が集中しているとみなせる点。
  とくに，２物体の重心は**質量の逆比に内分する点**にある。

④ 倒れる直前 ＝ 倒れる方向への**「つま先」の上に垂直抗力**がはたらく。

力のモーメントとは 99 ％お絵かき（作図）の問題なんだ。
実際に手を動かして作図法をマスターしよう。

# 第11章 力積と運動量

▲衝突を自由自在にコントロールする

## STORY 1 /// 力積と運動量

### 1 力積とは何か？

力を加えるときに，一瞬チョッと加えるよりも，ズ〜ッと長い時間押した方が，力の効果は大きいよね。そんな力の時間的効果のことを力積（りきせき）という。力積の定義は，次のようになるよ。

---
**・POINT ①・ 力 積**

力積 $\vec{I}$ 〔N·s〕 = 力 $\vec{F}$ 〔N〕× 力を加えた時間 $\Delta t$ 〔s〕

---

### 2 力積と仕事との違いとは？

 「力積」と物理基礎でやった「仕事」はまぎらわしいな〜。似ているようで似てないような……違いは何ですか？

まさに，その違いをはっきりさせることが，これら2つの保存則を自由自在に使い分けるために必要なんだ。次の①，②で区別しよう。

## ① 仕事は動かした距離が命，力積は加えた時間が命

図1のように，キミが全然動かない黒板をムナシク押しているとしよう。

このとき，キミは仕事をしているかい？　また，キミは力積を与えているかい？

仕事は0
でも
力積は
0じゃない

図1

えーと，黒板は動いていないから仕事は0だけど，時間は経っているから，力積 ＝ 力 × 時間は0じゃないぞ。

そうだね。力積は，距離と関係なく時間のみで決まるからね。

## ② 仕事は向きをもたない数量，力積は向きをもつベクトル量

図2で，右向きを正の向きとする。㋐では右へ，㋑では左へ，ともに，全く同じ大きさ $F$ の力で，同じ時間 $t$ だけ，同じ距離 $x$ だけ動かしている。

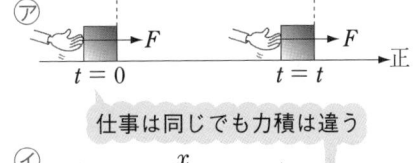

仕事は同じでも力積は違う

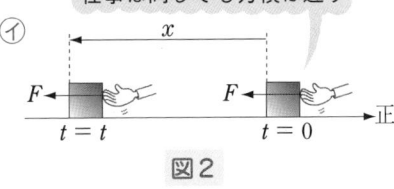

図2

このとき，㋐，㋑ともに仕事は正で，全く同じ値の

　㋐　$+Fx$　　　㋑　$+Fx$

となるね。

一方，力積はベクトルなので，正の向きに注意して符号を決めると，

　㋐　$+Ft$　　　㋑　$-Ft$

と全く違ってくるね。

つまり，力積はベクトルだから，きちんと正の向き（$x$ 軸，$y$ 軸）を決めて，$x$，$y$ 成分に分けて考え，軸と同じ向きの力積は正の符号を，軸と逆向きの力積には負の符号をつけて表す必要があるんだ。

・POINT ❷・ 仕事と力積の違い
∷ 仕事は距離で決まり，向きをもたない単なる数量。
∷ 力積は時間で決まり，向きをもつベクトル量。

## 3 運動量って何？

キミの顔にチョークの粉が時速 0.1 km で飛んできた！ でも，全然平気だね。だって，とっても軽くて遅くて，ぶつかっても痛くないもんね。

じゃあ今度は，10 トンダンプがキミに時速 100 km でつっこんできた！ ウァ〜，よけろ〜！ 重いし，速くてものスゴイ勢いだ！

このように，物体がもつ運動の勢いは，その質量 $m$ と速度 $\vec{v}$ で決まる。この運動の勢いを表す量を運動量といい，次のように定義される。

・POINT ❸・ 運 動 量

運動量 $\vec{P}$ 〔kg・m/s〕＝ 質量 $m$ 〔kg〕× 速度 $\vec{v}$ 〔m/s〕

## 4 運動量と運動エネルギーはどう違うの？

「運動量」と物理基礎でやった「運動エネルギー」って，似ているようで似てないような……

まさに，その違いがはっきり区別できるかが保存則の最大のポイントといえるんだ。次の①と②の2つのポイントで区別しよう。

① 運動エネルギーは仕事能力，運動量は力積能力

たとえば，図3で，100 J の運動エネルギーをもつ物体 A と，100 kg・m/s＝ 100 N・s の運動量をもつ物体 B を比べよう。このとき，A は相手に 100 J の仕事を与える能力をもち，B は相手に 100 N・s の力積を与える能力をもつ。

たとえば，相手に与える力が 10 N だった場合，A は 10 m 押しこむ能力をもち，B は 10 秒間押せる能力をもっている。

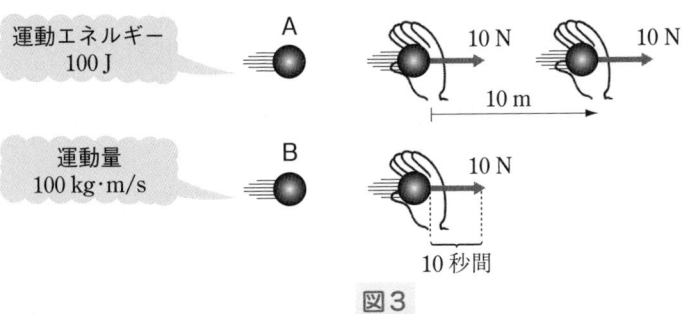

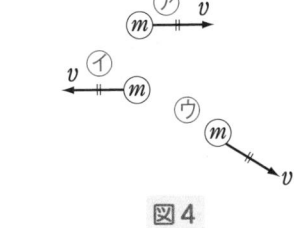

図3

② 運動エネルギーは単なる数量，運動量は向きをもつベクトル量

図4の3つの運動する物体㋐，㋑，㋒を見てもらおう。すべて質量 $m$ で，速さは $v$ である。このとき，運動エネルギーは向きによらず必ず正なので，

㋐ $\dfrac{1}{2}mv^2$

㋑ $\dfrac{1}{2}mv^2$

㋒ $\dfrac{1}{2}mv^2$

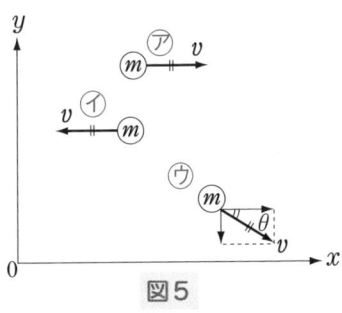

図4

と，すべて同じになるね。

一方，運動量は，図5のように，$x$，$y$ 軸を立てると，

㋐ $x$ 成分：$+mv$

㋑ $x$ 成分：$-mv$

㋒ $\begin{cases} x\text{ 成分：}+mv\cos\theta \\ y\text{ 成分：}\underset{y\text{ 軸の正と逆向き}}{-mv\sin\theta} \end{cases}$

図5

と運動している向きによって，全然違うんだ。つまり，運動量も力積と同様に，完全に $x$，$y$ 軸方向に分け，軸と同じ向きなら正，逆向きなら負の符号をつけて，常にその向きに注意して表すことが必要なんだ。

**・POINT ④・ 運動量と運動エネルギーの違い**

- 運動エネルギーは,「仕事能力」を表す向きをもたない単なる数量。
- 運動量は,「力積能力」を表す向きをもつベクトル量。

## STORY 2 力積と運動量の関係

### 1 力積と運動量の関係を導く

まずは,次の**図6**の３コマの絵を見てほしい。右向き正とする。

まず(前)に質量 $m$ の物体が速度 $v_{\text{前}}$ でやってくる。

途(中)で,$\varDelta t$ 秒間だけ右向きに大きさ $f_1$ の力を,左向きに大きさ $f_2$ の力を加える。

その結果,(後)の速度が $v_{\text{後}}$ になった。

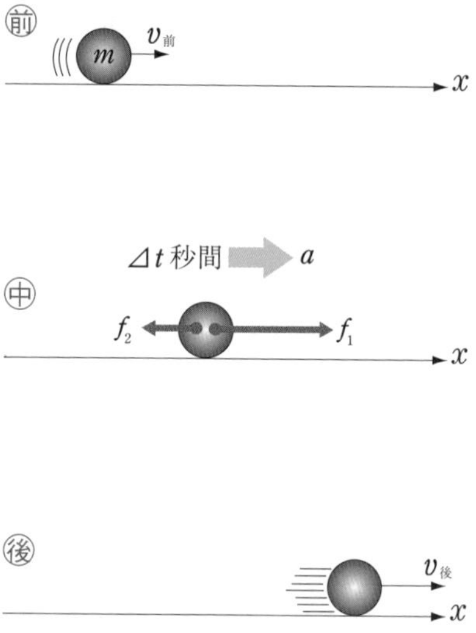

図6

このとき,(中)での運動方程式を加速度を $a$ として立てると,

$$ma = +f_1 - f_2$$

となるね。ここで,加速度 $a$ は１秒あたりの速度変化なので,

$$a = \frac{(v_{\text{後}} - v_{\text{前}})\text{だけ変化}}{\varDelta t\ \text{秒で}}$$

$$= \frac{(v_{\text{後}} - v_{\text{前}})}{\varDelta t}$$

と書けるね。

この $a$ をさきほどの運動方程式に代入すると，

$$m \times \frac{(v_{後} - v_{前})}{\varDelta t} = f_1 - f_2$$

両辺に $\varDelta t$ をかけて，

$$mv_{後} - mv_{前} = (f_1 - f_2)\varDelta t$$

よって，

$$mv_{前} + (f_1 - f_2)\varDelta t = mv_{後}$$

この式の各項は，ある量を表しているけどわかるかい？

 あ！　図6を見ると $mv_{前}$ は前の運動量で，$(f_1 - f_2)\varDelta t$ は ⊕ の力積で，$mv_{後}$ は後の運動量だ！

まさに，そのとおりだ。

まとめると，次の関係が導けたことになる。

---

**・POINT ❺・ 力積と運動量の関係**

$$\begin{pmatrix} 前の \\ 運動量 \end{pmatrix} + \begin{pmatrix} ⊕で受けた \\ 力積 \end{pmatrix} = \begin{pmatrix} 後の \\ 運動量 \end{pmatrix}$$

運動量はベクトル
だから $x, y$ 別々に
成り立つよ

---

さあ，この式を実際に
使ってみようか！

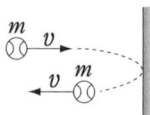

易 **3**分

質量 $m$ のボールが壁に垂直に速さ $v$ でぶつかり，同じ速さ $v$ で壁からはね返った。このとき，ボールが壁から受けた平均の力の大きさ $F$ を，接触時間 $\Delta t$，$m$，$v$ を用いて表せ。

**解説** まずキミから《力積と運動量の関係》(p.137)を書いてごらん。

ハイ。運動量は $mv$ で，力積は $F\Delta t$ だから，
⑦ $mv$ + ⑪ $F\Delta t$ = ⑱ $mv$ で，$F = 0$ あれ？

アブナ〜イ！ 力積と運動量はベクトルだから，符号に気をつけないと！ 同じ速さ $v$ でも，⑦と⑱では全く符号が違う。右向きを正の向きと仮定すると，

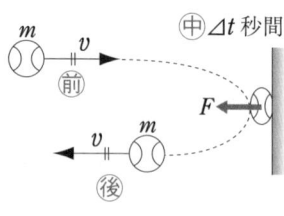

⑪$\Delta t$ 秒間

$$\underset{\text{右向き}}{\underbrace{+mv}} + \underset{\text{左向き}}{\underbrace{(-F\Delta t)}} = \underset{\text{左向き}}{\underbrace{-mv}}$$

よって，$F = \dfrac{2mv}{\Delta t}$ ……**答**

くれぐれもベクトルを扱うときは正の向きを決め，符号に注意してね。

正

右向きのベクトルは正
左向きのベクトルは負

符号が「＋」か「−」かによって，大きく意味が異なってくるよ！くれぐれも注意してね！

## 2 運動量保存則を導く

図7で，まず前質量 $m$ の球Ａと
質量 $M$ の球Ｂがそれぞれ速度 $v$, $V$
で動いている。中では短い時間 $\Delta t$
だけ，互いに押し合う力 $f$ がはた
らき，後でＡ，Ｂの速度は $v'$, $V'$ に
なる。

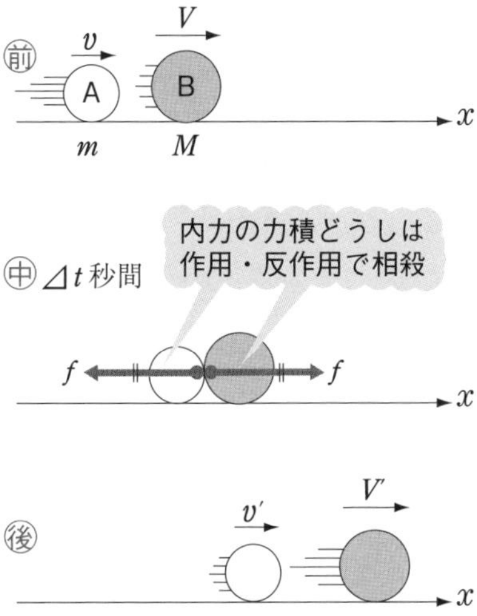

ここで，Ａ，Ｂそれぞれの
《力積と運動量の関係》より，

$$\overset{\text{前}}{A : mv} + \overset{\text{中}}{(-f\Delta t)} = \overset{\text{後}}{mv'}$$
$$B : MV + f\Delta t = MV'$$

辺々足すと， 打ち消し合う

$$mv + MV + (f\Delta t - f\Delta t) = mv' + MV'$$

よって，$\underbrace{mv + MV}_{\text{前の全運動量}} = \underbrace{mv' + MV'}_{\text{後の全運動量}}$

図7

ポイントは，中でＡとＢの内力(互いに及ぼし合う力)どうしが作
用・反作用の法則(p.55)によって打ち消し合って，そのベクトル和が
０となることだ。よって，ＡとＢ全体としては，運動の勢い(全運動
量)がそのまま保たれることになるね。このように，ＡとＢの内力の
みはたらき，外からの力がはたらかないと，全運動量は保存される。

---

### ◦POINT◦ 6 運動量保存則

もし，物体(系)が外部からの力(＝外力)の力積を受けなければ，

(前の全運動量) ＝ (後の全運動量)　$x$, $y$ 別々に成り立つよ

---

まとめると，

外力の力積を $\Bigg\langle$ 受 け る ➡ 《力積と運動量の関係》
　　　　　　　　受けない ➡ 《運動量保存則》

# STORY③ 反発係数

## 1 反発係数って何？

キミがボールを速さ100で壁にぶつけたら，速さ50ではね返ったとしよう。（図8）

このとき，ボールが壁へ近づく速さと離れる速さの比 $\dfrac{50}{100} = 0.5$ を，

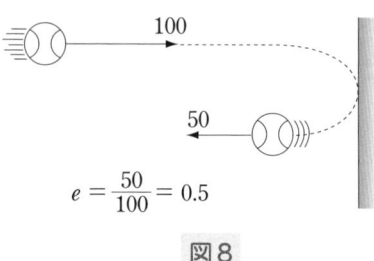

$$e = \frac{50}{100} = 0.5$$

図8

反発係数(はね返り係数) $e$ という。

その値は2物体の材質のみで決まり，どんな速さでぶつけたかによらない。

たとえば，図8で，もしこの壁に速さ80でぶつけた場合なら，速さ40ではね返る。

一般に反発係数 $e$ は，次のように定義されるよ。

---

### ・POINT ❼ 反発係数

$$反発係数\ e = \frac{(衝突面と垂直に)\ 2物体が離れる速さ}{(衝突面と垂直に)\ 2物体が近づく速さ}$$

---

## 2 反発係数の2つの落とし穴

① 固定面との斜衝突

図9で，反発係数 $e$ はいくらになってるかい？

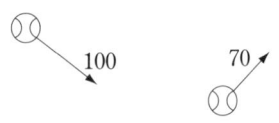

図9 斜めのとき

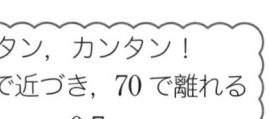

カンタン，カンタン！
100で近づき，70で離れるから，$e = 0.7$

ブブー！　ひっかかったね。もう一回 $e$ の定義をよく見よう。「衝突面と垂直に」とあるでしょ。

　ということは，**図10**のように，速度を分解して，衝突面と垂直成分のみを考えるんだね。すると，正しくはどうなるかい？

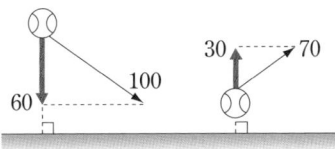

**図10**　垂直成分のみ考える

> 壁に垂直に 60 で近づき，垂直に 30 で離れるから，$e = \dfrac{30}{60} = 0.5$ だ。

　そうだ。反発係数というのは壁と垂直方向の速さだけで定義される。純粋に，はね返りやすさだけを表す量だから，壁と平行方向の速さを使ってはダメなんだ。

　もちろん，壁と斜め方向の速度も使えない。

## ②　2物体とも動くとき

　**図11**での，反発係数 $e$ はいくらになるかな？……

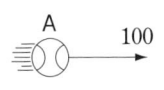

> ようし，今回こそ正面衝突で 100 で近づき，40 で離れるから，$e = 0.4$ だ！

**図11**　両方動くとき

　アチャ～！　またやってくれたね。

　いいかい。今度は「壁」となる B も 10 で動いているんだよ。だから，この B の速さも含めて考えるんだよ。

> 2つの物体が動くときには，両方の速さを考えることが必要だよ！

 あ！ そうか。じゃあ，AはBから，40＋10＝50で離れるので，$e = 0.5$か！

そのとおり。このような2物体の衝突では，2物体の相対速度の大きさを考える必要があるんだ。

図12では，

$$e = \frac{60 - 30 \text{ で離れる}}{100 - 40 \text{ で近づき}}$$

$$= \frac{30}{60}$$

$$= 0.5 \text{ だ。}$$

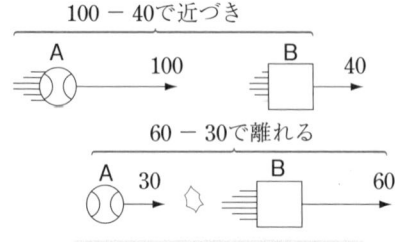

図12　相対速度の大きさ

---

**・POINT・⑧** 　反発係数の2つの落とし穴

▪▪　斜めの速度は分解して，壁と垂直な成分のみで考えよ。

▪▪　2物体の衝突では相対速度の大きさを考えよ。

---

「反発係数」は具体例をつくって考えるとミスしないよ！

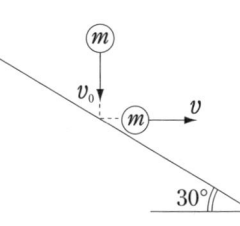

## チェック問題 2 〉 固定面との斜衝突

標準 **6**分

質量 $m$ の小球を自由落下させ,傾き $30°$ のなめらかな斜面に衝突させたところ,水平にはね返った。衝突直前の速さを $v_0$ として,次の量を,(  )内を用いて表せ。

(1) 衝突直後の速さ $v(v_0)$

(2) この衝突の反発係数 $e$

(3) 斜面から小球が受けた力積の大きさ $I(m, v_0)$

**解説** (1)

どうしたらよいのか,はじめの一歩がわかりません。

まずは,斜面と平行成分($x$ 軸),垂直成分($y$ 軸)に速度を分解して,㊤,㊥,㊦の図をかくよ。

なぜそのように分けるのですか？

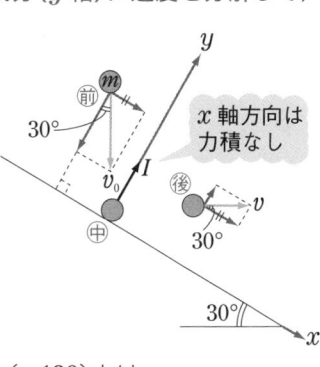

それは,図のように,$x$ 軸方向には全く力積を受けない(重力の力積は衝突時間が短く無視できる)から,運動量が保存することと,$y$ 軸方向は衝突面と垂直だから,反発係数 $e$ の式が使えるからだよ。

$x$ 方向のみに注目して,《運動量保存則》(p.139)より,

$$\overset{㊤}{mv_0 \sin 30°} = \overset{㊦}{mv \cos 30°} \qquad よって,\ v = \frac{1}{\sqrt{3}} v_0 \cdots\cdots ① \quad \cdots\cdots 答$$

(2) $y$ 方向のみに注目して,$e = \dfrac{v \sin 30°}{v_0 \cos 30°} = \dfrac{1}{3}$ (①より) $\cdots\cdots$ 答

(3) $y$ 方向のみに注目して,《力積と運動量の関係》(p.137)より,

$$\underset{y \text{軸と逆向き}}{\overset{㊤}{-mv_0 \cos 30°}} + I = \overset{㊦}{mv \sin 30°}$$

①を代入して,$I$ について解くと,$I = \dfrac{2}{\sqrt{3}} mv_0 \cdots\cdots$ 答

## 3 反発係数 $e$ は 3 タイプしかない

反発係数 $e = 2$ の壁とキャッチボールしたいと思う？

> ボクが時速 100 km で投げると，時速 200 km ではね返る。ヤ，ヤバイ！　コワすぎる，ていうか……ありえない。

そうだね(笑)。エネルギー保存則にも反するしね。そう，じつは，反発係数 $e$ はどんなに大きくても，最大 $e = 1$ までなんだ。つまり，$e \leqq 1$。また，当然 $e$ は $e \geqq 0$ だから，$e$ は次の範囲に入るよ。

$$0 \leqq e \leqq 1$$

よって，反発係数 $e$ には，次の 3 つのうち，どれかしかないんだ。

① $e = 1$ のとき ➡ （完全）弾性衝突

このときは，図13のように，速さ 100 でぶつけると，同じ速さ 100 ではね返るね。すると，その運動エネルギーも保存される。つまり，

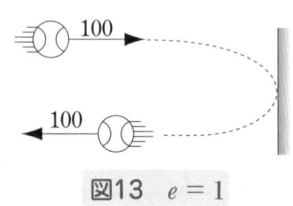

図13　$e = 1$

**反発係数 $e = 1$ の衝突**

すべて同等

**（完全）弾性衝突**　　**力学的エネルギーが保存する衝突**

② $0 < e < 1$ のとき ➡ 非弾性衝突

このときは，図14のように速さ 100 でぶつけても，たとえば 80 でしかはね返らない。すると，その運動エネルギーは減ってしまうことになる。

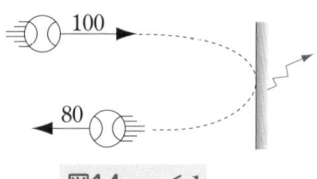

図14　$e < 1$

> どうして運動エネルギーが失われてしまうんですか？　衝突は一瞬だから，何の負の仕事もされていないじゃないですか？

それはね，たとえ衝突は一瞬でも，その瞬間，**図15**のように，物体はひずんだり，衝突で熱振動が生じて熱が発生したり，音波のエネルギーとなってしまったりして，運動エネルギーを失ってしまうんだ。鉄砲の玉が衝突時の熱で，ドロドロにとけてしまうなんてこともあるんだ。

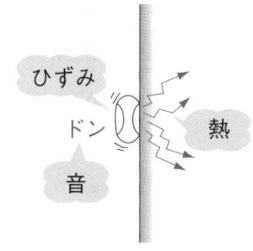

図15　衝突での運動エネルギー減少

③　$e = 0$ のとき➡完全非弾性衝突

このときは，**図16**のように，離れる速さが0，つまり，ペタッ！とくっついてしまうんだ。もちろん，運動エネルギーは完全に失われてしまうことになるね。

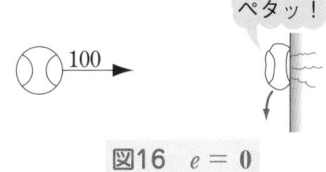

図16　$e = 0$

---

**・POINT ⑨・ 反発係数の３タイプ**
① 　$e = 1$　（完全）弾性衝突→力学的エネルギーは失われない。
② 　$0 < e < 1$　非弾性衝突 ｝力学的エネルギーは失われる。
③ 　$e = 0$　完全非弾性衝突 ｝

---

ここまでの話で，どうして衝突ときたら運動量で考えるか，わかってきたかい。

ハイ！　衝突では，等加速度運動の公式は使えないし，一般に力学的エネルギーも失われるから力学的エネルギー保存の式も使えない。しかし，p.139で見たように外力＝0となれば，全運動量だけは必ず保存する。だから，衝突には運動量保存則の式を使うしかないんだ！

まさに，そういうことだ！　さあ実際に衝突の問題を解いてみよう。

質量 $m$ の球 A に初速 $v_0$ を与
えて，反発係数 $e$ の質量 $M$ の
球 B に，正面衝突をさせた。
右向き正とする。

衝突前

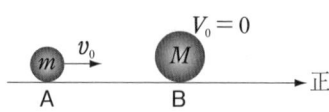

$V_0 = 0$

(1) 衝突直後の A の速度 $v$ と B
の速度 $V$ をそれぞれ求めよ。

(2) A が左へはね返るための $e$ の満たす条件を求めよ。

(3) $M = 2m$ のとき，衝突によって失われる力学的エネルギー $\varDelta E$
を求めよ。とくに，$e = 1$ のときに $\varDelta E$ はいくらになるか。

衝突後

**解説** (1) 衝突時には A と B 以外から
受ける外力はないね。だから，A と B 全
体の《運動量保存則》が成り立つ。

　ここで，衝突後の**図 a** をかくと，

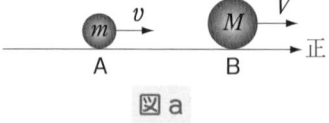

**図 a**

 どうして，後の A の速度 $v$ の矢印の向きが右向きなんですか。
もしかしたら，左へはね返るかもしれないじゃないですか。

　それは，「右向き正」，「速度 $v$」と書いてあるからだよ。もし，計算結
果で，たとえば，$v = +2$ と出れば，「そのまま右向きに速さ 2 で突進」，
もし，$v = -5$ と出れば，「左向きに速さ 5 ではね返った」，ということが
わかるんだ。物理では，このように，「とりあえず勝手に仮定しちゃえ。
あとは結果にまかせよう」という思い切りのいい態度が必要なんだよ。

$$\overset{前}{mv_0} + M \times 0 = \overset{後}{mv} + MV \cdots\cdots ①$$

　この式の中に未知数は何個あるかな。そう，$v$ と $V$ の 2 個だ。すると，
あと 1 つの式として，反発係数の式が必要だね。書いてみてね。

 う～ん，近づく速さは $v_0$ で，えーと，離れる速さは……
あれ？ $v - V$ かな？ それとも $V - v$ かな？ どっちだっけ……

そう。この離れる速さをよく間違える人がいるね。ここでちょっとしたコツを伝授！　それは，

相対速度は具体例で

という，きわめて単純明快なやり方だ。衝突後の速度が，たとえば，**図b**のように，100(キミの車)，150(フェラーリ)とすると，キミにとってフェラーリは，いくらの速さで遠ざかるかい？

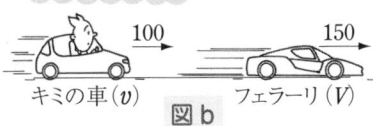

150 − 100 = 50
で遠ざかる

キミの車($v$) 100　150 フェラーリ ($V$)

**図b**

150 − 100 = 50 だ。そうすると，本問では $V - v$ で離れるんだ。

すると，

$$e = \frac{\text{離れる速さ}}{\text{近づく速さ}} = \frac{V - v}{v_0} \cdots \cdots ②$$

となるね。あとは，①，②を $v$，$V$について解くだけだ。

②を①に代入して，$V$を消すと，

$$mv_0 = mv + M(ev_0 + v)$$

よって，$v = \dfrac{m - eM}{m + M} v_0 \cdots \cdots ③$　……**答**

この式変形は何度も出てくるから，入試までに十分に慣れるようにね

②より，$V = ev_0 + v \underset{\underset{③より}{\sqcup}}{=} ev_0 + \dfrac{m - eM}{m + M} v_0 = \dfrac{em + eM + m - eM}{m + M} v_0$

$$= \frac{(1 + e)m}{m + M} v_0 \cdots \cdots ④ \quad \cdots \cdots \text{答}$$

(2)　(1)の結果で注目してほしいのは，③式より，$v$はもしかしたら負になるかもしれないということ。$v$が負とは，どういうことだったっけ？

右向き正で負ということは，それは左向きに，はね返ることです。

そうだ。ここで，③より，$v < 0$として，

$$m - eM < 0$$

$$\frac{m}{M} < e\,(\leqq 1) \cdots \cdots \text{答}$$

━━━●ナットクイメージ●━━━

──から $m \leqq M$ が必要だということがわかるね。つまり，キミ($m$)がプロレスラー($M$)にアタックすれば，はね返されるということだ。

(3) 失ったエネルギー $\Delta E =$（前のエネルギー）$-$（後のエネルギー）より，

$$\Delta E = \underbrace{\frac{1}{2}mv_0{}^2}_{\text{前}} - \underbrace{\left(\frac{1}{2}mv^2 + \frac{1}{2}MV^2\right)}_{\text{後}}$$

ここで，$M = 2m$ より，

$$\Delta E = \frac{1}{2}mv_0{}^2 - \frac{1}{2}mv^2 - \frac{1}{2} \times 2mV^2$$

さらに，③，④で，$M = 2m$ としたものを代入して，

$$\Delta E = \frac{1}{2}mv_0{}^2 - \frac{1}{2}m\left(\frac{1-2e}{3}v_0\right)^2 - \frac{1}{2} \times 2m\left(\frac{1+e}{3}v_0\right)^2$$

$$\Delta E = \frac{1}{2}mv_0{}^2\left\{1 - \left(\frac{1-2e}{3}\right)^2 - 2\left(\frac{1+e}{3}\right)^2\right\}$$

$$= \frac{1}{2}mv_0{}^2\left\{\frac{9 - (4e^2 - 4e + 1) - 2(e^2 + 2e + 1)}{9}\right\}$$

$$= \frac{1}{2}mv_0{}^2\left\{\frac{2(3 - 3e^2)}{9}\right\}$$

$$= \frac{1 - e^2}{3}mv_0{}^2 \cdots\cdots 答$$

とくに，この式で $e = 1$ とすると，$\Delta E$ はいくらかな？

 $e = 1$ とすると，$1 - e^2 = 0$ だから，$\Delta E = 0$　あ！　そうか。まさに，弾性衝突 $e = 1$ では，「力学的エネルギーは保存する」なんだ。

そのとおり。ナットクできる結果でしょ。

$$\Delta E = 0 \cdots\cdots 答$$

 $\Delta E$ の計算は複雑でミスしやすいところだけど，$e = 1$ を代入してチェックしよう。

## 第 11 章
# まとめ

**①** （ある方向について）着目物体が<u>外力</u>の力積を，

① 受ける ➡ 《力積と運動量の関係》

$$\begin{pmatrix} 前の \\ 運動量 \end{pmatrix} + \begin{pmatrix} 中で受ける \\ 力積 \end{pmatrix} = \begin{pmatrix} 後の \\ 運動量 \end{pmatrix}$$

② 受けない ➡ 《運動量保存則》

$$\begin{pmatrix} 前の \\ 全運動量 \end{pmatrix} = \begin{pmatrix} 後の \\ 全運動量 \end{pmatrix}$$

**②** 反発係数 $e$

$$e = \frac{（衝突面と垂直に）離れる速さ}{（衝突面と垂直に）近づく速さ}$$

① $e = 1$ （完全）弾性衝突 ➡ 力学的エネルギーは保存される。

② $e < 1$ 非弾性衝突
③ $e = 0$ 完全非弾性衝突 } ➡ 力学的エネルギーは失われる。

※ 衝突ときたら，上の①，②を使って解くのが基本。

衝突の解法はしっかり身についたかな！

# 第12章 種々の衝突

▲ 「ルール」を使ってチップイン！

## STORY① バウンドのくり返しの規則性

### 1 「ルール」を探せ

図1のように，床との反発係数 $e$ のボールがポーン，ポーン，ポン，ポンと，バウンドをくり返しているよ。

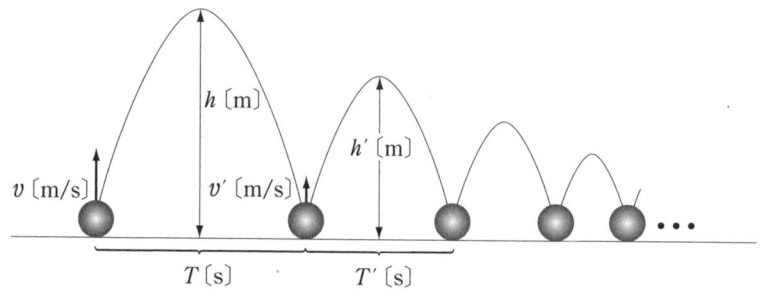

図1

この運動で，その速さ $v$，最高点の高さ $h$，滞空時間 $T$ が，1回のバウンドごとに何倍ずつ変化していくのか見ていこう。そこには何か規則性「ルール」はあるのだろうか。

## 2 速さは *e* 倍

まず，反発係数 *e* (p.140)の復習だ。定義を言ってごらん。

> え〜と，衝突面に垂直に近づく速さと離れる速さの比です。

そうだ。ということは，**図2**のように，衝突直前の速度の垂直成分の大きさを $v$ とすると，その衝突直後の大きさ $v'$ は，$v' = e \times v$ となるね。

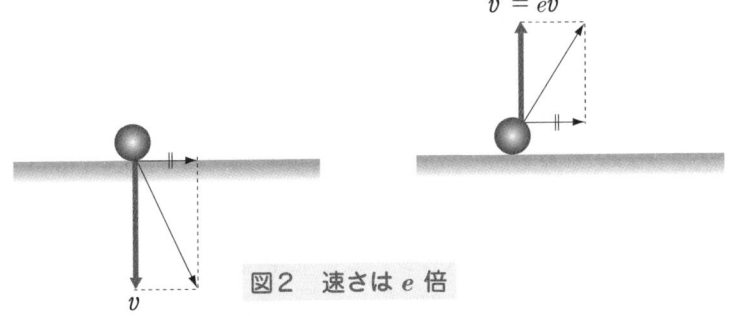

**図2　速さは *e* 倍**

つまり，床を離れた直後の速度の，床と垂直な成分 $v'$ についてのルールは，

$v'$ は1回のバウンドごとに *e* 倍になる

## 3 投げ上げ運動に注目する

次に高さ $h$ と滞空時間 $T$ のルールを求めよう。まず，1回目の投げ上げ運動に注目してみよう。**図3**で，初速度 $v$ で投げ上げると，まず《力学的エネルギー保存則》(p.91)より，

$$\frac{1}{2}mv^2 = mgh \qquad よって，h = \frac{v^2}{2g}$$

となって，最高点の高さ $h$ は $v$ の2乗に比例するね。

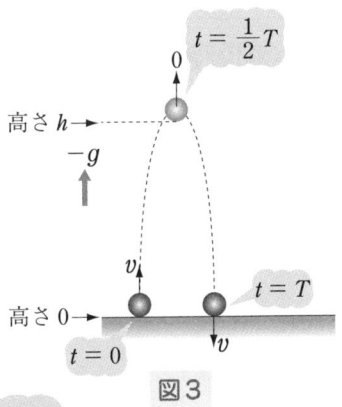

**図3**

> $v$ が2倍，3倍，4倍，……となると，$h$ は4倍，9倍，16倍，……となる

一方，投げ上げ運動の対称性より，最高点までの時間は滞空時間 $T$ のちょうど半分の $\frac{1}{2}T$ になるので，等加速度運動の[公式⑦](p.20)を使うと，$t = \frac{1}{2}T$ で速さ0より，

$$0 = v + (-g)\frac{1}{2}T \qquad \text{よって，} \quad T = \frac{2v}{g}$$

つまり，滞空時間 $T$ は $v$ に比例するね。

> $v$ が2倍，3倍，4倍，……となると，$T$ も2倍，3倍，4倍，……となる

### 4 高さは $e^2$ 倍，滞空時間は $e$ 倍

2 で見たように，速さ $v$ は1回のバウンドごとに $e$ 倍になる。また，3 で見たように，高さ $h$ は $v^2$ に比例し，滞空時間 $T$ は $v$ に比例する。

以上を合わせて考えると，$h$ と $T$ は1回のバウンドごとにそれぞれ何倍になるかな？

 高さ $h$ は1回のバウンドごとに $e^2$ 倍，滞空時間 $T$ は1回のバウンドごとに $e$ 倍だ。

そうだ。図でまとめると，次のようになるね。どんどん活用しよう。

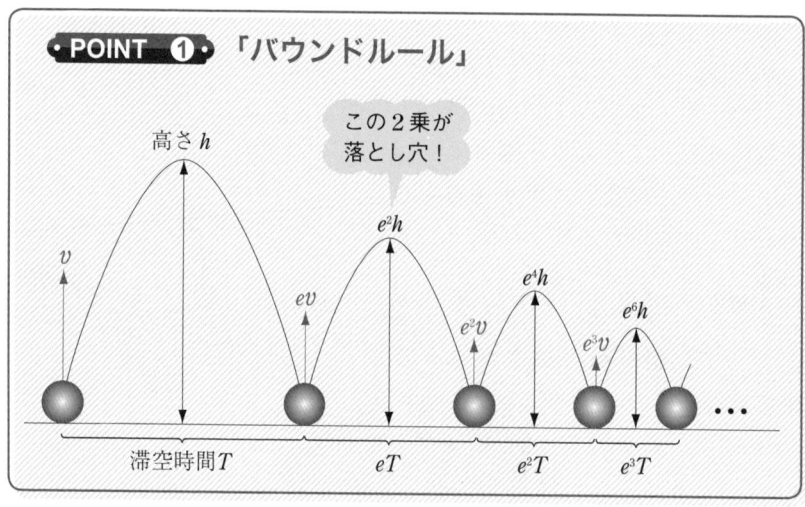

POINT 1 「バウンドルール」

この2乗が落とし穴！

チェック問題 **1** 〉 **バウンドのくり返し**  標準 **7**分

　高さ $h$ から質量 $m$ の物体を自由落下させた。床との反発係数を $e(<1)$ とする。

(1) 1回目のバウンド後の最高点の高さ $h_1$ を求めよ。

(2) 自由落下させてから，(1)の最高点に達するまでの時間 $t_1$ を求めよ。

(3) 自由落下させてから，バウンドが止むまでの時間 $t_\infty$ を求めよ。

**解説** (1) 「バウンドルール」より，1回のバウンドごとに最高点の高さは $e^2$ 倍だから，$h_1 = e^2 h$ ……**答**

> メチャクチャカンタンじゃないですか。「ルール」を使わないと，どーなるの？

　うん，もし「ルール」を使わないと，まずエネルギー保存で衝突直前の速さを求め，それを $e$ 倍した速さの投げ上げ運動を考え，その最高点の高さ $h_1$ をエネルギー保存で出すというように，めんどうになるよ。

(2) まずは最初の自由落下の時間 $t_0$ を求めよう。等加速度運動の〔公式❶〕(p.18)より，

$$\frac{1}{2}g t_0{}^2 = h$$

よって，$t_0 = \sqrt{\dfrac{2h}{g}}$ ……①

　ここで，「バウンドルール」より，1回のバウンド後の滞空時間は $e$ 倍になるので，**図 a** より，

$$t_1 = t_0 + e \times t_0$$
$$\underset{\text{①より}}{=} (1 + e)\sqrt{\frac{2h}{g}} \cdots\cdots\text{答}$$

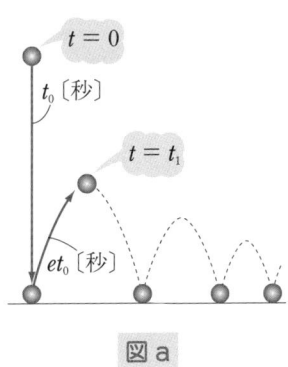

図 a

(3) (2)と同様にして，バウンドが止む（∞回バウンドをする）までの時間は，すべての滞空時間の総和となる。

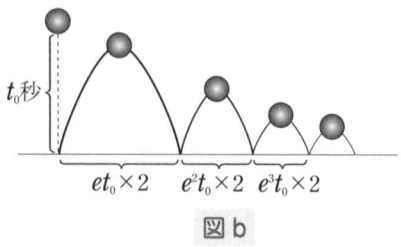

$t_0$秒

$et_0 \times 2$　$e^2t_0 \times 2$　$e^3t_0 \times 2$

図b

どうして　$et_0 \times 2$と，$et_0$を2倍しているの？

　それは，はじめの$t_0$秒というのは，あくまでも最高点から床までの落下時間だということ。もし，投げ上げてから，再び床に落下する「完全な」投げ上げ運動にすると，その2倍の$t_0 \times 2$の時間かかるよね。だから，1回のバウンド後の「完全な」投げ上げ運動の滞空時間は，$e \times (t_0 \times 2)$となるんだ。

　ここで，さきほどの図bより，

$$t_\infty = t_0 + et_0 \times 2 + e^2t_0 \times 2 + e^3t_0 \times 2 + \cdots\cdots$$
$$= t_0 + 2et_0 \times \underline{(1 + e + e^2 + \cdots\cdots)}$$
$$= t_0 + 2et_0 \times \frac{1}{1 - e}$$
$$= \frac{1 + e}{1 - e} \times t_0$$
$$= \underset{①より}{\underline{\frac{1 + e}{1 - e} \times \sqrt{\frac{2h}{g}}}} \cdots\cdots \boxed{答}$$

——で〈無限等比級数の和の公式〉より，初項$a_1$，公比$r(-1 < r < 1)$の等比数列の和は
$$\sum_{n=1}^{\infty} a_n = \frac{a_1}{1 - r}$$
を使った

●ナットクイメージ●
・$e = 0$なら$t_\infty = t_0$（自由落下のみ）
・$e = 1$なら$t_\infty \to \infty$（いつまで経ってもバウンドが止まらないよ〜）

# STORY② 斜衝突のベクトル図法

## 1 具体例から入ろう

図4のように，水平右向きに速さ $v$ でやってきた質量 $m$ のボールを，バットで打ったら，速さ $v$，仰角 $60°$ のファウルフライになったとする。

このとき，バットがボールに与えた力積の大きさ $I$ を求めよと言われたら，どうする？

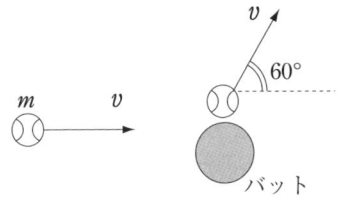

図4

## 2 成分表示で解くと……

まず，⑬ $x$, $y$ 軸を立てる。途⑭のバットが与える力積の $x$, $y$ 成分をそれぞれ $I_x$, $I_y$ とおくね。⑭の速度ベクトルを $x$, $y$ に分けておこう。

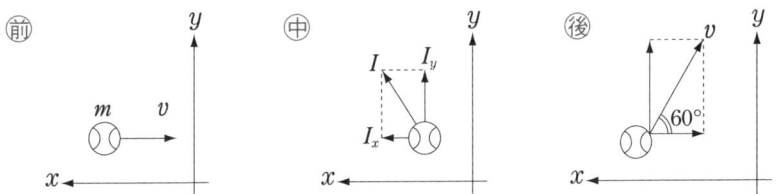

《力積と運動量の関係》(p.137)より，

$$x : \overset{⑬}{\overbrace{-mv}} + \overset{⑭}{\overbrace{I_x}} = \overset{⑮}{\overbrace{-mv\cos 60°}} \quad \therefore \quad I_x = \frac{1}{2}mv \cdots\cdots ①$$

$$y : \overset{⑬}{\overbrace{0}} + \overset{⑭}{\overbrace{I_y}} = \overset{⑮}{\overbrace{mv\sin 60°}} \quad \therefore \quad I_y = \frac{\sqrt{3}}{2}mv \cdots\cdots ②$$

ここで，⑭の図で三平方の定理より，

$$I \underset{①,②より}{=} \sqrt{I_x{}^2 + I_y{}^2} = mv$$

となる。

## 3 ベクトル図法で解くと……

そのままベクトルの関係式 $_{前}\overrightarrow{mv} + _{中}\overrightarrow{I} = _{後}\overrightarrow{mv}$ を図示すると，図の正三角形より，$I = mv$ と秒殺できる。

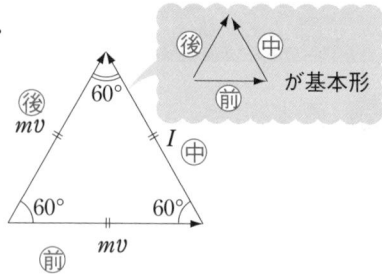

---

### チェック問題 2 ＞ 二球の斜衝突

やや難 8分

なめらかな水平面上で，質量 $m$ の物体 A を図のように質量 $m$ の物体 B に速さ $v_0$ で弾性衝突させたら，A，B はそれぞれ速さ $v$，$V$ で図のように動いた。

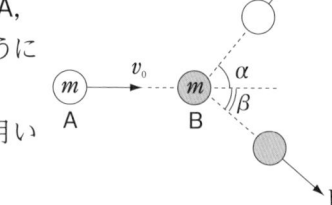

(1) $v$，$V$ をそれぞれ $v_0$，$\alpha$ を用いて表せ。

(2) $\beta$ を $\alpha$ を用いて表せ。

(3) 衝突時に，A が B から受けた力積の大きさ $I$ を $m$，$v_0$，$\alpha$ を用いて表せ。

---

**解説** (1) 物体 A，B にはたらく外力 ＝ 0 より，全運動量は保存する。これを，運動量のベクトル図で表すとどうなるかな。（図 a）

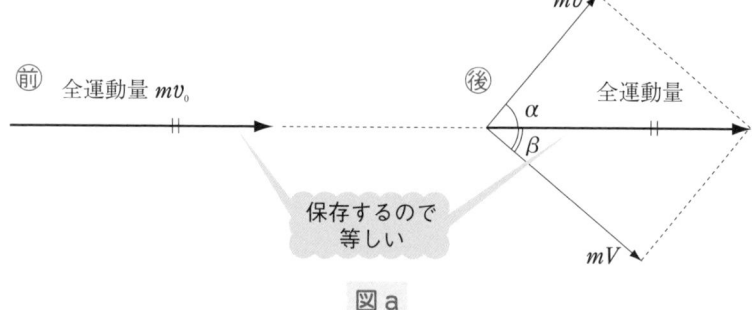

図 a

図 a から，次の三角形が見えてくる。

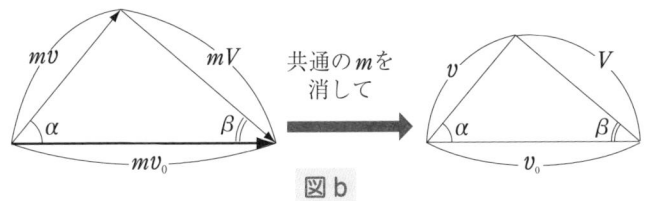

共通の $m$ を
消して

図 b

これだけでは，まだ未知数が $v$，$V$，$\beta$ とあって解けないね。そこで，弾性衝突とあるので，p.144 から $e = 1$ で，《力学的エネルギー保存則》より，

$$\overset{\text{前}}{\frac{1}{2}mv_0{}^2} = \overset{\text{後}}{\frac{1}{2}mv^2 + \frac{1}{2}mV^2}$$

よって，$v_0{}^2 = v^2 + V^2$

じつは，この式は，図 b で見た $v_0$，$v$，$V$ を三辺とする三角形のある重要な関係式となっている。わかるかい？

 うーん。あ，三つの辺の長さの 2 乗の関係式ということは三平方の定理か！

おみごと！　つまり $v_0$ を斜辺にもつ直角三角形になるぞ！　すると，図 c より，

$v = v_0 \cos\alpha$ ……答
$V = v_0 \sin\alpha$ ……答

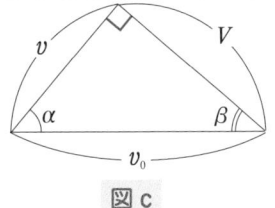

図 c

(2)　図 c より，$\beta = 90° - \alpha$ ……答

 ベクトルを使うと，とても鮮やかに解けますね。

そうなんだ。運動量と力積は，ベクトルということを強く意識してほしい。

(3) A についての《力積と運動量の関係》(p.137)，すなわち $\vec{mv_0} + \vec{I} = \vec{mv}$ をベクトル図で表すと，

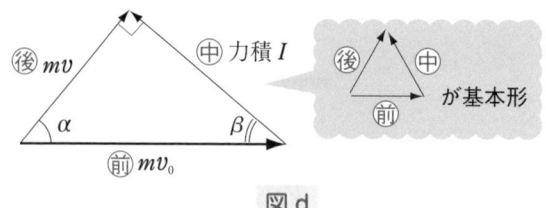

図 d

ここで，すでに(1)，(2)の結果の直角三角形になることは使っているよ。図dより，力積 $I$ は，

$I = mv_0 \sin\alpha$ ……答

おー。またもや，一瞬で解けますね。

使えるか使えないかで大きく差がつくテクニックだよ！

## 第 12 章
# ま と め

**①** 「バウンドルール」

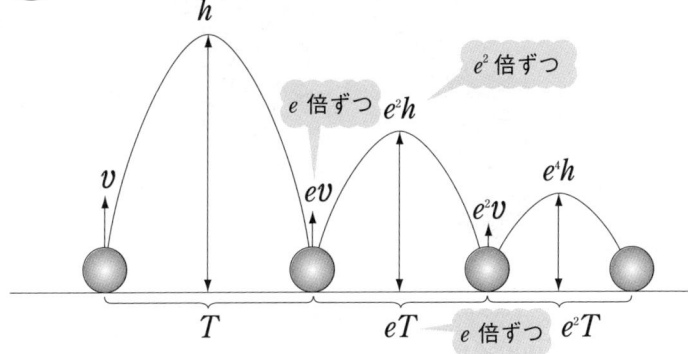

**②** 2物体の斜衝突のベクトル図法

《力積と運動量の関係の基本形》

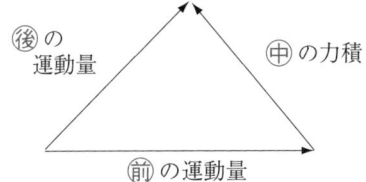

《運動量保存則の基本形》

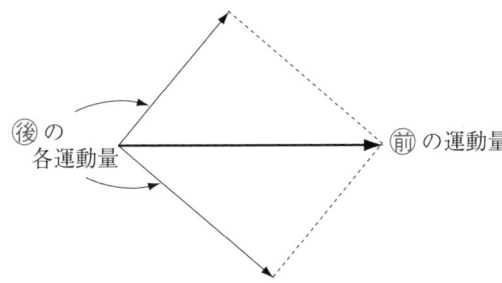

# 第13章 2つの保存則

▲ 2つの武器（保存則）を使いこなして強敵（難問）をやっつけろ

## STORY① いつどの保存則を使うのか

### 1 力学的エネルギーはいつ保存するのか？

> 保存則の使い方なんですが，運動量は外力 = 0 なら，保存する
> ことが一瞬でわかるんです。力学的エネルギーについても，
> いつ保存するのかすぐにわかる方法はありませんか？

なるほど，たしかに運動量は「外力が0なら保存」（p.139）という，
カンタンな判定法があったからね。じつは，力学的エネルギーでも，
シンプルな判定方法があるんだ。その方法のカギを握る「摩擦熱」と
いう考え方を見ていこうね。

### 2 摩 擦 熱

手をこすると熱くなるね。F1で急ブレーキをかけるとタイヤがこ
すれて煙が出るね。このように，動摩擦力が仕事をする場面では，そ
の仕事の大きさに相当する熱が発生する。この熱を摩擦熱という。

図1のように，速度 $v_0$ で動いていた質量 $m$ の箱が動摩擦係数 $\mu'$ の水平面の上を，距離 $l$ だけすべって止まったとしよう。

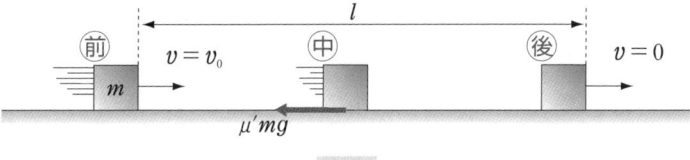

図1

このときの《仕事とエネルギーの関係》(p.89)は，

$$\frac{1}{2}mv_0{}^2 + (-\,\mu'mg \times l) = 0$$

この式を変形すると，

$$\frac{1}{2}mv_0{}^2 = \mu'mg \times l$$

この式は，次のように解釈できるね。

「はじめ，物体がもっていた運動エネルギー $\dfrac{1}{2}mv_0{}^2$ は，すべて摩擦熱 $\mu'mg \times l$ になってしまった(図2)。」

　以上のポイントを次にまとめるね。

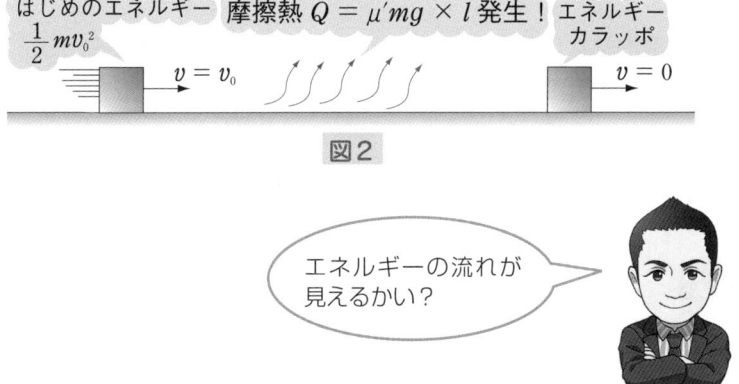

図2

エネルギーの流れが見えるかい？

> **・POINT ❶・ 摩 擦 熱**
>
> :: 物体がこすれ合うときは，摩擦熱が発生する。
>    その大きさ $Q$ は，
>    摩擦熱 $Q$ ＝（動摩擦力 $\mu'N$）×（こすれた距離 $l$）
>
> :: その発生した摩擦熱 $Q$ の分だけ力学的エネルギーは減少する。
>    摩擦熱 $Q$ ＝（力学的エネルギーの減少分）
>                    ということは，逆に考えると，
> :: 物体のもつ力学的エネルギーは，
>    摩擦熱が発生しなければ保存する。

### 3 2つの保存則の使える条件

　以上，《運動量保存則》と《力学的エネルギー保存則》の成り立つ条件をシンプルにまとめておこう。

> **・POINT ❷・ 2つの保存則のシンプルな使い方**
>
> まずは着目物体の範囲を明記しよう。そして
> :: 外力なし➡その方向の《運動量保存則》が使える（p.139）
>
> :: 摩擦熱なし➡《力学的エネルギー保存則》が使える（p.91）
> ㊟ 衝突が起こるときは，反発係数の式（p.140）を用いる。

　さて，これから，いろいろなタイプの問題「敵キャラ」を，保存則という「強力な武器」を使ってやっつけていこう！　準備はいいかい？

> ようし！　いざ出陣だ！！

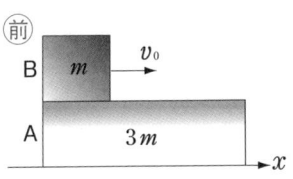

## チェック問題 1 〉 摩擦力を介した2物体の運動 標準 10分

図のように，水平でなめらかな床の上に質量 $3m$ の板 A を置き，質量 $m$ の物体 B を初速度 $v_0$ ですべらせる。すると，A は動き出し，やがて，B は A に対して静止した。A と B の間の動摩擦係数を $\mu$ とする。

(1) B が A に対して静止したときの A の速度 $v_1$ を求めよ（右向き正）。
(2) B が A 上をすべった距離 $l$ を，$v_0$，$\mu$，$g$ を用いて求めよ。

**解説** (1) 本問はじつはp.71でやったものと同じ。p.71では，等加速度運動の公式を使って解いたけれど，本問では，保存則の威力をとことん味わってもらおう。まず，保存則の成立条件を言ってみて。

> ハイ。外力0なら運動量保存。摩擦熱0なら力学的エネルギー保存です。

完ペキだ！ じゃあ，まずは本問で A と B 全体に着目すると，水平方向の外力はあるかな？

> 摩擦力は A と B の間にはたらく内力なので，A と B には水平方向の外力は0。よって，全運動量は保存します。

いい見方だ。図aで，A と B 全体の $x$ 軸方向の《運動量保存則》より，

$$\overset{\text{(前)}}{mv_0 + 3m \times 0} = \overset{\text{(後)}}{mv_1 + 3mv_1}$$

よって

$$v_1 = \frac{1}{4}v_0 \cdots\cdots ① \quad \cdots\cdots \boxed{答}\quad となる。$$

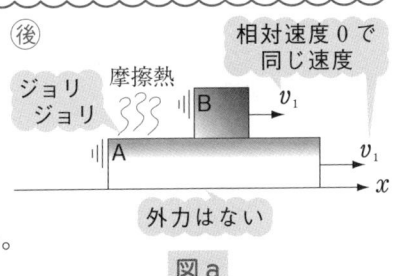

図 a

(2) じゃあ，次の質問だ。本問では摩擦熱は発生しているかな？

> AとBは，ジョリジョリこすれ合って，アチチッと摩擦熱が発生しています。

おお！　いいイメージだね（笑）。
その摩擦熱の大きさ $Q$ は，

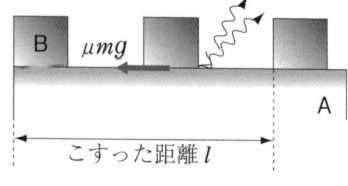

摩擦熱 $Q$

摩擦熱 $Q = \underbrace{\mu mg}_{\text{動摩擦力}} \times \underbrace{l}_{\text{こすった距離}}$

ここで注意したいのは，$l$ はあくまでもBがAに対してすべった距離，つまり，こすった距離ということだ。だから，**図b**のように，Aは止めて，その上のBの移動距離 $l$ だけを考えればいいんだよ。

こすった距離 $l$

**図b**

さて，この摩擦熱 $Q$ は何に等しくなるかな？

> えーと，たしか力学的エネルギーの減少分に等しいです。

そうだったね。つまり，

$\mu mgl = （A ＋ Bの全力学的エネルギーの減少分）$

$$= \underbrace{\frac{1}{2}mv_0^2}_{\text{前}} - \underbrace{\left(\frac{1}{2}mv_1^2 + \frac{1}{2}3mv_1^2\right)}_{\text{後}}$$

$$\underset{\text{①より}}{=} \frac{1}{2}mv_0^2 - \frac{1}{2} \times 4m\left(\frac{1}{4}v_0\right)^2$$

$$= \frac{3}{8}mv_0^2$$

よって，

$$l = \frac{3v_0^2}{8\mu g} \cdots\cdots \boxed{答}$$

> p.72〜73に比べ，圧倒的に計算量は少ないね

> うわ〜，摩擦熱の考え方って，すごい便利ですね！

## 4 速さ，高さ，伸び縮み，距離の予言法

結局，問題文で，着目物体が運動中にもつ速さ，高さ，伸び縮み，摩擦力を受けてこすった距離などを問われたときには，次の解法マニュアルが強力な武器となる。

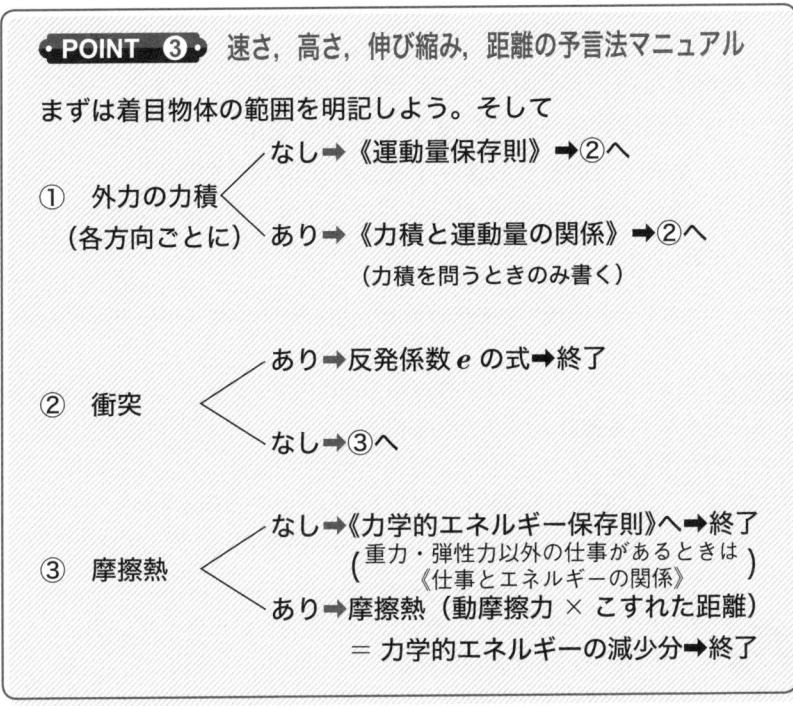

**・POINT ③・** 速さ，高さ，伸び縮み，距離の予言法マニュアル

まずは着目物体の範囲を明記しよう。そして

① 外力の力積（各方向ごとに）
  - なし ➡ 《運動量保存則》➡ ②へ
  - あり ➡ 《力積と運動量の関係》➡ ②へ
    （力積を問うときのみ書く）

② 衝突
  - あり ➡ 反発係数 $e$ の式 ➡ 終了
  - なし ➡ ③へ

③ 摩擦熱
  - なし ➡ 《力学的エネルギー保存則》へ ➡ 終了
    （重力・弾性力以外の仕事があるときは《仕事とエネルギーの関係》）
  - あり ➡ 摩擦熱（動摩擦力 × こすれた距離） ＝ 力学的エネルギーの減少分 ➡ 終了

どんどん活用して，バリバリ解いていこう。

要は着目物体を決めて，⊕での外力の力積と，⊕で発生する衝突熱や摩擦熱に注目するだけだ！

　　　　　　　　　　標準 **8**分

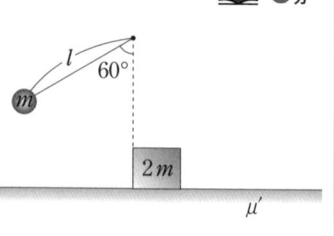

　図のように，長さ $l$，質量 $m$ のおもりをつけた振り子を $60°$ 傾けて静かに手放すと，最下点で，水平面上に置いてある質量 $2m$ の物体に，反発係数 $\dfrac{1}{2}$ の衝突をした。水平面と物体との動摩擦係数を $\mu'$ とする。

(1) 衝突直前のおもりの速さ $v_0$ を $g$，$l$ を用いて求めよ。

(2) 衝突直後の物体の速さ $V$ を，$v_0$ を用いて求めよ。

(3) 物体が水平面上をすべった距離 $L$ を，$V$，$g$，$\mu'$ を用いて求めよ。

**解説**　まず，(1)では「振り子の運動」，(2)では「衝突」，(3)では「物体が水平面をすべる運動」の３つの運動に完全に分けて，それぞれの運動ごとに考えていこう。

(1)　まず，この「振り子の運動」では，おもりには２つの保存則のうち何が使えるかな？　p.165の「マニュアル」①②③の手順にしたがって考えてみて。

　え～と，おもりには，①糸の張力と重力という外力がはたらいているから，運動量は保存しない。そして，②衝突はない。あ！③摩擦熱はまったくないから力学的エネルギーは保存するぞ！

エクセレント！

　図aで，《力学的エネルギー保存則》より，

$$\underbrace{mgl(1 - \cos 60°)}_{前} = \underbrace{\dfrac{1}{2}mv_0^2}_{後}$$

よって，$v_0 = \sqrt{gl}$ ……**答**

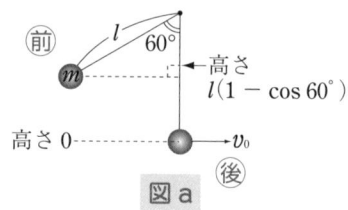
図 a

(2) 次に「衝突」でおもりと物体に着目すると
２つの保存則のうち何が使えるかな？

えーと。①おもりと物体に着目
すると外力ははたらかないから，
運動量は保存。でも，あ〜！
②で $e < 1$ の非弾性衝突だから，
衝突熱が発生して力学的エネル
ギーは保存しないや。そこで，
反発係数の式だ。

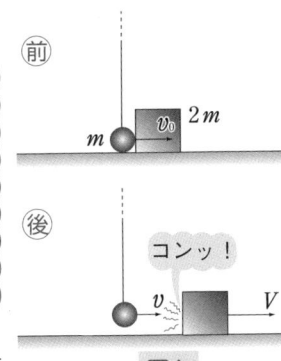

図b

オミゴト！　図bのように，衝突後の速度
を仮定し，《運動量保存則》より，

$$\overset{\text{前}}{\overbrace{mv_0}} = \overset{\text{後}}{\overbrace{mv + 2mV}}$$

反発係数の式より，

$$\frac{1}{2} = \frac{V - v}{v_0}$$

$v$ を消すと，

$$V = \frac{1}{2}v_0 \cdots\cdots 答$$

(3) 最後の「物体が水平面をすべる運動」では，物体の何が保存している
かな？

うーん。　①動摩擦力が外力としてはたらくから，運動量は保
存しないぞ。　また，②衝突はないな。　そして，③摩擦熱が発生
した分，力学的エネルギーも減っちゃっているね。

グレート！　図cで，摩擦熱 ＝ 力学的エネルギーの減少分より，

$$\underbrace{\mu' \times 2mg}_{\text{動摩擦力}} \times \underbrace{L}_{\substack{\text{こすった}\\\text{距離}\\\text{前－後}}} = \frac{1}{2} \times 2mV^2$$

よって，$L = \dfrac{V^2}{2\mu' g}$ ……答

図c

**チェック問題 3** 〉 **ばねの力を介した2物体の運動** 標準 **8**分

なめらかな床の上に置かれた質量 $M$ でばね定数 $k$ の軽いばねがついた物体 A に，質量 $m$ の物体 B が速度 $v_0$ で近づいている。

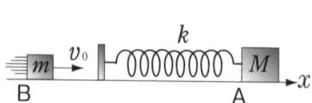

(前)

(1) ばねが最大に縮んだときの2物体の速さ $v_1$ を求めよ。

(2) ばねの最大の縮み $d$ を，$m$，$M$，$k$，$v_0$ を用いて求めよ。

---

**解説** (1) ばねが縮むと，A は押されて動き出し，速くなっていく。一方，B はだんだんと遅くなる。やがて，ばねが最大に縮むところで，相対速度が0になって A と B は床から見て同じ速度 $v_1$ になる。

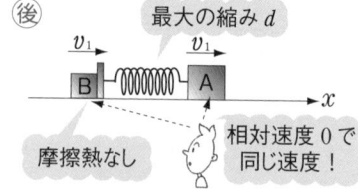

(後)

最大の縮み $d$

摩擦熱なし

相対速度 0 で同じ速度！

じゃあ，このとき，A と B 全体に着目して成立する保存則は何かな？

外力はないから，A と B 全体の運動量は保存し，そして，あ！摩擦熱が発生しないから，全力学的エネルギーも保存するぞ！

そうだ。まず A と B 全体としての《運動量保存則》で，

$$\overset{\text{(前)}}{mv_0 + M \times 0} = \overset{\text{(後)}}{mv_1 + Mv_1} \quad \text{よって，} \quad v_1 = \frac{m}{m+M}v_0 \cdots \text{①} \cdots \text{答}$$

(2) 次は A と B 全体としての《力学的エネルギー保存則》で，

$$\overset{\text{(前)}}{\frac{1}{2}mv_0{}^2} = \overset{\text{(後)}}{\frac{1}{2}mv_1{}^2 + \frac{1}{2}Mv_1{}^2 + \frac{1}{2}kd^2}$$

$$\text{よって，} \quad d = \sqrt{\frac{1}{k}\left\{mv_0{}^2 - (m+M)v_1{}^2\right\}}$$

$$\underset{\text{①より}}{= \sqrt{\frac{mM}{k(m+M)}} \times v_0 \cdots \text{答}}$$

チェック問題 **4** 〉 台上の物体の運動 ／やや難**12**分

　図のような形状で，なめらかな
部分 ABC と粗い部分 CDE をもつ
質量 $M$ の台が，なめらかな水平
面上に置かれている。いま，質量
$m$ の小物体を初速度 0 で点 A から

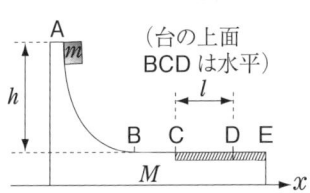

（台の上面 BCD は水平）

すべらせたところ，小物体は B，C を通過し，D で止まった。
台の粗い面と小物体の動摩擦係数を $\mu'$ とする。右向きを速度
の正の向きとする。

(1)　小物体が B を通過したときの台と小物体の速さ $V, v$ はいくらか。

(2)　CD 間の距離 $l$ はいくらか。$\mu'$ と $h$ を用いて表せ。

**解説**〈　(1)　㊥で，小物体が台の斜面を左下
向きに押すから，台は左へ動くでしょ。㊤
で小物体が B を通過するとき，台は左へ速さ
$V$，小物体は右へ速さ $v$ で走っている（**図a**）。
　さて，このとき台と小物体全体に着目す
ると，どんな保存則が成立するかな？

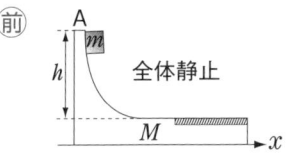

（前）

A

全体静止

まず，全体として水平外力が
ないから，水平方向の全運動
量が保存する。そして，いまは
まだ摩擦熱が出ないから，全
力学的エネルギーも保存する。

重力は外力
だけど，水平
方向には，
はたらかない！

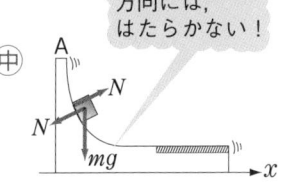

（中）

もう，コツはつかめたみたいだね！
《運動量保存則》より，右向き正として，

（前）　　　　　　（後）
$$m \times 0 + M \times 0 = mv - MV \cdots\cdots ①$$

《力学的エネルギー保存則》より，

（前）　　　（後）
$$mgh = \frac{1}{2}mv^2 + \frac{1}{2}MV^2 \cdots\cdots ②$$

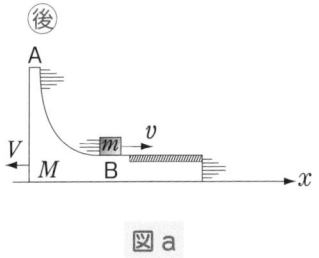

（後）

図 a

ここで，①を②に代入して$V$を消すと，

$$mgh = \frac{1}{2}mv^2 + \frac{1}{2}M\left(\frac{m}{M}v\right)^2$$

よって，$v = \sqrt{\dfrac{2Mgh}{M+m}}$……③　……**答**

①より，$V = \dfrac{m}{M}v = \dfrac{m}{M}\sqrt{\dfrac{2Mgh}{M+m}}$……**答**
③より

(2)　**図b**のように，Cを越えると，小物体
は左へ動摩擦力 $\mu'mg$ を受け，減速する。
やがて，小物体がDまで距離$l$だけこ
すったところで，台に対して止まる。つ
まり，小物体と台は一体となって，床か
ら見れば同じ速度$v_1$となる。

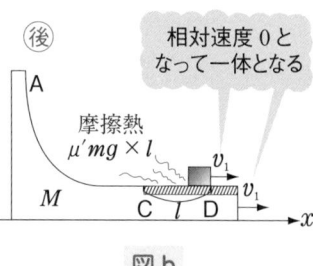

相対速度0と
なって一体となる

図b

　さて，台と小物体全体に着目すると，
今回の保存則はどうなっているかな？

やっぱり外力はないから，全運動量は保存する。そして，
あ！　今回は，ジョリジョリ摩擦熱が発生しているじゃ
ないですか。その分全力学的エネルギーは減りますね。

　合格だ！　ここではなるべく楽をしたいので，いちばん最初の全体が
止まっていたときと比べて保存則を考えるよ。

　まず，《運動量保存則》より，

$$\overline{\underset{\text{前}}{m \times 0 + M \times 0} = \underset{\text{後}}{mv_1 + Mv_1}}$$

よって$v_1 = 0$　なんと，最終的には，全体が止まってしまうんだね。

次に，（摩擦熱）＝（全力学的エネルギーの減少分）より，

$$\underset{\text{動摩擦力}}{\mu'mg} \times \underset{\text{こすった距離}}{l} = \underset{\text{前の全力学的エネルギー}}{mgh} - \underset{\text{後の全力学的エネルギー}}{\left(\frac{1}{2}mv_1^2 + \frac{1}{2}Mv_1^2\right)}$$

ここに，先ほどの結果の$v_1 = 0$を代入し，$l$について解くと，

$$l = \frac{1}{\mu'}h\text{……}\textbf{答}$$

第 **13** 章
# ま と め

**①** **運動量保存則のシンプルな判定法**

まずは着目物体の範囲を明記しよう。そして
（ある方向について）着目物体が外力を

- ① 受けない➡《運動量保存則》
- ② 受ける　➡《力積と運動量の関係》

**②** **力学的エネルギー保存則のシンプルな判定法**

途中で摩擦熱＝（動摩擦力）×（こすれた距離）や衝突熱が

- ① 発生しない➡《力学的エネルギー保存則》
（重力・弾性力以外の仕事があるときは《仕事とエネルギーの関係》）
- ② 発生する　➡摩擦熱 ＝ 力学的エネルギーの減少分
　　　　　　　　衝突熱 ＝ 力学的エネルギーの減少分

㊟ 衝突が起こるときは一般に，②の代わりに反発係
数の式を用いる。

着目物体の範囲を明記し，
しっかり根拠をもって，
保存則は使っていこうね！

# 第14章 慣性力

▲「車は急停車することがございますので，つり革におつかまりください。」

## STORY 1 /// 慣性力

### 1 まずはこんな場面を

　キミが乗ったバスの運転手さん，ちょっと今日は機嫌が悪くて，アクセル全開で急発進し，グ～ンとスピードを上げていく。バスの中は，大変なことになっているねぇ（ホントはこんなことはないですからね）。

バスの加速度
$a$

図1　バスが急発進!!

このバスの中のつり革を，軽い糸につるされた質量 $m$ のおもりと見立てて，その様子を2人の異なる立場から眺めてみよう。バスの加速度を $a$，おもりにはたらく糸の張力を $T$，糸の傾きを $\theta$ としよう。ここで大切なのは，本気でその人の立場になりきって考えることだよ。

## 2 「大地の人」の立場で見ると

「大地の人」から見ると，どんな動きに見える？　**図2**を大地に立った人の立場から実況中継してみて。

 ハイ。自分の目の前を，おもりはバスと一体となって，右向きに加速度 $a$ で動いていきます。

では，その右向きの加速度は，どの力によって生じるの？

 え〜と，糸の張力 $T$ を分解したときの右向き成分 $T\sin\theta$ です。

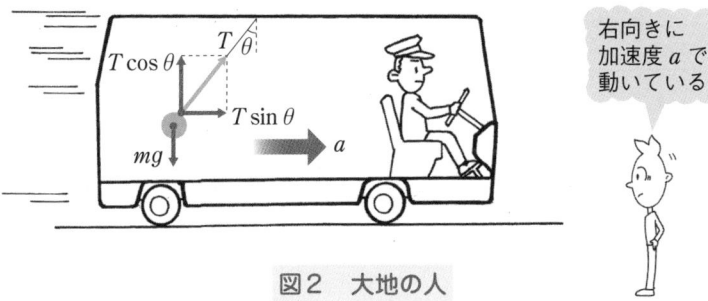

右向きに加速度 $a$ で動いている

図2　大地の人

よくできた。すると，水平方向の運動方程式は，
$$ma = T\sin\theta \cdots\cdots ①$$
となるね。

ここまでは
OKだよね！

## 3 「バスの中のお客さん」の立場で見ると

図3で，バスの中に座っている「お客さん」から見ると，おもりはどう見える？

 ハイ。おもりは，左に傾いた状態を保って静止しています。

じゃあ，つり合いの式だね。左右の力のつり合いの式を立ててみて。

 え〜と，右向きに分解した $T\sin\theta$ と……あれ！　左向きの力がないや。おかしいなあ。

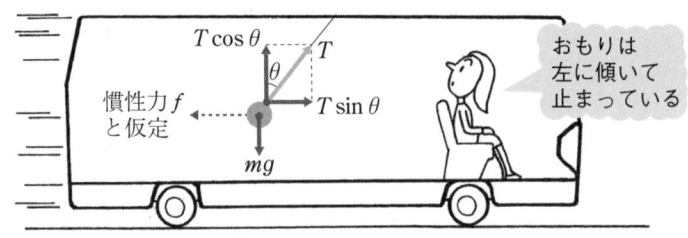

**図3　車内の人**

そうだねえ。そこで，今の場合，どうしてもおもりには左向きの力がはたらいていないとおかしいので，その力を慣性力と名づけ，大きさを$f$と仮定しよう。すると，左右の力のつり合いの式は，

$$f = T\sin\theta \cdots\cdots ②$$

となるね。

## 4 慣性力の導出

2，3で立てた①，②式の右辺どうしは，全く同じ $T\sin\theta$。よって，左辺どうしも等しくなり，

$$ma = f$$

よって，$f = ma$

まとめると，

> **・POINT　①・**　慣　性　力
>
> 大地に対して加速度 $\vec{a}$ で動く人からのみ見える力
> ■■　向き：（観測者自身の加速度 $\vec{a}$）とは逆向き
> ■■　大きさ：（着目物体の質量 $m$）×（観測者自身の加速度 $a$）

　向きについては，**図3**では，$\vec{a}$ は右向きで，慣性力は左向きだね。

### 5　慣性力で注意したいことは2つ

①　何を見るかではなく，だれが見るかだけで，慣性力は決まる。

　**図4**のように，単に置いてある箱はもちろん，大地から見れば水平方向には，何の力もはたらいていないね。でも，**図5**のように，右向きに加速度 $a$ で走る車の中から見れば，箱は周りの景色と一緒に左向きの加速度 $a$ でグングン加速しているように見えるので，左向きの慣性力 $f = ma$ がはたらいていることになる。

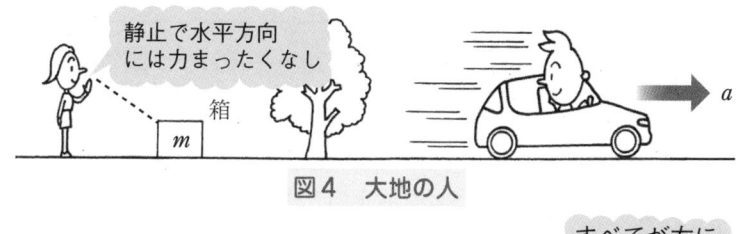

静止で水平方向
には力まったくなし

箱

$m$

$a$

図4　大地の人

すべてが左に
加速度 $a$ で
動いているゾ!

$a$（対車）

$ma$
慣性力

$m$

図5　車内の人

同じ箱を見ているのに，立場によって全く違う力が見えるんですね。

そうなんだ。まさに、だれが見るかだけで、慣性力は決まるのだ。だから、つねに、「今は誰から見ているか」をはっきりさせて解く必要があるんだ。

② たとえ観測者が動いていようとも、一定速度で動いているときは、全く慣性力ははたらかない。

図6のように、一定速度で走っている電車の中でズッコケる人はいないよね。一定速度は、加速度 $a = 0$ だから、慣性力も $f = ma = 0$ となってしまうんだ。

図6　一定速度の車

以上のように、慣性力は見る人によって異なるので、誰から見ても全く同じ力である「ナデ・コツ・ジュー」の力（p.36）とは区別したいね。

| ・POINT ❷・ 「ナデ・コツ・ジュー」の力と慣性力 | |
|---|---|
| 「ナデ・コツ・ジュー」の力 | 慣性力 |
| 誰から見ても全く同じ力 つまり万人に等しく見える力 （万人力） | 見る人によって全く変わってしまう力 つまり見る人に属する力 （属人力） |

誰から見ているかによって、どの範囲までの力が見えるかが決まるんだ。

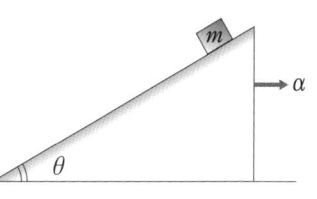

標準 **8**分

傾角 $\theta$ の粗い斜面をもつ台が右向きの加速度 $\alpha$ で動いている。台の上から見て，質量 $m$ の物体を静かに置いた。斜面と物体との静止摩擦係数を $\mu$ ，動摩擦係数を $\mu'$ とする。

(1) もし物体が斜面をすべり下りる直前とすると，このときの $\mu$ を求めよ。

ただし，$g\cos\theta > \alpha\sin\theta$ とする。

(2) もし，物体が斜面をすべり下りたとすると，物体の台に対する加速度の大きさ $a$ はいくらになるか。

**解説** (1) **だれから見てるかい？** すると，どんな慣性力が見えるかい？

加速度 $\alpha$ で右に動く**台の上**からです。だから，**左**向きに大きさ $m\alpha$ の慣性力が見えます。図 a です。

そうだね。あとは，誰から見ても必ず見える「ナデ・コツ・ジュー」の力を補って終わりだが，いまその力は「すべる直前」なので，最大静止摩擦力 $\mu N$ と，垂直抗力 $N$ と重力 $mg$ だね。重力を斜面と平行な $x$ 方向，垂直 $y$ 方向に分解する。

台上から見ると静止しているので，力のつり合いの式を立ててみて。

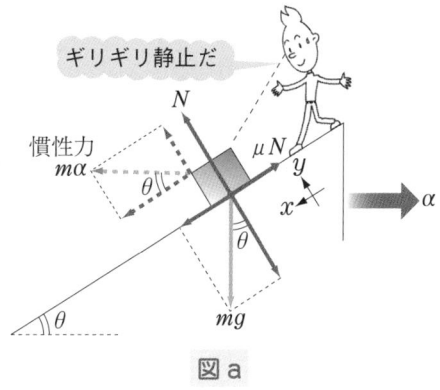

ギリギリ静止だ

図 a

$x : m\alpha\cos\theta + mg\sin\theta = \mu N \cdots$①
$y : N = mg\cos\theta \cdots$②です。

何か忘れてないか？

イケナイ！　慣性力の $y$ 成分 $m\alpha\sin\theta$ を忘れてた。
$y : N + m\alpha\sin\theta = mg\cos\theta \cdots$②′です。

慣性力を分解したとき，この力をよく忘れるから注意してね。
②′を①に代入して，

$$m\alpha\cos\theta + mg\sin\theta = \mu(mg\cos\theta - m\alpha\sin\theta)$$

よって，$\mu = \dfrac{g\sin\theta + \alpha\cos\theta}{g\cos\theta - \alpha\sin\theta} \cdots$答

(2)　今度は，どんな慣性力がはたらいて見えるかい？

う～ん，あれ？　今度は，物体が動いているぞ。動いちゃったら，慣性力は，(1)の $m\alpha$ と違ってくるのかなあ？

やっぱり，惑わされちゃってるね。いいかい，慣性力は，だれが見るかつまり，観測者自身の加速度 $\alpha$ のみで決まってしまうんだよ。見る物体が動いていようといまいと，全く関係ないんだよ。

あ！　そうか！　今回も(1)と同じ台の上から見てるから，慣性力は全く同じで左向きに $m\alpha$ だ！　次の図 b のようになります。

何度も言うけど「誰から見てるのか」が慣性力の命だ！

そのとおり。

あとは「ナデ・コツ・ジュー」の力を補って終わりだが、今回は「もうすべっている」ので、動摩擦力 $\mu'N$ を書くね。

台上から見た物体の加速度を斜面に沿って下向き $a$ とする。$x$, $y$ 方向に力を分解する。

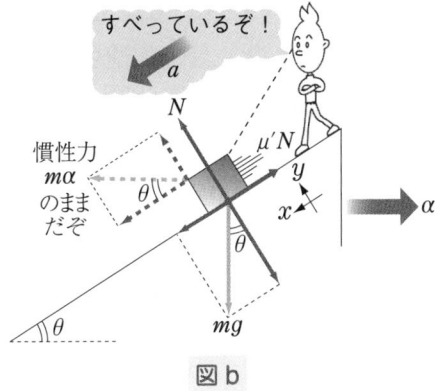

図b

$x$ 方向の運動方程式は、
$$ma = m\alpha\cos\theta + mg\sin\theta - \mu'N \cdots\cdots ③$$
$y$ 方向の力のつり合いは、
$$N + \underline{m\alpha\sin\theta} = mg\cos\theta \cdots\cdots ④$$
忘レナイ！

④を③に代入して、
$$ma = m\alpha\cos\theta + mg\sin\theta - \mu'(mg\cos\theta - m\alpha\sin\theta)$$
よって、
$$a = (\sin\theta - \mu'\cos\theta)g + (\cos\theta + \mu'\sin\theta)\alpha \cdots\cdots 答$$

慣性力は、ミスが出やすいから注意して解こうね。

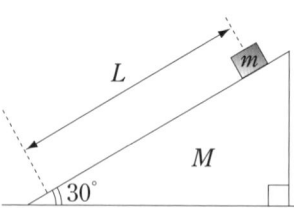

## チェック問題 2 台の加速度が未知のとき

やや難 15分

質量 $M$ で傾角 $30°$ の台を，なめら
かな水平面の上に置いた。ここで，
質量 $m$ の小物体を台のなめらかな
斜面上に乗せた。

(1) 台の加速度を右向きに $A$ とし，
台上から見た小物体の加速度を斜面に沿って下向きに $a$ と
して，台上から見た小物体の運動方程式を立てよ。

(2) $a$，$A$ をそれぞれ求めよ。

(3) 小物体が台上を $L$ だけすべるのに要する時間 $t_1$ を求めよ。

---

**解説** (1) いつものようにだれから見て，どんな慣性力を受けるのかを
言ってみて。

> ハイ。右向き $A$ の加速度をもつ台の上から見るので，慣
> 性力は左向きに $mA$ です。

いいぞ。

垂直抗力を $N$ として $x$，$y$ 軸方向
に慣性力と重力を分解する（**図a**）。

$x$ 方向の運動方程式は，

$$ma = mA\cos 30° + mg\sin 30° \cdots\cdots①$$

$\cdots\cdots$ **答**

$y$ 方向の力のつり合いの式は，

$$N + mA\sin 30° = mg\cos 30° \cdots\cdots②$$

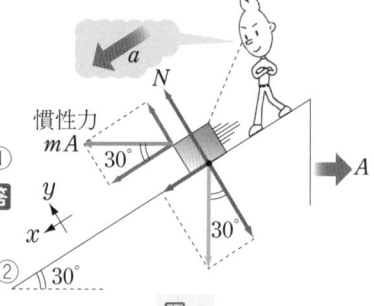

**図a**

(2) (1)で立てた①，②の式だけで，$a$，$A$
は求まるかな？

> 未知数が $a$，$A$，$N$ の3つもあって，2つの式①，②だけ
> では足りません。あと1つどうしても式が欲しいです。

いかにも。じゃあ，あと1つの式はどうやって立てるの？

う～ん，
小物体についてはもうこれ以上立てられないし～。

まだ式を立てていない物体があるよ。

え～と，
あ！ 台自身ですか？

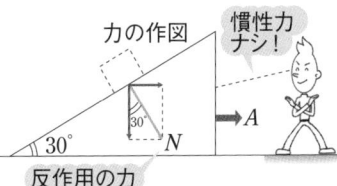

図b

気付いたね。そこで，床から見た台の運動方程式を立てよう。**図b**で，台は小物体から垂直抗力の反作用（p.55）の力 $N$ を受けて，右向きに運動している。ちなみに，今回は床から見ているから，慣性力は全くなしだよ。見る人に注意！ $N$ を分解して水平方向の運動方程式を立てると，

$$MA = N \sin 30° \cdots\cdots ③$$

> 台の加速度が未知のときは，いつも床から見た台の運動方程式を立てるよ

以上で，3つの未知数 $a$，$A$，$N$で式①，②，③がそろった。
②を③に代入して，

$$MA = \left(\frac{\sqrt{3}}{2}mg - \frac{1}{2}mA\right)\frac{1}{2}$$

$$\left(M + \frac{1}{4}m\right)A = \frac{\sqrt{3}}{4}mg \quad \text{よって，} \quad A = \frac{\sqrt{3}\,m}{4M + m}g \cdots\cdots ④ \cdots\cdots 答$$

①より，$a = \frac{\sqrt{3}}{2}A + \frac{1}{2}g \underset{④より}{=} \frac{2(M + m)}{4M + m}g \cdots\cdots ⑤ \quad\cdots\cdots 答$

(3) 台の上から見て，台上に $x$ 軸を立てる（**図c**）。$t = t_1$ で $x = L$ より，等加速度運動の〔**公式①**〕（p.20）より

$$L = \frac{1}{2}at_1^2$$

$$\therefore \quad t_1 = \sqrt{\frac{2L}{a}}$$

$$\underset{⑤より}{=} \sqrt{\frac{L(4M + m)}{(M + m)g}} \cdots\cdots 答$$

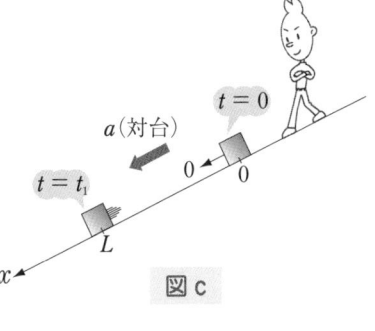

図c

## STORY② 見かけの重力

### 1 見かけの重力って何？

いま**図7**のように，加速度 $a$ で走るバスの中で質量 $m$ のボールを静かに手放す。このとき，ボールはどんな力を受けて落下するかな？

まず，重力 $mg$。そして，お！　バスの中の人から見るから，左向きに慣性力 $ma$ も見える。以上2つの力です。

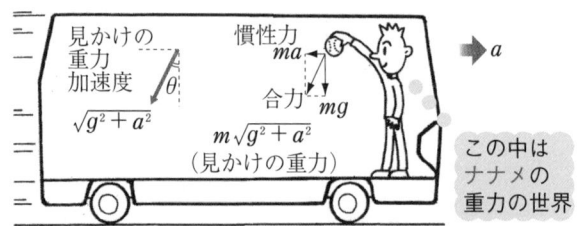

見かけの重力加速度 $\sqrt{g^2 + a^2}$　慣性力 $ma$　合力 $mg$　$m\sqrt{g^2 + a^2}$（見かけの重力）　$a$　この中はナナメの重力の世界

**図7　見かけの重力**

これらの力の合力をとると，結局，バスの中の人にとっては，ボールには左斜め下向きの合力 $m\sqrt{g^2 + a^2}$ がはたらいて斜めに落下して見えるね。この合力を一種の重力と見なすと，バスの中は，左斜め下向きの重力加速度 $\sqrt{g^2 + a^2}$ の世界と見なせるね。この $m\sqrt{g^2 + a^2}$ を見かけの重力，$\sqrt{g^2 + a^2}$ を見かけの重力加速度というんだ。

見かけの重力って，いつ使うの？

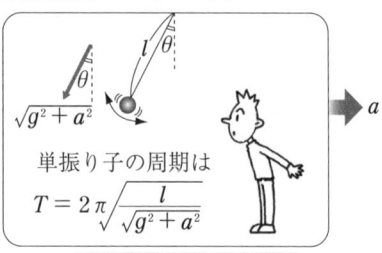

単振り子の周期は
$$T = 2\pi\sqrt{\dfrac{l}{\sqrt{g^2 + a^2}}}$$

**図8　振り子の周期**

いい質問だ。それは，**図8**のように，加速度をもつ台や箱の中でのおもりの振り子運動や，落下運動で使うんだ。とくに，単振り子の周期公式 $T = 2\pi\sqrt{\dfrac{l}{g}}$ 中の $g$ を見かけの重力加速度におきかえて，

$T = 2\pi\sqrt{\dfrac{l}{\sqrt{g^2 + a^2}}}$ と求めさせる問題がよく出てくるね。

182 物理の力学

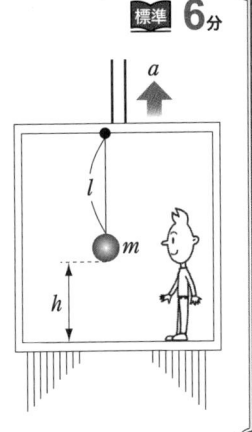

**チェック問題 3 〉 見かけの重力**　　　　　　　標準 **6**分

　　加速度 $a$ で上昇しているエレベー
ター内に，長さ $l$ の糸の先に質量 $m$
の小さなおもりをつけた振り子がある。
(1) 振り子を傾角 30° から静かに手放
　　すとき，最下点での速さ（エレベー
　　ターに対する）$v_1$ はいくらか。
(2) 振り子を止め，糸を切ると床まで
　　の距離 $h$ を落下するのにかかる時
　　間 $t_1$ はいくらか。

**解説** (1) エレベーター内での見かけの重力はいくらかな？

　　重力 $mg$ と下向きの慣性力 $ma$ を合わせて
　　$mg + ma = m(g + a)$ です。

図 a で，《力学的エネルギー保存則》
より，重力加速度 $g \rightarrow g + a$ として，

$$\overset{\text{前}}{\overbrace{m(g+a)l(1-\cos 30°)}} = \overset{\text{後}}{\overbrace{\frac{1}{2}mv_1^2}}$$

よって，$v_1 = \sqrt{(2-\sqrt{3})(g+a)l}$……**答**

(2) 加速度は $g$ ではなくて，$g + a$ で
　　自由落下しているとして，**図 b** で，
　　等加速度運動の〔公式 ❶〕（p.20）より，

$$\frac{1}{2}(g+a)t_1^2 = h$$

　　$\therefore \quad t_1 = \sqrt{\dfrac{2h}{g+a}}$ ……**答**

もしエレベーター自体を自由落下
させると，$a = -g$ となるので，見
かけの重力は，$g + (-g) = 0$，つまり無重力状態。

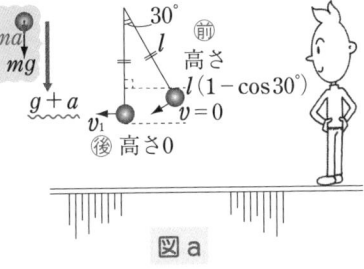

図 a

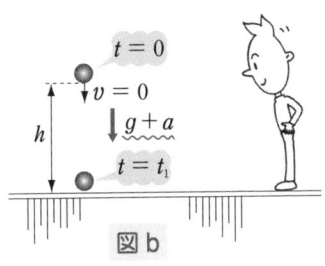

図 b

① 慣 性 力

大地に対して加速度 $\vec{a}$ で動く人からのみ見える力

向き：観測者自身の加速度 $\vec{a}$ とは逆向き

大きさ：$m \times$ 観測者自身の加速度の大きさ $a$

② 慣性力を使うときの注意点

① 何を見るかではなく，観測者自身の加速度だけで，つまり，だれが見るかのみで慣性力は決まる。

② 一定速度（$a = 0$）で動く人には，慣性力ははたらかない。

③ 台の加速度が未知のときは必ず，床から見た台の運動方程式を立てること。

③ 見かけの重力

① 「$\overrightarrow{見かけの重力} = \overrightarrow{重力} + \overrightarrow{慣性力}$（ベクトル和）」をひとまとめにして，１つの力と考えて重力のように扱う。

② 等加速度運動をする箱の中の振り子の運動や落体の運動で使う。

次からは「円運動」がテーマだよ！　円運動でも「だれから見てるのか」がとても大切なんだ。

# 第15章 円運動

▲ハンマー投げの選手の立場で分析せよ！

## STORY 1 角速度・向心加速度

### 1 おうぎ形の弧長公式

角度には，度〔°〕という単位のほかに，ラジアン〔rad〕という $\pi$ を使う単位があるね。弧度法とよばれるその角度の単位は，図1のように，半径 $r$，中心角 $\theta$〔rad〕のおうぎ形の弧の長さ $x$ が

$$\boxed{\text{弧長 } x = (\text{半径 } r) \times (\text{中心角 } \theta \text{〔rad〕}) \cdots\cdots ①}$$

をみたすものとして定義されている。

例えば，半円の弧長は，
$x = \pi r = r \times (\text{中心角 } \pi \text{〔rad〕})$，
円の弧長（円周）は，
$x = 2\pi r = r \times (\text{中心角 } 2\pi \text{〔rad〕})$ より，

$\qquad \pi \text{〔rad〕} = 180°，\ 2\pi \text{〔rad〕} = 360°$

の関係があることがわかるね。

この弧長公式は，これから円運動の各公式を導くときに何度も使うよ。

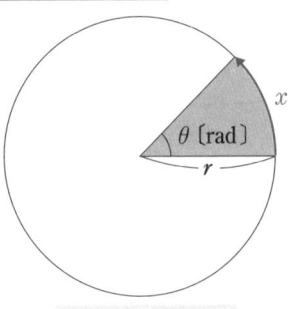

**図1 弧長公式**

## 2 角速度って何？

　図2のように車が円形サーキットをグルグル回っている。このとき，この車の1秒あたりの回転角〔rad〕を角速度ω（オメガ）〔rad/s〕という。

　図2で，車は1秒あたり速さ $v$（＝1秒あたりの移動距離）と同じ長さだけ円周上を進んでいるね。

　このとき，図中に，半径 $r$，中心角ω，弧長 $v$ のおうぎ形が見えるでしょ。このおうぎ形に，①の式の弧長公式を使うと，

$$\underset{\text{弧長}}{v} = \underset{\text{半径}}{r} \times \underset{\text{中心角}}{\omega} \cdots\cdots ②$$

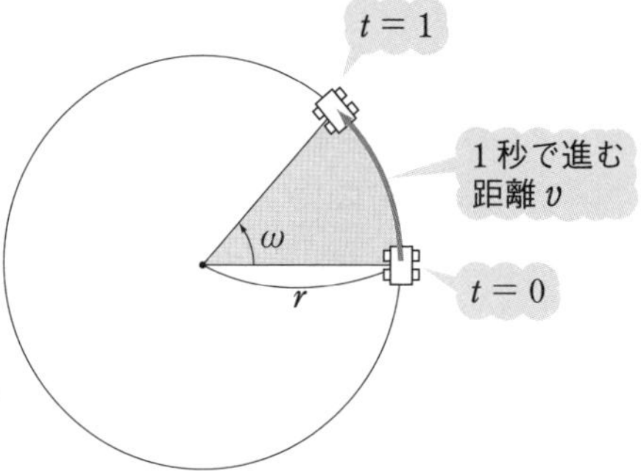

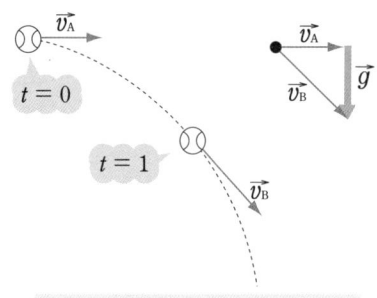

図2　角速度ω

の関係があることがわかるね。

　たとえば，1秒で1周すれば，角速度はω＝2π〔rad/s〕だね。このとき，②式より，速さは $v = r \times \omega = r \times 2\pi = 2\pi r$〔m/s〕でホラ！ちょうど1秒で1周分回っていることと，ちゃんと合っているでしょ。

> **・POINT ①・ 角 速 度**
>
> 角速度ω〔**rad/s**〕＝ **1秒あたりの回転角〔rad〕**
> 普通の速さ $v$ とは，$v = r \times \omega$ の関係がある。

## 3 ベクトルとしての加速度

　加速度ベクトル $\vec{a}$ とは，1秒あたりの速度ベクトル $\vec{v}$ の変化をいう。

　図3の放物運動では，$t = 0$ での $\vec{v_A}$ が $t = 1$ で $\vec{v_B}$ になったときの $\vec{v_A}$ と $\vec{v_B}$ の差は，重力加速度ベクトル $\vec{g}$ になっているね。

図3　放物運動の重力加速度ベクトル

### 4 円運動の向心加速度って何？

　いま，**図4**のように，円形サーキットを車が回っているとする。まず，$t = 0$で点Aを通過した瞬間の車の速度ベクトル$\vec{v_A}$の向きは，点Aでの円の接線方向（写真を撮ったら接線方向にブレて写るでしょ）となるね。次に，$t = 1$で点Bを通過した瞬間の速度ベクトル$\vec{v_B}$の向きは点Bでの接線方向となる。

　**図5**のように，これら$\vec{v_A}$と$\vec{v_B}$との差をとると，この車の加速度ベクトル$\vec{a}$が求められるね。

　まず，**図5**より，加速度$\vec{a}$の向きは，$\vec{v_A}$，$\vec{v_B}$から見て左向きで，円の中心向きになる。

　次に，加速度$\vec{a}$の大きさ$a$を求めよう。いま，わかりやすくするために，車が十分にゆっくりで角速度$\omega$は微小とする。すると，**図5**の三角形は，**図6**のようなおうぎ形と見なせる。

　$a$は**図6**の半径$v$（$= \vec{v_A}$，$\vec{v_B}$の長さ），中心角$\omega$のおうぎ形の弧長に相当するので，p.186の①式の弧長公式より，

$$\underset{\text{弧長}}{a} = \underset{\text{半径}}{v} \times \underset{\text{中心角}}{\omega} \quad \cdots\cdots ③$$

となるね。

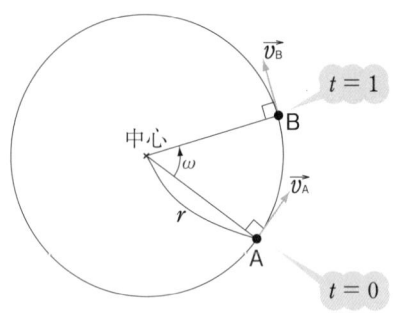

**図4　1秒あたりの$\vec{v}$の変化**

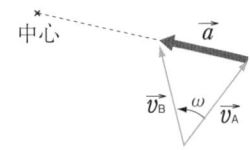

**図5　$\vec{a}$の向き**

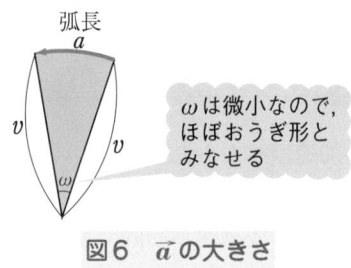

$\omega$は微小なので，ほぼおうぎ形とみなせる

**図6　$\vec{a}$の大きさ**

ここで，③式に②式の $v = r\omega$ を代入すると，
$$a = r\omega^2$$
また，③式に②式の $\omega = \dfrac{v}{r}$ を代入すると，
$$a = \dfrac{v^2}{r}$$

となるね。以上をまとめるよ。

---

**・POINT ❷・ 円運動の向心加速度ベクトル $\vec{a}$**

▪️ **向き：いつも円の中心向き (だから向心という)**

▪️ **大きさ：$a = r\omega^2 = \dfrac{v^2}{r}$**

---

 加速度がいつも中心を向くというのは，どんなイメージですか？

　そうだね。キミが自転車に乗っていて，これから左曲がりのカーブに入るとするね。そのとき，右向き，左向きどちらにハンドルをきる？

 もちろん，左向きですよ。右向きにしたらアブナイじゃないですか。

　その左向きには，**図7**のように，カーブの中心があるね。そう，いつもカーブの中心に向かってハンドルをきることになるね。

　このように，円運動しつづけるには，いつも中心方向に速度ベクトルを変化させておく必要があるんだよ。それが，加速度がいつも中心に向くということなんだ。

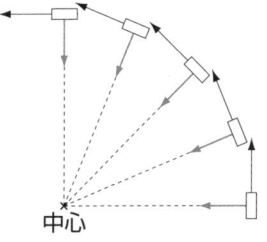

図7　向心加速度

# STORY② 遠心力

## 1 遠心力って何?

　ハンマー投げという陸上競技を知ってるかい。このハンマー投げの鉄球を，違う立場の2人の目から見てみるよ。鉄球の質量は $m$，半径は $r$，速さは $v$，角速度は $\omega$，そして鉄球をつなぐピアノ線の張力を $T$ として，簡単のため重力は考えないでおこう。

① 「大地の人」から見たとき(**図8**)

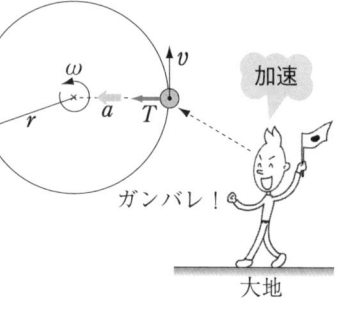

　STORY① で見た向心加速度

　　$a = r\omega^2 = \dfrac{v^2}{r}$ が生じているね。

　生じた原因は，もちろん張力 $T$ だね。それらの関係は運動方程式より，

　　$ma = T$ ……ⓐ

となるね。

**図8　大地の人**

② 「回る人」(ハンマー投げの選手) から見たとき(**図9**)

　鉄球と一緒になって回るから，彼にはいつも自分の目の前に鉄球が静止しているように見えるね。つまり，力はつり合いの状態にあるのだ。

　　でも，今は張力 $T$ しかないでしょ。中心向きの力 $T$ しかないのに，どーやって，つり合うの?

**図9　回る人**

　まさにそうなんだ。そこで，どうしても外向きの力がはたらいていないとおかしいので，その力を中心から遠くなる向きにはたらく力，遠心力 $f$ として導入しよう。

すると，力のつり合いの式から，

$$f = T \cdots\cdots ⓑ$$

となる。

以上，①，②で出てきたⓐ式とⓑ式の右辺どうしは全く同じ $T$ なので，左辺どうしも等しくなり，

$$f = ma \left( = mr\omega^2 = m\frac{v^2}{r} \quad \boxed{\cdot POINT \; ❷} より \right)$$

となるね。以上をまとめよう。

---

**$\boxed{\cdot POINT \; ❸}$ 遠心力 $f$**

「回る人」にのみに見える力

∷ 向き：円の中心から遠ざかる向き

∷ 大きさ：$f = ma = mr\omega^2 = m\dfrac{v^2}{r}$

---

**2 円運動の解法は完全にワンパターン**

**1** で，「大地の人」と「回る人」それぞれの立場から円運動を見てきたね。ここで，「回る人」から見た円運動の解法をまとめておこう。

---

**$\boxed{\cdot POINT \; ❹}$ 円運動の解法（「回る人」から見る）**

**STEP1** ❶円運動の中心　❷半径 $r$　❸速さ $v = r\omega$　を求める。

（本書では，この円運動を特徴づける❶,❷,❸を円運動の「3点セット」と名づけるね。）

**STEP2** 「回る人」から見て，遠心力 $mr\omega^2 = m\dfrac{v^2}{r}$ を図示する。

**STEP3** 残る力を書き込み，半径方向の力のつり合いの式を立てる。

> 円運動しているということは，
> 半径方向には全く動きはないから

㊟ あくまでも「回る人」から見るんだという立場をはっきりさせておこう。

---

ばね定数 $k$ で自然長が $l$ の軽いば
ねにつけた質量 $m$ のおもりが，図
のように，頂角 $30°$ の円すい振り子
運動をしている。このときのばねの
伸び $d$ を $l$ で，回転の角速度 $\omega$ およ
び周期 $T$ を $k$, $m$ で表せ。ただし，
$kl = \sqrt{3}\,mg$ の関係があるとしてよい。

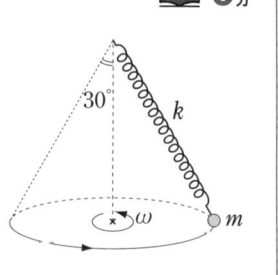

**解説** 「回る人」から見た立場で《円運
動の解法》(p.191)に入ろう。

**STEP1** ❶円運動の中心は点 O（注 O′ で
はない）

❷ばねの長さは $l + d$ なので，図よ
り，半径は $(l + d)\sin 30°$

❸角速度は $\omega$

**STEP2** 「回る人」から見た遠心力
$m(l + d)\sin 30°\,\omega^2$ を作図する。

遠心力
$m(l+d)\sin 30°\,\omega^2$

$l+d$

$kd$

O

$(l+d)\sin 30°$　$mg$

**STEP3** 力のつり合いの式は

水平：$kd\sin 30° = m(l + d)\sin 30°\,\omega^2$ ……①

鉛直：$kd\cos 30° = mg$ ……②

与えられた条件より，$kl = \sqrt{3}\,mg$ ……③

②より，$d = \dfrac{2mg}{\sqrt{3}\,k} \underset{③より}{=} \dfrac{2}{3}l$ ……④　……**答**

①，④より，$k \times \dfrac{2}{3}l = m \times \dfrac{5}{3}l \times \omega^2$　よって，$\omega = \sqrt{\dfrac{2k}{5m}}$ ……⑤　……**答**

ここで，$\boxed{\text{周期 } T = \dfrac{\text{回転角 } 2\pi\,\text{〔rad〕回る}}{\text{角速度 } \omega\,\text{〔rad/s〕で}}} \underset{⑤より}{=} 2\pi\sqrt{\dfrac{5m}{2k}}$ ……**答**

注　円運動でたまたま中心を向いている，遠心力以外の力の合力に「向心
力」とアダ名をつける（本問題では $kd\sin 30°$ が向心力）。

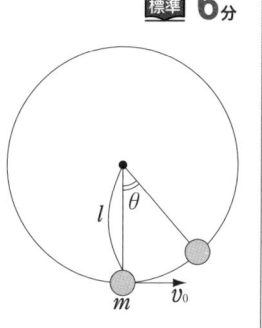

チェック問題 **2** 振り子の円運動　　　　標準 **6**分

　糸の長さ $l$,　おもりの質量 $m$ の振り子がある。おもりに最下点で初速度 $v_0$ を与えた。

(1)　振れの角が $\theta$ のときの糸の張力 $T$ を求めよ。

(2)　糸がたるまずに1周するには $v_0$ はいくら以上必要か。

---

**解 説**　(1)《円運動の解法》(p.191)で解く。

STEP1 ❶中心は点O,　❷半径 $l$,　❸速さ $v$ は未知。さぁ,どうやって求める？

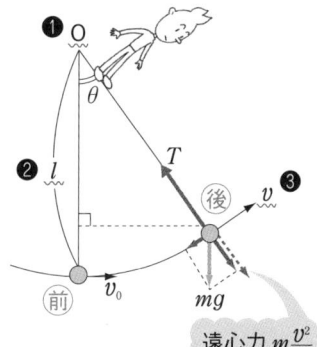

> 速さときたらエネルギー。いまは,摩擦熱は出てないから《力学的エネルギー保存則》(p.162)ですよ。

キミの言うとおりだ。式を立てると,

$$\overbrace{\frac{1}{2}mv_0{}^2}^{前} = \overbrace{\frac{1}{2}mv^2 + mgl(1-\cos\theta)}^{後}$$

よって,　$v = \sqrt{v_0{}^2 - 2gl(1-\cos\theta)}$ ……①

図 a

STEP2 「回る人」から見て,遠心力 $m\dfrac{v^2}{l}$ を作図

STEP3 重力を半径,接線方向に分解しよう。ここで糸は伸び縮みしないね。このことから,半径方向には確実に力のつり合いが成り立つので,

$$T = mg\cos\theta + m\frac{v^2}{l} ……②$$

②に①を代入すると,

$$T = m\left\{\frac{v_0{}^2}{l} + g(3\cos\theta - 2)\right\} ……③　……答$$

(2) ここで，超頻出の２択の問題，ギリギリ１回転できる条件として正しいのは，**図b**のA，Bのうち，どちらだろう？

A：円の頂上での速さ0　　　B：円の頂上での張力0

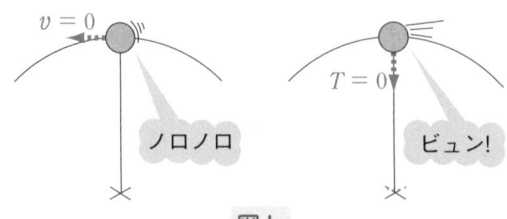

図b

う～ん，悩むなあ。Aでは速さ$v = 0$で，ギリギリ１周だろ。Bでは，糸の張力$T = 0$でもかなりのスピードだ。ギリギリはAかな？

　ブブー！　よく考えてごらん。もし，Aのように，円の頂上を速さが0で糸が張ったまま通過できるとしたら，**図c**のように，おもりを頂上の位置で静かに（$v = 0$で）手放しても，落下しないという奇妙な現象が起こってしまうよ。糸は棒とは違うんだから，たるんじゃうでしょ。

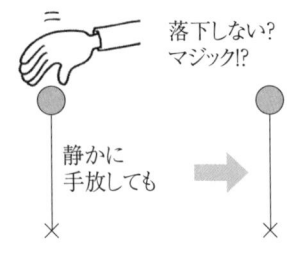

図c

そっか。最低でも糸がたるまないことが必要か。じゃあ，Bの条件だ。

　そのとおり。要は，遠心力が重力より勝っていればたるまないということだよ。そのためには，頂上をかなりの速さで通過する必要があるから，$v = 0$じゃムリだよ。
　ここで，③式で$\theta = 180°$（頂上）で$T \geqq 0$として，

$$\frac{v_0^2}{l} + g\{3 \times (-1) - 2\} \geqq 0$$

$$v_0^2 \geqq 5gl$$

$$v_0 \geqq \sqrt{5gl} \cdots\cdots \text{答}$$

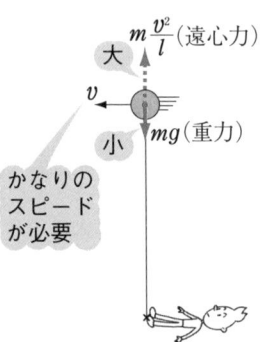

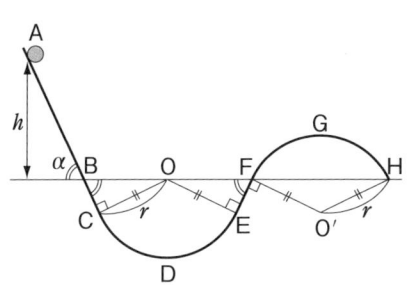

## チェック問題 3 〉 曲面上の円運動　やや難 12分

　図のように，直線 ABC，EF と，半径 $r$ の円弧 CDE，FGH とからなるなめらかな軌道を考える。点 A から，質量 $m$ の球が，初速度 0 ですべり始める。

(1)　この球が軌道から受ける最大の垂直抗力 $N$ を求めよ。

(2)　球が軌道から途中で浮かないための $h$ の条件を求めよ。

---

**解説**（1）　最大の垂直抗力を受けるのは，点 A ～ H のうち，どこかな？

やっぱり，点 C，D，E のうちどこかですね。その中で，一番遠心力が大きいのは一番速くなる最下点の D だ！

　OK！　点 D で《円運動の解法》(p.191)に入ろう。（図 a）

**STEP1** ❶中心 O，❷半径 $r$，❸速さ $v_D$ とすると，《力学的エネルギー保存則》より，

$$\underset{A}{\underbrace{mg(h + r)}} = \underset{D}{\underbrace{\frac{1}{2}mv_D{}^2}} \cdots\cdots ①$$

**STEP2** 「回る人」から見て，遠心力 $m\dfrac{v_D{}^2}{r}$

**STEP3** 半径方向の力のつり合いの式より，

$$N = mg + m\frac{v_D{}^2}{r}$$

$$\underset{①より}{=} mg\left(3 + \frac{2h}{r}\right) \cdots\cdots 答$$

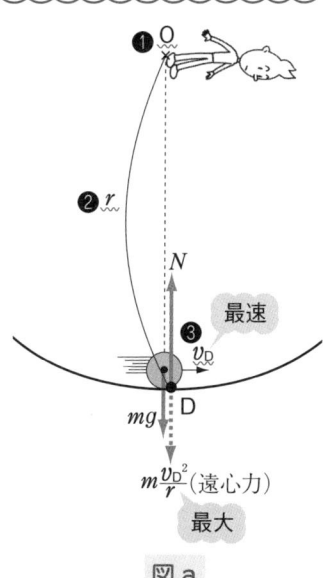

図 a

(2) 最も浮きやすい点は，点 A 〜 H のうちどこですか？

 やっぱり，F，G，H のうちどこかでしょ。う〜ん，やっぱり，一番盛り上がっている頂点の点 G でしょう。

ブブー！　キミだけじゃなくて，みんなよく間違えるんだよね。G 点よりもスピードが速いところがあるでしょ。

 あっそうか！　点 G よりもっと低い点 F だ。点 F のほうが点 G よりも速いから，遠心力が外向きに強いし，重力の中心方向成分も小さいから浮きやすいや！　これは間違えやすいな〜。

もちろん，点 H も点 F も同じだけど，点 F で浮かなきゃ点 H でも浮かないから，考えるのは点 F だけでいいよ。

《円運動の解法》(p.191)を使って(**図b**)，

**STEP1** ❶中心は O′ に移るよ。

　❷半径 $r$

　❸速さを $v_F$ とすると，

《力学的エネルギー保存則》より，

$$\overbrace{\phantom{A}}^{A}\ \overbrace{mgh}^{F} = \frac{1}{2}mv_F{}^2 \cdots\cdots ③$$

**STEP2** 「回る人」から見て，遠心力 $m\dfrac{v_F{}^2}{r}$

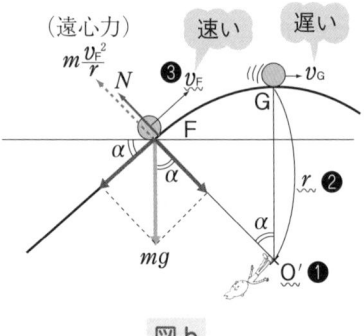

（遠心力）　速い　遅い

$m\dfrac{v_F{}^2}{r}$　$N$　❸ $v_F$　$v_G$

$\alpha$　F　G

$\alpha$　$r$ ❷

$mg$　$\alpha$

O′ ❶

**図 b**

**STEP3** 重力を分解して半径方向の力のつり合いの式を立てると，

$$N + m\frac{v_F{}^2}{r} = mg\cos\alpha \cdots\cdots ④$$

③，④より，$v_F$ を消して，

$$N = mg\left(\cos\alpha - \frac{2h}{r}\right)$$

ここで，浮かない条件は $N \geqq 0$

しっかり曲面に接触して，垂直抗力を受けているということだね。

$$\cos\alpha \geqq \frac{2h}{r}$$

よって，$h \leqq \dfrac{1}{2}r\cos\alpha \cdots\cdots$ 答

第 15 章
# ま と め

**①** 円運動の解法3ステップ

(1) 「大地の人」から見るとき

STEP1 ❶ 回転の中心 ❷ 半径 $r$ ❸速さ $v = r\omega$
を求める。

（❸を求めるには《力学的エネルギー保存則》
も使う）

STEP2 「大地の人」から見て，向心加速度 $a = r\omega^2 = \dfrac{v^2}{r}$
を作図。

STEP3 半径方向の運動方程式を立てる。

(2) 「回る人」から見るとき ── オススメ

STEP1 (1)と同じ。

STEP2 「回る人」から見て，遠心力 $mr\omega^2 = m\dfrac{v^2}{r}$ を作図。

STEP3 半径方向の力のつり合いの式を立てる。

**②** 円運動して，ある点を通過できる（糸がたるまない，
面から離れない）条件

糸がたるむ，面から離れる恐れが

[ない] とき➡その点で $v \geqq 0$ でありさえすればよい。

[ある] とき➡その点で $T \geqq 0$, $N \geqq 0$ というキビシイ
条件が必要。

> いつも同じやり方で解
> けるようになったかい。

# 第16章 万有引力

▲惑星の運動には美しいルールがある

## STORY① 万有引力と重力

### 1 万有引力の法則とは？

　磁石のN極とS極は引き合うね。プラスとマイナスの電荷も引き合うね。じつは磁石や電気でなくても，すべての質量あるものは同じように引き合うのだ。この力を万有引力という。その力の大きさは，2物体の質量 $m$, $M$ の積に比例し，2つの物体の質量中心間の距離 $r$ の2乗に反比例する。その比例定数 $G$ を万有引力定数といい，その値は約 $6.67 \times 10^{-11}\,\mathrm{N \cdot m^2/kg^2}$ と超がつくほどの小さい値だ。

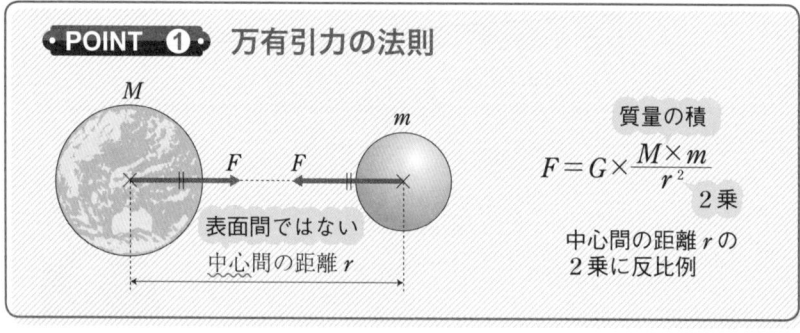

**POINT ①　万有引力の法則**

$M$　　　　　　　　$m$

$F$　　$F$

質量の積

$$F = G \times \frac{M \times m}{r^2}$$

2乗

表面間ではない
中心間の距離 $r$

中心間の距離 $r$ の
2乗に反比例

## **2** 万有引力と重力の関係をはっきりさせよ。

ところで，この万有引力といままでさんざん使ってきた重力 $mg$ とは一見似てるけど，一体どういう関係にあるか，言えるかい？

う〜ん，どちらも引力で同じ力のように思えるし……。でも万有引力は距離 $r$ で変化するけど，重力 $mg$ は一定だから違うのかな？

じつは，地球表面上で受ける万有引力のことを，いままで「重力 $mg$」と名づけて使ってきていたんだ。ここでは，地球の自転による遠心力は考えないものとする。

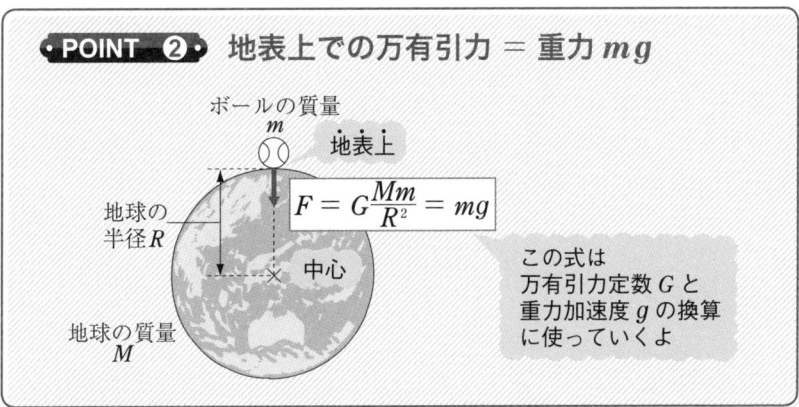

・POINT・ **2** **地表上での万有引力 = 重力 $mg$**

ボールの質量
$m$

地表上

地球の
半径 $R$

中心

地球の質量
$M$

$$F = G\frac{Mm}{R^2} = mg$$

この式は
万有引力定数 $G$ と
重力加速度 $g$ の換算
に使っていくよ

この関係は計算問題を解く上でも重要な関係式となるので，
「地表上での万有引力は重力 $mg$」とすぐに言えるようにしておこう。

ちなみに，月面上での重力 $mg'$ は，月の質量 $M'$ と半径 $R'$ を用いて，

$$G\frac{M'm}{R'^2} = mg' \qquad$$ 上図の地球上では，$G\dfrac{Mm}{R^2} = mg$ だった。辺々割って，

$$\frac{g'}{g} = \frac{M'}{M} \times \left(\frac{R}{R'}\right)^2$$

$$= \frac{1}{100} \times 4^2$$

地球と月の
質量比は約 100：1
半径の比は約 4：1
より

$$= 約\frac{1}{6}$$

この結果は，中学校で暗記させられたよね。
それが，こうして計算で導けるんだ。

### 3 万有引力と重力の使い分け

どうも，万有引力と重力が同じものだとは納得できません。だって，万有引力は地球中心からの距離 $r$ が大きくなる，つまり，高くなると弱くなっていくのに，重力 $mg$ は，高くなっても弱くならずに一定。これ矛盾してません？

　一見そう思えるね。じつは，重力 $mg$ が一定というのは，**一種の近似**なんだ。

　それは，**図1**のように，地表からの高さ $h$ が地球の半径約 6400 km と比べて十分に小さい場所での重力は，ほぼ地表上での重力 $mg$ と同じとみなしてしまう近似だ。

　厳密に言えば，地表から少し高いところでは重力は $mg$ よりも少し弱まっている。だから $mg$（＝一定）が使えるのは，地球が平らに見える地表スケールの領域に限られるのだ。

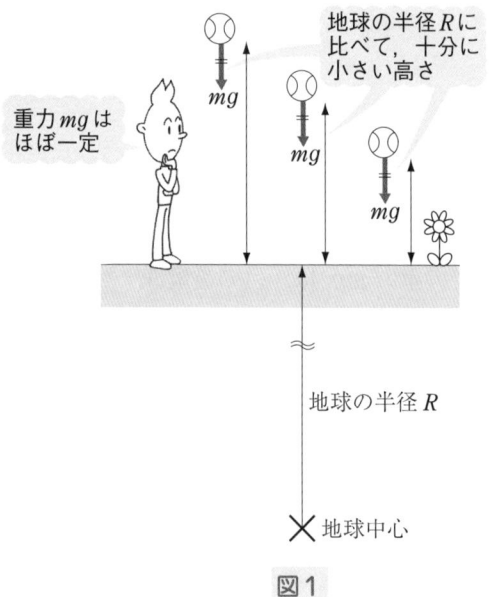

図1

## POINT ③ 万有引力と重力 $mg$ の使い分け

運動を考える範囲が

① 地球が丸く見える宇宙スケール

　　➡万有引力　$F = G\dfrac{Mm}{r^2}$ を使う。

② 地球が平らに見える地表スケール

　　➡重力　$mg$（＝一定）を使う。

たとえば，

**図2** のロケット打ち上げでは，①の宇宙スケールなので，

　　万有引力の式 $F = G\dfrac{Mm}{r^2}$

**図3** の野球のボールを追うときは，②の地表スケールなので，

　　重力 $mg$（＝ 一定）

の式をそれぞれ使うよ。

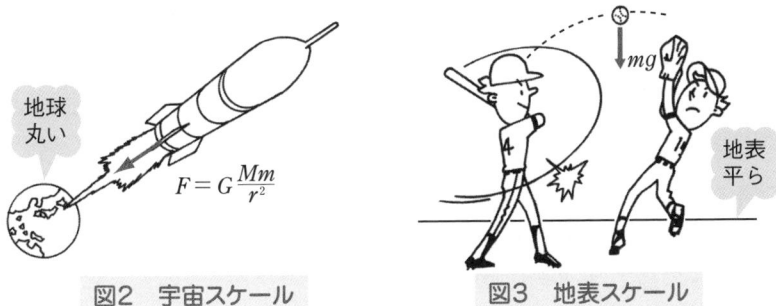

図2　宇宙スケール　　　　　図3　地表スケール

「スケール」の違いによって，「万有引力」と「重力」を使い分けることが大切だよ！

## 4 万有引力による位置エネルギー $U_G$

3 で見たように，宇宙スケールでは重力 $mg(= 一定)$ は使えない。すると，重力による位置エネルギー $U_g = mgh$ も宇宙では使えない。

だから，宇宙スケールでは，万有引力に合った形の位置エネルギーを新しくつくり直さなければいけないんだ。

では，ここで復習しよう。重力による位置エネルギーは，どうして $U_g = mgh$ の形になったのかな？　外力が投入した仕事が蓄えられたという形で答えて。

> ハイ！　重力 $mg$ に逆らって，高さ 0 の基準点から，高さ $h$ の点まで，ゆっくり運ぶときに外力が投入した仕事 $mg \times h$ が蓄えられたからです。

そうだね。では全く同じように考えて，万有引力による位置エネルギー $U_G$ の形を求めていこう。ポイントは次の2つだよ。

① 基準点（エネルギー $U_G = 0$ となる点）は無限遠点（むげんえんてん）$(r = \infty)$ にとるものと約束する。

これはとてもユニークだ。

図4のように，本来最もエネルギー（仕事をする能力）を大きくもっているはずの $r = \infty$ の無限遠点を，$U_G = 0$ の基準点としてしまうと，普通の高さの点では，それより低いエネルギーしかもっていないので，$U_G < 0$ となってしまう（エベレスト山の頂上を標高 0 m にとったら，どの地点も標高はマイナスになってしまうよね）。

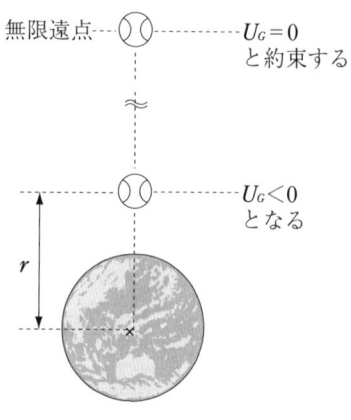

無限遠点 ----○---- $U_G = 0$ と約束する

----○---- $U_G < 0$ となる

$r$

図4　基準点は無限遠点

② その基準点(無限遠点)から，地球の中心から距離$r$の点まで，万有引力に逆らってゆっくり運ぶとき，外力が投入した仕事が，その点での万有引力による位置エネルギー$U_G$となる。

いま，**図5**のようにボールを，

㋐ 基準点(無限遠点)から

㋑ 地球の中心から距離$x$の点を経て

㋒ 地球中心から距離$r$の点までゆっくりと降ろす。

このときに，外力$F$がした仕事が$U_G$だよ。

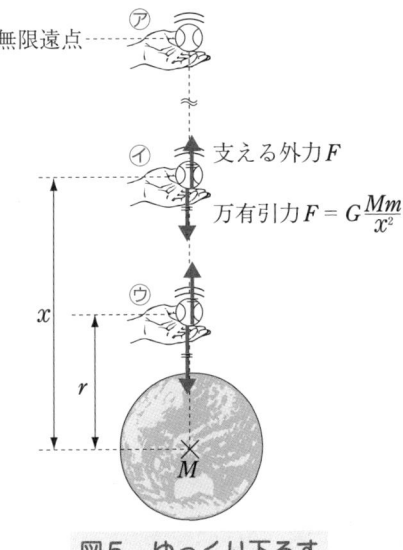

図5　ゆっくり下ろす

 まず　$U_G$の符号

**図5**より，外力の向きは上向きに支える力だね。一方，ボールが動く向きは下向きに下ろす向きだ。よって，外力のした仕事は負となるので，

　$U_G = -W$と書けるね。

 次に　$U_G$の大きさ

変化する力のする仕事は**図6**の$F$-$x$グラフの下の面積$W$から求めるしかない(p.76を見よ)。

$$W = \int_r^\infty \frac{GMm}{x^2}dx = \left[ -\frac{GMm}{x} \right]_r^\infty$$
$$= \frac{GMm}{r}$$

となる。

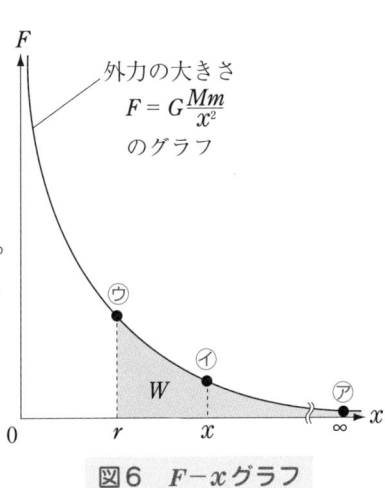

図6　$F$-$x$グラフ

以上より，質量 $M$ の地球の中心から距離 $r$ だけ離れた点で，質量 $m$ のボールがもつ万有引力による位置エネルギー $U_G$ は

$$U_G = -\frac{GMm}{r}$$

の形となることが導けたね。

---

**·POINT ④** 万有引力による位置エネルギー $U_G$

$$U_G = -\frac{GMm}{r}$$ （基準点は無限遠）

負 　 地球中心からの距離 $r$
の1乗に反比例

位置エネルギーだから1乗
に反比例と覚えよう

---

うーん，でもまだ位置エネルギーが負というのがナットク
しづらいなあ。

ボールを降ろしていったときに，外力（手）がした負の仕事が，蓄えられたと考えるのがポイントだよ。お金だって負債（借金）が貯まったら，貯金的にはマイナスでしょ。チャラの状態（エネルギー０の基準点）までもっていくのには，お金（仕事）を投入してもち上げる必要があるよね。それと同じだよ。

エネルギーが負になる
のは基準点のとり方に
よるものだったんだね。

チェック問題 **1** 　**万有引力による位置エネルギー**　標準 **6**分

　　質量 $M$，半径 $R$ の地球表面から鉛直

上向きに質量 $m$ の弾丸を打ち出す。

地表上での重力加速度を $g$ とする。

(1)　地表からの高さ $R$ まで達するのに

　　最低要する初速 $v_1$ を求めよ。

(2)　もし，弾丸を地球の重力圏(けん)から脱

　　出させるには，$v_1$ の最低何倍の初速が必要になるか。

---

**解説** 「速さの予言法，摩擦熱なし」(p.165)より，《力学的エネルギー
保存則》で解く。ただし，**宇宙スケール**なので，万
有引力による位置エネルギーを使う(**図a**)。

(1)　《力学的エネルギー保存則》より

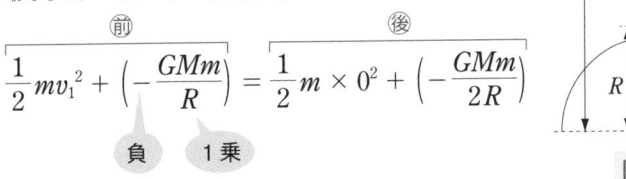

前　　　　　　　　　　　後

$$\frac{1}{2}mv_1^2 + \left(-\frac{GMm}{R}\right) = \frac{1}{2}m \times 0^2 + \left(-\frac{GMm}{2R}\right)$$

負　　1乗

**図a**

よって，$v_1 = \sqrt{\dfrac{GM}{R}}$ ……①

そして，さらに……

アレ！　これで**答**じゃないんですか？

まーだだよ。いいかい。いま問題文に与えられているのは，万有引力
定数 $G$，それとも重力加速度 $g$，どっち？

$g$ です。あ！　①は問題文に与えられていない文字の $G$
を含んでいる。これから $g$ に直さなきゃ……

では「$G$ と $g$ の換算」ときたら，思い出したいことは？

地表上の万有引力 $= mg$　です。

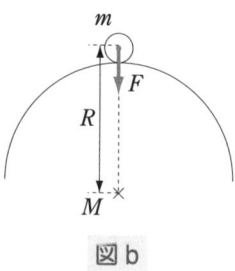
図 b

OK！　図 b で，$F = G\dfrac{Mm}{R^2} = mg$　から，

$$GM = gR^2 \cdots\cdots ②$$

となるね。②を①に代入して，

$$v_1 = \sqrt{gR} \cdots\cdots 答$$

　大切なのは，いつも与えられた記号が $g$ なのか $G$ なのか，はっきりさせておくことだ。もし答える文字と違ったら，地表上の万有引力 $= mg$ の式でおきかえられるようにしてほしい。

(2) 重力圏から脱出って何ですか？

　それは無限遠（もう重力を感じないくらい十分に遠いところ）へ行くことなんだ。重力を感じないんだから，地球へ引き戻されることはないでしょ。だから脱出成功だよ！

《力学的エネルギー保存則》でギリギリ脱出（速さ0）する初速を $v_2$ として，図 c より，

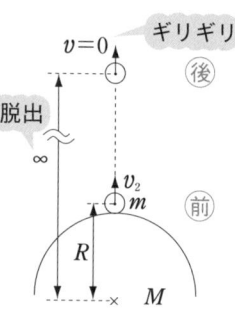
図 c

$$\overset{前}{\overbrace{\dfrac{1}{2}mv_2{}^2 + \left(-\dfrac{GMm}{R}\right)}} = \overset{後}{\overbrace{\dfrac{1}{2}m \times 0^2 + \left(-\dfrac{GMm}{\infty}\right)}}$$

$$v_2 = \underset{①より}{\sqrt{\dfrac{2GM}{R}}} = \sqrt{2} \times v_1$$

よって，$\sqrt{2}$ 倍 $\cdots\cdots$ 答

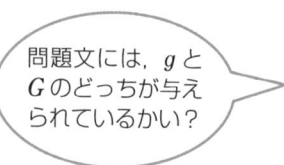
問題文には，$g$ と $G$ のどっちが与えられているかい？

# 楕円軌道とケプラーの三法則

## 1 ケプラーの第一法則とは

 楕円と聞いただけで足がすくんでしまいます。

じゃあ，まずは，敵を知ることから。楕円の定義を言ってみて。

 ある2点からの距離の差……じゃなくて，和が一定となる点の集まりです。

そうだ！　その2点のことを焦点Fというんだね。**図7**のように，ケプラーの第一法則というのは，太陽系を例にとると，その焦点の位置に中心天体の太陽が，その楕円軌道上を各惑星が回るという法則だ。太陽に最も近い点Aを近日点，最も遠い点Bを遠日点という。

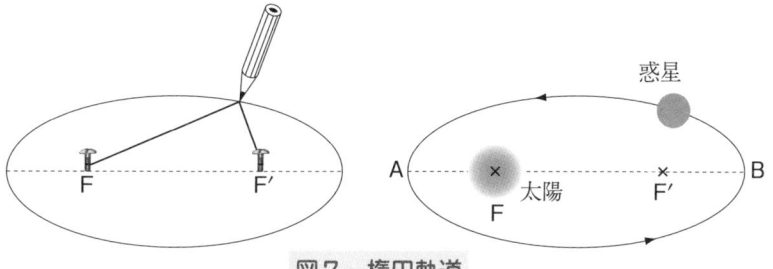

**図7　楕円軌道**

## 2 ケプラーの第二法則の使い方

1で見た楕円軌道上を，惑星は一定の速さで回っているわけじゃないんだ。**図8**のように，上半分では太陽に引かれて加速し，下半分では太陽からブレーキを受けて減速するね。すると，惑星の速さが最大になる点と最小になる点はそれぞれ楕円上のどの点になるかな？

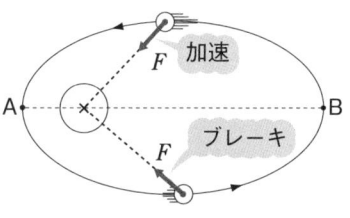

**図8　速さの変化**

え～と，BからAまで加速，AからBまで減速ですから，最速で回るのはAの近日点で，最も遅いのはBの遠日点です。

　そうだね。このようにして，同じ楕円上でも惑星の速さは変化しているんだ。

 じゃあ，何か，この速さに規則性はあるんですか。

　とっても美しい規則性があるんだ。それが次のケプラーの第二法則だ。

**・POINT ⑤** ケプラーの第二法則

① 成立条件
　物体Pが常にある一点O方向のみを向く力を受けて運動すること。
② 法則
　動径ベクトル $\overrightarrow{OP}$ とPの速度ベクトル $\vec{v}$ ではさまれる三角形の面積 $S$（$S$：面積速度という）は常に一定となる。

　①は，惑星Pは常に太陽O方向のみを向く万有引力を受けて運動をしているから成立しているね。
　②は，図9で，まず 太陽Oと惑星Pを直線（動径）で結び，次に P の速度ベクトル $\vec{v}$ を楕円の接線方向にかき，そして，それらではさまれた三角形の面積 $S$ をかけば，カンタンに作図できるね。

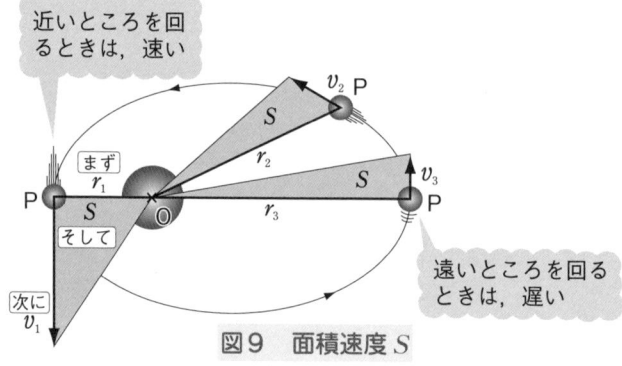

図9　面積速度 $S$

ここで，**図9**の3つの三角形の面積 $S$ がすべて等しいということから，速さ $v_1$，$v_2$，$v_3$ を大きい順に並べてごらん。

> 三角形の底辺が長いほうが逆に，高さは低くなきゃいけないな。いま $r_1 < r_2 < r_3$ だから，逆に，$v_1 > v_2 > v_3$ だ。

　まさにそうだね。要は，O に近いところを回るときが速く，O から遠いところを回るときはゆっくり回るということだね。このことは，じつは，フィギュアスケートの選手も利用しているんだ。**図10**で，フィニッシュのスピンで，初め広げていた腕を（中心から遠いところにあってゆっくり回る），体に近づけてくる（中心に近いところにもってくる）とクルクルクルクルと目の回りそうな勢いで回転が速くなっていくのも，これと同じ原理なんだ。結局，成立条件①が成立すれば，惑星の運動だけじゃなく，日常のいろいろな場面で成立している，とっても身近な法則なんだよ。**図11**，**図12**も入試ではよく出てくるよ。

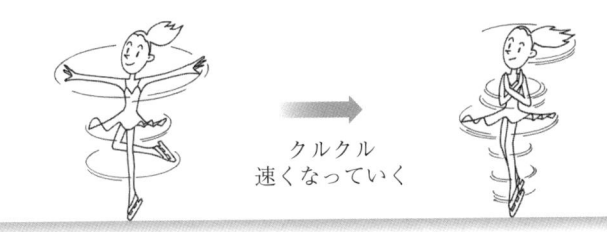

クルクル
速くなっていく

図10

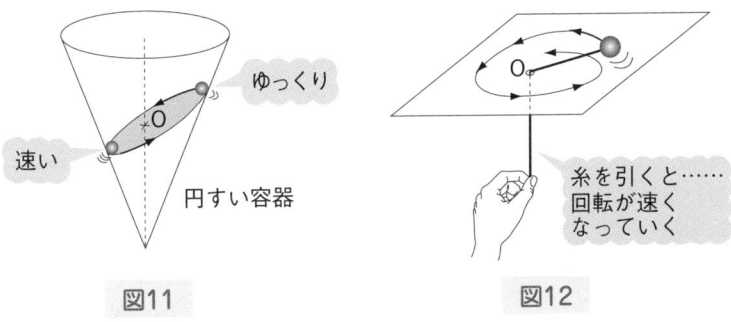

ゆっくり

速い

O

円すい容器

図11

O

糸を引くと……
回転が速く
なっていく

図12

### 3 ケプラーの第三法則のイメージ

太陽系にはいろいろな惑星がある。そして，それぞれの惑星にとっての「1年」(公転周期 $T$)は，各惑星ごとにずい分と違ってくるよね。

最も公転半径が小さい水星で約 88 日，次に金星が約 225 日，地球は約 365 日，火星は約 687 日，……。

 ワタシ，火星の受験生になりたい……。じっくり準備できそうだし……。

木星は約 12 年，土星は約 30 年，……。

 でも，土星の受験生はゴメンだな～。長すぎ～。

つまり，軌道半径 $r$ が長くなればなるほど，公転周期 $T$ も長くなるんだ。この $r$ と $T$ の間には，これもまた，じつに美しい関係が成り立つんだ。これをケプラーの第三法則という。

---

**•POINT ⑥• ケプラーの第三法則**

① 成立条件
　中心天体を同一にもつ異なる軌道間で成立。

② 法　　則
$$\frac{(公転周期 \dot{T})^2}{((長)半径 \dot{r})^3} = (一定)$$

┌─ 覚え方 ─┐
2はTwo
3はThree
└──────┘

---

 この長半径の「長」って何ですか？

それは，**図13**のように，楕円を4等分したときの長い方の切り口の長さだね。円軌道なら，ただの半径 $r$ だよ。

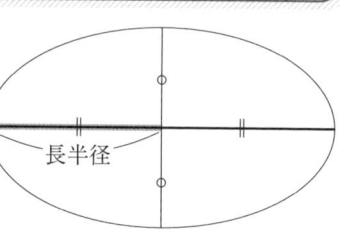

長半径

**図13　長　半　径**

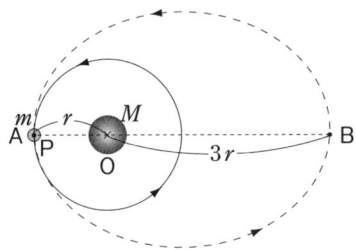

チェック問題 **2** 円軌道と楕円軌道 　　　やや難 **15**分

　図のような質量 $M$ の天体 O の
まわりを半径 $r$ の円軌道を描い
て回る質量 $m$ の人工衛星 P があ
る。万有引力定数を $G$ とする。

(1) 人工衛星の速さ $v_0$ を求めよ。

(2) 円軌道の周期 $T_0$ を求めよ。

(3) 点 A で軌道の接線方向に加
　速したところ，点線のような楕円軌道を回った。このとき点
　A での速度は $v_0$ の何倍にしたか。

(4) (3)の楕円軌道の周期は $T_0$ の何倍か。

**解説** (1) 《円運動の解法》(p.191)に入る。

**STEP1** ❶中心は O，❷半径は $r$，❸速さは
$v_0$ と仮定する(**図 a**)。

**STEP2** 「回る人」から見て，遠心力
$m\dfrac{v_0{}^2}{r}$ を作図。

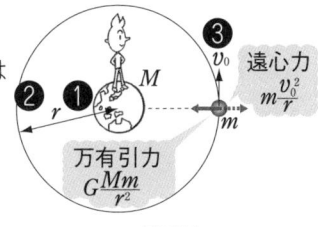

図 a

**STEP3** 遠心力と万有引力の力のつり合いの式は，

$$m\frac{v_0{}^2}{r} = G\frac{Mm}{r^2} \quad \text{よって，} \quad v_0 = \sqrt{\frac{GM}{r}} \cdots\cdots ① \quad \cdots\cdots 答$$

(2) 1周回るのにかかる時間は，1周の長さ $2\pi r$ を，速さ $v_0$ で割って，

$$T_0 = \frac{2\pi r}{v_0} \underset{①より}{=} 2\pi\sqrt{\frac{r^3}{GM}} \cdots\cdots ② \quad \cdots\cdots 答$$

ちなみに，

②式より，$\dfrac{T_0{}^2}{r^3} = \dfrac{4\pi^2}{GM}$（＝定数）　これは何を表しているかな？

　$T_0$ の 2 乗(Two)と $r$ の 3 乗(Three)で，……あっ，ケプ
ラーの第三法則です！

ひぇ～っ，楕円アレルギー発生～！

大丈夫。楕円運動こそ完全にワンパターンなんだ。

## ●POINT 7 楕円運動の解法

**STEP1** 近日点 A と遠日点 B の中心天体 O との距離 $r_1$, $r_2$, および A, B を通過時の速さ $v_1$, $v_2$ の 4 つの量のうち 2 つを，未知数として仮定。

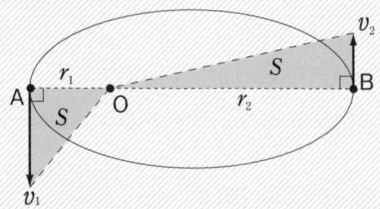

**STEP2** A と B でのケプラーの第二法則で面積速度 $S$ 一定の法則より，

$$S = \frac{1}{2} r_1 v_1 = \frac{1}{2} r_2 v_2$$ を立てる。

**STEP3** A と B での《力学的エネルギー保存則》より，

$$\frac{1}{2} m v_1^2 + \left(-\frac{GMm}{r_1}\right) = \frac{1}{2} m v_2^2 + \left(-\frac{GMm}{r_2}\right)$$ を立てる。

**STEP4** **STEP2** と **STEP3** で立てた 2 式を連立方程式として解き，未知数を求める。

**STEP5** 楕円の周期は直接求まらないので，ケプラーの第三法則で周期を求める $\left(長半径は \dfrac{r_1 + r_2}{2}\right)$。

(3) さっそくこの《楕円運動の
解法》を使おう。

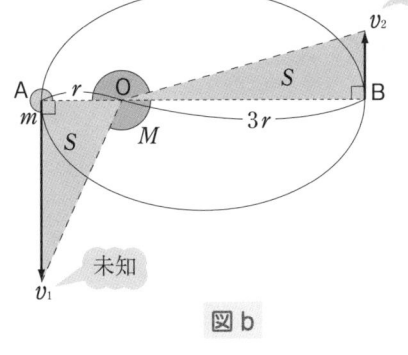

STEP1 図 b のように，A，B
を通るときの速さを $v_1$，$v_2$
と仮定する。

STEP2 図 b のように，三角形
を作図すると，

$$S = \frac{1}{2}rv_1 = \frac{1}{2} \times 3rv_2$$
$$\underbrace{\phantom{\frac{1}{2}rv_1}}_{A} \quad \underbrace{\phantom{\frac{1}{2} \times 3rv_2}}_{B}$$

よって，

$$v_2 = \frac{1}{3}v_1 \cdots\cdots ③$$

STEP3 《力学的エネルギー保存則》より，

$$\overbrace{\frac{1}{2}mv_1{}^2 + \left(-\frac{GMm}{r}\right)}^{A} = \overbrace{\frac{1}{2}mv_2{}^2 + \left(-\frac{GMm}{3r}\right)}^{B} \cdots\cdots ④$$

STEP4 ④を，左辺に運動エネルギーを右辺に位置エネルギーを寄せて，

$$\frac{1}{2}m(v_1{}^2 - v_2{}^2) = \frac{GMm}{r}\left(1 - \frac{1}{3}\right)$$

この式変形が
決定的に重要

ここに③を代入して，

$$\frac{1}{2}mv_1{}^2\left\{1 - \left(\frac{1}{3}\right)^2\right\} = \frac{GMm}{r}\left(1 - \frac{1}{3}\right)$$

$$\frac{1}{2}mv_1{}^2 = \frac{3}{4} \times \frac{GMm}{r}$$

よって，

$$v_1 = \sqrt{\frac{3GM}{2r}} \cdots\cdots ⑤$$

これは，(1)の 答（①式）の $\sqrt{\dfrac{3}{2}}$ 倍である。……答

楕円運動というと難しく感じてしま
う人が多いけど，手順どおり解けば
マスターできるよ。

(4)

ケプラーの第三法則(p.210)の使い方が，いまいちわからないなあ〜。

**STEP 5** そうあせらない。立てるべき式は決まっているんだ。それは，次の形の式だ。

$$\frac{\boxed{\text{円の周期}}^2}{\boxed{\text{円の半径}}^3} = \frac{\boxed{\text{楕円の周期}}^2}{\boxed{\text{楕円の長半径}}^3}$$

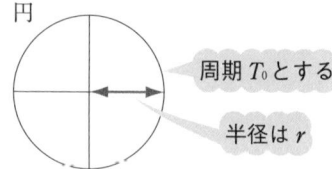

円

周期 $T_0$ とする

半径は $r$

そして，ここに**図c**で，円軌道の半径 $r$ と周期 $T_0$，および楕円軌道の長半径

$$\frac{r+3r}{2} = 2r$$

と周期 $T$ をうめると，

$$\frac{T_0{}^2}{r^3} = \frac{T^2}{(2r)^3}$$

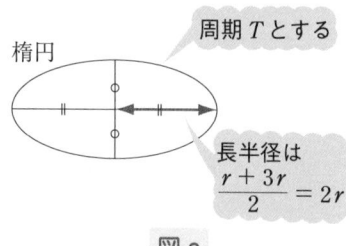

楕円

周期 $T$ とする

長半径は
$$\frac{r+3r}{2} = 2r$$

図 c

よって，

$$T = 2\sqrt{2} \times T_0$$

となるので，$2\sqrt{2}$ 倍……**答**

全然カンタンでしょ。

典型問題はたったの3パターンしかないのか！

# まとめ

① **万有引力** $\quad F = G\dfrac{Mm}{r^2}$ 2乗

② **万有引力と重力の関係**

地表上での万有引力 $G\dfrac{Mm}{R^2}$ = 重力 $mg$

③ **万有引力による位置エネルギー** $\quad U_G = -\dfrac{GMm}{r}$ 1乗

負

④ **ケプラーの三法則**

① 中心天体を焦点にもつ楕円軌道

② 面積速度一定の法則

③ $\dfrac{(\text{周期}\,T)^2}{((\text{長})\text{半径}\,r)^3} = (\text{一定})$

⑤ **典型問題の解法3パターン**

(パターン1) 円 ➡ 遠心力 = 万有引力のつり合いで解く。

$$\text{周期}\,T = \frac{2\pi r}{v}$$

(パターン2) 楕円 ➡ 《楕円問題の解法》で解く。

周期はケプラーの第三法則で解く。

(パターン3) 脱出 ➡ ギリギリ脱出は無限遠で, $v = 0$。

《力学的エネルギー保存則》で解く。

# 第17章　単　振　動

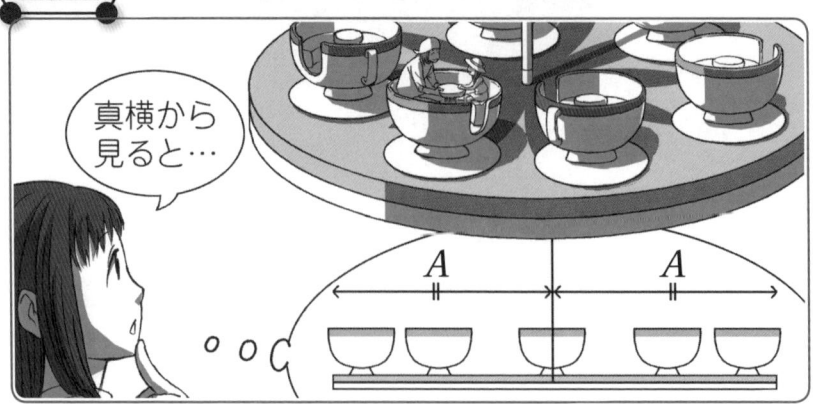

真横から
見ると…

▲円運動を真横から見ると往復運動に見える

## STORY 1　単振動と円運動

### 1 単振動って何？

図1のように，半径$A$で角速度
$\omega$の等速円運動をしている物体が
ある。これを真横から見ると，ど
んな動きに見えるかな。

ハイ！　ある点を中心と
して往復運動しています。

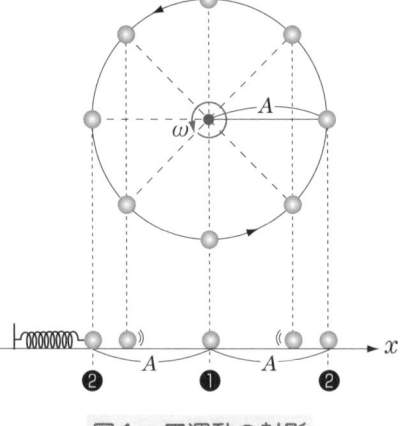

図1　円運動の射影

そうだね。この往復運動のこと
を単振動というんだ。図1の中で
注目すべき点は次の2つだ。

❶　振動中心(中央)　　　❷　折り返し点(両端)

> ● POINT ❶ ● 単振動の定義
> 単振動 = 等速円運動を真横から見た往復運動

## 2 単振動の速度

単振動とは，等速円運動を真横から見たものだったね。ならば，単振動の速度ベクトルも，**図2**のように，円運動の速度(p.187)ベクトル(いつも接線方向で大きさ$A\omega$)を真横から見たものとしてイメージできるね。

**図2**から，単振動の速度には，どんな特徴があるかな。

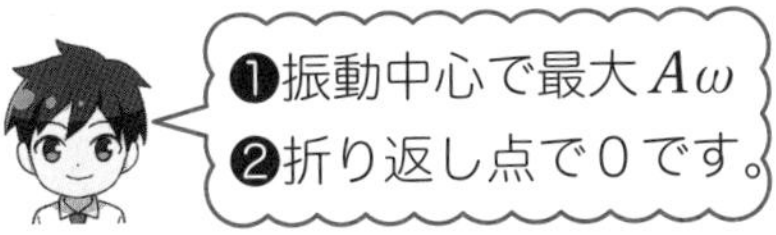

❶振動中心で最大$A\omega$
❷折り返し点で0です。

そのとおり。中心に近いほど速くて，両端では速度0だ。

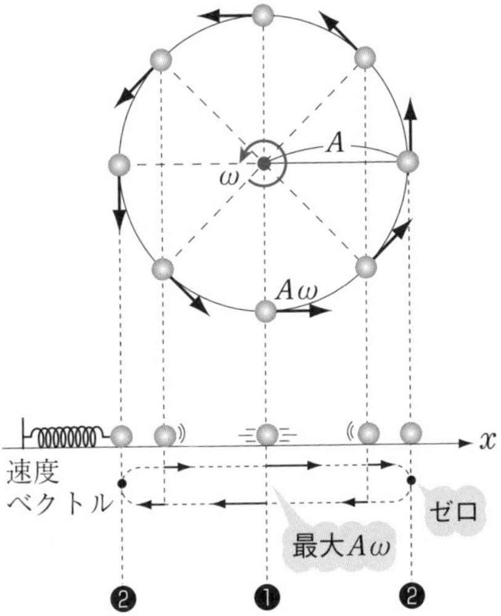

## 3 単振動の加速度

単振動の加速度ベクトルも，**図3**のように，円運動の向心加速度(p.189)ベクトル(大きさ$A\omega^2$)を，真横から見たものとしてイメージできるよ。

**図3**から，単振動の加速度の特徴はどうなってるかな。

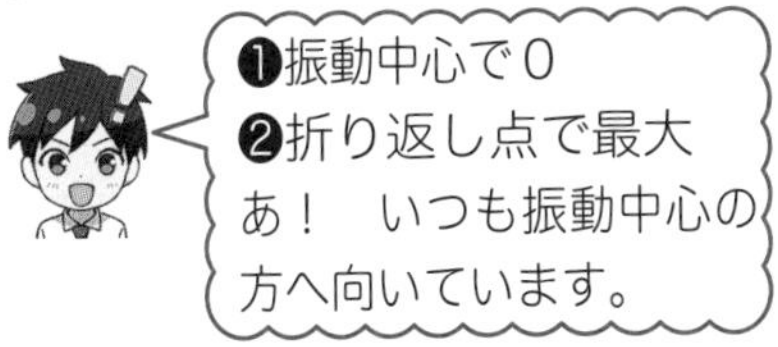

❶振動中心で0
❷折り返し点で最大
あ！　いつも振動中心の方へ向いています。

いいところに目をつけたね。
いつも中心(振動中心)を向き，中心では0で，両端(折り返し点)にいく

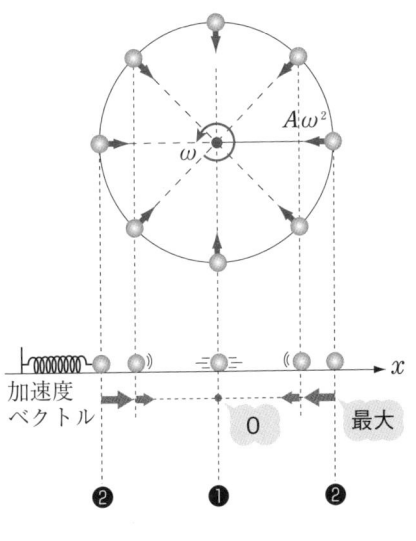

**図2　速度の変化**

**図3　加速度の変化**

ほど大きくなっていくよ。

以上をまとめよう。

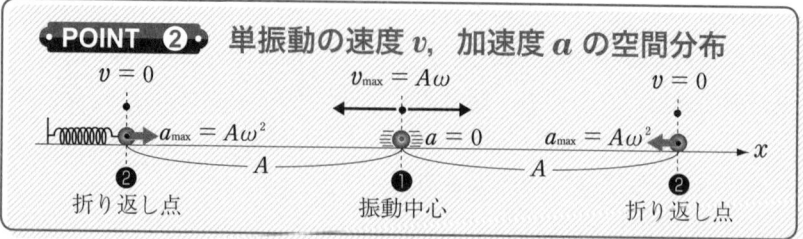

POINT ❷  単振動の速度 $v$，加速度 $a$ の空間分布

$v = 0$　　　　$v_{\max} = A\omega$　　　　$v = 0$

$a_{\max} = A\omega^2$　　　$a = 0$　　　$a_{\max} = A\omega^2$

$A$　　　　$A$　　　　$x$

❷ 折り返し点　　　❶ 振動中心　　　❷ 折り返し点

---

## STORY ② 単振動の「3つのデータ」

### 1 「3つのデータ」とは

⓯ **円運動**では，❶中心，❷半径，❸速さの「3点セット」さえわかれば解けたね。それを真横から見た単振動も同様に，ある3つの量さえ求まれば，問題がスイスイ解ける。それを本書では，単振動の「3つのデータ」とよぼう。

POINT ❸  単振動の「3つのデータ」

❶ 振動中心　　　❷ 折り返し点　　　❸ 周期 $T$

### 2 データ❶ 振動中心の求め方

❶ 振動中心とは，円運動の中心に対応する点だ。その点で物体は，POINT ❷ で見たように，最大速度 $v_{\max} = A\omega$，かつ加速度 $a = 0$ となる。そして，加速度 $a = 0$ ということは，運動方程式 $ma = (合力 \, F)$ で，左辺の $a = 0$ より，右辺の(合力 $F$)$= 0$ となるね。つまり，

POINT ❹  振動中心の求め方

(合力 $F$)$= 0$ の力のつり合いの位置を見つける。

図4の例では，力のつり合いの式より，

$$kd = mg \quad \text{よって,} \quad d = \frac{mg}{k}$$

だけ，ばねが伸びた位置が，振動の中心（（中）と書く）となっている。

そして，これからどんな振動をさせようとも，この位置が必ずその振動の中心となっていくんだ。

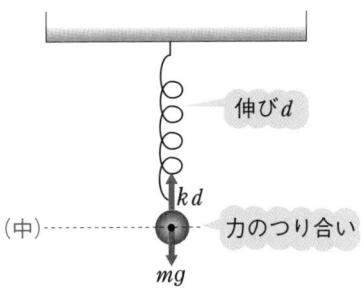

図4　振動の中心の求め方

## 3 データ❷　折り返し点の求め方

❷　折り返し点とは，円運動の両端に対応する点だ。

**・POINT ❷・** で見たように，そこで物体は速度 $v = 0$ で一瞬止まって折り返す。折り返し点の求め方は振動の始め方によって，(i)，(ii)の2タイプある。

(i)　静かに（そっと）手放すとき

図5のように，図4の（中）から $A$ だけ持ち上げて，静かに手放すとしよう。

すると，まさに，この点こそが速度 $v = 0$ の折り返し点（（折）と書く）の1つとなっている。もう1つの（折）は，（中）をはさんで対称な位置にある。

(ii)　初速度があるとき

《力学的エネルギー保存則》によって，速度 $v = 0$ の点を求める必要があるよ。

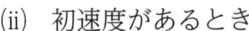

図5　折り返し点の求め方

---

**・POINT ❺・** 折り返し点の求め方

(i)　静かに手放す点を見つける。

(ii)　《力学的エネルギー保存則》を用いて，速度 $v = 0$ の点を見つける。

## 4 データ❸ 周期 $T$ とその求め方

❸ 周期 $T$ とは，単振動に対応する円運動が1周回るのにかかる時間のことだ。円運動の角速度$\omega$(1秒あたりの回転角)は，この周期 $T$ を用いて，

$$\omega\,[\text{rad/s}] = \frac{2\pi\,[\text{rad}]\,\text{回転する}}{T\,[\text{s}]\,\text{間で}}$$

と書けるね。この$\omega$のことを単振動では**角振動数**という。

逆にこの式より，周期 $T$ は，角振動数$\omega$を使って，

$$T = \frac{2\pi}{\omega} \cdots\cdots ①$$

と書くことができるね。

さて，**図6**のように，半径$A$で角速度$\omega$の円運動を真横から見た単振動を考えよう。円運動が点 P を通過した瞬間を時刻 $t = 0$ とする。このとき対応する単振動の(中)の位置 P′ の座標を $x = x_0$ としよう。時刻 $t$ で円運動は点 Q を通過するが，このときまでの回転角は$\omega t$となっている。このときの単振動の位置 Q′ の $x$ 座標は，**図6**より，

$$x = x_0 + \underbrace{A\sin\omega t}_{\text{P′Q′間の距離}} \cdots\cdots ②$$

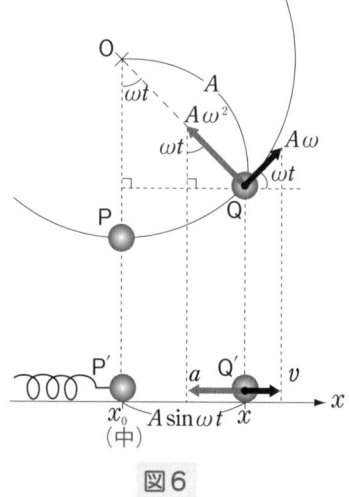

**図6**

となっているね。

また，このときの単振動の速度$v$と，加速度$a$は，円運動の接線方向の速度$A\omega$と，向心加速度$A\omega^2$をそれぞれ真横から見たものとして，**図6**より，

$$v = A\omega\cos\omega t \cdots\cdots ③ \qquad a = \underbrace{-A\omega^2\sin\omega t}_{\text{右向き正より}} \cdots\cdots ④$$

となっているね。ここまで，じっくりと**図6**とニラメッコして，もう一度確認してください。

さて，②式と④式に共通して入っているものは何かな？

えーと，②式と④式には共通の $A \sin \omega t$ が入っています。

そうだ。ここから式変形が続くけど，一つひとつ丁寧に追ってね。
②式を，

$$A \sin \omega t = x - x_0$$

として，これを④式に代入すると，

$$a = -\omega^2 (x - x_0) \cdots\cdots ⑤$$

となるね。この⑤式は，時刻 $t$ によらず，いつでも成り立つ式だね。

　ここで，この式の両辺に質量 $m$ を掛けてみると，

$$ma = -m\omega^2 (x - x_0) \cdots\cdots ⑥$$

　さらに，この⑥式の右辺の係数を $m\omega^2 = （定数 K） \cdots\cdots ⑦$　とおくと，

$$ma = -K(x - x_0) \cdots\cdots ⑧$$

となるね。この⑧式は何を表しているかな？

左辺が $ma$ ……あ！　運動方程式です！

そのとおり。この式はまさに単振動の運動方程式となっているね。

どうやって，この式から周期 $T$ を求めるんですか？

　まず，物体が座標 $x(>0)$ にあるときに運動方程式を立てて⑧式の形に
もっていくと，$m$ と $K$ が出るでしょ。このとき，⑦式から，角振動数
$\omega = \sqrt{\dfrac{K}{m}} \cdots\cdots ⑨$　が求まる。$\omega$ が求まれば，①式より，

$$T = \underbrace{\frac{2\pi}{\omega}}_{⑨より} = 2\pi\sqrt{\frac{m}{K}}$$

> ここまでの話は長かったけど，
> 物理では公式を導く過程が大切
> だから，一つひとつ確認してね

となって，単振動の周期 $T$ が求まるんだ。

以上の話をまとめると，周期 $T$ の求め方は，次のようになるよ。

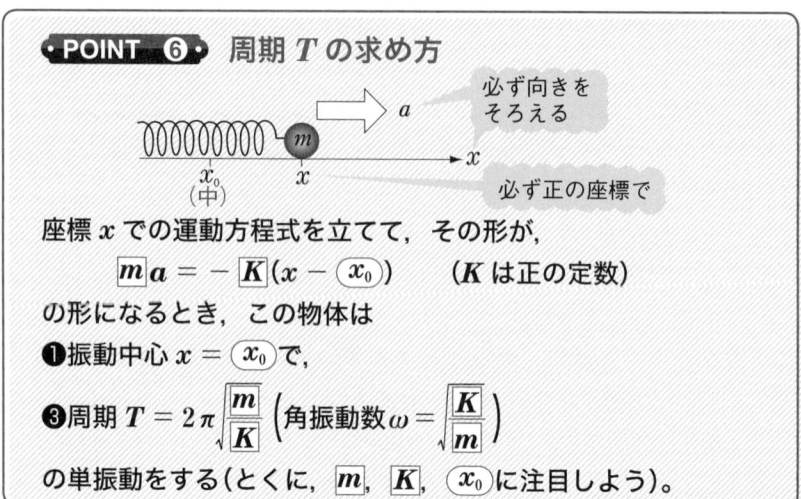

**・POINT・⑥** 周期 $T$ の求め方

必ず向きを
そろえる

必ず正の座標で

座標 $x$ での運動方程式を立てて，その形が，

$$\boxed{m}a = -\boxed{K}(x - \boxed{x_0}) \quad (K \text{ は正の定数})$$

の形になるとき，この物体は

❶振動中心 $x = \boxed{x_0}$ で，

❸周期 $T = 2\pi\sqrt{\dfrac{m}{K}} \left(\text{角振動数 } \omega = \sqrt{\dfrac{K}{m}}\right)$

の単振動をする（とくに，$\boxed{m}$，$\boxed{K}$，$\boxed{x_0}$ に注目しよう）。

この運動方程式の右辺の合力 $-K(x - x_0) = F$ を復元力という。ここで図7の(i)(ii)(iii)の3つの区間での，合力 $F = -K(x - x_0)$ の符号を求めよう。

(i)　$x = x_0$ では $F = -K(x - x_0) = 0$ となり，点 O が❶振動中心となる。

(ii)　$x < x_0$ では $F = -K(x - x_0) > 0$ となり，正の向きの力を受ける。

(iii)　$x > x_0$ では $F = -K(x - x_0) < 0$ となり，負の向きの力を受ける。

以上により物体は $x = x_0$ の振動中心点 O を常に向く力を受けるね。もし物体を A から放すと，正の向きの力で O に向かって加速され，O を過ぎると負の向きの力になり減速する。やがて B で折り返し，BO 間で加速，OA 間で減速し，A に戻り折り返し，単振動をくり返す。

A　　　　　　　　　　O　　　　　　　　　　B

(ii)$x < x_0$ で $F > 0$　　(i)$x = x_0$ で　　(iii)$x > x_0$ で $F < 0$
正の向きの力　　　　$F = 0$　　　　負の向きの力

図7 復元力

周期の式 $T = 2\pi\sqrt{\dfrac{m}{K}}$ を $T = 2\pi\sqrt{\dfrac{K}{m}}$ と書いちゃいそうで，コワイんですけど……

よくテストで見かける誤答だね。こんなふうにイメージしてみては？

$\begin{cases} m \text{ がとても大きい→動きは鈍い→周期 } T \text{ は長い} \Rightarrow m \text{ は分子} \\ K \text{ がとても大きい→大きな力ですばやく動く→周期 } T \text{ は短い} \Rightarrow K \text{ は分母} \end{cases}$

これで，ミスはぐっと減っていくよ。

$K$ は大文字ですが，ばね定数 $k$ とは違うのですか？

一般には，$K$ は正の定数であり，ばね定数 $k$ とは違うよ。

ただし，物体が受ける力が，

（ばねの弾性力 $-kx$）＋（一定の力 $F_0$）

のときは，$K$ はばね定数 $k$ と一致する。

なぜならば，このときの運動方程式は，

$$\boxed{m}\,a = -kx + F_0$$
$$= -\boxed{k}\left(x - \frac{F_0}{k}\right) \quad \leftarrow -k \text{についてくくった}$$

となるからだ。よって，**POINT ⑥** より，単振動の周期 $T$ は，

$$T = 2\pi\sqrt{\frac{m}{k}}$$

となり，質量 $m$，ばね定数 $k$ のみで決まるね。

---

**・POINT ⑦** 周期 $T$ の求め方（速攻バージョン）

物体の受ける力が

（ばね定数 $k$ のばねの弾性力）＋（一定の力）なら即，

$$\text{周期 } T = 2\pi\sqrt{\frac{m}{\text{ばね定数 } k}} \qquad \left(\text{角振動数 } \omega = \sqrt{\frac{k}{m}}\right)$$

## 5 単振動の解法パターン

結局，単振動の解法はワンパターンで，次の3ステップによって単振動の「3つのデータ」❶❷❸(p.218)を求めれば勝ちだ。

> **◆POINT ⑧◆ 単振動の解法**
>
> **STEP1** 力のつり合いの位置での，ばねの自然長からの伸び，縮み $d$ を仮定して，力のつり合いの式……★を立てる。その $d$ を求め，❶振動中心(中)の位置を決める。
>
> （注）★の力のつり合いの式は，今後の式変形で何度も何度もフル活用していくことになる。
>
> **STEP2** もし座標軸が与えられていないときは，軸を立てる。そして，❷折り返し点(折)を求める。求め方は2タイプある。
>
> （i）静かにそっと手放すタイプ→その点がまさに(折)
>
> （ii）初速度をもつタイプ
>  →《力学的エネルギー保存則》で速度 $v = 0$ のときのばねの伸び，または縮みを求める。
>
> （注）(折)が1つ見つかれば，もう1つの(折)は，(中)をはさんで対称な位置にある。
>
> **STEP3** ❸周期 $T$（または角振動数 $\omega$）を求める。一般的には，座標 $x\,(>0)$ で加速度 $a$ は軸の正の向きにそろえた運動方程式を立て，その形を
> $$\boxed{m}\,a = -\boxed{K}\,(x - \boxed{x_0})$$
> にもっていくと，
>
> ❶ 振動中心は $x = \boxed{x_0}$
>
> ❸ 周期 $T = 2\pi\sqrt{\dfrac{m}{K}}$ $\left(\text{角振動数 } \omega = \sqrt{\dfrac{K}{m}}\right)$
>
> となることがわかる。
>
> **とくに** (ばね定数 $k$ のばねの弾性力) + (一定の力)なら，即, $T = 2\pi\sqrt{\dfrac{m}{k}}$

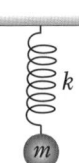

**チェック問題 1** 鉛直ばね振り子 　標準 **10**分

　図のように，質量 $m$ のおもりが，ばね定数 $k$ のばねにつるされている。つり合いの位置から $A$ だけ持ち上げて，静かに放す。その後の単振動の(1)振動中心でのばねの伸び，(2)ばねの最大の伸び $d_{max}$，(3)周期 $T$，(4)最大速度 $v_{max}$ を求めよ。

---

**解説** (1)《単振動の解法》(p.224)で解く。

**STEP1** 自然長(自)から，ばねが $d$ だけ伸びたところで，力がつり合うと仮定しよう。

すると，図aの力のつり合いより，

$$kd = mg \cdots\cdots ★$$

この★は今後の式変形で，フル活用するんだ。このように，**STEP1** で求めた力のつり合いの式を，その後いつでも使えるようにしておくことが，じつは単振動の問題を解く上での，一番のポイントなんだ。

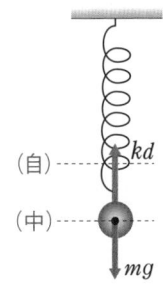

図 a

**・POINT 9・ 単振動でのつり合いの式**
**STEP1** の力のつり合いの式を，その後の式変形でフル活用せよ。

★より❶振動中心(中)でのばねの伸びは，

$$d = \frac{mg}{k} \cdots\cdots 答$$

(2) **STEP2** 図bのように，(中)を $x = 0$，(自)を $x = -d$ とした下向き正の $x$ 軸を立てる。

　本問では，「つり合いの位置から $A$ だけ持ち上げて，静かに放す」とあるので，❷折り返し点 (折)の1つは，この $x = -A$ にある。

　もう1つの(折)は，(中)をはさんで対称な $x = +A$ にある。

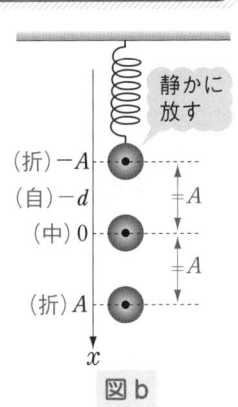

図 b

よって，ばねの最大の伸びは，

$$d_{\max} = d + A = \underbrace{\frac{mg}{k}}_{★より} + A \cdots\cdots 答$$

(3) **STEP3** 本問で，おもりにかかる力は，
（ばねの弾性力）＋（一定の力 $mg$）
なので，即，❸周期 $T$ は，

$$T = 2\pi\sqrt{\frac{m}{k}} \cdots\cdots 答$$

**別解** 一般的な解法でも解いてみよう。
**図c** で位置 $x(>0)$ にある物体の運動方程式を，加速度 $a$ を $x$ 軸の正の向き（下向き）にとって書いてみて。

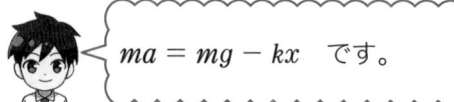

$ma = mg - kx$ です。

アチャー，**図c** をよく見て。（自）からのばねの伸びは $d + x$ だよ。よって，

$$\boxed{m}\,a = mg - k(d+x) = \underbrace{mg - mg}_{} - kx$$
$$= -kx \qquad \text{またまた★より}$$
$$= -\boxed{k}(x - \boxed{0})$$

ということは，周期 $T = 2\pi\sqrt{\dfrac{m}{k}} \cdots\cdots 答$

となるね。（❶(中)は $x = \boxed{0}$）

(4) さて，最大速度 $v_{\max}$ となる点は，どこだったかな？

最大速度 $v_{\max}$ となるのは，振動中心です。

そうだったね。いま，「速さの予言法，摩擦熱なし」(p.165)だから，《力学的エネルギー保存則》(p.91)で $v_{\max}$ を出そう。

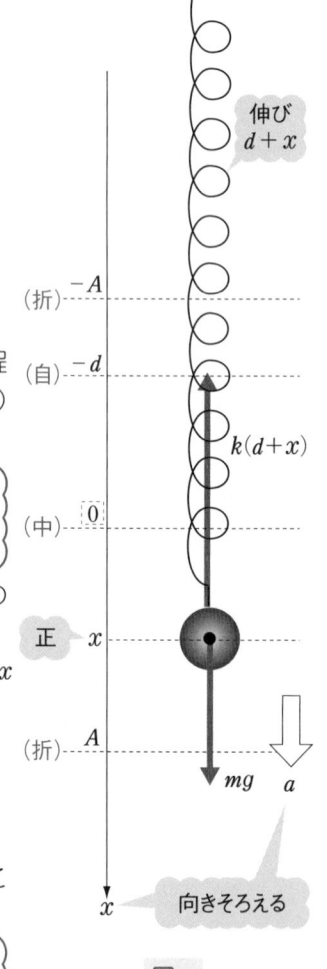

伸び
$d + x$

(折) $-A$

(自) $-d$

$k(d+x)$

(中) $\boxed{0}$

正 $x$

(折) $A$

$mg$ $a$

向きそろえる

$x$

**図c**

図dで、⑪手放し時、⑭最大速度として、力学的エネルギーの「3要素」（p.85）は、

⑪速さ0，高さ0とする，縮みは$\underbrace{A-d}_{\text{（折）と（自）の距離より}}$

⑭速さ $v_{\text{max}}$，高さ $\underbrace{-A}_{\text{高さ0よりも低いので}}$，伸びは $d$

《力学的エネルギー保存則》は，

$$\overset{⑪}{\overbrace{\frac{1}{2}k(A-d)^2}}$$

$$= \overset{⑭}{\overbrace{\frac{1}{2}mv_{\text{max}}{}^2 + mg(-A) + \frac{1}{2}kd^2}}$$

よって，

$$\frac{1}{2}kA^2 - kAd + \frac{1}{2}\cancel{kd^2} = \frac{1}{2}mv_{\text{max}}{}^2 - mgA + \frac{1}{2}\cancel{kd^2}$$

ここからの式変形の決め手は？

(1)の★の力のつり合いの式 $kd = mg$ です。

スバラシイ！　よく忘れなかったね。この式を代入して，

$$\frac{1}{2}kA^2 - \cancel{mgA} = \frac{1}{2}mv_{\text{max}}{}^2 - \cancel{mgA}$$

よって，$v_{\text{max}} = \sqrt{\dfrac{k}{m}}\,A$ ……答

何と，★の式は3回も代入して使ったんだね。やっぱり，単振動では，STEP1 の力のつり合いの式★の活用が命なんだね。

別解　単振動の❶振動中心では，対応する円運動の速度とちょうど同じ速度 $v_{\text{max}} = A\omega$ をもつ（p.218）。ここで，

角速度 $\omega = 1$秒あたりの回転角 $= \dfrac{2\pi\,〔\text{rad}〕}{\underset{\text{(3)より}}{T\text{秒で}}} = \sqrt{\dfrac{k}{m}}$　より，

$$\boxed{v_{\text{max}} = A\omega} = A\sqrt{\frac{k}{m}}\ \text{……答}$$

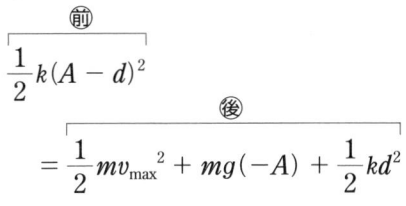

縮み$A-d$

(折) $^-A$　⑪　高さ0とする

$v = 0$

(自) $^-d$

伸び$d$

(中) $0$　⑭　← 高さ$-A$

$x$　$v_{\text{max}}$

図 d

図のように，傾き $\theta$ のなめらかな斜面
上に，ばね定数 $k$ のばねの先に質量 $m$
のおもりをつけたものがある。いま，ばね
が自然長になる位置から斜面に沿って下
向きに初速 $v_0$ を与えた。その後の単振
動の(1)振動中心でのばねの伸び，(2)振
幅 $A$，(3)周期 $T$，(4)最大速度 $v_{\max}$ を求めよ。

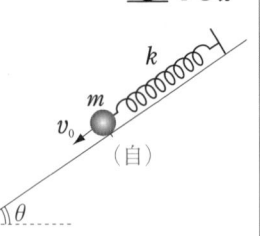

**解説** 《単振動の解法》(p.224)で解く。

(1) **STEP1** もし，振動が止まったとしたら，**図
a** のように，ばねの伸びが $d$ になって力がつ
り合うとしよう。この点が❶振動中心(中)だ。
つり合いの式は，

$$kd = mg \sin \theta \cdots \bigstar$$

よって，$d = \dfrac{mg}{k} \sin \theta$ ……**答**

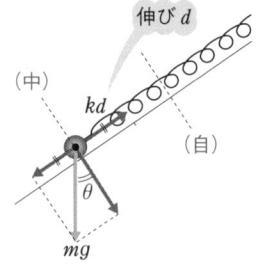

図 a

また，この力のつり合いの式★をフル活用するんですね。

いいぞ！ その調子だ！

(2) **STEP2** (1)の(中)を原点，斜面に沿って
下向き正として $x$ 軸をとる。本問は，
「そっと手放す」のではなく，「初速度あ
りタイプ」なので，《力学的エネルギー保
存則》で解くね。**図b**で，(自)の座標は
$-d$，下方の(折)の座標を $A$ と仮定する。
力学的エネルギーの「3要素」(p.85)は，

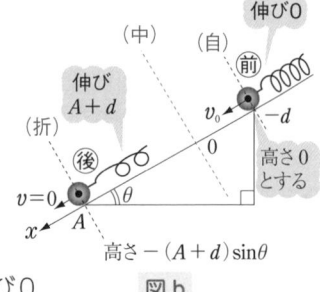

図 b

　❶速さ $v_0$，高さ0とする，　　　　伸び0
　❷速さ0，高さ $-(A+d)\sin\theta$，伸び $A+d$
　　　高さ0よりも低いので　　　(自)からの伸び

したがって,

$$\overbrace{\frac{1}{2}mv_0{}^2}^{\text{前}} = \overbrace{mg\{-(A+d)\sin\theta\} + \frac{1}{2}k(A+d)^2}^{\text{後}}$$

よって, $\frac{1}{2}mv_0{}^2 = -mg(A+d)\sin\theta + \frac{1}{2}kA^2 + kAd + \frac{1}{2}kd^2$

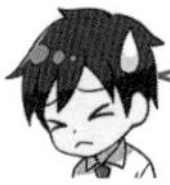

ゲゲ！　$A$の２次方程式じゃないですか，解の公式ですか？

あわてないで。式変形の「救世主」があったでしょ，……そう，あのつり合いの式★だ。★の $kd = mg\sin\theta$ を代入して，

$$\frac{1}{2}mv_0{}^2 = -mg(\cancel{A}+d)\sin\theta + \frac{1}{2}kA^2 + \cancel{mg}A\sin\theta + \frac{1}{2}mgd\sin\theta$$

$$= \frac{1}{2}kA^2 - \frac{1}{2}mgd\sin\theta$$

よって, $A = \sqrt{\frac{m}{k}(v_0{}^2 + gd\sin\theta)}$

$$\underset{\text{★より}}{=} \sqrt{\frac{m}{k}\left(v_0{}^2 + \frac{mg^2}{k}\sin^2\theta\right)} \cdots\cdots \text{答}$$

ホラ！　解の公式なんて使わずに済んだだろう。

(3)　STEP 2 本問も，おもりにかかる力は，
（ばねの弾性力）＋（一定の力 $mg\sin\theta$）なので，即，

$$T = 2\pi\sqrt{\frac{m}{k}} \cdots\cdots \text{答}$$

**別解**　運動方程式を座標 $x$（$>0$）で立てると，

$$\boxed{m}a = mg\sin\theta - \underbrace{k(x+d)}_{\text{伸び}}$$

$$\underset{\text{★より}}{=} \cancel{mg\sin\theta} - kx - \cancel{mg\sin\theta}$$

$$= -\boxed{k}x = -\boxed{k}(x - \boxed{0})$$

となって, $T = 2\pi\sqrt{\frac{\boxed{m}}{\boxed{k}}}$ ……答となるね。

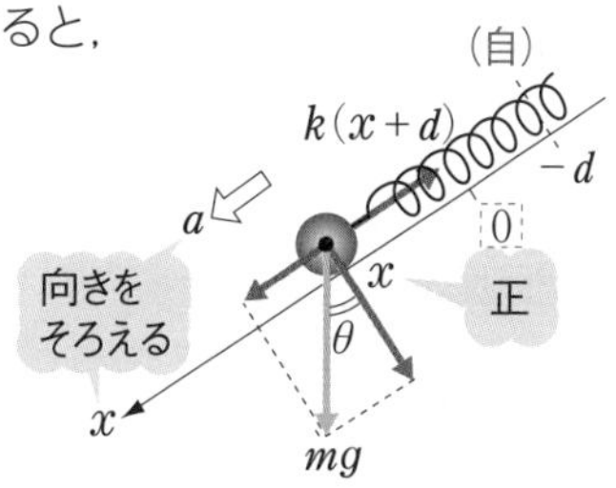

図 C

（❶振動中心は $x = \boxed{0}$）

(4) **図d**で，《力学的エネルギー保存則》で
力学的エネルギー「3要素」(p.85)は，

⊛速さ $v_0$，高さ0とする，伸び0
⊛速さ $v_{\max}$，高さ $-d\sin\theta$，伸び $d$ より，

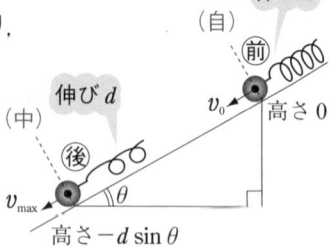

図d

$$
\overbrace{\frac{1}{2}mv_0^2}^{\text{前}}
$$

$$
= \overbrace{\frac{1}{2}mv_{\max}^2 + mg(-d\sin\theta) + \frac{1}{2}kd^2}^{\text{後}}
$$

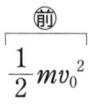

ここで，★の代入ですか？

スバラシイ！　もうコツはつかんだみたいだね。

$$
\frac{1}{2}mv_0^2 = \frac{1}{2}mv_{\max}^2 - \frac{m^2g^2}{k}\sin^2\theta + \frac{1}{2}k\left(\frac{mg}{k}\sin\theta\right)^2
$$

よって，$v_{\max} = \sqrt{v_0^2 + \dfrac{mg^2}{k}\sin^2\theta}$ ……**答**

それにしても，単振動で出てくるエネルギー計算って，フクザツでメンドーなものが多くないですか？

　待ってました！　その言葉。じつは，次の章では，このエネルギー計算を驚くほどカンタンにしてしまう「ウラワザ」を伝授するんだ。

　でも，その「ウラワザ」のありがたさは，その前に，通常のエネルギー計算で解いたときの複雑さを，身にしみて感じた人しか味わえないんだよ。

　だから，次の章に入る前に，しっかりと手を動かして，もう一度 **チェック問題 1**，**チェック問題 2** のエネルギー計算を確かめてほしいんだ。

わかりました。もう1回頑張ってやってみます。

# ま と め

① 単振動 ＝ 等速円運動を真横から見たときに見える往復運動
❶振動中心と❷折り返し点の２点が重要

② 単振動の速度　❶で最大 $v_{\max} = A\omega$　❷で0
加速度　❶で0　❷で最大

③ 単振動の「3つのデータ」
❶　振動中心　　　❷　折り返し点　　　❸　周期 $T$
（**力のつり合いの点**）　（**速度**0の点）

④ 単振動の解法　3ステップ

STEP1 **力のつり合いの式**（……★）を立て，そのときのばねの伸び，縮みを求め，❶振動中心（中）を求める。

STEP2 **軸**を立て，❷折り返し点（折）を求める。
求め方は2タイプ。
(i)　**静かに手放す**　➡　その点が（折）
(ii)　**初速度をもつ**　➡　《力学的エネルギー保存則》で速度0の点を求める。

STEP3 ❸　周期 $T$ を求める。求め方は2タイプ。
(i)　座標 $x\,(>0)$，加速度 $a$ は軸の正の向きにとった運動方程式の形が $ma = -K(x - x_0)$
➡　$T = 2\pi\sqrt{\dfrac{m}{K}}$　（（中）は $x = x_0$）
(ii)　（ばねの弾性力）＋（一定の力）➡ 即，$T = 2\pi\sqrt{\dfrac{m}{k}}$

※　STEP1 で立てた，力のつり合いの式★は式変形にフル活用！

# 第18章 単振動の応用

▲重力が消えるマジック！

## STORY 1 合力で考えた見かけの水平ばね振り子

### 📁 エネルギー計算を驚くほどカンタンにする「ウラワザ」

　前章で，単振動の基本的な解法を見てきたね。そこで出てきた問題点は，重力のはたらくばね振り子でのエネルギー計算が非常に複雑になることだったね。その問題点を解決する「**ウラワザ**」を伝授しよう。まずは，次の**図1**の(a)～(e)のストーリーを追おう。

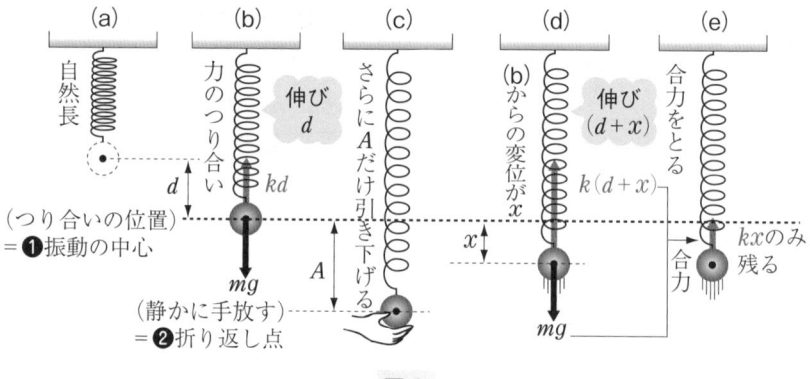

図1

図1(a)：何もつるしていない自然長の状態のばね。

図1(b)：静かにおもりをつるすと $d$ だけ伸びてつり合う。この位置が，
❶振動中心になるね。その力のつり合いの式は，

$$kd = mg \cdots\cdots ★$$

で，この式は今後フルに活用するんだね。

図1(c)：つり合いの位置から，さらに $A$ だけ伸ばして静かに手放す。
この位置が❷折り返し点になるね。

図1(d)：つり合いの位置(b)からの変位が $x$ のとき，物体にはたらく力
は下向きの $mg$ と上向きの $\underline{k(d + x)}$ の2つの力だね。

注 $kx$ じゃないよ

図1(e)：(d)での2つの力の合力(ベクトル和)をとると，下向き正として，

$$(合力 F) = mg - k(d + x)$$
$$= m\!\!\!/g - m\!\!\!/g - kx$$

★を代入

$$= -kx$$

のみ残る。

あれ！　重力が消えちゃって，ばねの力だけが残ってる！
これは，まるで水平ばね振り子と同じ力じゃないですか。

そうだね。でも，注意しなきゃならないのは，(合力 $F$) = $-kx$ の
$x$ は，自然長からの伸び $x$ ではなくて，

力のつり合いの位置からの伸び $x$

ということなんだ。

つまり，まとめると，図1の鉛直ばね振り子は，合力で考えると，
次のページの図2のような，水平ばね振り子と全く同じ力を受けると
いうことなんだ。よって両者は全く同じ運動をし，全く同じエネル
ギー保存の式に従うんだ。ただし，図2の水平ばね振り子の
自然長の位置は，元の鉛直ばね振り子の力のつり合いの位置に対応し
ていることに注意しよう。

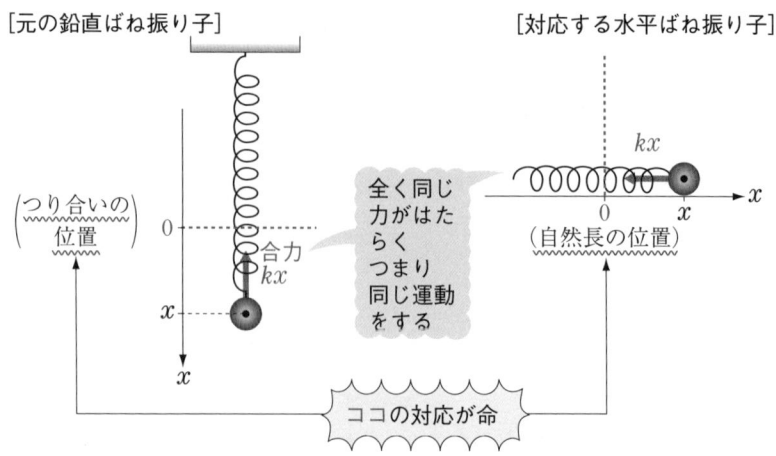

[元の鉛直ばね振り子]　[対応する水平ばね振り子]

$\left(\begin{array}{c}\text{つり合いの}\\\text{位置}\end{array}\right)$

全く同じ
力がはた
らく
つまり
同じ運動
をする

合力
$kx$

$kx$

（自然長の位置）

ココの対応が命

**図2　見かけの水平ばね振り子におきかえる**

じゃあ，もし，水平ばね振り子におきかえることができれば，エネルギー保存の式も，「$\dfrac{1}{2}mv^2 + \dfrac{1}{2}kx^2 = 一定$」だけ考えれば済むんですか？　それはカンタンになりますね。

　そうだよ。じつは，鉛直ばね振り子だけじゃなくて，どんな単振動でも，力のつり合い位置を見かけ上の自然長にとった水平ばね振り子におきかえて，エネルギー計算を楽にすることができるんだ。

---

### ・POINT ①　合力で考えた見かけの水平ばね振り子

　どんな単振動も，合力で考えると，**力のつり合い位置を見かけ上の自然長にとった水平ばね振り子と全く同じ力を受ける。よって，全く同じエネルギー保存の式に従う。**

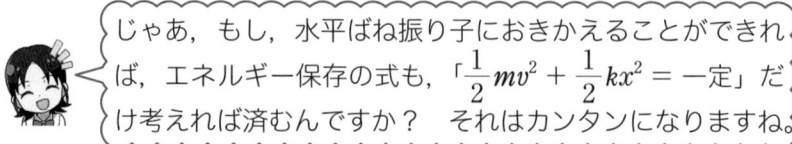

合力
$kx$

$kx$

おきかえ

見かけ上の
自然長

$0$：力のつり合い位置

**チェック問題 1** **見かけの水平ばね振り子(1)** 　易 **4分**

p.225の**チェック問題1**の(4)の $v_{\max}$ を，合力で考えた見かけの水平ばね振り子(p.234)におきかえて求めよ。

**解説** 図 a のように，鉛直ばね振り子の合力0の力のつり合いの位置Oを，見かけ上の自然長Oにとった水平ばね振り子におきかえる。

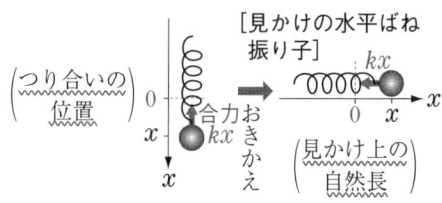

[見かけの水平ばね振り子]

$\left(\begin{array}{c}\text{つり合いの}\\\text{位置}\end{array}\right)$ 合力 $kx$ おきかえ $\left(\begin{array}{c}\text{見かけ上の}\\\text{自然長}\end{array}\right)$

図 a

すると，p.227の(4)で考えた**前**，**後**の**図d**は，右下**図b**のように水平ばね振り子の図におきかえることができる。

その水平ばね振り子で《力学的エネルギー保存則》を考えると，

**前** 速さ0，見かけ上縮み $A$
**後** 速さ $v_{\max}$，見かけ上縮み0

より，

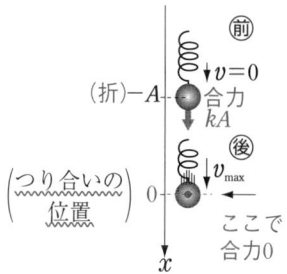

**前** $v=0$ 合力 $kA$
**後** $v_{\max}$ ここで合力0
$\left(\begin{array}{c}\text{つり合いの}\\\text{位置}\end{array}\right)$

↓ おきかえ

$$\overbrace{\frac{1}{2}kA^2}^{\text{前}} = \overbrace{\frac{1}{2}mv_{\max}{}^2}^{\text{後}}$$

よって，$v_{\max} = \sqrt{\dfrac{k}{m}}\,A$ ……**答**

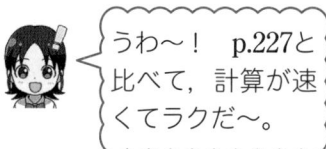

うわ～！ p.227と比べて，計算が速くてラクだ～。

**前** $v=0$ 　**後** $v_{\max}$
$kA$
$-A$ 0 $x$
(折) (見かけ上の自然長)

図 b

第18章　単振動の応用 | 235

チェック問題 **2** 見かけの水平ばね振り子(2) 📖 易 **5**分

p.228の チェック問題 **2** の(2)の $A$ と，(4)の $v_{\max}$ を合力で考えた見かけの水平ばね振り子におきかえて求めよ。

**解説** 斜面上のばね振り子の合力0の力のつり合いの位置0を，見かけ上の自然長0にとった水平ばね振り子におきかえる。この水平ばね振り子での《力学的エネルギー保存則》を3点㋐，㋑，㋒で考えると，

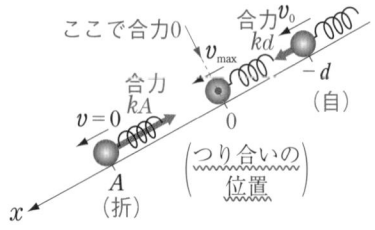

　㋐　速さ $v_0$, 見かけ上縮み $d$

　㋑　速さ $v_{\max}$, 見かけ上縮み $0$

　㋒　速さ$0$，見かけ上伸び $A$

より，㋐，㋑，㋒での力学的エネルギーは

㋐　$\dfrac{1}{2}mv_0{}^2 + \dfrac{1}{2}kd^2$

㋑　$\dfrac{1}{2}mv_{\max}{}^2$

㋒　$\dfrac{1}{2}kA^2$

おきかえ

[見かけの水平ばね振り子]

㋐＝㋑の式より，

$$v_{\max} = \sqrt{v_0{}^2 + \frac{k}{m}d^2} = \sqrt{v_0{}^2 + \frac{mg^2}{k}\sin^2\theta} \;\cdots\cdots 答$$

p.228の★

㋐＝㋒の式より，

$$A = \sqrt{\frac{m}{k}v_0{}^2 + d^2} = \sqrt{\frac{m}{k}\left(v_0{}^2 + \frac{mg^2}{k}\sin^2\theta\right)} \;\cdots\cdots 答$$

p.228の★

 これまた，p.229～230と比べて計算がダンゼン速い！

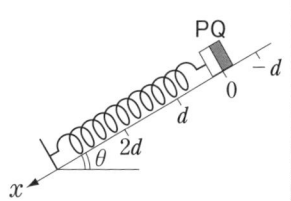

　　傾き $\theta$ のなめらかな斜面上で，ば
ね定数 $k$ のばねの先に質量 $m$ の物
体 P がつけられ，その上に質量 $m$ の
物体 Q がのせられている。はじめ，
ばねは自然長より $d$ だけ縮んだ状態
でつり合っている。この位置を原点
にした $x$ 軸を図のようにとる。ここで，P，Q を $x = 2d$ まで押
し下げて静かに手放したところ，やがて，$x = -d$ の自然長の位
置で Q は P から離れていった。手を放した時刻を $t = 0$ とする。

(1)　振動の周期 $T$ および角振動数 $\omega$ を $k$ と $m$ を用いて求めよ。

(2)　Q が P から離れる時刻 $t_1$ を $k$ と $m$ を用いて求めよ。

(3)　$0 \leqq t \leqq t_1$ までの P の座標 $x$ を $d$，$k$，$m$，時刻 $t$ を用いて
　　求めよ。

(4)　$t = t_1$ での P の速さ $v_1$ を $d$，$k$，$m$ を用いて求めよ。

(5)　P と Q が再び接触する前に，P が達する最高点の座標 $x_1$ を
　　$d$ を用いて求めよ。

**解説**　(1)　《単振動の解法》(p.224)で解く。

**STEP1** $x = 0$ でつり合う(❶振動中
心)ので，**図a**で，P，Q 全体に着目
して力のつり合いの式を立てると，

$$kd = 2mg \sin\theta \quad\cdots\cdots\bigstar$$

よって，$d = \dfrac{2mg}{k}\sin\theta$

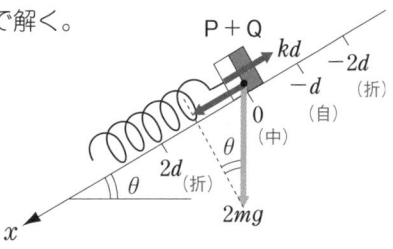

図 a

　この★式は，今後の式変形でフ
ル活用することになるね。

**STEP2** 「$x = 2d$ で静かに手放す」とあるので，この点が１つの❷折り返し
点(折)となる。もう１つの(折)は，(中)$x = 0$ に関して対称になる $x = -2d$
にある(ただし，これは P と Q が一体のままであると仮定したときの話)。

**STEP 3** 本問も, (ばねの弾性力)＋(一定の力 $2mg\sin\theta$) なので, 即, ❸周期は,

$$T = 2\pi\sqrt{\frac{2m}{k}} \cdots\cdots ① \quad\cdots\cdots 答 \quad (注 \text{ P と Q 全体で質量 } 2m)$$

角振動数 $\omega$（対応する円運動の 1 秒あたりの回転角）は,

$$\omega\,[\text{rad/s}] = \underset{①より}{\frac{2\pi\,[\text{rad}]}{T\,[\text{s}]}} = \sqrt{\frac{k}{2m}} \cdots\cdots ② \quad\cdots\cdots 答$$

となる。これで,「3つのデータ」(p.218) がすべて出そろったね。

(2)　要は, $x = 2d$ から $x = -d$ までの時間 $t_1$ を求めればいいね。
　　じゃあ, やってみて。

> えーと, **図 b** みたいに
> 数えていくと, 全部で
> 8 コのうち 3 コ分だけ
> 移動しているので,
> $t_1 = \dfrac{3}{8} \times$（周期 $T$）だ！

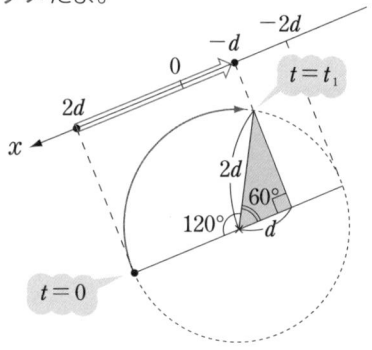

図 b

　　ブブー！引っかかったね。単振動
は真ん中で速く, 両端では遅いんだぞ。
　　だから, 単純に移動距離で考えちゃダメだよ。
　　単振動は, 等速何運動を真横から
見たものだったかな？

> 等速円運動です。……
> あ, そうか！**図 c** のよ
> うに等速円運動に対応
> させて, $t_1$ 秒間で全体
> 360°のうち, ちょうど
> 120° 回転したから……

図 c

　　すると,

$$t_1 = \frac{120°}{360°} \times（周期 T）= \frac{1}{3} \times（周期 T）$$

$$\underset{①より}{=} \frac{2\pi}{3}\sqrt{\frac{2m}{k}} \cdots\cdots 答$$

> **POINT ② 単振動と時間**
>
> 単振動で時間を問われたら，対応する等速円運動に戻り，
>
> $$時間 = \frac{(回転角)^\circ}{360^\circ} \times (周期 T)$$
>
> で求める。

(3)　これも時間に関する問題だから，対応する等速円運動で考えよう。

図dで，時刻 $t$ までに円運動では，角度 $\omega t$ だけ回転しているね。

この点Pに対応する，単振動の点P′ の $x$ 座標は図dより，

$$x = 2d\cos\omega t$$
$$\underset{\text{②より}}{= 2d\cos\sqrt{\frac{k}{2m}}\,t} \cdots\cdots 答$$

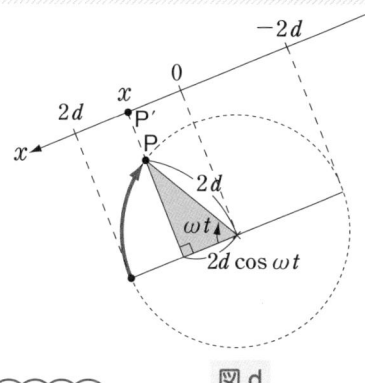

図 d

単振動で時間ときたら，対応する等速円運動で考える習慣ですね。

そのとおりだよ。

(4)　速さを問うのでエネルギーで解こう。

そして，《合力で考えた見かけの水平ばね振り子》(p.234)を使おう。斜面上のばね振り子の合力0の力のつり合いの位置0を，見かけ上の自然長の位置0にとった水平ばね振り子におきかえる(図e)。

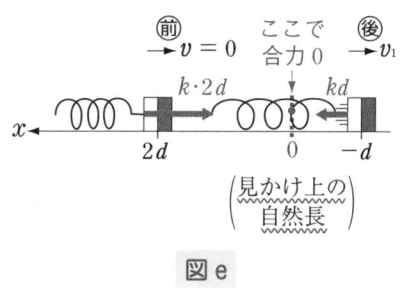

図 e

この水平ばね振り子での《力学的エネルギー保存則》より，

　前　速さ0，見かけ上縮み $2d$

　後　速さ $v_1$，見かけ上伸び $d$

したがって，

$$\overbrace{\frac{1}{2}k(2d)^2}^{\text{前}} = \overbrace{\frac{1}{2} \times 2mv_1^2 + \frac{1}{2}kd^2}^{\text{後}}$$

よって，$v_1 = \sqrt{\dfrac{3k}{2m}} \times d$ ……③ ……答

(5) Pのみが単独で $x = -d$ から速さ $v_1$ でスタートし，$x = x_1$ で折り返すとしよう。では《合力で考えた見かけの水平ばね振り子》(p.234)を使ってみて。

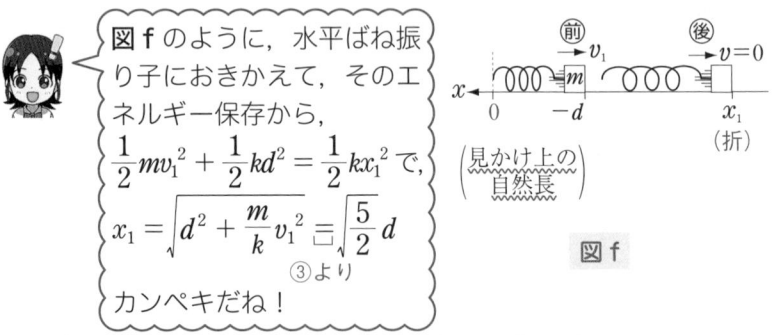

図 f のように，水平ばね振り子におきかえて，そのエネルギー保存から，
$$\frac{1}{2}mv_1^2 + \frac{1}{2}kd^2 = \frac{1}{2}kx_1^2 \text{ で，}$$
$$x_1 = \sqrt{d^2 + \frac{m}{k}v_1^2} \underset{\text{③より}}{=} \sqrt{\frac{5}{2}}\,d$$
カンペキだね！

図 f

何がカンペキじゃ！ いいかい，最も大切なポイントは，

> 「合力0となる力のつり合いの位置」を「見かけ上の自然長の位置」とする

ところだったね。そして，本問では，どこがこの「合力0となる力のつり合いの位置」かな？

(4)でやった $x = 0$ で……，いや，今 Q は離れて P 単独の単振動になっている。すると，本問での力のつり合い点は，$x = 0$ ではないなっ。

気づいたようだね。(4)では，P + Q の力のつり合い点だったから，$x = 0$ でよかったんだ。でも，本問での Q が離れたあとの P 単独での力のつり合いの位置は，軽くなった分 $x = 0$ よりも上にあるはずだよね。

その位置は図 g より $x = -\dfrac{d}{2}$ にあることが見えるね。

そうか，各問いごとに合力0となる力のつり合いの位置を調べていく必要があるんですね。

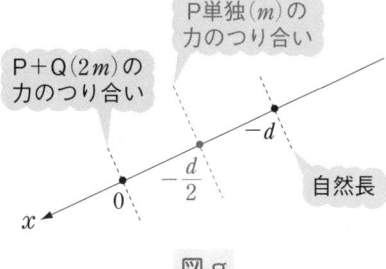

P＋Q$(2m)$の力のつり合い

P単独$(m)$の力のつり合い

自然長

図g

　そうだよ。正しく水平ばね振り子におきかえると，**図h**のように $x=-\dfrac{d}{2}$ を新しい見かけ上の自然長の位置として，

⊕　速さ$v_1$，見かけ上の伸び $\dfrac{d}{2}$

⊕　速さ0，見かけ上の伸びは

$-\dfrac{d}{2}-x_1$ より，

大きい座標 $-\dfrac{d}{2}$ から小さい座標 $x_1$ を引いた

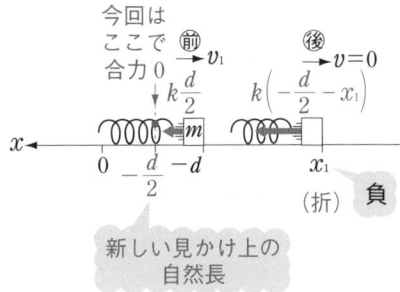

今回はここで合力0

新しい見かけ上の自然長

図h

$$\frac{1}{2}mv_1{}^2+\frac{1}{2}k\left(\frac{d}{2}\right)^2=\frac{1}{2}k\left(-\frac{d}{2}-x_1\right)^2$$

$$-\frac{d}{2}-x_1=\sqrt{\left(\frac{d}{2}\right)^2+\frac{m}{k}v_1{}^2}\underset{③より}{=}\frac{\sqrt{7}}{2}d$$

よって，$x_1=-\dfrac{d}{2}\left(1+\sqrt{7}\right)$ ……答

---

参考　**自然長の位置で，P と Q が離れる理由**

　自然長ではばねの力がないので，**図i**より，P と Q の運動方程式は，それぞれ

　　P：$ma=N+mg\sin\theta$

　　Q：$ma=-N+mg\sin\theta$

以上より，$N=0$ で，P と Q は離れるね。

この結果は $\theta$ によらず，必ず成り立つので，「自然長で離れる」と覚えて損はないよ。

$mg\sin\theta$

図i

## 第 **18** 章
## ま と め

**①** 《合力で考えた見かけの水平ばね振り子》

どのような単振動であっても，合力で考えると，
合力 0 の力のつり合いの位置を見かけ上の自然長の位
置に対応させた見かけの水平ばね振り子と，全く同じ
力を受ける。よって，全く同じ運動をする。よって，
全く同じエネルギー保存の式に従う。

**②** 単振動で時間を問われたら

対応する等速円運動の(回転角)° を考えて

$$時間 = \frac{(回転角)°}{360°} \times (周期 \, T)$$

**③** 時刻 $t$ での座標 $x$ の求め方

たとえば

㋐から，$x$ の正の向きに
スタートすれば，

$$x = A \sin \omega t$$

㋑からスタートすれば，

$$x = -A \cos \omega t$$

$$\left( \omega = \sqrt{\frac{K}{m}} \right)$$

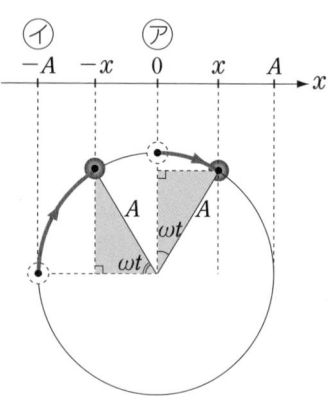

# 物理基礎 の 熱力学

**第 19 章** **熱と温度**

(注)第22章の熱力学第一法則(p.280)と
第23章の熱効率の概念(p.300)も
「物理基礎」の範囲です。

# 第19章 熱と温度

▲比熱によって熱の出入りを自由に扱う

## STORY ① 温度と比熱

### 1 絶対温度って何？

　物質をつくっている分子や原子などは，目には見えないランダムな運動をしている。この運動のことを**熱運動**という。その激しさの度合いを表すのが**温度**だ。温度をどんどん下げていくと，熱運動はおだやかになっていき，とうとう −273.15℃に達すると，熱運動が止まる。よって，この温度より低い温度は存在しない。そこで，この −273.15℃を基準の温度と定め，**絶対零度：0 K**(ケルビン)と約束するんだ。

　この0 Kから摂氏1℃上昇するごとに1 Kずつ上昇するとして決めた温度のことを**絶対温度**という。絶対温度は，熱運動のエネルギーにそのまま比例するので，摂氏温度よりも「物理的」な温度になるね。

　これから，単に「温度」といえば，それは「絶対温度」を表すからね。

## ・POINT ① 絶対温度

■■ 物質をつくる原子・分子1個あたりのもつ平均の運動エネルギーに比例

■■ 絶対温度 $T$ 〔K〕 = 摂氏温度 $t$ 〔℃〕 + 273.15

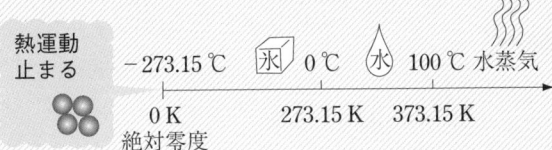

## 2 熱量とは

　物体をあたためると温度(物体のもつ熱運動のエネルギー)が上昇する。つまり,物体に熱を与えるというのは,熱運動のエネルギーを与えることになるんだ。この与えたエネルギーのことを熱量(または単に熱)$Q$〔J〕という。

## 3 比熱は定義が命

　比熱という言葉自体が難しく感じるんですが……

　たしかに。でもそういうときこそ,言葉の定義に戻って考えるんだ。じゃあ,比熱の定義を言ってごらん？

　え〜と,え〜公式みたいな,$Q = c \times m \times \varDelta T$ は覚えているんですが……

　やっぱり,そうかと思ったよ。いいかい,物理の勉強でいちばん大切なのは,公式なんかじゃなくて,言葉の定義なんだよ。自分の言葉でシンプルにわかりやすく定義する。それさえできれば,いくらでも公式なんて導くことができるんだから。

いいかな。比熱の定義は，**図1**のように，

> 物質**1g**を**1K**温度上昇させるのに必要な熱量を，その物質の**比熱 $c$〔J/(g·K)〕**という。

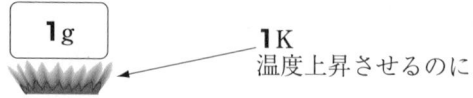

図1 比熱の定義

ここで大切なのは「2つのイチ」，つまり，**1g**，**1K**だ。イチイチイチイチイチイチ……**1**が命。何度もしつこいけど，比熱の定義を言ってみて！

> **1g**を**1K**温度上昇させるのに要する熱です。

OK！ 比熱が $c$ の物質**2g**を**3K**上昇させるのに要する熱は？

> **1g**を**1K**で $c$〔J〕だから，**2g**を**3K**では，その2×3倍で，そう，$c×2×3$〔J〕です。

その調子！ では，一般に比熱が $c$ の物質 $m$〔g〕を $\Delta T$〔K〕上昇させるのに要する熱量 $Q$ は？

> **1g**を**1K**で $c$〔J〕だから，$m$〔g〕を $\Delta T$〔K〕では，……その $m×\Delta T$ 倍で，そう，$Q = c×m×\Delta T$〔J〕です。

合格！ ほら，いつの間にか，公式 $Q = c×m×\Delta T$ が導けたでしょ。

---

**・POINT ❷・ 比熱の定義**

**1g**を**1K**温度上昇させるのに要する熱量

2つのイチが命！

### 4 熱容量とは

3 で導いた比熱 $c$ の式　　$Q = c \times m \times \varDelta T$
で，$c \times m$ を 1 つの文字 $C$ によっておきかえて

$$\underset{[\mathrm{J/(g \cdot K)}]}{c} \quad \times \quad \underset{[\mathrm{g}]}{m} \quad = \quad \underset{[\mathrm{J/K}]}{C}$$

とおくと，

　　$Q = C \times \varDelta T$　と書けるね。

> $C$ には直接，温度変化 $\varDelta T$ をかける

このC のことを熱容量という。つまり，ある物体を 1 K 温度上昇させるのに要する熱量のことを，その物体の熱容量という。

> ・POINT ③・ 比熱と熱容量
>
> $$Q = c \times m \times \varDelta T = C \times \varDelta T$$

### 5 水の比熱は異常に大きい

水の比熱は $c = 4.2\,\mathrm{J/(g \cdot K)}$ で異常に大きいんだ。

> 異常にですか。他の物質はどうなっているんですか？

異常だよ。たとえば，鉄の比熱は約 $0.45\,\mathrm{J/(g \cdot K)}$ しかないのに，水は，その 10 倍近く比熱が大きいんだ。じゃあ，水と鉄，どっちがあたたまりやすい？　比熱の定義に戻って，考えてみて。

> う～ん，**1 g** を **1 K** 温度上昇させるのに，水は 4.2 J も熱が必要。一方，鉄は，たったの 0.45 J で済むのか。これはダンゼン鉄のほうが温度上昇しやすいや。

いいねえ，ちゃんと比熱の定義に戻って考えるクセがついているぞ。
つまり，水というのは異常にあたたまりにくく，逆にさめにくい物質なんだ。たとえば，生物の体や，地球表面が水を多く含むことは，その温度の安定にとても役立っているんだ。この水の比熱の値 $4.2\,\mathrm{J/(g \cdot K)}$ は

覚えておこう。ときどき入試にノーヒントで問われるときがあるから。

どうやって覚えるんですか？

「水がなければ，死に(4.2)ますよ」と覚えてね。

---

**POINT ④** 比熱の大小とあたたまりやすさ

比熱が大きい→あたたまりにくく，さめにくい。
└1gを1K上昇させるのに大きな熱が必要になってしまう。

---

**STORY②** 比熱の問題の解法

### 1 熱量保存の法則の使い方

　高温の物体Aと，低温の物体Bとを接触させておくと，やがて全体
の温度は中間的な温度に近づく（**図2**）。この状態を熱平衡状態という。

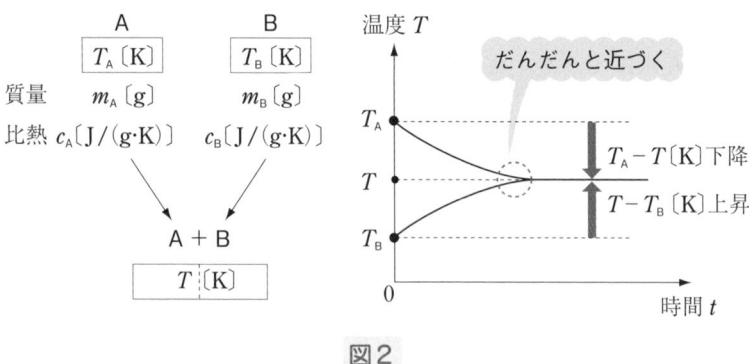

図2

　このとき，「熱を失った」のはA，Bどっちのほう？

Aは温度が下がっているぞ，Aのほうです。

　じゃあ，具体的にいくら失った？　比熱の定義に戻って考えて。

 **1g**を**1K**温度下げるのに$c_A$の熱を奪い去る必要がある。
$m_A$〔g〕が$T_A - T$〔K〕下がっているから，
その$m_A \times (T_A - T)$倍の$c_A \times m_A \times (T_A - T)$〔J〕だ。

いいぞぉ！　比熱の定義に戻って考えれば，単なるかけ算の問題にすぎないんだよ。では，Bのほうは，いくら熱を得た？

 **1g**を**1K**温度上げるのに$c_B$の熱を加える必要がある。
$m_B$〔g〕が$T - T_B$〔K〕上がっているから，
その$m_B \times (T - T_B)$倍の$c_B \times m_B \times (T - T_B)$〔J〕です。

よし！　じゃあ，Aが失った熱とBが得た熱の間には，どんな関係があるかい。

 ハイ！　Bが得た熱というのは，もともとAが失った熱だったから，等しくなります。

そうだ。これを熱量保存の法則という。式で表すと，

$$c_A m_A (T_A - T) = c_B m_B (T - T_B)$$　となるよ。

## 2 比熱の解法パターン

以上を解法にまとめると，

---

**・POINT ❺・** **比熱の解法**

**STEP1** 各物体の温度変化の図（温度図）を書く。

**STEP2** $Q = c \times m \times \varDelta T = C \times \varDelta T = q \times m$

（$m$：質量，$\varDelta T$：温度変化，$c$：比熱，$C$：熱容量，$q$：融解(気化)熱）

の式で，各物体が吸収した熱$Q_{in}$，放出した熱$Q_{out}$を求める。

**STEP3** ①　「あたため系」（ヒーターなどで）の問題なら，

　　$Q_{in} = $ 投入熱

②　「混合系」の問題なら，$Q_{in} = Q_{out}$

　　で未知数を出す。

---

**チェック問題 1 〉 比熱と熱容量** 標準 **7**分

電力 $600\,\mathrm{W}$（1秒間に $600\,\mathrm{J}$ の熱を投入できる）のヒーターを入れた容器の中に $200\,\mathrm{g}$ の水が入っており，その温度が $0\,℃$ になっている。いまヒーターで80秒間加熱したところ，温度は $50\,℃$ になった。水の比熱を $4.2\,\mathrm{J/(g \cdot K)}$ とする。

(1) 容器の熱容量 $C$ [J/K] を求めよ。

(2) その後，$0\,℃$，$100\,\mathrm{g}$ の金属球を入れたところ，全体の温度は $48\,℃$ になった。この金属の比熱 $c$ [J/(g·K)] を求めよ。

(3) この金属球と容器の材質が同じものであるとき，容器の質量 $m$ [g] を求めよ。

**解説** (1) 《比熱の解法》（p.249）で解く。

**STEP1** 中の水だけでなく周りの容器まで一緒に温度上昇していることに注意して，図aのように「温度図」を書くね（湯のみにお茶を入れたらその湯のみまで熱くなるでしょ）。

**STEP2** 水と容器が吸収した熱の和は，
$$Q_{\mathrm{in}} = \underbrace{4.2 \times 200 \times 50}_{水} + \underbrace{C \times 50}_{容器}\ [\mathrm{J}]$$

一方，$600\,\mathrm{W}$（ワット）（= 1秒間に $600\,\mathrm{J}$ の熱を投入する）のヒーターを80秒間使ったので，

投入熱 $= 600 \times 80$ [J]

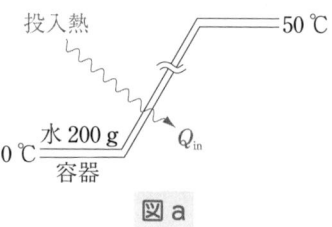

図 a

**STEP3** 本問はヒーターを使った「あたため系」なので，
$Q_{\mathrm{in}} =$ 投入熱 より，

$$4.2 \times 200 \times 50 + C \times 50 = 600 \times 80$$

よって，$C = 120\,\mathrm{J/K}$……**答**
となる。

(2) **STEP1** 今回は水，容器，金属球の3つの物体が温度変化しているね。水と容器の温度は下がり（冷やされ），金属球の温度は上がった（あたためられた）ので，**図b**のような「温度図」になる。

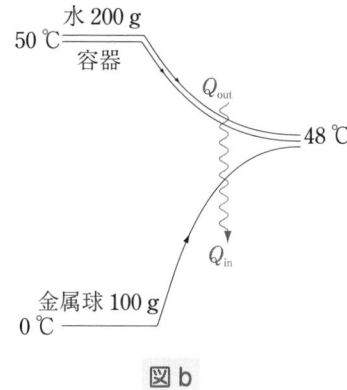

図 b

**STEP2** 水と容器が失った熱の和は，
$$Q_{out} = \underbrace{4.2 \times 200 \times 2}_{水} + \underbrace{120 \times 2}_{容器} \,[\text{J}]$$

金属球が得た熱は，
$$Q_{in} = c \times 100 \times 48 \,[\text{J}]$$

**STEP3** 本問は「混合系」なので，$Q_{out} = Q_{in}$ より，
$$4.2 \times 200 \times 2 + 120 \times 2 = c \times 100 \times 48$$
よって，$c = 0.4 \,\text{J/(g·K)}$ ……**答**

(3) 比熱 $c$ と熱容量 $C$ の間には

$$\boxed{c \times m = C}$$

$c \times m$ を1つの大きな文字で $C$ とおいたんだ（それが熱容量の定義）

の関係があるので，

$$m = \frac{C}{c} = \frac{120}{0.4} = 300\,\text{g} ……答$$

となる。

「温度図」を書いて，何があたたまって何が冷えたかに注目するんだ！

**チェック問題 2** 融 解 熱    標準 **7**分

水の比熱を $4.2\,\mathrm{J/(g \cdot K)}$，氷の融解熱（1gとかすのに要する熱）を $336\,\mathrm{J/g}$ とする。また容器の熱容量は無視できるものとする。

(1) 温度80℃のお湯に温度20℃の水を加えて，30℃の水 6.0 L をつくるには，それぞれの温度の水を何 L ずつ混ぜればよいか。

(2) (1)でできた水に0℃の氷を入れたら，20℃になった。氷の質量は何kgあったか。

---

**解説** (1) 《比熱の解法》（p.249）で解く。

**STEP1** 図aのように，質量 $m_1$〔g〕，$m_2$〔g〕を仮定し，「温度図」をつくる。容器の熱容量は無視するので，容器の熱の出入りは考えてはいけないよ。

**STEP2** 吸収熱，放出熱は，

$$Q_{\mathrm{in}} = 4.2 \times m_1 \times (30 - 20)$$
$$Q_{\mathrm{out}} = 4.2 \times m_2 \times (80 - 30)$$

**STEP3** 「混合系」なので，$Q_{\mathrm{in}} = Q_{\mathrm{out}}$ より，

$$4.2 \times m_1 \times 10 = 4.2 \times m_2 \times 50$$

一方，$m_1 + m_2 = 6000\,\mathrm{g}$ と合わせて，

$$m_1 = 5000\,\mathrm{g} = 5.0\,\mathrm{kg}, \quad m_2 = 1000\,\mathrm{g} = 1.0\,\mathrm{kg}$$

よって，20℃の水は 5.0 L，80℃の水は 1.0 L……**答**

（80℃ 水 $m_2$〔g〕 $Q_{\mathrm{out}}$ 30℃ 20℃ 水 $m_1$〔g〕 $Q_{\mathrm{in}}$ 図 a）

(2) **STEP1** 図bのように，質量 $m$〔g〕の氷は，まず㋐とける。次に，㋑20℃まで上昇する。もちろん容器の熱の出入りは無視できる。

**STEP2** 氷が得た熱の和は，

$$Q = \underbrace{336 \times m}_{㋐} + \underbrace{4.2 \times m \times 20}_{㋑}$$

㋐ 1gとかす熱　㋑ 氷がとけたら水の比熱になるので

水が失った熱は，

$$Q_{\mathrm{out}} = 4.2 \times 6000 \times (30 - 20)$$

**STEP3** 「混合系」で $Q_{\mathrm{in}} = Q_{\mathrm{out}}$ より，

$$336 \times m + 4.2 \times m \times 20 = 4.2 \times 6000 \times 10$$

よって，$m = 600\,\mathrm{g} = 0.60\,\mathrm{kg}$……**答**

（30℃ 水 6000 g $Q_{\mathrm{out}}$ 20℃ ㋑ $Q_{\mathrm{in}}$ 0℃ 氷 $m$〔g〕水 ㋐ 図 b）

252 物理基礎の熱力学

**チェック問題 3 › エネルギーの変換**　📖 **4**分

　　落差 60 m のダムを落下してきた $1\,\mathrm{m}^3$ の水が，下の貯水池で静止したものとする。このときの水の温度上昇はいくらか。水の比熱は $4.2\,\mathrm{J/(g \cdot K)}$，密度は $1\,\mathrm{g/cm}^3$ とする。

**解説** 《比熱の解法》(p.249)で解こう。

**STEP 1** 求める温度上昇を $\varDelta t$〔℃〕とする。

　水 $1\,\mathrm{m}^3$ は $1000\,\mathrm{kg} = 1 \times 10^6\,\mathrm{g}$ となることに注意（単位は g に直す）。

投入熱

$(t + \varDelta t)$℃

$Q_{\mathrm{in}}$

$t$℃　水 $1\,\mathrm{m}^3$

**STEP 2** 水の吸収熱は，

$$Q_{\mathrm{in}} = \underset{\text{〔J/(g·K)〕}}{4.2} \times \underset{\text{〔g〕}}{1 \times 10^6} \times \underset{\text{〔K〕}}{\varDelta t} \leftarrow 単位は〔J〕$$

**STEP 3** これは一種の「あたため系」の問題とみて……

　ヒーターも何もないのにどうして「あたため系」なの？

　たしかにそうだね。でも，水が失った**重力による位置エネルギー**がすべて熱エネルギーに変わり，この熱によって水があたためられたと考えればいいんだよ。つまり，

　　投入熱 = 水が失った位置エネルギー

　　　　　 = $1 \times 10^3\,\mathrm{kg} \times 9.8\,\mathrm{m/s}^2 \times 60\,\mathrm{m}$　←単位は〔J〕

ここで，$Q_{\mathrm{in}}$ = 投入熱より，

　$4.2 \times 1 \times 10^6 \times \varDelta t = 1 \times 10^3 \times 9.8 \times 60$

よって，$\varDelta t = 0.14\,\mathrm{K}$……**答**

　ごくわずかな温度上昇ですね。

　それだけ，水の比熱が異常に大きいということだよ。

# 第 19 章

# ま と め

① **絶対温度 $T$〔K〕の定義**

　物質をつくる原子・分子１個あたりのもつ平均の運動のエネルギーに比例する量

② **比熱は定義が命**

　比熱 $c$〔J/(g·K)〕：１gを１K温度上昇させるのに要する熱量

２つのイチ！

③ **比熱 $c$ と熱容量 $C$ の関係**

$$Q = c \times m \times \mathit{\Delta}T = C \times \mathit{\Delta}T \quad (c \times m = C とおく)$$

④ **比熱の解法の流れ**

STEP1 各物体の温度変化の図「温度図」をかく。

STEP2 出入りした熱量を

$$Q = c \times m \times \mathit{\Delta}T = C \times \mathit{\Delta}T = q \times m$$

融解熱（気化熱）

の式で求めておく。

STEP3 ① 「あたため系」なら　$Q_{in} =$ 投入熱の式

　　　② 「混合系」なら　$Q_{in} = Q_{out}$ の式

熱量保存則

で，未知数を求める。

# 物理
の
## 熱力学

# 第20章　気体の状態変化

▲気体はマッハ2という弾丸並みのスピードをもつ

## STORY 1　気体の状態方程式

### 1　気体のイメージ

さあ，これから気体の話に入るよ。おや，何かさえない顔してるね。

> 気体って目に見えないし，やたら，$P$，$V$，$n$，$T$とか，記号ばっかり出てきてイメージしづらいんですよね〜。

ミクロの目で見たらどうだろう。**図1**のように，気体分子の1粒1粒を「ボール⦿」と見なして，それが大集団（〜$10^{23}$個ぐらい）で猛スピード（マッハ2ぐらい）で飛び回っているものとイメージしようよ。

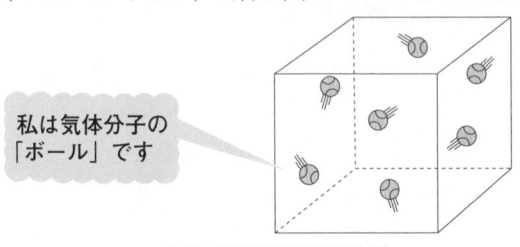

私は気体分子の「ボール」です

図1　分子＝ボール

256 ｜ 物理の熱力学

## 2 気体の状態は4つの量 $P$, $V$, $n$, $T$ で決まる

キミが友達の情報をメモ帳に書き込むときには，何を書く？

まず，「氏名」，「住所」，「電話番号」，あとは「メアド」ですね。

その4つだけで，きちんと友達の情報がつかめたことになるね。同じように，気体の状態というのは，次の4つの量のみで決まってしまうんだ。

① 圧力 $P$, ② 体積 $V$, ③ 物質量(モル数) $n$, ④ 絶対温度 $T$

大切なのは，それぞれの量はすべて，気体分子の「ボール⚾」のイメージと結びついた量ということなんだ。それを次に見ていこう。

### ① 圧力 $P$ 〔N/m²〕＝〔Pa〕(パスカル)

**図2**のように，容器の中を飛び回っている気体分子の「ボール⚾」が，容器の壁に「バシバシバシ……」と衝突をくり返している。そのときに壁 $1\,\text{m}^2$ あたりを平均として押す力を，その気体の圧力 $P$ 〔N/m²〕という。もし，面積 $2\,\text{m}^2$ の壁なら2倍の $P \times 2$ 〔N〕で，$3\,\text{m}^2$ の壁なら $P \times 3$ 〔N〕で……。一般に $S$ 〔m²〕の壁なら，$P$ の $S$ 倍の $F = P \times S$ 〔N〕で押すね。

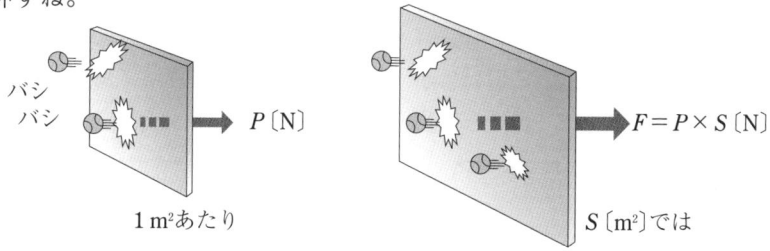

図2 圧力のイメージ

> **•POINT ❶•** 圧 力
>
> 圧力 $P$ 〔N/m²〕＝ 気体分子の「ボール」が壁 $1\,\text{m}^2$ あたりを押す力

② 体積 $V$〔m³〕

ひと言でいえば，容器の体積のこと。

③ 物質量（モル数）$n$〔mol〕

「化学でモルにいじめられた～」とトラウマな人は多いね。でもね，物理のモル数はカンタンだよ。要は，気体分子の「ボール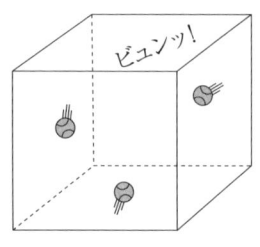」の数のことだ。ただし，そのままナマの数だと60200000000000000000000個みたいに，莫大な数になって扱いづらいので，次のように，〔mol〕（モル）という個数の単位を使うね。

$$\underbrace{6.02 \times 10^{23}\text{個}}_{\text{アボガドロ数という}} = 1\,\text{mol} \text{とする。}$$

すると，莫大な分子の数も 2 mol とか 5 mol とか，扱いやすい数に落ち着くでしょ。鉛筆の本数を 12 本 ＝ 1 ダースで数えるのと同じ感覚だよ。

> **・POINT ❷・ 物質量（モル数）**
>
> 物質量（モル数）$n$〔mol〕$\underset{\text{比例}}{\Longleftrightarrow}$ 気体分子の「ボール」の数

④ 絶対温度 $T$〔K〕

p.244で学習したように，気体分子の「ボール」1個あたりのもつ平均の運動エネルギーに比例する量だ。「今日は暑いねえ～」という日は，がビュンビュン「元気いっぱい」に飛び回っているのだ（**図3**）。

「今日は寒い～」という日は が「ヘロヘロ状態」でゆっくり動いているのだ（**図4**）。よって，分子の運動エネルギーが大きいほど高温になる。

図3 高温の気体

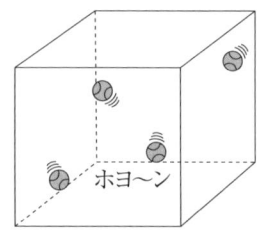

図4 低温の気体

### 3 「いつも心に」状態方程式を

> 2 で見てきた4つの量 $P$, $V$, $n$, $T$ の間には，互いに何か関係があるんですか？

とてもいい質問だ。じつは，いつでも成り立つ密接な関係があるんだよ。結果からいくぞ。これは実験から得られた実験式なんだ。

$$P \times V = n \times R \times T$$

この式を状態方程式といい，理想気体(分子「ボール」の大きさをほぼ0とみなせる気体)のときは，必ず無条件で，いつでも成り立つ式だ。この式の中の $R$ 〔J/(mol·K)〕は気体定数とよばれる量で，具体的には $R = 8.31\,\mathrm{J/(mol \cdot K)}$ となる (化学でやった $R$ とは値が異なるのは単位の違いによるものだ)。

> ボイル・シャルルの法則というのもあると聞いたんですが？

そうか。じつは，この状態方程式の中にボイル・シャルルの法則はすべて含まれてしまっているんだよ。次に，それを見ていこうね。

① ボイルの法則

上の状態方程式で，温度 $T$ を一定にすると，もともと $n$ は一定だから，右辺の $nRT$ も一定になるよね。よって，左辺の $P$ と $V$ の積 $P \times V$ も一定になる。

$$\underbrace{P \times V}_{一定} \xleftarrow{\ \text{よって}\ } = \underbrace{n \times R \times T}_{一定}$$

積が一定ということは圧力 $P$ が2倍，3倍，4倍，……と大きくなっていくと体積 $V$ は逆に $\frac{1}{2}$ 倍，$\frac{1}{3}$ 倍，$\frac{1}{4}$ 倍，……と圧縮されてしまう(自転車の空気入れと同じだ)。つまり，

$$\boxed{\textbf{\textit{T} が一定なら \textit{P} と \textit{V} は反比例する}}$$

これをボイルの法則という。

② シャルルの法則

もし，状態方程式 $PV = nRT$ で，左辺の圧力 $P$ を一定にすると，残された左辺の $V$ と右辺の $T$ とは比例関係になるね。

$$P \times V = nRT$$
一定　　比例
よって

つまり，温度 $T$ を 2 倍，3 倍，4 倍，……と上昇させると，体積 $V$ も 2 倍，3 倍，4 倍，……と膨張していく（つぶれたピンポン玉を膨らませるにはお湯につけるといいんだよね）。 つまり，

$$\boxed{\textbf{\textit{P} が一定なら，\textit{V} と \textit{T} は比例する}}$$

これをシャルルの法則という。

う〜。このボイル・シャルルの法則も使いこなさなきゃならないの？ いちいち，$T$ が一定とか $P$ が一定とか，条件の判定がメンドウだな〜。

いやいや，全然必要ないよ。だって，全部状態方程式の中に含まれているんだから。しかも，状態方程式は無条件でいつでも成り立つ。

だから，いちいち条件を判定しなくてもいいから楽なんだ。

---

**・POINT ❸** 状態方程式

気体ときたら，圧力 $P$，体積 $V$，モル数 $n$，温度 $T$ を求め，
$$P \times V = n \times R \times T \quad と書く。$$
① いつでも成立する（「いつも心に」状態方程式を！）。
② ボイルの法則，シャルルの法則をすでに含んでいる。

---

## 4 気体の解法パターン

気体の問題を解くときの基本的な解法をまとめておこう。

> ### ・POINT ④・ 気体の解法
>
> **STEP1** 各気体の圧力 $P$，体積 $V$，モル数 $n$，温度 $T$ を図示する。わからないものも一応未知の数として勝手に仮定して，下線をつけておく。
>
> **STEP2** ピストンにかかる力を図示し，ピストンの力のつり合いの式を書く。そして圧力 $P$ を求める。圧力 $P$ はピストンのみで決まる。
>
> **STEP3** 「いつも心に」状態方程式 $PV = nRT$ を立てて，未知数を求める。

> ### チェック問題 1〉 気体の解法 　　　　　　　　標準 8分
>
>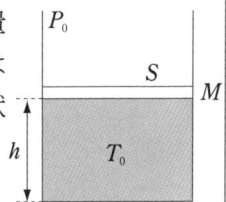
>
> 質量 $M$，断面積 $S$ のピストンで，ある量の気体を封じ込めた。このとき気体の温度は $T_0$，ピストンの底からの高さは $h$ であった（状態 A）。大気圧は $P_0$，重力加速度は $g$ とする。
> (1) はじめの気体の圧力はいくらか。
> (2) 次に気体の温度をある温度にしたところ，ピストンの高さは $\dfrac{3}{2}h$ になった（状態 B）。その温度を求めよ。
> (3) さらに，温度は一定に保ち，ピストンの上にある質量のおもりをのせたところ，ピストンの高さは $h$ に戻った（状態 C）。このときのおもりの質量を求めよ。

**解説** (1) 《気体の解法》(p.261)で解く。

STEP1 はじめの圧力を $P_1$ と仮定. 体積は $hS$, モル数は $n$ と仮定, 温度は $T_0$（図a）。

STEP2 ピストンにはたらく力を図示する。
ピストンの力のつり合いの式より，
$$P_0S + Mg = \underline{P_1}S$$

よって，$P_1 = P_0 + \dfrac{Mg}{S}$ ……① ……**答**

STEP3 $\underline{P_1}hS = \underline{n}RT_0$……②

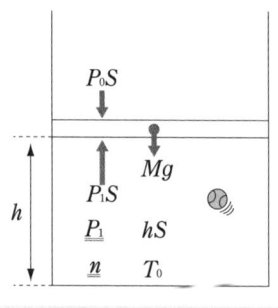

図a　状態A（= は未知数）

(2) STEP1 状態Bでの圧力を $P_2$ とし, 体積は $\dfrac{3}{2}hS$ となり, モル数は $n$ のまま, 温度は $T_1$ とする（図b）。

STEP2 ピストンの力のつり合いより，
$$P_0S + Mg = \underline{P_2}S$$

よって，$P_2 = P_0 + \dfrac{Mg}{S}$ ……③

ここで，①，③式より，何と $P_2 = P_1$ で，全く圧力は変化しない。定圧変化だね。

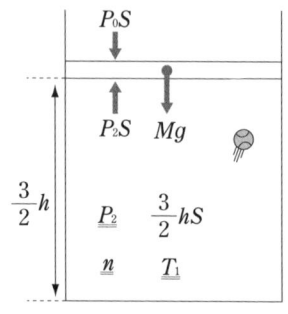

図b　状態B（= は未知数）

 なんで，ピストンが持ち上がったのに，圧力は増えないんですか？

なるほどね。でもふつう熱力学での状態変化は，何も書いていなくても「ゆっくり」行われるのが前提なんだ。だから，持ち上がったとしても，ゆっくりほぼつり合いを保って持ち上がるから，例えば，下向きの力が 100 N のとき，上向きの力が 100.00001 N となって，持ち上がる感じだ。

だから，はじめの状態からずーっとつり合いを保ってほぼ一定の圧力となるんだ。

STEP3 $\underline{\underline{P_2}} \times \dfrac{3}{2}hS = \underline{n}R\underline{T_1}$……④

> 状態方程式は，辺々割るのが基本の式変形です♪

ここで，辺々②÷④して，$P_2 = P_1$ を用いると，

$$\dfrac{2}{3} = \dfrac{T_0}{T_1}$$

よって，$T_1 = \dfrac{3}{2}T_0$ ……⑤ ……答

(3) STEP1 状態 C での圧力を $P_3$，体積は $hS$，モル数は $n$，温度は $T_1$ のままである（図 c）。

STEP2 ピストンの力のつり合いより，

$$P_0S + Mg + mg = \underline{\underline{P_3}}S$$

よって，$P_3 = P_0 + \dfrac{M+m}{S}g$……⑥

STEP3 $\underline{\underline{P_3}}hS = \underline{n}R\underline{T_1}$……⑦

辺々②÷⑦して，

> 辺々割る♪

$$\dfrac{P_1}{P_3} = \dfrac{T_0}{T_1}$$

①，⑤，⑥を代入して，

$$\dfrac{P_0 + \dfrac{Mg}{S}}{P_0 + \dfrac{M+m}{S}g} = \dfrac{2}{3}$$

$$3P_0S + 3Mg = 2P_0S + 2(M+m)g$$

よって，$m = \dfrac{M}{2} + \dfrac{P_0S}{2g}$……答

図 c 状態 C（＝は未知数）

（図中のラベル）$P_0S$ $mg$ $Mg$ $h$ $P_3S$ $P_3$ $hS$ $n$ $T_1$

> 気体ときたら，いつも分子の「ボール⚾」のイメージをもってほしい。

**P−V グラフ**

## 1 P−V グラフから読みとれることは何か？

イキナリ質問！　**図5**の圧力 $P$−体積 $V$ グラフ上に表される同じ量の気体の3つの状態 A, B, C の温度 $T_A$, $T_B$, $T_C$ を，温度の高い順に並べよ。

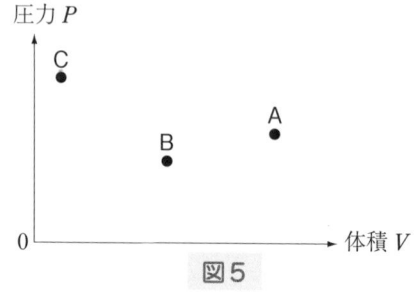

**図5**

え～と，まず，A のほうが B より圧力も体積も大きいから，$T_A > T_B$ だ。そして……あれ，C は B より体積小さいけど，圧力はかなり大きいぞ……

じつは，一発で温度を判定できる便利なウラワザがあるんだ。それは，**図6**の面積に注目すること。この面積が大きいほど温度は高い。

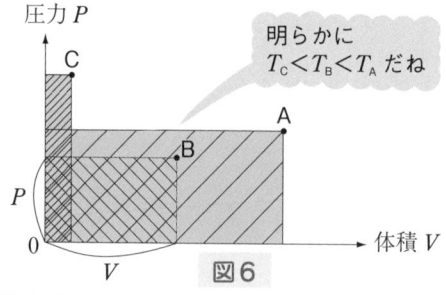

明らかに
$T_C < T_B < T_A$ だね

**図6**

どーして，この面積なんかで，温度の大小関係がわかるの？

それはね，状態方程式を見るとわかるんだよ。

$$\underbrace{P \times V}_{\text{長方形の面積}} = n \times R \times \underbrace{T}_{\text{比例}}$$

この式の左辺は $P \times V$ で，これはまさに $P{-}V$ グラフの張る長方形の面積だ。それが右辺の $nRT$ に等しい，つまり，温度 $T$ に比例することがわかるね。よって，

> $P{-}V$ グラフの縦軸，横軸で囲まれる長方形の面積
> （これを $P{-}V$ グラフの「張る」面積という）は温度 $T$ に比例する。

だから，$P{-}V$ グラフから一瞬で，温度の関係が見てとれるんだ。

## 2 等温変化の $P{-}V$ グラフ

では，1 の結果を使って，等温（$T$ は一定）変化の $P{-}V$ グラフを描いてもらおう。

温度 $T$ が一定ということは，面積一定。ということは……
あ！　反比例のグラフになるね（図7）。

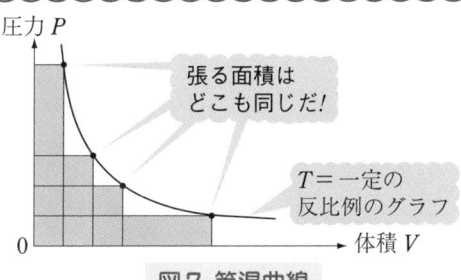

図7　等温曲線

そのとおり。この反比例の $P{-}V$ グラフは，熱力学でも一番出てくる $P{-}V$ グラフで，等温曲線とよばれている。

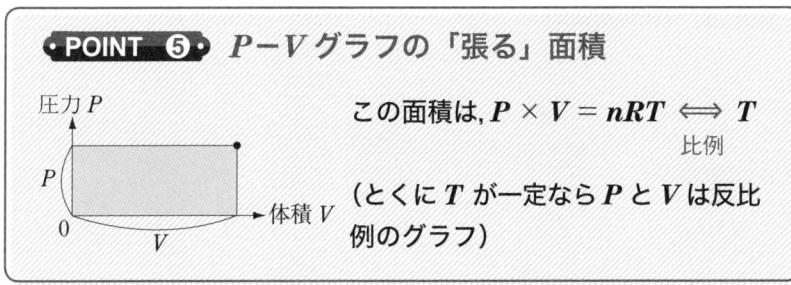

**POINT 5 $P{-}V$ グラフの「張る」面積**

この面積は，$P \times V = nRT \iff T$
比例

（とくに $T$ が一定なら $P$ と $V$ は反比例のグラフ）

チェック問題 **2** 》 *P−V* グラフ

やや難 **10**分

1 モルの理想気体を，図のように，A→B，B→C と状態変化させた。次の(1)，(2)を，A での温度を $T_A$ として，$T_A$ を用いて求めよ。

(1) 各変化での温度変化。

(2) B→D と直線的に変化させたとき，その途中での最高温度。

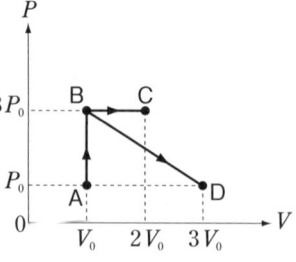

**解説** (1) 《気体の解法》(p.261)で解く。

**STEP1** 各状態の温度を $T_A$，$T_B$，$T_C$，$T_D$ とする。

**STEP2** ピストンはないので今回はパス。

**STEP3** 「いつも心に」状態方程式より，

A：$P_0 V_0 = 1RT_A$ ……①　　　　B：$3P_0 V_0 = 1R\underline{\underline{T_B}}$ ……②

C：$3P_0 \times 2V_0 = 1R\underline{\underline{T_C}}$ ……③　　D：$P_0 \times 3V_0 = 1R\underline{\underline{T_D}}$ ……④

辺々①÷②して，$\dfrac{1}{3} = \dfrac{T_A}{T_B}$ ∴ $T_B = 3T_A$

辺々①÷③して，$\dfrac{1}{6} = \dfrac{T_A}{T_C}$ ∴ $T_C = 6T_A$

辺々①÷④して，$\dfrac{1}{3} = \dfrac{T_A}{T_D}$ ∴ $T_D = 3T_A$

> 状態方程式どうし辺々割る♪のが基本の式変形

よって，求める温度変化は，A→B で，$T_B - T_A = 3T_A - T_A = 2T_A$ ……答

B→C で，$T_C - T_B = 6T_A - 3T_A = 3T_A$ ……答

**別解** ・POINT **5** ・ の *P−V* グラフの「張る」面積を用いると，

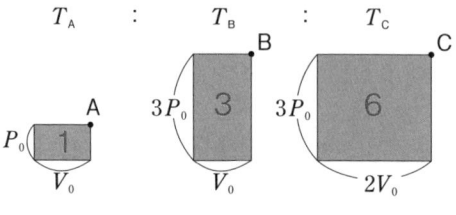

よって，

$T_B = 3T_A$

$T_C = 6T_A$

とすぐにわかる。

(2)

> Bの温度は $T_B = 3T_A$, Dの温度も $T_D = 3T_A$ で, 同じだから, BからDまで, ずっと同じ温度じゃないんですか。

　そうかい。でもね。等温変化は直線じゃなくて, 反比例の曲線のグラフで表されるんだったよね。だから直線 BD 上では等温変化じゃないんだよ。

　ここでは, グラフを使って解いてみよう。まず, 図aで, 点Bと点Dでの張る面積はどちらも $3P_0 \times V_0$ と $P_0 \times 3V_0$ で同じだから, 点Bと点Dでは同じ温度だね。

　しかし, 点Bと点Dの間には, BやDの面積よりも大きな面積を張る点があるね。

　張る面積が最大となるのは, 対称性より BD の中点(Eとする)

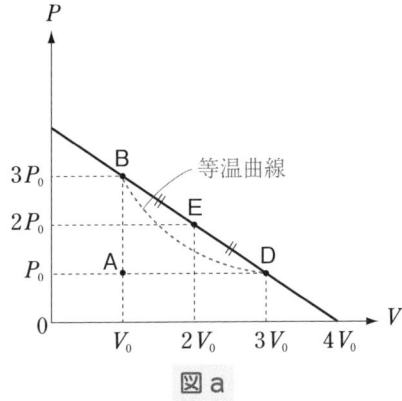

図 a

の状態だ。そこで張る面積は, 何と, $2P_0 \times 2V_0 = 4P_0V_0$ で, 点Bや点Dの面積 $3P_0V_0$ より明らかに大きい。これは, 点Aの張る面積 $P_0V_0$ の4倍あるので, $4T_A$ ……**答**

**別解** 直線 BD のグラフを1次関数 $y = ax + b$ の形の式にすると, 切片 $4P_0$ で, 傾き $-\dfrac{P_0}{V_0}$ より,

$$P = -\frac{P_0}{V_0}V + 4P_0 \cdots\cdots ⑤$$

よって, BD 間での温度を $T$ とすると, 状態方程式より $PV = 1RT$ で,

$$T = \frac{PV}{1R} = \underbrace{\frac{1}{R}\left(4P_0V - \frac{P_0}{V_0}V^2\right)}_{⑤より}$$

この $T$ を $V$ の2次関数としてグラフにする。

　図bより, $T_{max} = \dfrac{4P_0V_0}{R}$
$$\underset{①より}{= 4T_A} \cdots\cdots 答$$

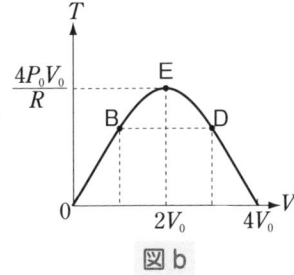

図 b

# ま と め

① 気体の状態は $P$, $V$, $n$, $T$ で決まる。

② 「いつも心に」状態方程式を！
$$PV = nRT$$

③ 気体の解法

 STEP1 各気体の $P$, $V$, $n$, $T$ を仮定。

 STEP2 ピストンのつり合いの式より, 圧力 $P$ を求める。

 STEP3 状態方程式 $PV = nRT$ で未知数を求める。
 ↓
 式変形の基本は辺々割る。

④ $P-V$ グラフの活用法

 ① $P-V$ グラフの張る面積は,
 $$P \times V = nRT \iff 温度\ T$$
 比例

 ② 等温変化は,
 $$P \times V = nRT = (一定) で,$$
 $P$ と $V$ の反比例のグラフになる(等温曲線)。

# 第21章 気体分子運動論

▲お約束のストーリーがある

【協力：C. A. L】

## STORY①　気体分子運動論

### 📁 この問題が解ければ勝ち！

この章は，はっきりいって楽勝だ。だって，テストに出ることが決まっているんだから。

 オイシイですね♪　ところで，何が出てくるんですか？

それは，ズバリ，次の問題なんだ。この問題を何も見ないで解けるようになれば，キミは，確実に合格点を取れるだろう。

この本でしっかり勉強すれば，試験ではおつりがくるくらい高得点が取れるよ！

## 《気体分子運動論のそのまま出る問題》

次の $\boxed{(1)}$ ～ $\boxed{(8)}$ をうめよ。

一辺の長さが $L$ の立方体容器に，1個の分子の質量が $m$ の単原子分子が $n$ モル入っている。いま，図の壁 A に速度の $x$ 成分が $v_x$ の1個の分子が完全弾性衝突をしたとすると，壁 A は $I = \boxed{(1)}$ の大きさの力積を受ける。この分子は，1秒間に壁 A とは合計 $\boxed{(2)}$ 回衝突するから，壁 A がこの1個の分子から平均として受ける力 $f$ は，$\boxed{(3)}$ となる。

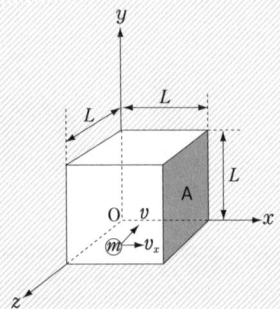

ここで全分子にわたる $v_x^2$ の平均を $\overline{v_x^2}$ とし，アボガドロ数を $N_A$ とすると，壁 A が全分子から受ける力の総和 $F$ は $\boxed{(4)}$ である。一方，分子は $x$, $y$, $z$ 方向にランダムな運動をしているので，分子の速さの2乗 $(v^2)$ の全分子にわたる平均値を $\overline{v^2}$ とすると，$\overline{v_x^2}$ は $\overline{v^2}$ を用いて，$\overline{v_x^2} = \boxed{(5)} \times \overline{v^2}$ と書ける。よって，気体の圧力 $P$ は $\overline{v^2}$ と気体の体積 $V = L^3$ を用いて，$P = \boxed{(6)}$ と書ける。

ここで，状態方程式 $PV = nRT$ より，分子1個あたりのもつ平均の運動エネルギー $\dfrac{1}{2}m\overline{v^2}$ は，ボルツマン定数 $k_B = \dfrac{R}{N_A}$ を用いて，$\dfrac{1}{2}m\overline{v^2} = \boxed{(7)}$ と書ける。よって，この気体分子全体のもつ運動エネルギーの総和 $U$ は，$R$, $n$, $T$ を用いて，$U = \boxed{(8)}$ と書ける。この $U$ を内部エネルギーという。

ヒエ～，ずいぶんと長い問題ですね～。

そうなんだ。だから，次の8つの［手順］で解くことにしよう。

〔手順1〕　1個の分子の1回の衝突

(1)　**図1**のように，単原子分子の
「ボール🎾」の壁Aとの衝突を$x$軸
上で見てみよう。衝突後の分子の速
度は完全弾性衝突（反発係数$e = 1$）
なので，$x$の負の向きに$v_x$となる。
力積を求めるので，
《力積と運動量の関係》(p.137)より，

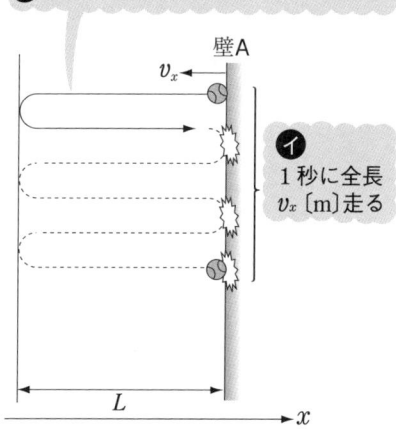

**図1　1分子の1回の衝突**

$$\overset{前}{mv_x} + \underset{-x向き}{\underbrace{(-I)}} = \underset{-x向き}{\underbrace{\overset{後}{-mv_x}}}$$

よって，$I = 2mv_x$……①　……🈜

これは，作用・反作用の法則より，壁Aが受ける力積とも見なせるね。

〔手順2〕　1秒あたりの衝突回数を求める。

(2)　**図2**のように，1個の分子の
$x$軸方向の動きを追っていくと，

**⓵ 往復2$L$走るごとに1回壁Aと衝突**

**⑦**　往復2$L$〔m〕走るごとに，壁
　A と1回衝突していることがわ
　かるね。

**⑦ 1秒に全長$v_x$〔m〕走る**

**④**　一方，分子は，1秒間で全長
　$v_x × 1$秒間$= v_x$〔m〕
　走っているね。

　　すると，分子は1秒間に，合計
　何回壁Aと衝突しているかな？

**図2　1秒あたりの衝突回数**

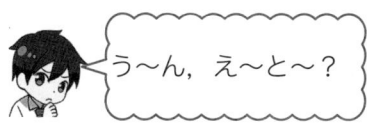

う〜ん，え〜と〜？

じゃあ，たとえば，2 m 走るごとに 1 回衝突する分子が，全長 1000 m 走ったとしたら，その間の衝突回数は何回かな？

 カンタン。1000 m を 2 m で割って，$1000 \div 2 = 500$ 回です！

すると，同じように，**イ**全長 $v_x$〔m〕を，**ア**往復 $2L$〔m〕で割って，$v_x \div 2L$，つまり，壁 A と 1 秒に合計 $\dfrac{v_x}{2L}$ 回衝突するね。

よって，$\dfrac{v_x}{2L}$ 回……② ……**答**

〔手順 3〕　一定の力 $f$ に換算する。

(3)　図 3 (i) のように 1 個の分子が壁 A にバシバシバシ……と衝突をくり返している。このとき壁 A に与える力を，図 3 (ii) のように，一定の手の力で押しているものとして，一定の力 $f$ に換算する。いったい，いくらの力 $f$ で押していることになるのだろうか？

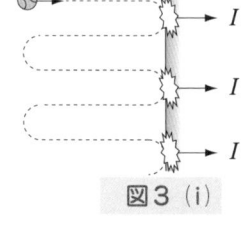

図 3 (i)

 (i)と(ii)，どうやって比べるの？

たしかに，似てはいないね。でも，これらを比べるいい方法があるんだ。

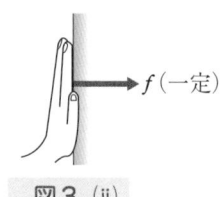

図 3 (ii)

それは，ズバリ！　1 秒あたりに与える力積どうしを比べるんだ。

まず，図 3 (i) のとき，

$$1 秒あたりに与える力積 = \underbrace{2mv_x}_{\substack{1 \text{回の衝突あた} \\ \text{りの力積（①式）}}} \times \underbrace{\frac{v_x}{2L}}_{\substack{1 \text{秒あたりの} \\ \text{衝突回数（②式）}}} = \frac{mv_x^2}{L}$$

一方，**図3**(ii)のとき，

1秒あたりに与える力積 ＝ $\underbrace{f}_{\text{力}}$ × $\underbrace{1\text{秒間}}_{\text{時間}}$

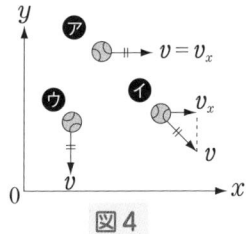

これは力積の定義そのものだね

両者を比べると，$f = \dfrac{mv_x^2}{L}$ ……③ ……**答**

ここで，注意したいのは，$v_x^2$は各分子ごとにいろいろな値をもっていることだ。たとえば，**図4**で，

**ア**の分子の$v_x^2$は大きい。

**イ**の分子の$v_x^2$は小さい。

**ウ**の分子の$v_x^2$は0。

このように，$v_x^2$の値は，1つひとつの分子によって異なるというイメージは，今後重要になるよ。

**図4**

〔手順4〕 全分子から受ける力の和$F$を求める。

(4)

カンタン，カンタン♪ $n$ モルだから全分子数$N$はアボガドロ数を使って，$N = n \times N_A$ 個。よって，$F = f \times N$個$= f \times nN_A$

ブブー！ 違うぞ〜。いいかい，たとえば，日本人の年収の総和を求めるときに，もし，ヒルズ族の年収1億円に日本人の全人口を掛けたら大きすぎるでしょ。逆に，ビンボーバトル（古い！）な人の年収に全人口を掛けたら小さすぎるでしょ。正しくは，日本人の年収の平均値を出して，その平均値に全人口を掛けるべきだよね。全く同じように，力$f$というのは各分子によっていろいろな値をとるから，$f$の総和$F$を求めるときには，全分子にわたる力$f$の平均値$\overline{f}$（エフバーと読む）を求めて，その$\overline{f}$に全分子数$N = nN_A$を掛けるべきだよね。つまり，

$$F = \overline{f} \times N = \overline{f} \times nN_A \cdots\cdots ④$$

が正しい式だ。この④式に③式を代入し，$v_x^2$の平均値を$\overline{v_x^2}$として，

$$\overline{f} = \frac{m\overline{v_x^2}}{L} \text{を用いると，}$$

$$F = \frac{m\overline{v_x^2}}{L} \times nN_A \cdots\cdots ⑤ \quad \cdots\cdots \textbf{答}$$

［手順5］　$\overline{v_x^2} \to \overline{v^2}$ へおきかえる。

(5)　いま，**図5**のように，分子は実際には斜めの速度 $\vec{v}$ をもっていて，その $x,\ y,\ z$ 成分を $v_x,\ v_y,\ v_z$ としたんだったね。

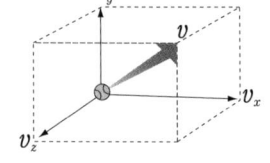

**図5　速度の $x, y, z$ 成分**

　まず，**図5**の直方体の三平方の定理より，

$$v_x^2 + v_y^2 + v_z^2 = v^2$$

　ここで，この式はすべての分子について成り立つので，結局平均をとっても成り立つから，

$$\overline{v_x^2} + \overline{v_y^2} + \overline{v_z^2} = \overline{v^2} \cdots\cdots ⑥$$

　次に，各分子は全くランダムな方向に走っているから，平均として考えれば，どの方向の動きも平等であり，速度の $x,\ y,\ z$ 成分の2乗 $v_x^2,\ v_y^2,\ v_z^2$ の平均値には差がないので，

$$\overline{v_x^2} = \overline{v_y^2} = \overline{v_z^2} \cdots\cdots ⑦$$

　⑥，⑦より，

$$\overline{v_x^2} = \overline{v_y^2} = \overline{v_z^2} = \frac{1}{3}\overline{v^2} \cdots\cdots ⑧ \quad よって，\ \frac{1}{3} \cdots\cdots 答$$

［手順6］　圧力 $P$ を求める。

(6)　(4)で求めた $F$ は，壁 A の $L \times L = L^2$ 〔m²〕全体として受ける力だったね。ここでは，圧力つまり 1 m² あたりが受ける力を求めるよ（**図6**）。$F$ を $L^2$ 〔m²〕で割って，

$$
\begin{aligned}
P &= \frac{F}{L^2} \\[4pt]
&\underset{⑤}{=} \frac{m\overline{v_x^2}}{L^3} \times nN_A \\[4pt]
&\underset{⑧}{=} \frac{m\overline{v^2}}{3L^3} \times nN_A \\[4pt]
&= \frac{mnN_A\overline{v^2}}{3V} \cdots\cdots ⑨ \quad \cdots\cdots 答
\end{aligned}
$$

$L^3 = V$ より

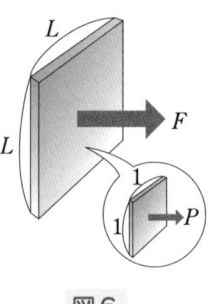

図6

〔手順7〕 状態方程式に代入し，分子1個のエネルギーを求める。

(7) ⑨の式を，状態方程式 $PV = nRT$ に代入して，

$$\frac{mnN_{\mathrm{A}}\overline{v^2}}{3V} \times V = nRT$$

状態方程式は無条件でいつでも成り立つから，イキナリ使うことができるよ

よって，$\overline{v^2} = \dfrac{3RT}{N_{\mathrm{A}}m}$ ……⑩

よって，気体分子1個あたりの平均の運動エネルギー $\dfrac{1}{2}m\overline{v^2}$ は，

$$\underset{\text{⑩より}}{\frac{1}{2}m\overline{v^2}} = \frac{3}{2} \times \frac{R}{N_{\mathrm{A}}} \times T \cdots\cdots ⑪$$

ここで，ボルツマン定数 $k_{\mathrm{B}}$ を，

$$\boxed{k_{\mathrm{B}} = \frac{R}{N_{\mathrm{A}}}}$$

この式は与えられていないことがあるので覚えよう。
覚え方は，
ボルツマンをなぶる（$N_{\mathrm{A}}$ 分の $R$）
統計力学の開拓者ボルツマンは頭の固いほかの科学者からいじめられていたらしい

とすると，⑪式は，

$$\frac{1}{2}m\overline{v^2} = \frac{3}{2}k_{\mathrm{B}}T \quad\cdots\cdots 答$$

と書けるね。

この式が，まさに「絶対温度 $T$ は気体分子1個あたりのもつ平均の運動エネルギーに比例する」ことを意味しているんですね。

まさに，そうなんだ。これが，今まで私たちが温度と呼んできたものの正体なんだ。

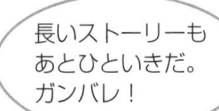

長いストーリーもあとひといきだ。ガンバレ！

〔手順8〕 内部エネルギー $U$ を求める。

(8) 内部エネルギー $U$（詳しい解説はp.278〜279）というのは，ある容器内を飛んでいる気体分子1個1個の運動エネルギーを全分子にわたって足していった，その総和のことだ。つまり，

$$U = \underbrace{\frac{1}{2}m\overline{v^2}}_{\text{1分子あたりの平均の運動エネルギー}} \times \,(\text{全分子数 } nN_A)$$

$$= \underbrace{\frac{1}{2}m}_{\text{⑩より}} \times \frac{3RT}{N_A m} \times nN_A$$

$$= \frac{3}{2}R \times nT \quad\cdots\cdots\boxed{答}$$

$U$ は
$n \times T$ に
比例しているよ

この比例定数を単原子分子気体の定積モル比熱 $C_V$ という

---

**・POINT ①・ 単原子分子気体の定積モル比熱**

$$C_V = \frac{3}{2}R$$

---

　ホントに，テストにそっくり出るから，ここまで自力で解けるようにね。

何度もくり返し紙に書いて，何も見ないで自力でストーリーを展開できるようにしていこうね！

① そのまま出る問題を8つの手順で解けるように

| 手順 | テーマ | 導く式 |
|------|--------|--------|
| 〔手順1〕 | 1分子の1回の衝突 | $I = 2mv_x$ |
| 〔手順2〕 | 1秒あたりの衝突回数 | $\dfrac{v_x}{2L}$ 〔回/s〕 |
| 〔手順3〕 | 一定の力 $f$ に換算する | $f = \dfrac{mv_x^2}{L}$ |
| 〔手順4〕 | 全分子から受ける力の総和 $F$ | $F = \dfrac{m\overline{v_x^2}}{L} \times nN_A$ |
| 〔手順5〕 | $\overline{v_x^2} \to \overline{v^2}$ へおきかえる | $\overline{v_x^2} = \dfrac{1}{3}\overline{v^2}$ |
| 〔手順6〕 | 圧力 $P$ を求める | $P = \dfrac{mnN_A\overline{v^2}}{3V}$ |
| 〔手順7〕 | 分子1個あたりのエネルギーを求める | $\dfrac{1}{2}m\overline{v^2} = \dfrac{3}{2}k_BT$ |
| 〔手順8〕 | 内部エネルギー $U$ を求める | $U = \dfrac{3}{2}RnT$ |

② ①の結果より，単原子分子気体(各分子を質点と見なせ

る気体)では，$U = \underset{\text{比例}}{\dfrac{3}{2}R \times nT \Longleftrightarrow n \times T}$ となる。

　この比例定数 $\dfrac{3}{2}R$ を，単原子分子気体の定積モル比
熱 $C_V$ という。

# 第22章 熱力学

▲エンジンはまさに熱力学の応用だ

## STORY① 内部エネルギー

　たとえば，キミが学校で募金を集めているとしよう。集まった金額の総和 $S$ は，

　　**（お金の総和 $S$）＝（集める人数）×（1人あたりのお金）……★**

となるね。

　一方，p.276で見たように，理想気体の内部エネルギー $U$ 〔J〕というのは，気体分子1個のもつ運動エネルギーを，全分子にわたって集めていった総和だったね。だから，上の★式と同じようにして，

　　**内部エネルギー $U$ 〔J〕**
　　　**＝（気体分子のもつ運動エネルギーの総和）**
　　　**＝（気体分子の個数）×（分子1個あたりの運動エネルギー）**
　　　　★より

となるね。

　ここで，p.258とp.275でやったように，

　　**（気体分子の個数）⟺（モル数 $n$）**　← p.258
　　　　　　　　　　　比例

　　**（分子1個あたりの運動エネルギー）⟺（絶対温度 $T$）**　← p.275
　　　　　　　　　　　　　　　　　　　　　比例

なので,

（**内部エネルギー** $U$）⟺（**モル数** $n$）×（**絶対温度** $T$）
比例

となるね。つまり，$U$ は $n \times T$ に比例するんだ。

よって，気体の種類のみで決まる比例定数を $C_V$ として，

$$U = C_V \times nT$$

と書ける。この比例定数 $C_V$ のことを定積モル比熱という。

ここで注意したいのは，$C_V$ はあくまでも，気体の種類（その気体が何原子分子か）によってのみ決まる比例定数だということ。だから，**内部エネルギーときたら，どんな変化**（定積，定圧，等温，断熱……）**であろうと，必ず $C_V$ を使う**んだ。

とくに，単原子分子（分子を点と見なせる気体）では，p.276より，

$$C_V = \frac{3}{2}R$$

になることは，気体分子運動論で証明したね（自力で証明できるかい？）。

実際，問題文に「単原子分子」，「気体定数 $R$」とあったら，パッと，$C_V = \frac{3}{2}R$ が出るようにしたい。それ以外では，$C_V = \frac{3}{2}R$ は使ってはいけないよ。たとえば，2原子分子では，$C_V = \frac{5}{2}R$ となってしまうからね。

---

**・POINT・①** **内部エネルギー $U$**

$U$ =（気体分子のもつ運動エネルギーの総和）

$\quad = C_V \times nT$

㊟ $C_V$ は気体の種類（何原子分子か）のみで決まる比例定数

とくに 単原子分子のときのみ，$C_V = \frac{3}{2}R$

---

／／／ **熱力学第一法則**

## 1 もらったお年玉をどう使うのか?

たとえば,もしキミがお年玉を100万円(リッチ!)もらったと考えよう。まずは,60万円を貯金箱に入れたら,残りいくら使えるかな?

> まだ40万円も使えますよ〜♡

$$\begin{pmatrix}100万円 \\ おこづかいをもらう\end{pmatrix} = \begin{pmatrix}60万円 \\ 貯金を増やす\end{pmatrix} + \begin{pmatrix}残りの40万円 \\ 使う\end{pmatrix}$$

この当たり前の話が,よ〜く,次の熱力学第一法則に通じるんだ。

## 2 もらった熱 $Q_{in}$ をどう使うのか?

図1で,断面積 $S$ のピストンつきシリンダーの中にモル数 $n$ の気体が圧力 $P$ の状態で入っている。このシリンダーに,外部から $Q_{in}$ 〔J〕の熱を投入すると,気体にはどのような変化が起こるだろうか。

> 注 $Q_{in}$ の「**in**」とは「投入する」ということ。たとえば,$Q_{in} = 80\,J$ なら,80 Jの熱を投入したこと,$Q_{in} = -20\,J$ となると,−20 J投入,つまり,20 J放出することになる。熱力学でも**符号が命**!

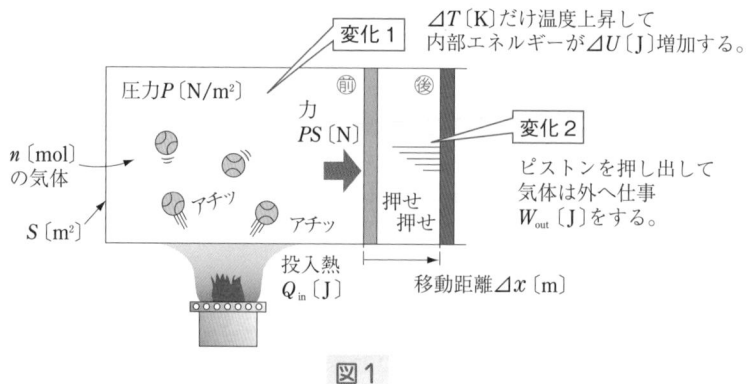

図1

変化1 内部エネルギーが $\Delta U$ だけ増加する。

いま、**図1**のように、気体があたたまって温度が $\Delta T$ [K]上昇したとする。ということは、内部エネルギー(＝気体分子のもつ運動エネルギーの総和)も増加することになるね。その増加分を $\Delta U$ [J]としよう。

> ㊟　$\Delta U$ の「$\Delta$」とは、「増加分」ということ ($\Delta U = U_\text{後} - U_\text{前}$)。
> たとえば、$\Delta U = 20$ J というのは、20 J の増加であるが、$\Delta U = -50$ J というのは、50 J の減少ということになる。やっぱり、符号が大切だよ。

変化2 気体は外へ仕事 $W_\text{out}$ する。

あたたまると気体は膨張するね。ということは、ピストンを押し出して外へ仕事(＝力 × 距離)をする。この気体が外へした仕事を $W_\text{out}$ [J]としよう。

> ㊟　$W_\text{out}$ の「**out**」とは、「外へした」ということ。たとえば、$W_\text{out} = 40$ J というのは、ピストンを押し出して外へ 40 J の仕事をしたことになる。
> 一方、$W_\text{out} = -30$ J とあれば、ピストンは「グシャッ！」と外から押し込まれてしまって、30 J の仕事をされてしまったことになる。

以上の間には、 1 で見たキミがもらったおこづかいの関係式

$$\begin{pmatrix} \text{100万円} \\ \text{おこづかいをもらう} \end{pmatrix} = \begin{pmatrix} \text{60万円} \\ \text{貯金を増やす} \end{pmatrix} + \begin{pmatrix} \text{残りの40万円} \\ \text{使う} \end{pmatrix}$$

と同様に、気体については、

$$\begin{pmatrix} Q_\text{in} \text{ [J]} \\ \text{熱エネルギーをもらう} \end{pmatrix} = \begin{pmatrix} \Delta U \text{ [J]} \\ \text{内部エネルギーを増やす} \end{pmatrix} + \begin{pmatrix} \text{残りの} W_\text{out} \text{ [J]の分} \\ \text{外へ仕事をする} \end{pmatrix}$$

という関係が成り立つ。この関係を、**熱力学第一法則**というんだ。

とくに、「もらう」とか「増やす」とか、「外へする」とか、エネルギーの出入りする方向に注意してね。

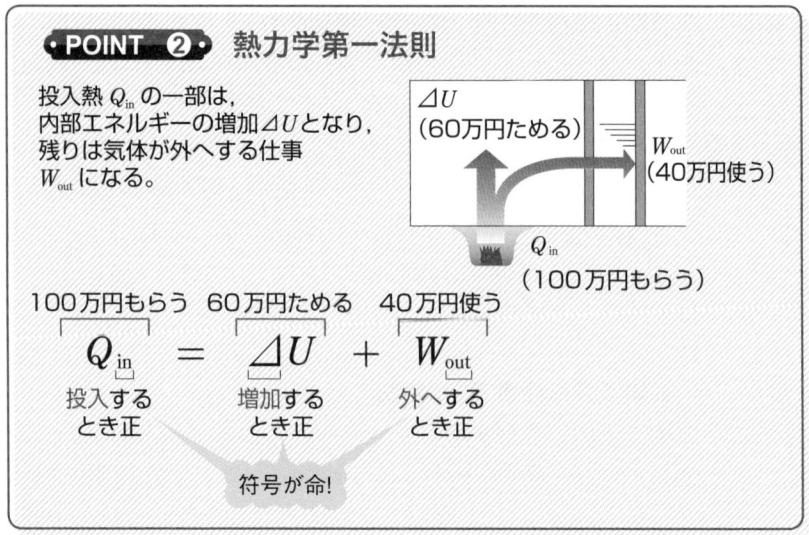

**• POINT ❷ •** 熱力学第一法則

投入熱 $Q_{in}$ の一部は,
内部エネルギーの増加$\Delta U$となり,
残りは気体が外へする仕事
$W_{out}$になる。

$\Delta U$
(60万円ためる)

$W_{out}$
(40万円使う)

$Q_{in}$
(100万円もらう)

100万円もらう　60万円ためる　40万円使う

$$Q_{in} = \Delta U + W_{out}$$

投入する　　増加する　　外へする
とき正　　　とき正　　　とき正

符号が命!

## 3 $\Delta U$, $W_{out}$, $Q_{in}$ は, どうやって求めるのか?

次は, 2 で見てきた$\Delta U$, $W_{out}$, $Q_{in}$ の具体的な求め方だ。

① $\Delta U$ の求め方は, $n$ と $\Delta T$ で。

$n$ モルの気体がはじめ $T_{前}$ の温度であったとし, そして変化後 $T_{後}$ の温度になったとすると, そのときの内部エネルギーの増加$\Delta U$ は,

$$\Delta U = U_{後} - U_{前}$$

$\Delta = 後 - 前 $ より

$$= C_V n T_{後} - C_V n T_{前}$$
$$= C_V n (T_{後} - T_{前})$$

p.279の内部エネルギー
の式 $U = C_V n T$ より

$$= C_V n \Delta T$$

$\Delta = 後 - 前 $ より

つまり, $\Delta U$ は, モル数 $n$ と温度の変化 $\Delta T = T_{後} - T_{前}$ のみで決まる。

② $W_{out}$ の求め方は $P-V$ のグラフで。

p.280の**図1**のように，ほぼ一定の圧力 $P$ のまま，ピストンが微小距離 $\Delta x$ だけ動いたとする。このとき，気体がした仕事 $W_{out}$ は，

$W_{out} = （力 PS）\times （移動距離 \Delta x）$　　　仕事の定義だね

　　　$= P \times S\Delta x$

　　　$= \boxed{P \times \Delta V}$

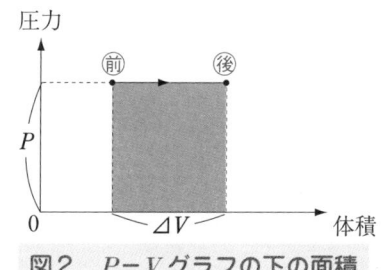

体積増加 $\Delta V = \underset{断面積}{S} \times \underset{移動距離}{\Delta x}$　より

一方，この変化を $P-V$ グラフ上に表すと，**図2**のようになる。

圧力

前　　　後

$P$

0　　　$\Delta V$　　　体積

**図2　$P-V$ グラフの下の面積**

**図2**のグラフのある部分の面積が，ちょうど上で求めた $\boxed{W_{out} = P \times \Delta V}$ と等しくなっているけど，どこかわかるかい？

えーと，**図2**をよく見ると，グラフと横軸とで囲まれる長方形の面積が（高さ $P$）×（底辺 $\Delta V$）となって，$W_{out}$ と等しいぞ！

そのとおり。つまり，まとめると，

$\boxed{W_{out} = \pm（P-V グラフの下の面積）}$

どーして，マイナスの符号もついてるの？

よく気づいたね。それは，もし次のページの**図3**のように体積が減ってピストンが押し込まれていたら，気体は外へ仕事をしてる？それとも外から仕事されてる？

外から押されているから仕事を**され**ています。

そうだね。この場合，下の面積は，気体が外から**された**仕事を表すんだ。たとえば，面積が 20 の場合，$W_{out} = -20\,J$ となって，面積にマイナスをつけなくてはならないんだ。だから，ピストンの動きには十分に注意して，$W_{out}$ の符号を判定してほしいんだ。

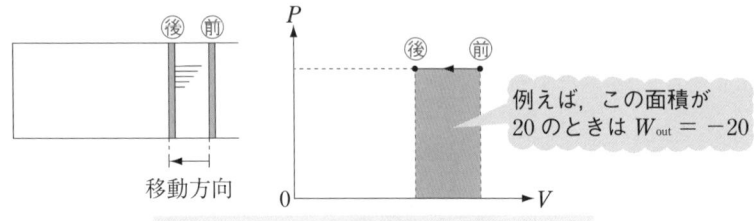

図3　ピストンが押し込まれているとき

③　$Q_{in}$ の求め方は，基本的に熱力学第一法則で。

$Q_{in}$ はどうやって求めるかい？

えー！　$Q_{in}$ の求め方ですか……

じつは，もうすでに求まっているんだよ。①で $\Delta U$，②で $W_{out}$ を出したでしょ。

あ！　そうか。熱力学第一法則で，$Q_{in} = \Delta U + W_{out}$ で求まる。

そうだ。普通 $Q_{in}$ は $\Delta U$ と $W_{out}$ を求めたあとに，最後にそれらをたし合わせることによって求めるんだよ。以上をまとめると，

> ・POINT ❸・　$\Delta U$，$W_{out}$，$Q_{in}$ の求め方
>
> ①　$\Delta U = U_後 - U_前 = C_V n \Delta T$
> ②　$W_{out} = \pm(P\text{–}V グラフの下の面積)$
> ③　$Q_{in} = \Delta U + W_{out}$（モル比熱で求める方法は次章で）

## 4 熱力学の解法は完全にワンパターン

　熱力学では，定積変化，定圧変化，等温変化，断熱変化……いろいろな変化があるね。でも，それぞれの変化ごとに，いちいち解法を変えていたのでは大変めんどうだね。

　そこで，どんな問題やどんな変化でも同じように解けてしまう「ハメ技」を紹介するよ。

---

**・POINT ④・ 熱力学の解法**

STEP1 各状態の圧力 $P$，体積 $V$，モル数 $n$，温度 $T$ を求める。

▶問題文に与えられている文字についてはそのまま用い，与えられていない文字については勝手に仮定しておく。とにかく，$P$, $V$, $n$, $T$ がそろわないことには先に進めないからね。

▶そして，① 「いつも心に」状態方程式 $PV = nRT$
　　　　　② ピストンがあるときはピストンの力のつり合いの式

を使って，未知数を求めておこう。

じつは，ここまではp.261の《気体の解法》と同じなんだ。

STEP2 $P-V$ グラフを描く。

▶ STEP1 の結果，各状態の $P$, $V$ がわかったね。あとはそれを，$P-V$ グラフ上に点としてとって，結んでグラフをつくろう。

STEP3 各変化の熱力学第一法則を表にまとめる。
　　　　$Q_{in} = \Delta U + W_{out}$
① $\Delta U = U_後 - U_前 = C_V n \Delta T$ は，STEP1 の $n$, $T$ から求まる。
② $W_{out} = \pm(P-V$ グラフの下の面積$)$ は，STEP2 から求まる。

---

さっそく，この解法をバリバリ使っていくぞ！

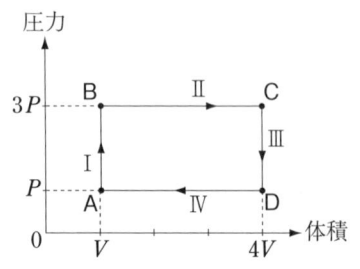

チェック問題 **1** 〉 **P−V グラフ（定積，定圧）**　標準**10**分

　$n$ [mol] の単原子分子を次のように 1 サイクルさせたとき，各過程での熱力学第一法則の表を完成させよ（$P$，$V$ を用いてうめよ）。

| | $Q_{\text{in}}$ = | $\varDelta U$ + | $W_{\text{out}}$ |
|---|---|---|---|
| I | | | |
| II | | | |
| III | | | |
| IV | | | |

**解説**　このような問題でどんどん熱力学の解法を鍛え上げていこう。《熱力学の解法》(p.285) でいくぞ！

**STEP1** まだ与えられていない未知の数である温度 $T_A$，$T_B$，$T_C$，$T_D$ を図 a のように下線を引いて仮定する。

　未知数の数は 4 個。よって，4 つの式を立てれば求まるね。

　状態方程式より（気体定数は $R$）

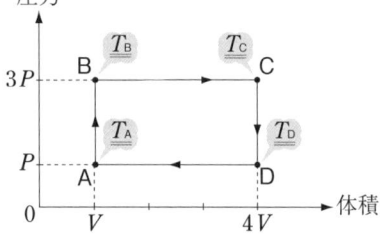

　A：$PV = nRT_{\underline{A}}$　……①
　B：$3PV = nRT_{\underline{B}}$　……②
　C：$3P \times 4V = nRT_{\underline{C}}$　……③
　D：$P \times 4V = nRT_{\underline{D}}$　……④

この 4 つの式で未知数はすべて求まった。

**図 a（＝ は未知数）**

**STEP2** すでに $P−V$ グラフは与えられている。

**STEP3** 熱力学第一法則の表のうち，

　$Q_{\text{in}}$，$\varDelta U$，$W_{\text{out}}$ のうち先にどこから攻める？

　　別に，どこからでもいいんじゃないですか？

　いやー，必ず何よりも先にうめてほしいのは $\varDelta U$ なんだ。$\varDelta U$ は，$\varDelta U = C_V n \varDelta T$ の式から機械的にうまるでしょ。

本問の気体は単原子分子だから，$C_V = \dfrac{3}{2}R$ となることと，

$\varDelta T =$（後の温度）$-$（前の温度）に注意してうめていくと，

| | $Q_{\text{in}}$ | $=$ | $\varDelta U\left(= \dfrac{3}{2}Rn\varDelta T\right)$ | $+$ | $W_{\text{out}}$ |
|---|---|---|---|---|---|
| I | | | $\dfrac{3}{2}Rn(T_{\text{B}} - T_{\text{A}}) \underset{\text{①, ②より}}{=} 3PV$ | | |
| II | | | $\dfrac{3}{2}Rn(T_{\text{C}} - T_{\text{B}}) \underset{\text{②, ③より}}{=} \dfrac{27}{2}PV$ | | |
| III | | | $\dfrac{3}{2}Rn(T_{\text{D}} - T_{\text{C}}) \underset{\text{③, ④より}}{=} -12PV$ | | |
| IV | | | $\dfrac{3}{2}Rn(T_{\text{A}} - T_{\text{D}}) \underset{\text{①, ④より}}{=} -\dfrac{9}{2}PV$ | | |

ここで，未知数 $T_{\text{A}}$, $T_{\text{B}}$, $T_{\text{C}}$, $T_{\text{D}}$ は解答に使えないので，①〜④式を代入して，もともと与えられている記号 $P$, $V$ でおきかえたよ。

次に攻めたいのは $W_{\text{out}}$ だ。$W_{\text{out}}$ は $P-V$ グラフの下の面積で決まるからね。

もう一度 $P-V$ グラフを見てみよう。すると各変化で，

I　$P-V$ グラフの A 〜 B 間の下の面積はつぶれていて 0

　　よって，$W_{\text{out}} = 0$

ピストンが動かなきゃ仕事できるわけないよね。

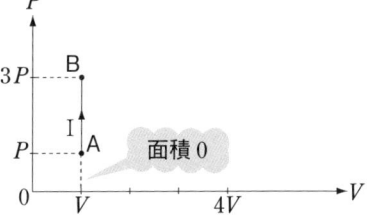

II　$P-V$ グラフの B 〜 C 間の下の面積は，図の長方形の

$$\underset{\text{高さ}}{3P} \times \underset{\text{底辺}}{(4V - V)} = 9PV$$

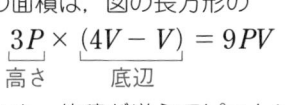

いま，体積が増えてピストンは押し出されているので，$W_{\text{out}} > 0$

よって，$W_{\text{out}} = +9PV$

Ⅲ　$P$–$V$グラフのC〜D間は，A〜B間と同様に下の面積はつぶれている。よって，$W_{\text{out}} = 0$　つまり，

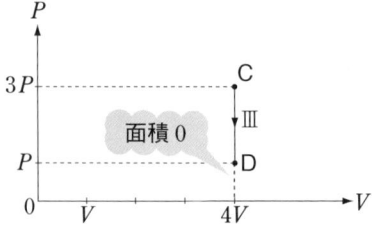

> 定積変化は $W_{\text{out}} = 0$

Ⅳ　$P$–$V$グラフのD〜A間の下の面積は右図の長方形の

$$\underset{\text{高さ}}{\underline{P}} \times \underset{\text{底辺}}{\underline{(4V - V)}} = 3PV$$

ただし，体積が減ってピストンは押し込まれているので，外から仕事されていて $W_{\text{out}} < 0$　よって，$W_{\text{out}} = -3PV$

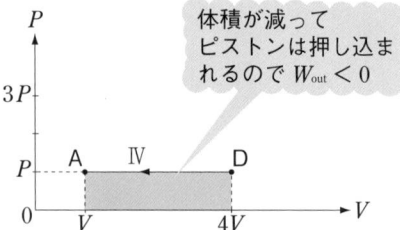

以上より，表の右側がうまった。

| | $Q_{\text{in}}$ = | $\Delta U$ | + | $W_{\text{out}}$ <br> ($= \pm P$–$V$グラフの下の面積) |
|---|---|---|---|---|
| Ⅰ | | $3PV$ | | $0$ |
| Ⅱ | | $\dfrac{27}{2}PV$ | | $+9PV$ |
| Ⅲ | | $-12PV$ | | $0$ |
| Ⅳ | | $-\dfrac{9}{2}PV$ | | $-3PV$ |

最後に，$Q_{\text{in}}$ を求めよう。$Q_{\text{in}}$ は，どうやって求めるかな。

> $Q_{\text{in}} = \Delta U + W_{\text{out}}$ です。すると，あ！　表の真ん中の $\Delta U$ と右側の $W_{\text{out}}$ を足せば左側の $Q_{\text{in}}$ になるぞ！

そうなんだ。だからこの表は便利なんだよ。和を求めると，

| | $Q_\text{in}$ $\xrightarrow{\text{足すと}}$ $=$ | $\Delta U$ $+$ | $W_\text{out}$ |
|---|---|---|---|
| I | $3PV + 0 = 3PV$ | $3PV$ | $0$ |
| II | $\dfrac{27}{2}PV + 9PV = \dfrac{45}{2}PV$ | $\dfrac{27}{2}PV$ | $+9PV$ |
| III | $-12PV + 0 = -12PV$ | $-12PV$ | $0$ |
| IV | $-\dfrac{9}{2}PV - 3PV = -\dfrac{15}{2}PV$ | $-\dfrac{9}{2}PV$ | $-3PV$ |

……答

ここで、表のIIIとIVの $Q_\text{in}$ がマイナスになっているのはどういうこと?

$Q_\text{in} < 0$ ということは、「熱を投入」の逆で、熱を放出しています。

そうだね。IIIでは熱を $12PV$ 放出、IVでは熱を $\dfrac{15}{2}PV$ 放出しているね。

これで、表のうめ方のコツをつかんでくれたかな。

---

**•POINT ⑤•** 熱力学第一法則の表のうめ方

① まず何よりも先に公式より、
   $\Delta U = C_V n(T_後 - T_前)$ をうめる。
② 次に、$P$-$V$グラフの下の面積より、
   $W_\text{out}$ をうめる(ピストンの動きによって符号に気をつける)。
③ 最後に、表の真ん中と右側を足して左側にある $Q_\text{in}$ を求める。
   定積変化と定圧変化に限っては、モル比熱から $Q_\text{in}$ を求める
   方法もあるが、その方法については次の章(p.298)で見る。
   いまは、$Q_\text{in} = \Delta U + W_\text{out}$ に忠実に求めよう。

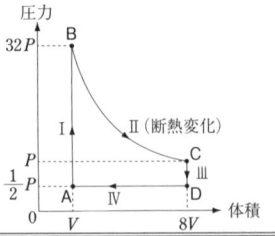

**チェック問題 2** ⟩ **P－V グラフ（断熱変化）**　標準 **8**分

　　$n$ [mol] の単原子分子を次のように 1 サイクルさせたときの熱力学第一法則の表を完成させよ（$P$, $V$ を用いてうめよ）。

圧力
32P　B
P
½P　　　　　C
　A　　　　　D
0　V　　8V　体積
Ⅰ　Ⅱ（断熱変化）
Ⅲ
Ⅳ

| | $Q_{in}$ | $=$ | $\Delta U$ | $+$ | $W_{out}$ |
|---|---|---|---|---|---|
| Ⅰ | | | | | |
| Ⅱ | | | | | |
| Ⅲ | | | | | |
| Ⅳ | | | | | |

**解説**　《熱力学の解法》（p.285）で攻めつづけよう。

**STEP1** $P$, $V$, $n$, $T$ のうちまだ与えられていない各状態の温度 $\underline{T_A}$, $\underline{T_B}$, $\underline{T_C}$, $\underline{T_D}$ を未知数として仮定する。未知数は 4 つなので，状態方程式を 4 つ立てる。気体定数を $R$ とする。

　　A：$\dfrac{1}{2}PV = nR\underline{T_A}$ ……① 　　B：$32PV = nR\underline{T_B}$ ……②

　　C：$P \times 8V = nR\underline{T_C}$ ……③ 　D：$\dfrac{1}{2}P \times 8V = nR\underline{T_D}$ ……④

**STEP2** すでに $P$–$V$ グラフは与えられている。

**STEP3** まず $\Delta U = \dfrac{3}{2}Rn(T_{後} - T_{前})$ を求め，表にする。そして，①～④式を使って $P$, $V$ のみで表す。

| | $Q_{in}$ | $=$ | $\Delta U$ | $+$ | $W_{out}$ |
|---|---|---|---|---|---|
| Ⅰ | | | $\dfrac{3}{2}Rn(T_B - T_A) \underset{①,②より}{=} \dfrac{189}{4}PV$ | | |
| Ⅱ | | | $\dfrac{3}{2}Rn(T_C - T_B) \underset{②,③より}{=} -36PV$ | | |
| Ⅲ | | | $\dfrac{3}{2}Rn(T_D - T_C) \underset{③,④より}{=} -6PV$ | | |
| Ⅳ | | | $\dfrac{3}{2}Rn(T_A - T_D) \underset{①,④より}{=} -\dfrac{21}{4}PV$ | | |

次に，$W_{out}$を$P-V$グラフを用いて求めるけど，ここで，大問題が発生するのだ。

あちゃ～。B ～ C 間の曲線の下の面積は，求まんないよ～！ 積分するわけにもいかないし～。

そうだね。じゃあ，とりあえず保留してあと回しにしたらどうだい。

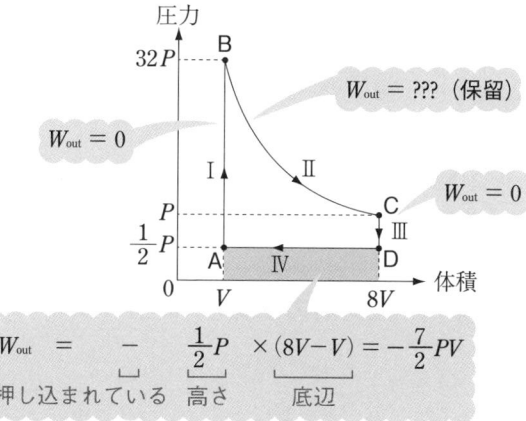

$$W_{out} = -\underset{\text{押し込まれている}}{\underbrace{\quad}}\ \underset{\text{高さ}}{\underbrace{\frac{1}{2}P}}\ \times \underset{\text{底辺}}{\underbrace{(8V-V)}} = -\frac{7}{2}PV$$

最後に，$Q_{in}$を$\Delta U$と$W_{out}$を足して求めると，

| | | $Q_{in}$ | $=$ | $\Delta U$ | $+$ | $W_{out}$ |
|---|---|---|---|---|---|---|
| I | 投入 | $+\dfrac{189}{4}PV$ | | $\dfrac{189}{4}PV$ | | $0$ |
| II | | ???? | | $-36PV$ | | ??? |
| III | 放出 | $-6PV$ | | $-6PV$ | | $0$ |
| IV | 放出 | $-\dfrac{35}{4}PV$ | | $-\dfrac{21}{4}PV$ | | $-\dfrac{7}{2}PV$ |

ゲゲ！ II の $Q_{in}$ は $W_{out}$ がわからないから，求めようがないですよ！

でも，与えられた問題文の図の中の B ～ C 間の条件をよ～く見て。

あ！　断熱変化，つまり $Q_{\text{in}} = 0$ だ！　逆に $W_{\text{out}}$ も求まっちゃうぞ。

そうだ！　とくにⅡでは，

| | $Q_{\text{in}}$ | $=$ | $\Delta U$ | $+$ | $W_{\text{out}}$ |
|---|---|---|---|---|---|
| Ⅱ | $\underset{\text{断熱より}}{0}$ | | $(-36PV)$ | | ？？？ |

ここから，？？？ $= 36PV$……答　と，わかってしまうね。
何と，積分しなくても曲線の下の面積がわかってしまったのだ。

---

### ・POINT ⑥・ 断熱変化の表のうめ方

$$Q_{\text{in}} = \Delta U + W_{\text{out}} \text{ で}$$

$$\underset{\substack{\text{まず断} \\ \text{熱より}}}{0} = \underset{\text{公式より}}{C_V n\, \Delta T} + S\,(P\text{--}V\text{グラフの下の面積}) \text{ とする。}$$

ここで，$S = -C_V n\, \Delta T$　と逆算で求める。

---

表をつくるのに，まだ少し時間がかかるんですけれど……

いいんだ。コツコツ表のつくり方を練習していけば，だんだんスピードが上がっていくから。まずは，いちいち表を書く習慣をつけよう。
　この　**表がつくれる ＝ 熱力学が解ける**　だからね。

今は時間がかかってもこの表をつくる練習を積んで，熱力学の解法の型をつくっておこう。

## チェック問題 3 〉 ばねつきピストン    標準 10分

図のように，ばね定数 $k$ のばねにつけた，断面積 $S$ のピストンで封じ込めた $n$ [mol] の単原子分子理想気体がある。はじめ，ばねは自然長 $l$ であった。ここで，気体を加熱したところ，

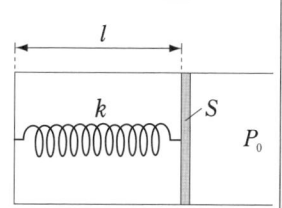

ばねの伸びが $\dfrac{1}{2}l$ になった。このときの投入熱 $Q$ を $P_0$, $S$, $k$, $l$ を用いて求めよ。ただし，気体定数を $R$ とし，外部は大気圧 $P_0$ の大気とする。

**解説** 《熱力学の解法》(p.285) で解くのみ。

**STEP1** $P$, $V$, $n$, $T$ のうち，未知数には下線を引いて仮定する。

ここで，**図a**の前は，ばねの伸びは 0 なので，内気圧は外気圧と同じ $P_0$ であった。

また**図b**の後は，ピストンにはたらく力のつり合いの式より，

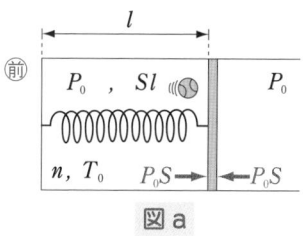

図a

後 $\underline{P_1}S = k \times \dfrac{1}{2}l + P_0 S$ ……①

状態方程式より，

前 $P_0 S l = nR\underline{T_0}$ ……②

後 $\underline{P_1}S \times \dfrac{3}{2}l = nR\underline{T_1}$ ……③

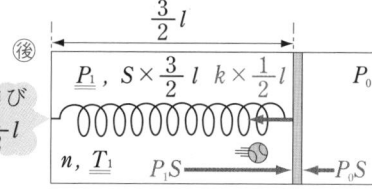

図b

**STEP2** 前と比べると，後の圧力・体積はともに増えたので，まずは，**図c**のように，点をとることができるね。では，これらの前，後の点を結んでみてね。

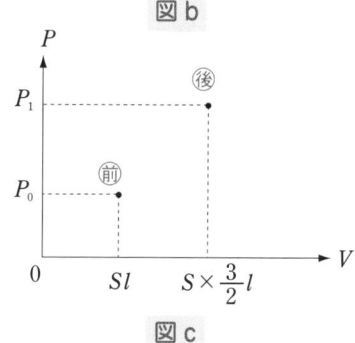

図c

できました，**図d**です。

よし。答えは当たっている。じゃあ，このグラフを直線にした理由は何だい？

何となく直線かなって……

そうか。理由はね，①式なんだ。
①式で，一般にばねの伸びを $x$ とし
て，そのときの圧力を $P$ とすると，

> 圧力はピストンのつり合いの式だけで決まる

$$PS = kx + P_0S$$

となって，$P$ は $x$ の1次式になるでしょ。だから，直線になるんだね。
また，このグラフの下の台形の面積は，このとき気体が外へした仕事 $W_{\text{out}}$ で，

$$W_{\text{out}} = \frac{1}{2}(P_1 + P_0) \times S \times \frac{1}{2}l \cdots\cdots ④$$

となるね。

**STEP 3** 熱力学第一法則より，

$$Q_{\text{in}} = \Delta U + W_{\text{out}}$$

$$Q = \frac{3}{2}Rn(T_1 - T_0) + \frac{1}{2}(P_1 + P_0) \times S \times \frac{1}{2}l \quad (④式より)$$

$$= \frac{3}{2}(P_1 S \times \frac{3}{2}l - P_0 Sl) + \frac{1}{4}(P_1 + P_0)Sl$$
②, ③より

$$= \frac{5}{2}P_1 Sl - \frac{5}{4}P_0 Sl$$

$$= \frac{5}{4}kl^2 + \frac{5}{4}P_0 Sl \cdots\cdots \boxed{答}$$
①より

---

**・POINT・⑦・** ばねつきピストンの $P-V$ グラフ
圧力 $P$ は，ばねの伸びの1次式になるので，直線の $P-V$ グラフになる。

---

# ま と め

① **内部エネルギー $U$ (J)**

$U =$ (気体分子のもつ運動エネルギーの総和)

　　$= C_V \times nT$

(単原子分子のみ, $C_V = \dfrac{3}{2}R$)

② **熱力学第一法則**

$Q_{\text{in}} = \varDelta U + W_{\text{out}}$

└──┴─符号に注意─┘

③ **熱力学の解法**

STEP**1** 各状態の $P$, $V$, $n$, $T$ を仮定し,

$\begin{cases} ① \quad PV = nRT \\ ② \quad \text{ピストンのつり合いの式} \end{cases}$

で $P$, $V$, $n$, $T$ を求める。

STEP**2** $P$–$V$ グラフを作図する。

STEP**3** $Q_{\text{in}} = \varDelta U + W_{\text{out}}$

$\begin{cases} \varDelta U = C_V n \varDelta T \\ W_{\text{out}} = \pm (P\text{–}V \text{グラフの下の面積}) \end{cases}$

この章でしっかりとつくり上げた解法の土台に, 次の章では応用テクニックを乗せていく。ますます得意になるよ!

# 第23章 熱力学の応用

▲大気圏突入で熱くなるのは断熱圧縮のせい

## STORY① 定積モル比熱と定圧モル比熱

###  モル比熱って何？

 19 でやった比熱の定義をもう一回言ってごらん。

> 物質 **1** g を **1** K 温度上昇させるのに要する熱量を，その物質の比熱 $c$〔J/(g·K)〕と言いました。

そうだったね。ポイントは「2つのイチ」だね。

全く同じように，気体の**モル比熱**を次のように定義するよ。

> 気体 **1** mol を **1** K 温度上昇させるのに要する熱量をその気体の
> モル比熱 $C$〔J/(mol·K)〕という。

ここでもやはり「2つのイチ」が大切なんだ。ただし，気体の場合はその量をグラム〔g〕で計るのは難しいので，より計りやすいモル〔mol〕という単位を使うだけなんだ。比熱は定義が命だよ。

## 2 定積モル比熱 $C_V$, 定圧モル比熱 $C_P$ は定義が命！

気体は固体とは違って，同じあたためるといっても，定積変化，定圧変化……など，様々なあたため方があったね。だから，同じ **1 mol** を **1 K** 温度上昇させるといっても，そのあたため方によって要する熱量(モル比熱)が変わってくるんだ。大切なのは，次の2つの定義だ。

① 定積モル比熱 $C_V$

> 体積を一定に保ったまま **1 mol** を **1 K** 温度上昇させるのに要する熱量をその気体の定積モル比熱 $C_V$〔J/(mol·K)〕という。

② 定圧モル比熱 $C_P$

> 圧力を一定に保ったまま **1 mol** を **1 K** 温度上昇させるのに要する熱量を，その気体の定圧モル比熱 $C_P$〔J/(mol·K)〕という。

しっかりと定義して，聞かれたらすぐに言えるようにしておこう。

> 等温モル比熱 $C_T$ってないんですか？

オイオイ，等温じゃあ温度上昇できないでしょ。矛盾している。存在しないよ。

---

**·POINT·❶·** 定積モル比熱 $C_V$, 定圧モル比熱 $C_P$

■■ 一定の体積 $V$(圧力 $P$)で1 mol を 1 K 温度上昇させるのに
　　　　　　　　　　　　　　　　要する熱量が $C_V(C_P)$
　　　　　　　2つのイチ！

■■ よって，一般に $n$〔mol〕を $\varDelta T$〔K〕だけ一定の体積(圧力)で上昇させるのに要する熱量は

$$Q_{\text{in}} = C_V(C_P)n\varDelta T$$

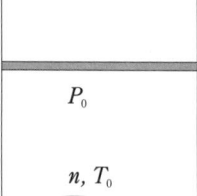

チェック問題 **1** 〉 **定圧モル比熱**　　　　　標準 **8**分

　　ピストンつきシリンダー内に定積モル比熱が $C_V$ で，$n$ [mol]の理想気体が封入されている。気体定数を $R$ とする。はじめ，温度は $T_0$ で圧力は $P_0$ であった。次に，この圧力を一定に保ち温度を $T_1$ まで上昇させた。

(1)　このとき投入された熱 $Q$ を求めよ。

(2)　(1)の結果を用いてこの気体の定圧モル比熱 $C_P$ を $C_V$, $R$ で表せ。

**解説** (1)　《熱力学の解法》(p.285)で解くのは何ら変わらないよ。

**STEP1** 図 a のように，あたためる前，後での $P, V, n, T$ を図示する。状態方程式より，

　　前　$P_0 \underline{V_0} = nRT_0$ ……①

　　後　$P_0 \underline{V_1} = nRT_1$ ……②

未知数2個で式2つだから，解けたことになるね。これで，

**STEP2** 図 b のように，$P-V$ グラフを作図。

**STEP3** 熱力学第一法則は，

$Q_{in} = \Delta U + W_{out}$

$Q = \underbrace{C_V n(T_1 - T_0)}_{\Delta U = C_V n \Delta T より} + \underbrace{P_0(V_1 - V_0)}_{P-V グラフの下の面積より}$

$\quad = C_V n(T_1 - T_0) + nR(T_1 - T_0)$

①, ②より

$\quad = (C_V + R)n(T_1 - T_0)$ ……③　……**答**

共通項をくくると

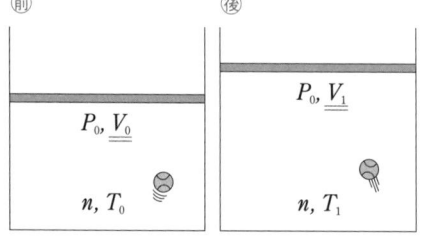

図 a（＝は未知数）

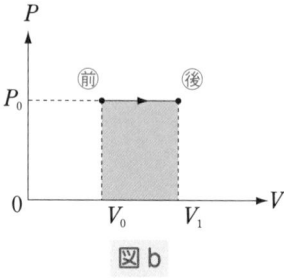

図 b

(2) ここで確認。しつこいけど，定圧モル比熱の定義を言ってみて。

> ハイ。一定の圧力のまま，気体 **1 mol** を **1 K** 温度上昇させるのに要する熱量です。

そのとおり。大切なのは「2つのイチ」**1 mol** あたりを **1 K** というところだね。

では，本問では，(1)の結果 $Q$ は，一定の圧力で何 mol を何 K 上昇させるのに要した熱量かな？

> えーと，たしか $n$ [mol] を $(T_1 - T_0)$ [K] 上昇させるのに要した熱量でした。

すると，それを **1 mol**，**1 K** あたりに直すにはどうするかな。

> それには，$Q$ を $n$ で割って **1 mol** あたりにし，さらに $(T_1 - T_0)$ で割って **1 K** あたりに直します。

そうだ。すると，それが定義から定圧モル比熱 $C_P$〔J/(mol·K)〕となるんだね。

$$C_P = \frac{Q \, \text{を}}{n\,(T_1 - T_0) \, \text{で割る}}$$

$$= \frac{(C_V + R)\,n\,(T_1 - T_0)}{n\,(T_1 - T_0)}$$

③より

$$= C_V + R \cdots\cdots \text{答}$$

ここで得られた結果

$$\boxed{C_P = C_V + R}$$

は，マイヤーの式とよばれる重要な関係式で，どんな種類の気体（単原子分子，2原子分子，……）であろうと成立する。この式自体を証明させる大学も多いから，ぜひ本問をくり返して，自力で証明できるようにしておこうね。マーイーヤなんて放っておかないように（笑）。

## 1 熱効率って何？

　キミは，車のマフラーから出る排気ガスをさわったことがあるかい。かなり熱いよね。このように，車のエンジンのようなピストンを往復させる熱機関（ねつきかん）というのは，1サイクル運動させるときに，中の気体を冷やして（つまり熱を放出して），ピストンを元の位置に戻すという作業がどうしても1サイクルの中に必要なんだ。このときに放出する熱を廃熱（はいねつ）という。

　図1のように，熱機関では，1サイクルのうちで投入した熱 $Q_1$ [J] のうち，一部を廃熱 $Q_2$ [J] として外へ捨てて，残りが，外へした正味（しょうみ）の仕事 $W$ になれるんだ。

外へする正味の仕事 $W$

熱機関の
1サイクル

外へ捨てる
廃熱 $Q_2$

純粋な投入熱 $Q_1$

「正味の」とは，たとえば，まず外へ100の仕事をして，次に外から80の仕事をされ，最後は，外へ50の仕事をしたら，

$$W = +100 + (-80) + 50 = 70$$

つまり，
外からされた仕事も，マイナスの符号を付けて足し合わせた合計だ！

図1

自動車開発の最前線ではこの熱効率をいかに上げるか，日々研究が進められているんだ。

図1より，これらの間には $W = Q_1 - Q_2$ の関係があることがわかるね（たとえば，$Q_1 = 100$，$Q_2 = 20$ なら $W = 100 - 20 = 80$）。

ここで，この熱機関の熱効率を次のように定義する。

$$\text{熱効率 } e = \frac{\text{外へした正味の仕事 } W}{\text{純粋な投入熱 } Q_1}$$

投入したうち，ムダな廃熱にならずに，きちんと仕事になったものの割合だね

この式に，$W = Q_1 - Q_2$ の式を代入して，

$$e = \frac{Q_1 - Q_2}{Q_1} = 1 - \frac{Q_2}{Q_1}$$

となる。ということは，熱効率 $e = 1(100\%)$ にはなれるかな？

 必ず廃熱は出る（$Q_2 > 0$）から，必ず $e < 1$ で熱効率は 100 ％になんかなれません。

そうだね。熱効率 $e = 1(100\%)$ の熱機関は存在しないことがわかるね。このことを熱力学第二法則というんだ。

> ・POINT ❷・ 熱効率 $e$
>
> **熱機関の1サイクルで，**
>
> $$\text{熱効率 } e = \frac{\text{外へした正味の仕事 } W}{\text{純粋な投入熱 } Q_1} < 1$$
>
> $W = W_{\text{out}}$ の総和（符号まで含めた和）
> $Q_1 = Q_{\text{in}} > 0$ のみの和（$Q_{\text{in}} < 0$ は含めない）

夢のような 100 ％の熱効率のエンジンや永久機関は不可能なんだよね〜

p.286でやった チェック問題 **1** の１サイクルについてつくった次の表から，熱効率 $e$ を求めよ。

| | $Q_{in}$ | = | $\Delta U$ | + | $W_{out}$ ⓒ |
|---|---|---|---|---|---|
| I | $3PV$ | ⓐ | $3PV$ | | $0$ |
| II | $+\dfrac{45}{2}PV$ | | $\dfrac{27}{2}PV$ | | $+9PV$ |
| III | $-12PV$ | ⓑ | $-12PV$ | | $0$ |
| IV | $-\dfrac{15}{2}PV$ | | $-\dfrac{9}{2}PV$ | | $-3PV$ |

**解 説**

ⓐ　$Q_{in} > 0$ のみの和 = 純粋な投入熱 $Q_1$

　　$Q_1 = 3PV + \dfrac{45}{2}PV = \dfrac{51}{2}PV$

ⓑ　$Q_{in} < 0$ のみの和の大きさ = 廃熱 $Q_2$

　　$Q_2 = 12PV + \dfrac{15}{2}PV = \dfrac{39}{2}PV$

ⓒ　$W_{out}$ の総和 = 外へした正味の仕事 $W$

　　$W = 0 + 9PV + 0 + (-3PV) = 6PV$

> $W = Q_1 - Q_2$ をみたしているね

ここで熱効率 $e$ の定義より，

$$e = \frac{\text{外へした正味の仕事 } W \text{ ⓒ}}{\text{純粋に投入した熱 } Q_1 \text{ ⓐ}}$$

$$e = \frac{6PV}{\dfrac{51}{2}PV} = \frac{12}{51} = \frac{4}{17}(\fallingdotseq 24\%)\cdots\cdots \text{答}$$

ホントに，この表って便利ですね。熱効率も一目でわかります。

## STORY ③ // 等温変化と断熱変化

等温変化(p.265)とは温度を一定に保ったままの変化。断熱変化(だんねつへんか)(p.292)とは外部との熱の出入りがない状態での変化だったね。

 等温変化と断熱変化の違いがいまいちわからないです……

じゃあ、これから、例として等温膨張と、断熱膨張の違いを❶，❷，❸，❹の4つのポイントで区別するぞ。

| 等温膨張 | 断熱膨張 |
|---|---|
| | |

**❶イメージ**

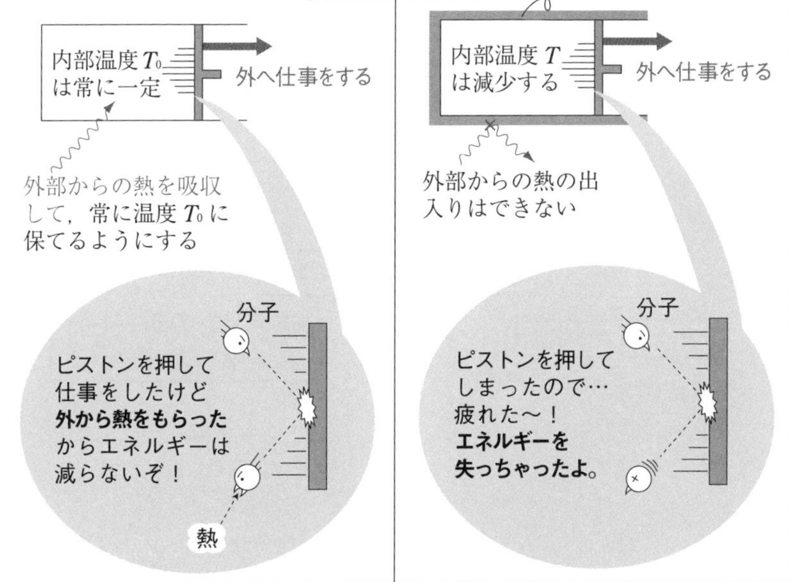

**等温膨張**

内部温度 $T_0$ は常に一定 → 外へ仕事をする

外部からの熱を吸収して、常に温度 $T_0$ に保てるようにする

分子

ピストンを押して仕事をしたけど**外から熱をもらった**からエネルギーは減らないぞ！

熱

**断熱膨張**

断熱材でおおう

内部温度 $T$ は減少する → 外へ仕事をする

外部からの熱の出入りはできない

分子

ピストンを押してしまったので…疲れた～！**エネルギーを失っちゃったよ。**

**❷熱力学第一法則の符号**

$$Q_{in} = \Delta U + W_{out}$$
正　　0　　正
　　等温より　膨張より

たしかに熱を吸収しているぞ！

$$Q_{in} = \Delta U + W_{out}$$
0　　負　　正
断熱より　　膨張より

たしかに温度は下がっているぞ！

| 等温膨張 | 断熱膨張 |
|---|---|

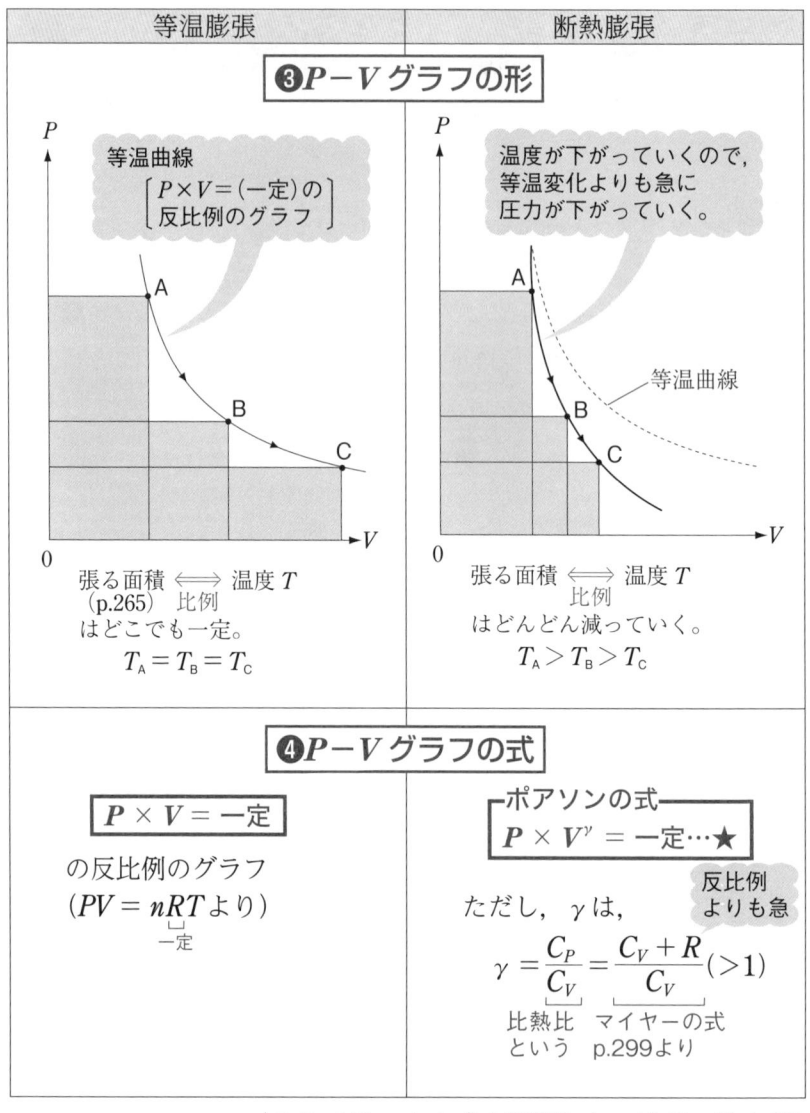

❸ $P$–$V$ グラフの形

$P$

等温曲線
$\left[\begin{array}{c} P \times V = (\text{一定}) \text{の} \\ \text{反比例のグラフ} \end{array}\right]$

A

B

C

$V$

0

張る面積 ⟺ 温度 $T$
（p.265）　比例
はどこでも一定。
$T_A = T_B = T_C$

$P$

温度が下がっていくので,
等温変化よりも急に
圧力が下がっていく。

A

B

C

等温曲線

$V$

0

張る面積 ⟺ 温度 $T$
　　　　　比例
はどんどん減っていく。
$T_A > T_B > T_C$

❹ $P$–$V$ グラフの式

$\boxed{P \times V = \text{一定}}$

の反比例のグラフ
$(PV = nRT \text{より})$
　　　　　‿
　　　　　一定

┌ポアソンの式─
$\boxed{P \times V^{\gamma} = \text{一定} \cdots ★}$

反比例
よりも急

ただし, $\gamma$ は,

$\gamma = \dfrac{C_P}{C_V} = \dfrac{C_V + R}{C_V} (>1)$

比熱比　　マイヤーの式
という　　p.299より

$\left(\begin{array}{l} \text{ここでは, ★の式を証明しないけど, 熱力学} \\ \text{第一法則と状態方程式を用いて導けるよ。} \end{array}\right)$

**POINT ③** 等温膨張と断熱膨張の違い

| 等温膨張 | 断熱膨張 |
|---|---|
| 温度一定 | 温度下がる |
| 熱吸収 | 熱の出入りなし |
| $P{-}V$ グラフは反比例<br>$P \times V = $ 一定 | $P{-}V$ グラフは反比例より急<br>$P \times V^{\gamma} = $ 一定 （$\gamma > 1$） |

しつこくてごめんなさい。でも断熱膨張って，どうして温度が下がるんですか？　だって，断熱ですから外へ熱を全く奪われることはないんでしょ？

　OK！　何度でも説明するぞ。いいかい。そもそも温度とは，分子の運動エネルギーのことだったよね。

　だから，全く熱を奪われなくても，分子の運動エネルギーさえ減らしちゃえば，温度は下がるんだよ。

熱を奪わずに，どうやって分子の運動エネルギーを減らすの？

　それはね。気体分子にピストンを押すなどの外への仕事をさせてしまえばいいんだよ。仕事をすると，その分だけ分子の運動エネルギーは減るでしょ。

あっ，そうか！　ゴハン食べないで，ずっと仕事ばかりしてたら，エネルギーが減ってフラフラになっちゃうもんね。

　そういうこと。気体分子の「ボール」1個1個の「気持ち」になって考えるとわかりやすいよね。

等温変化と断熱変化の違いがわかったかい！

$n$ [mol]の単原子分子理想気体があり，はじめ圧力 $P_0$，体積 $V_0$，温度 $T_0$ の状態 A にあった。気体定数を $R$ とする。ここからスタートした次の異なる2つの過程を考える。

過程 I：等温変化で体積 $8V_0$ まで膨張させ状態 B にする。

過程 II：断熱変化で体積 $8V_0$ まで膨張させ状態 C にする。

過程 I で，気体が外へした仕事が $W$ であり，過程 II での気体の圧力と体積の間には $P \times V^{\frac{5}{3}} = $ 一定の関係があるものとして，次の問いに（　）内の記号を用いて答えよ。

(1) 状態 B の圧力を求めよ。（$P_0$）

(2) 状態 C の圧力を求めよ。（$P_0$）

(3) 状態 C の温度を求めよ。（$T_0$）

(4) 過程 I の $P-V$ グラフの概形をかけ。

(5) 過程 II の $P-V$ グラフの概形をかけ。

(6) 過程 I で気体が吸収した熱を求めよ。（$W$）

(7) 過程 II で気体が外へした仕事を求めよ。（$n$, $R$, $T_0$）

**解説**　(1)　いつものように《熱力学の解法》(P.285)でいくぞ。

**STEP 1**　各状態の $P$, $V$, $n$, $T$ を仮定し，未知数に下線を引いて作図する。

（図a, b, c）状態方程式より，

A：$P_0 V_0 = nRT_0$ ……①

B：$\underline{P_1} \times 8V_0 = nRT_0$ ……②

C：$\underline{P_2} \times 8V_0 = nR\underline{T_1}$ ……③

ここで，辺々①÷②より，

辺々割る♪

$$\frac{P_0}{8P_1} = 1 \quad \therefore \quad P_1 = \frac{1}{8}P_0 \cdots\cdots 答$$

A

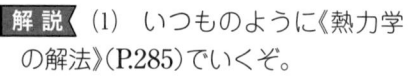

$P_0$, $V_0$
$n$, $T_0$

図 a

B

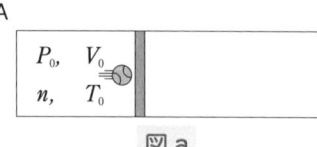

$\underline{P_1}$, $8V_0$
$n$, $T_0$ （等温）

図 b

C

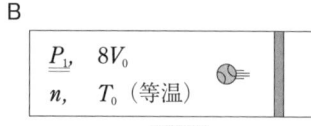

$\underline{P_2}$, $8V_0$
$n$, $\underline{T_1}$

図 c

(2) ③の式には未知数が２つも入っていて，どうしても解けないね。式が
あと１つほしいね。何か他に立てられる式があるかな？

> あ！　過程Ⅱでは $P \times V^{\frac{5}{3}} = $ 一定　の関係があります。
> でも，どーやってこの式を使ったらいいんですか？

そうだね。この式はね，まずは枠だけつくっておくんだ。

$$\Box \times \Box^{\frac{5}{3}} = \Box \times \Box^{\frac{5}{3}}$$

そして，過程Ⅱの状態Ａと状態ＣのＰとＶを入れてごらん。

$$\underbrace{P_0 \times V_0^{\frac{5}{3}}}_{A} = \underbrace{P_2 \times (8V_0)^{\frac{5}{3}}}_{C}$$

これで完成だ。コツはつかめたかな？　この式で $8^{\frac{5}{3}} = 2^{3 \times \frac{5}{3}} = 2^5 = 32$
だから，

$$P_0 \times V_0^{\frac{5}{3}} = P_2 \times V_0^{\frac{5}{3}} \times 32$$

よって，$P_2 = \dfrac{1}{32}P_0$ ……④　……答

(3) 辺々① ÷ ③して ── 辺々割る♪

$$\frac{P_0}{P_2 \times 8} = \frac{T_0}{T_1}$$
よって，$T_1 = \dfrac{8P_2}{P_0}T_0 = \dfrac{1}{4}T_0$ ……⑤　……答
④より

(4) STEP2 等温変化では，$P-V$グ
ラフは反比例なので，図dにな
る。……答
　また，このとき気体が外へし
た仕事$W$は，図のピンク色の部
分の面積になる。

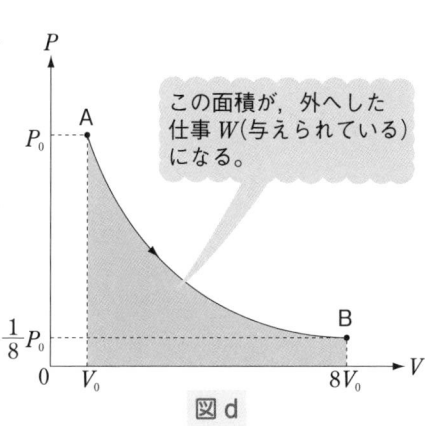

> この面積が，外へした
> 仕事$W$(与えられている)
> になる。

図 d

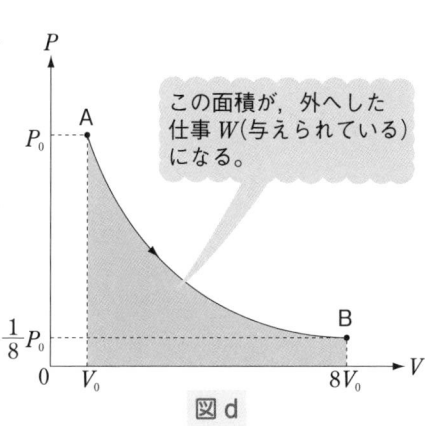

(5) 断熱変化の $P$-$V$ グラフは，反比例より急な傾きなので，図eになる。……答

このグラフの式は，与式より，

$$P \times V^{\frac{5}{3}} = 一定$$

となっている。

また，このグラフの下の面積が，気体が外へした仕事になるが，直接計算することは難しい。

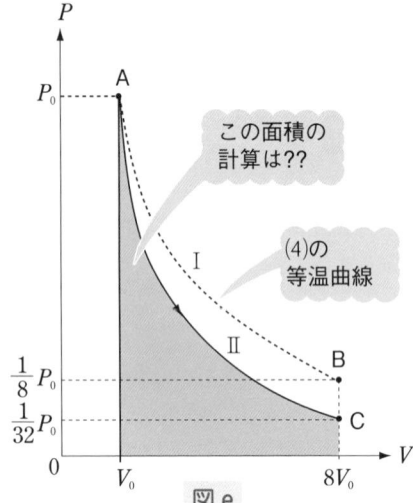

この面積の計算は??

(4)の等温曲線

図 e

(6) [STEP1] まず $\Delta T = 0$ より $\Delta U = 0$ となることに注意して，

| | $Q_{in}$ | $=$ | $\Delta U$ | $+$ | $W_{out}$ |
|---|---|---|---|---|---|
| I | $W$<br>となる | | $0$<br>等温より | | $W$<br>グラフの下の面積より<br>(与えられている) |

よって，$Q_{in} = W$……答 となる。

(7) まず，p.292のように，$Q_{in} = 0$ となることに注意して，

| | $Q_{in}$ | $=$ | $\Delta U$ | $+$ | $W_{out}$ |
|---|---|---|---|---|---|
| II | $0$<br>断熱より | | $\dfrac{3}{2}Rn(T_1 - T_0)$<br>⑤より $= -\dfrac{9}{8}nRT_0$ | | ?? |

この式を逆算して

$$W_{out} = Q_{in} - \Delta U = \frac{9}{8}nRT_0 \cdots\cdots 答$$

## STORY④ // 真空容器への膨張

　図2のように，ピストンでシリンダーを仕切って，左側には気体を詰め込み，右側は全くの空っぽ(真空)にしておく。そして，いま図3のように，真ん中の仕切り板に小さな穴を空けると，プシュ～！と，気体が穴から右側の部屋に噴出するよね。

　このとき，噴出後の気体の温度は噴出前に比べて，

㋐上がっている　㋑下がっている　㋒変わらない　のうちどれだと思う？　ただし，周囲とは，一切の熱の出入りが無いものとする。

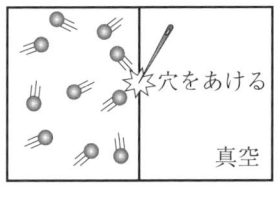

穴をあける

真空

図2

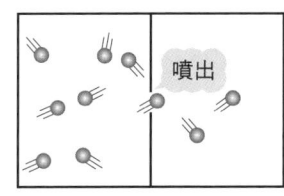

噴出

図3

　断熱でしかも膨張だから，p.303でやったように，断熱膨張で温度は下がってま～す。だから，㋑です。

　そうか。やっぱりそう選んじゃうよね。でも，じつは正解は，㋒の変わらないなのだ。

　でも～，断熱で膨張，何か間違ってますか～？

　いいかい。じゃあ，逆に聞くけど，どうしてp.303の断熱膨張では温度が下がったんだっけ？

　気体分子がピストンを押して「疲れた～」ということで，エネルギーを失ったからです。

　じゃあ，いまの場合，真空容器へ出ていった気体分子は何かピストンを押し出したり，仕事をしているかい？

第23章　熱力学の応用　| 309

あれ！ ピストンを押していないぞ。あ！ だから，気体はエネルギーを失わない。つまり，温度は変わらないんだ。

そのとおり。気体分子の「気持ち」になると，**図4**のようになるね。

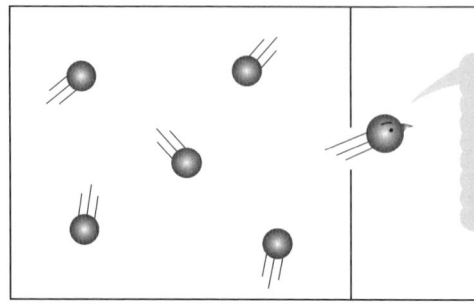

ボクは，外から熱ももらわないし，ピストンも押さないから，ボクのエネルギー（温度）は変わらないね。

図4

---

**・POINT ④・ 真空容器への膨張**

① 気体が外部との熱や仕事のやりとりをせず，単純に真空容器内に噴出するときには，気体の温度は変化しない。

② 断熱膨張と真空膨張の違い

| 断熱膨張 | 真空膨張 |
|---|---|
| ピストンを押し出して外へ仕事をする分温度は下がってしまう | ピストンを押し出さず外へ仕事もしないので温度は変わらない |

自分が気体分子になったつもりで考えてみよう。

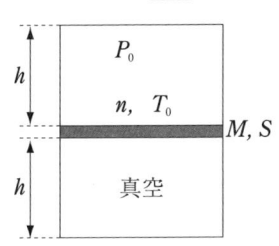

チェック問題 **4** 真空膨張 やや難 **12**分

　図のように，質量 $M$ で断面積 $S$ の
ピストンが断熱性のシリンダーの中
央部に固定されている。ピストンの上
部には $n$ [mol] の単原子分子理想気
体があり，その圧力は $P_0$，体積は $hS$
になっている。下部は体積 $hS$ の真空
となっている。気体定数を $R$，重力加速度を $g$ とする。ここ
で，ピストンに小さな穴をあけて十分時間が経ったとき，次の
(1)，(2)それぞれの条件の下での気体の温度を求めよ。

(1)　ピストンを固定したままのとき（$T_0$ を用いて）。

(2)　穴をあけてからピストンを自由に動けるようにし，ピスト
　　ンが底についたとき（$T_0$，$M$，$g$，$h$，$R$ を用いて）。

---

**解説**　いつものように《熱力学の解法》(p.285)でいくのみ！

(1)　**STEP1** 気体は外部と熱や仕事のやりとりをしない状態で真空膨張した
ので，その温度は変わらない。

よって，変化後の温度も $T_0$……**答**
のままとなるぞ。

　**図a**のように未知数は圧力 $P_1$ だ
けとなる。この圧力を求めてみよ
う。

　状態方程式より，

　　⑤　$P_0 \times hS = nRT_0$……①

　　⑥　$P_1 \times 2hS = nRT_0$……②

辺々①÷②して　辺々割る♪

$$\frac{P_0}{2P_1} = 1$$

よって，　$P_1 = \dfrac{1}{2}P_0$

となる。

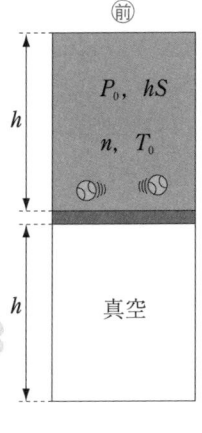
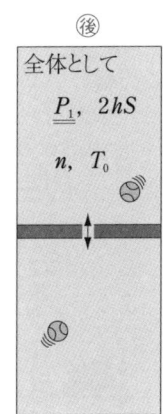

図 a

(2) STEP1 じつは、(2)では最終的に気体の温度が上昇してしまう。

え！　真空膨張では温度は変わらないのでは？

(1)の真空膨張では、なぜ温度が変わらなかったんだっけ？

それは、(1)では気体分子が外部と熱もそして仕事もやりとりをしないからですよ。

でも、(2)ではピストンが動いていて、明らかに気体分子はピストンと仕事のやりとりをしているよね。そう、**いくら真空膨張でも、ピストンが動いてしまうと温度は変化しちゃうんだよ。**

よって、**図b**のように圧力 $P_2$、温度 $T_1$ と仮定するね。

状態方程式より、

㊟′　$P_2 \times 2hS = nRT_1$ ……③

未知数は2つあるので、もう1つ式がほしいね。

STEP2 本問では $P-V$ グラフはかけないんだ。

どうしてですか？

なぜなら、ピストンが落下中のとき、気体の圧力にはムラ（場所によって高かったり低かったりする。ピストンによって中の気体がかきまぜられているためである）があって、きちんとした圧力が定義できないからなんだよ。だから、㊟の$(P_0,\ hS)$、㊟′の$(P_2,\ 2hS)$の点はとれても、その間のグラフがかけないんだ。

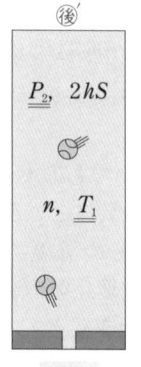

図b

すると、次の STEP3 の $W_{\text{out}}$ はどうするんですか？　$P-V$ グラフの下の面積が使えないじゃないですか。

そうなんだ。だから、ある工夫が必要になる。それは次の STEP3 で見ていこう。

**STEP 3** 熱力学第一法則は，

$$Q_{\text{in}} = \Delta U + W_{\text{out}}$$

$$0 = \underbrace{\frac{3}{2}Rn(T_1 - T_0)}_{\text{断熱}} + \underbrace{? ? ?}_{P-V\ \text{グラフの下の面積不明}}$$

> やっぱり，$W_{\text{out}}$ の計算はムリですね。$P-V$ グラフがか
> けないんだから……

そこで，$W_{\text{out}}$ の定義に戻って考えるよ。いま，ピストンにはどんな力が外部からはたらいている？

> 地球が引っぱる力，つまり重力 $Mg$ ですよ。

そう，その重力がピストンを通して気体に外部から仕事をしていると言えるね。すると，

$$W_{\text{out}} = (気体が外部へした仕事)$$
$$= -(気体が外部（重力）からされた仕事)$$
$$= -\underbrace{Mg}_{力} \times \underbrace{h}_{距離} \quad \leftarrow 図 c より$$

となる。よって，

$$Q_{\text{in}} = \Delta U + W_{\text{out}}$$

$$0 = \frac{3}{2}Rn(T_1 - T_0) + (-Mgh)$$

ゆえに，$T_1 = T_0 + \dfrac{2Mgh}{3nR}$ ……**答**

図 c

**別解**（内部エネルギー $\dfrac{3}{2}RnT$）＋（ピストンの位置エネルギー $Mgh$）が保存すると見て，

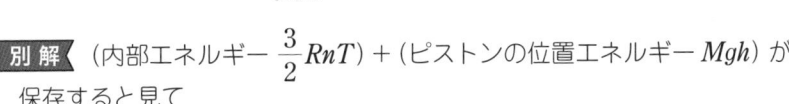

$$\underbrace{\frac{3}{2}RnT_0 + \underbrace{Mgh}_{重力による位置エネルギー}}_{\text{前}} = \underbrace{\frac{3}{2}RnT_1 + Mg \times 0}_{\text{後}'}$$

よって，$T_1 = T_0 + \dfrac{2Mgh}{3nR}$ ……**答**

① **定積モル比熱 $C_V$，定圧モル比熱 $C_P$**

一定の体積(圧力)で

$1\,\mathrm{mol}$ を $1\,\mathrm{K}$ 上昇させるのに要する熱量が $C_V(C_P)$

よって，定積(圧)変化なら $Q_{\mathrm{in}} = C_V(C_P)n\varDelta T$ で

$Q_{\mathrm{in}}$ を求めてもよい。

② **熱効率 $e$**

熱機関の1サイクルで，

$$e = \frac{\text{外へした正味の仕事 } W}{\text{純粋な投入熱 } Q_1}$$

$(W = W_{\mathrm{out}}\text{の総和})$

$(Q_1 = Q_{\mathrm{in}} > 0 \text{ のみの和})$

③ **等温変化と断熱変化**

等温膨張

$\quad Q_{\mathrm{in}} = \varDelta U + W_{\mathrm{out}}\quad \rightarrow\ $ 温度下がらない，熱吸収する
$\quad\ \ $ 正$\quad\ \ $ 0 $\quad\ $ 正

$\quad P \times V = \text{一定}\ (P\text{−}V\,\text{グラフは反比例})$

断熱膨張

$\quad Q_{\mathrm{in}} = \varDelta U + W_{\mathrm{out}}\quad \rightarrow\ $ 温度下がる，熱吸収しない
$\quad\ \ $ 0 $\quad\ \ $ 負$\quad\ $ 正

$\quad P \times V^{\gamma} = \text{一定}\ (P\text{−}V\,\text{グラフは反比例より急})$

④ **真空膨張**

気体が外部と熱や仕事をやりとりしないで，真空容器に膨張しても気体の温度は変わらない。

# 漆原晃の P O I N T 索引

## 重要語句の索引

この本を書くにあたり尽力いただきました㈱KADOKAWAの原賢太郎，山﨑英知両氏，多々良拓也氏に感謝いたします。

漆原　晃（うるしばら　あきら）

代々木ゼミナール物理科講師。

東京大学理学部物理学科卒、東京大学大学院理学系研究科修了。「酸化物巨大磁気抵抗効果の発見」によって、日本物理学会論文賞を受賞。その論文は世界論文引用件数でトップ10に入り、21世紀の重要なテクノロジー分野の１つである「スピントロニクス」を開拓した。日本の物理教育に革命を起こすべく教育界に転身し、現在に至る。

根本概念をわかりやすく説明し、明快な解法によって難問も基本問題と同じように解けてしまうことを実践する講義は、受講生の成績急上昇をもたらすと大人気。その講義は映像授業「フレックス・サテライン」として、全国の代ゼミ校舎、代ゼミサテライン予備校などで受講可能。

著書に、本書の姉妹書である『改訂版　大学入試　漆原晃の　物理基礎・物理［電磁気］が面白いほどわかる本』『改訂版　大学入試　漆原晃の　物理基礎・物理［波動・原子］が面白いほどわかる本』、ハイレベル受験生用の参考書『難関大入試　漆原晃の　物理［物理基礎・物理］解法研究』（以上、KADOKAWA）、『漆原の物理　明快解法講座　四訂版』『漆原の物理　最強の99題　四訂版』（以上、旺文社）などがある。

かいていばん　だいがくにゅうし　うるしばらあきら
改訂版　大学入試　漆原晃の

ぶつりきそ・ぶつり　りきがく・ねつりきがく　おもしろ　　　ほん
物理基礎・物理［力学・熱力学］が面白いほどわかる本

2023年 5 月26日　初版発行
2024年 8 月10日　 5 版発行

うるしばら　あきら
著者／漆原　晃

発行者／山下　直久

発行／株式会社KADOKAWA
〒102-8177　東京都千代田区富士見2-13-3
電話 0570-002-301（ナビダイヤル）

印刷所／株式会社加藤文明社印刷所
製本所／株式会社加藤文明社印刷所

本書の無断複製（コピー、スキャン、デジタル化等）並びに
無断複製物の譲渡及び配信は、著作権法上での例外を除き禁じられています。
また、本書を代行業者などの第三者に依頼して複製する行為は、
たとえ個人や家庭内での利用であっても一切認められておりません。

●お問い合わせ
https://www.kadokawa.co.jp/（「お問い合わせ」へお進みください）
※内容によっては、お答えできない場合があります。
※サポートは日本国内のみとさせていただきます。
※Japanese text only

定価はカバーに表示してあります。

©Akira Urushibara 2023　Printed in Japan
ISBN 978-4-04-605223-0　C7042

理科が
面白いほど
わかる

|| 改訂版 ||

大学入試

漆原 晃の

# 物理基礎・物理

［波動・原子］が面白いほどわかる本

JN039465

代々木ゼミナール
講師

## 漆原 晃

＊本書は、小社より2014年に刊行された『大学入試　漆原晃の　物理基礎・物理
［波動・原子編］が面白いほどわかる本』の改訂版です。また、最新の学習指導要
領に対応させるための加筆・修正をいたしました。

# はじめに

　「波動と原子の分野ほど，丁寧な指導が必要な分野はないなあ」とこのごろよく思います。しっかりと教えれば教えるほど，生徒は深く理解し，面白さもわかってくる分野です。しかし，現実はどうでしょうか。

　次から次へと新しい公式や現象が出てきて，じっくり理解する余裕もなく誤解を残したまま，テストに入っていくというのが現状ではないでしょうか。

　そこで本書では，波のさまざまな現象や，原子分野がどのように開拓されていったかをわかりやすく，楽しく，深く理解してほしいという目的で1つひとつの章を独立させながらも，綿密につなげる構成で展開しています。ぜひ専用のノートを横に用意して，内容をまとめ，チェック問題を解きながら，読み進めていってほしいと思います。また内容構成では，

① 　波動の各現象を知識ゼロからでも理解できるように徹底的に，基本イメージを重視しました。
② 　波動分野では，「公式の証明過程そのもの」が試験に出るので，そのプロセスを一つひとつ丁寧に示していきました。
③ 　原子分野では，全体の流れがすっきりわかるようにシンプルかつ明快にポイントを押さえています。
④ 　会話式の講義を活かして，ミスしやすい考え方，誤解しがちなポイントを指摘し，正しい理解へと誘導していきます。
⑤ 　重要な考え方をマスターすることによって，あらゆるタイプの出題に対応できる真の学力をつけるチェック問題を厳選しました。

　本書によって，波動と原子の分野に絶対の自信をもってほしいと願っています。

# この本の使い方

　この本は，STORY，POINT，チェック問題，まとめの４つの部分から構成されています。この本をより効果的に活用するコツは，次の３つです。

---

**1〉 問題に入る前にSTORYの本文をじっくり読み込もう。**

→ 知識ゼロの状態からはじめ，身につけたい必須知識，難解な概念，おちいりやすい落とし穴を，「キャラクター　」とやりとりしながら，マンツーマン感覚で学ぶことができるので，重要な考え方をどんどん吸収できます。

→ STORYは，「漆原の解法」の導入部になっており，本文を読むことにより，理論の背景を深く理解した上で，解法を活用できるようになります。

---

**2〉 POINTに来るたびに，それまでの話を振り返って確認しよう。**

→ 「物理」は建物と同じで，１つの考えが次の考えの土台になっていきます。ですから，あわてず，じっくりと，POINTで，それまでの話の要点を確かめましょう。

---

**3〉 チェック問題は，単なる答え合わせに終わらせず，解説までしっかり読もう。**

→ 解説にも「キャラクター　」を登場させて，ミスしやすい盲点や解法の根拠などを，生徒の立場に立っていっしょに考えていきます。また，別解によって，視点を変え，物理的センスを養い，入試本番に役立つ解答の吟味法を身につけます。

→ 問題レベル　易，標準，やや難　および解答時間を示しているので，参考にしてください。

## も く じ

本文イラスト:中口　美保

たはら　ひとえ

# 物理基礎の
# 波 動

# 第1章 波のイメージ＝ウェーブ

▲私たちは波に囲まれて暮らしている

## STORY 1 / 身のまわりにどんな波がある？

「ピピピピピ…！」目覚まし時計が朝のはじまりを告げる。
（鼓膜は，空気中を伝わる縦波の音波を受け，振動数 500 Hz で振動中だ）

「サッ！」とカーテンを引くと，今日は快晴‼　朝の光が差し込んでくる。寝ぼけまなこがだんだんはっきりしてくる。
（水晶体のレンズが網膜のスクリーンに倒立実像をつくっているよ）

「トントントン」と階段を下り，「おはよう〜」とあいさつをする。
（声帯の弦から発せられる音波を，のどの気柱で共鳴させているんだよ）

朝食を食べていると，「いっしょに学校へいこう♪」という友達のメールがスマホに届く。
（メールは部屋の中に回折してきた電波に乗ってやってくるね）

イヤホンを付けて，音楽を聴きながら，「いってきま〜す！」と玄関を出る。
（最近のヘッドホンには，クリアな音をつくり出すため，干渉効果で雑音を打ち消すはたらきがあるよ）

「何げない日常」のシーンにいろいろな波があふれているんだね。

まずでは，「波の基本イメージ＝ウェーブ」と「波の基本用語」，そして「波の基本式」について学んでいこう。波の性質をよく知ることによって，君が目にする景色，耳にする音，便利な電化製品，さまざまな自然現象なども，もっと豊かに楽しみ，もっと興味深く理解できるようになるよ。

STORY② ## 「ウェーブ」から何が見える？

### 1 「ウェーブ」には2つの動きが含まれる

キミは，「ウェーブ」をやったことがあるかい？ サッカーのスタジアムでたくさんのお客さんのつくる**図1**のような波のことだ。

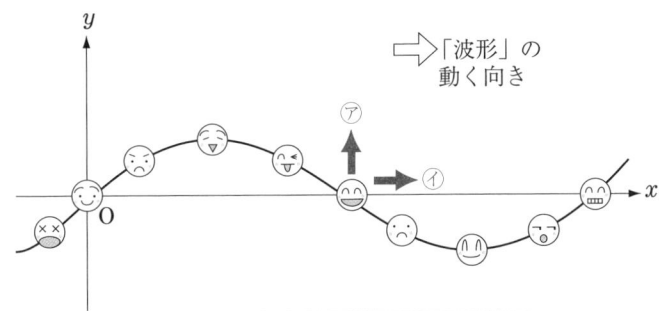

**図1 波のイメージ＝「ウェーブ」**

**図1**の波の形(波形)は右へ動いているとするね。

ここで2択の問題。**図1**の😊の顔の「お客さん(媒質点←波を伝える物質を媒質という)」は，

2択 ⑦ 上へ動く ⬆
　　 ④ 右へ動く ➡

どっちに動くかな？

「波形」が右に動くんだから，いっしょになって，この「媒質点」も右へ動いていくんじゃないの。 ④➡でしょ。

エエーッ！　そんなことしたら，右端にいる「お客さん」がつぶれて
しまうじゃないか！　アブナすぎる（笑）　たとえ「波形」が右へ動こ
うとも 1 人ひとりの「お客さん」は，立ったり座ったり上下に動いてい
るんだよ。正解は⑦⬆だ。
　次の 2 つの動きを区別しよう。

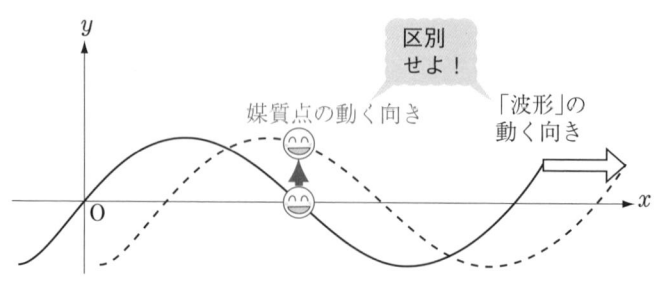

図2　😊の人は上向きに動く

　では，ここまでのポイントをおさらいしておこう。

> ・POINT ❶　「ウェーブ」に含まれる 2 つの動きを区別せよ！
>
> 区別　動き 1　「波形」は横方向に一定速度で平行移動している。
> 　　　動き 2　各「媒質点」（お客さん）は上下に振動している。

お客さんが動く
方向に注意!!

## STORY③ 波の４大基本物理量って何？

STORY②// では，波には２つの異なる動きが含まれることを見た。そう，「波形」の横への平行移動と，各「お客さん」つまり「媒質点」の上下振動だ。

次に，波の４つの大切な量（４大基本量）を定義するぞ。物理は定義が命！ だから，しっかりと頭にたたきこんでおくこと！

### 1 「波形」とその動きを表す量❶❷

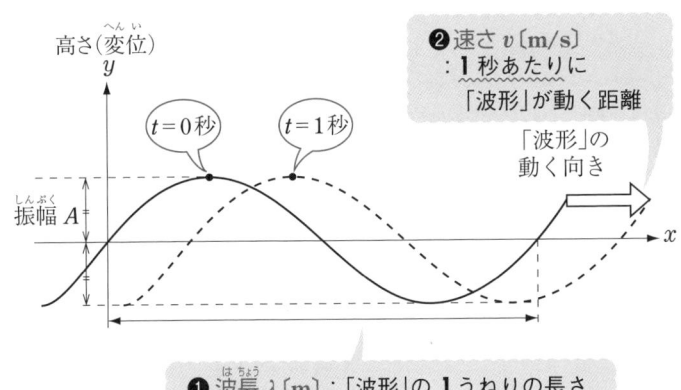

高さ（変位）
$y$

t＝0秒　　　t＝1秒

振幅 $A$

❷速さ $v$〔m/s〕
：１秒あたりに「波形」が動く距離

「波形」の動く向き

$x$

❶波長 $\lambda$〔m〕：「波形」の１うねりの長さ

### 2 「媒質点」の単振動（ばね振り子の運動と同じ）を表す量❸❹

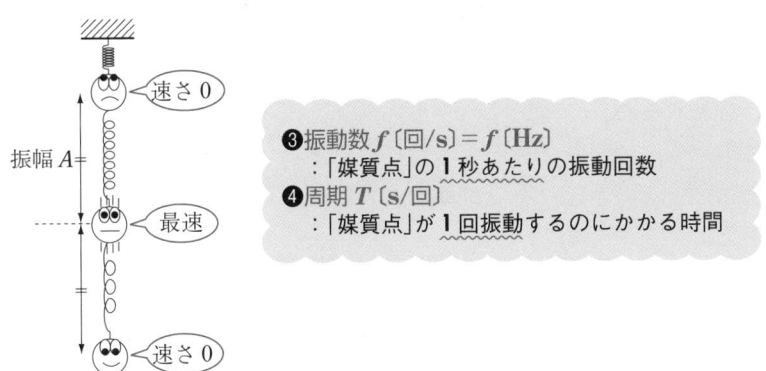

振幅 $A$

速さ 0

最速

速さ 0

❸振動数 $f$〔回/s〕＝$f$〔Hz〕
：「媒質点」の１秒あたりの振動回数
❹周期 $T$〔s/回〕
：「媒質点」が１回振動するのにかかる時間

## STORY ④ 波の基本式も「ウェーブ」でイメージできちゃう

### 1 振動数 $f$ と周期 $T$ は逆数の関係

　もし，キミが「お~い，今から振動数 $f = 10\,\text{Hz}$ のウェーブやろーぜ」と誘われたら，ホイホイついていくかい？

> ウェーブ楽しそう♪　でも待てよ，$f = 10\,\text{Hz}$ ということは……ゲゲ⤵　1秒に 10 回振動！　筋肉ブチブチだ！

　そりゃそーだ(笑)　では，そのキョーフのウェーブが，1回だけ振動するのにかかる時間，つまり周期 $T$ は？

> 1秒に 10 回も振動するから，1回振動するのには……1秒 ÷ 10 回で，わずか 0.1 秒，なんと周期 $T = 0.1$ 秒！

　今，周期 $T$ を求めるのに 1 秒を振動数 $f = 10$ で割ったよね。全く同じように，

$$（周期\ T）= \frac{1}{（振動数\ f）}$$

という関係が一般に成り立つんだ。

### 2 速さ $v$ は振動数 $f$ と波長 $\lambda$ の積に等しい

　今，図3のようにキミが波の出るプールで浮輪に浮かんで波を待っているとするね。

　お！　今，波がちょうど1うねりやってきて，キミのいるところを通過した。このとき，キミの体はドブン！　とちょうど1回振動するはずだね。

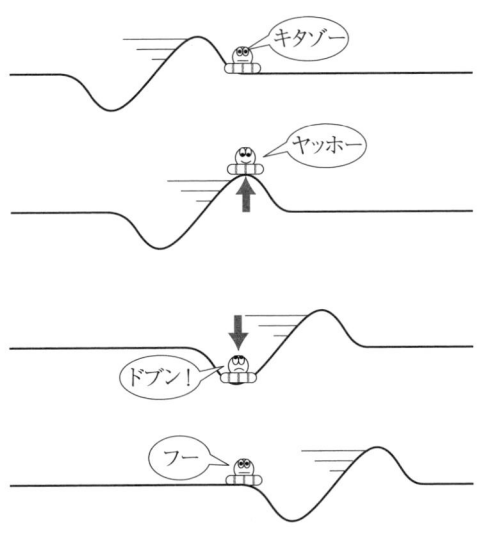

**図3 「波形」が1うねり通過すると「媒質点」は1回振動する**

　すると,「波形」は「媒質点」が1回振動する間(つまり周期 $T$ 秒の間)に, 1うねり(つまり1波長分 $\lambda$ [m])進んだことになるね。だから,「波形」の速さ $v$ [m/s]は,

$$(速さ\ v) = \frac{(距離)}{(時間)} = \frac{(距離\ \lambda\ [\mathrm{m}])進んだ}{(時間\ T\ [\mathrm{s}])の間に} = \frac{\lambda}{T}$$

と書ける。では, これに ■1 で見た周期 $T$ と振動数 $f$ の関係

$$(周期\ T) = \frac{1}{(振動数\ f)}$$

を代入してみよう。すると,

$$(速さ\ v) = \frac{\lambda}{T} = \frac{\lambda}{\dfrac{1}{f}} = f \times \lambda$$

　つまり,

$$\boxed{(速さ\ v)\ =\ (振動数\ f)\ \times\ (波長\ \lambda)}$$

となるね。

以上のことからわかるように，$v = f \times \lambda$ という式は

「波が１うねり通過すると各媒質点は１回振動する」

というごくあたりまえのことを式に表したものにすぎないんだよ。

---

**・POINT ②〉 波の基本式**

$$(\text{周期 } T) = \frac{1}{(\text{振動数 } f)}$$

$$(\text{速さ } v) = (\text{振動数 } f) \times (\text{波長 } \lambda)$$

---

では，学んだことをチェックするために次の問題にトライだ！

---

**チェック問題 1〉 波の基本量と基本式** 　　　　　📖 **易 2分**

次の(1)(2)の ☐ をうめよ。

(1)

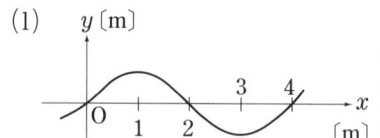

この波が0.4秒で右へ8m動くとき，

$\lambda = $ ☐ ，　$v = $ ☐ ，

$f = $ ☐ ，　$T = $ ☐

(2) 波長 $\lambda = 10$ m のウェーブで「媒質点」は５秒で２回振動している。このとき，

$T = $ ☐ ，　$f = $ ☐ ，

$v = $ ☐

---

**解説** (1) 与えられた図より，波長 $\lambda = 4$〔m〕……**答**

また，波の速さ $v$ は，距離÷時間より，

$$v = \frac{8\text{m動く}}{0.4\text{秒で}} = 20 \text{〔m/s〕}\cdots\cdots\text{答}$$

$\lambda$ と $v$ の２つget！

 残りの $f$，$T$ はいったいどうやって求めるの？

そうだね，$f$ と $T$ は与えられた条件からは直接求めることはできないね。

そこで登場するのが波の基本式，$v = f \times \lambda$，$T = \dfrac{1}{f}$ だ。

$v = f\lambda$ を変形すると，$f = \dfrac{v}{\lambda}$ となり，

$$f = \frac{v}{\lambda} = \frac{20 \, \text{(m/s)}}{4 \, \text{(m)}} = 5 \, \text{(Hz)} \cdots\cdots 答$$

$T = \dfrac{1}{f}$ より，

$$T = \frac{1}{f} = \frac{1}{5} = 0.2 \, \text{(s)} \cdots\cdots 答$$

(2)　まず，波長 $\lambda = 10$ (m)

　　次に「媒質点」が5秒に2回振動しているから，振動1回あたりに要する時間＝周期 $T$ は，

$$T = \frac{5 \, 秒で}{2 \, 回} = 2.5 \, \text{(s)} \cdots\cdots 答$$

> これで，$\lambda$ と $T$ の2つget！

となるね。残りの量は波の基本式を使って求めるよ。

$$f = \frac{1}{T} = \frac{1}{2.5} = 0.4 \, \text{(Hz)} \cdots\cdots 答$$

$$v = f \times \lambda = 0.4 \times 10 = 4 \, \text{(m/s)} \cdots\cdots 答$$

重要ポイントは，

---

### $v$, $f(T)$, $\lambda$ のうち2つがわかれば，残りは基本式で求まる！

---

ということだ。

> 2つget！

> 「2つget！」＆
> 波の基本式で
> フィニッシュだ！

# STORY 5 /// 波を表すグラフの究極の２択とは？

## 1 $y$–$x$ グラフは波形の「写真」

いま，**図4**のように $t = 0$，1，2，3秒でパチパチ撮った4枚の「ウェーブ（波形）」の写真がある。

写真だから，いつ撮ったかという日付（時刻）を明記しておこうね。

このグラフの縦軸は $y$，横軸は $x$ なので，$y$–$x$ グラフというよ。

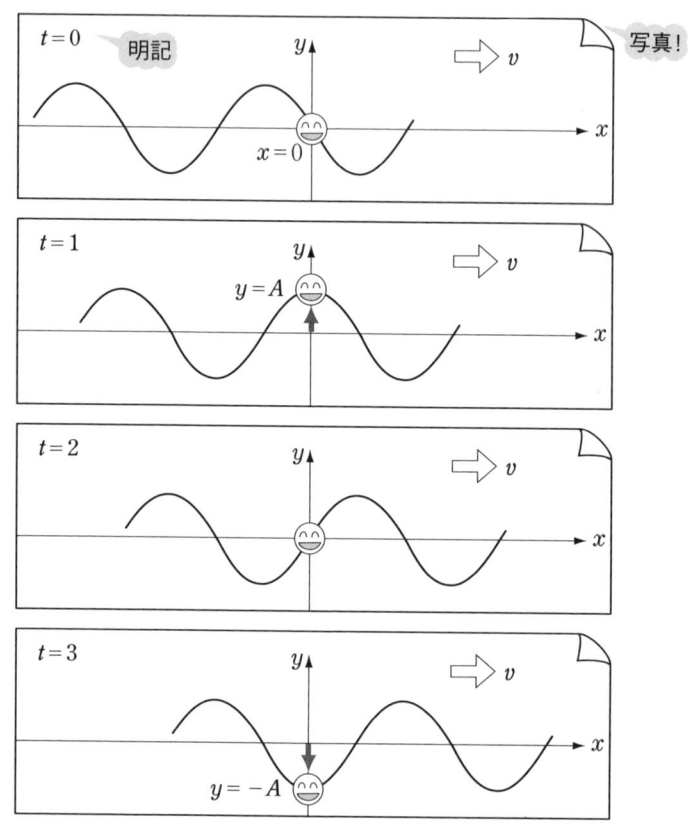

**図4　$y$–$x$ グラフはある時刻の波形の「写真」**

くり返すけど，$y$–$x$ グラフはある瞬間にパチリと撮った波形の「写真」だということを忘れないでね。

## 2 $y$–$t$ グラフはある「媒質点」の変位の時間変化を表す。

前ページの**図4**の $x = 0$ にいる😄の顔の「お客さん（媒質点）」の変位 $y$ を縦軸に，時刻 $t$ を横軸にとってグラフをかいてみよう。

まず，$t = 0$ で変位は $y = 0$，$t = 1$ で変位は $y = A$，$t = 2$ で再び $y = 0$，$t = 3$ で $y = -A$ だから $t = 4$ ではまた $y = 0$ に戻るね。

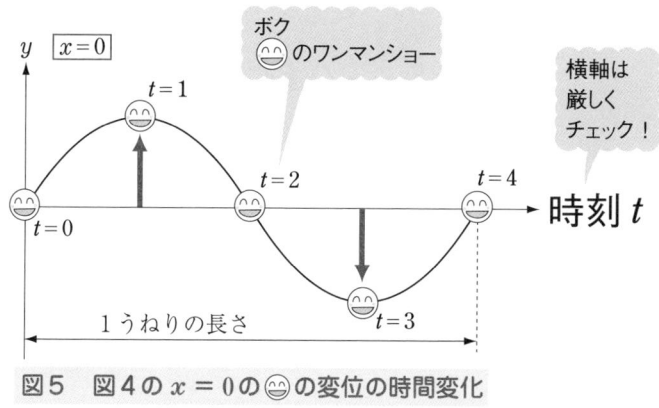

**図5** **図4**の $x = 0$ の😄の変位の時間変化

ここで大切なことは，この $y$–$t$ グラフは「波形」を表すグラフじゃないということだ。たとえば，この**図5**の１うねりの長さは何を表す？

 えーと，この図で１うねりの長さは４だから，波長 $\lambda = 4\,\mathrm{m}$ ですか？

アチャー！　よくやるミスだよ。横軸はいったい何なの？

 横軸は時刻 $t$，あ！　そうか，$t = 4\,\mathrm{s}$ で１回振動しているから波長 $\lambda = 4\,\mathrm{m}$ じゃなくて，周期 $T = 4\,\mathrm{s}$ だ！

そうだ。だから横軸には，十分に注意しておかないとポカミスするからね。何度もくり返すけど横軸は厳しくチェックだぜ！

## •POINT ❸• $y$–$x$ グラフと $y$–$t$ グラフ

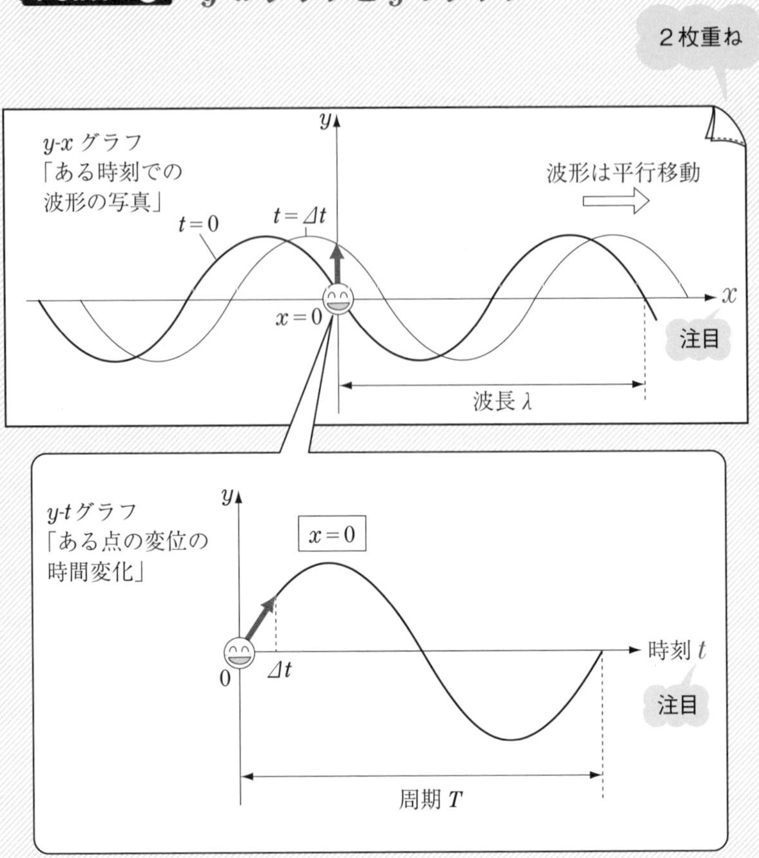

2枚重ね

$y$–$x$ グラフ
「ある時刻での
波形の写真」

$t = 0$
$t = \Delta t$

$y$

$x = 0$

波形は平行移動 ⇨

$x$

注目

波長 $\lambda$

$y$–$t$ グラフ
「ある点の変位の
時間変化」

$y$

$x = 0$

$0$ $\Delta t$

時刻 $t$

注目

周期 $T$

グラフの横軸は,
しっかり確認し
よう!

**チェック問題 ② y−x グラフ ↔ y−t グラフの変換** 📖標準 **10**分

(1) 下の y−x グラフをもとに x = 4 m の点Aの y−t グラフを
かけ。ただし，波の速さは v = 40 m/s とする。

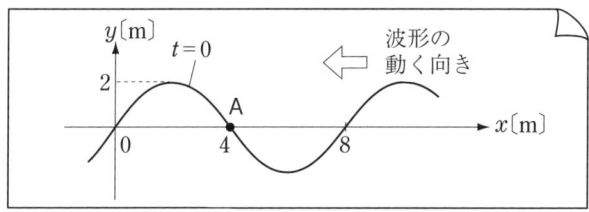

(2) 下の y−t グラフをもとに t = 0.3 s の時刻での y−x グラフ
をかけ。ただし，波形は x 軸の正の向きに速さ v = 10 m/s
で動くとする。

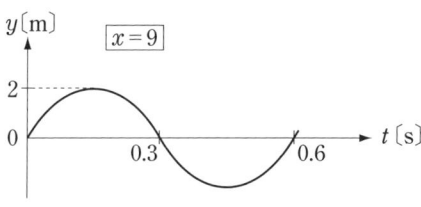

解説 この章の最終目標はこのグラフの変換だぜ！！

(1) 「ウェーブ」の写真 1 枚だけで各「お客さん」が今，上に上がりつつある
のか，下へ下がりつつあるのかわかるかい？

写真 1 枚だけじゃ動きまでは見えませんよ。せめて，も
う 1 枚次の瞬間の写真があればわかるのに！

全くその通りだ！ そこでこの与えられた t = 0 における y−x グラフ
と，t = Δt（微小時間後）における y−x グラフを 2 枚の「写真」を重ねてか
いてみよう。ただし，y−x グラフは x 軸の負の向きに動いていることに注
意しよう。

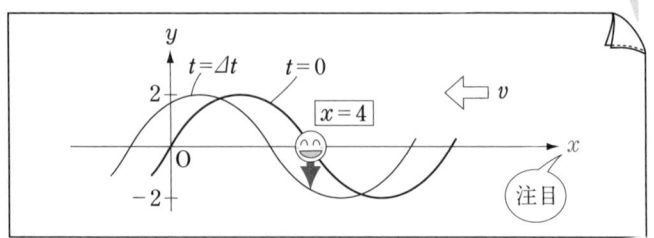

すると，$x = 4\,\mathrm{m}$ の人😄は $t = 0$ で $y = 0$，$t = \Delta t$ で $y < 0$ の方向，つまり下へ下がっていることがわかる。

さらに，$\lambda = 8\,\mathrm{m}$，$v = 40\,\mathrm{m/s}$ だから，波の基本式より，

$\lambda$ と $v$ の2つget！

$$T = \frac{1}{f} = \frac{\lambda}{v} = \frac{8}{40} = 0.2\,\text{(s)}$$

となる。以上を合わせると，

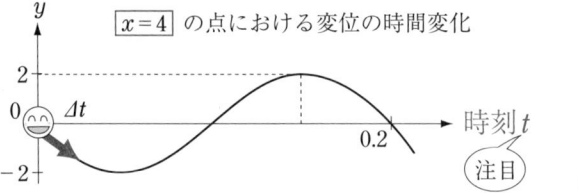

$\boxed{x = 4}$ の点における変位の時間変化

答

(2) まず，与えられた $y\text{-}t$ グラフから $x = 9\,\mathrm{m}$ の点は $t = 0.3\,\mathrm{s}$ で $y = 0$，そして，$t = (0.3 + \Delta t)\,\text{(s)}$ で $y < 0$。

つまり，下向きに動くことがわかるね。

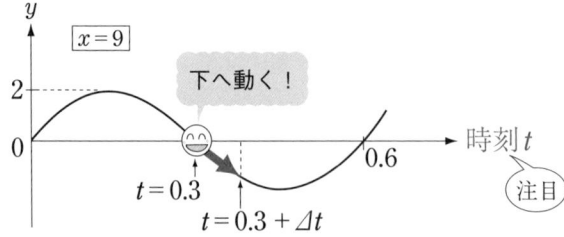

よって，$y$–$x$ グラフにおいて，時刻 $t = 0.3\,\text{s}$ のときの位置 $x = 9\,\text{m}$ の付近では，次のような波形になっていることが推定できるね。

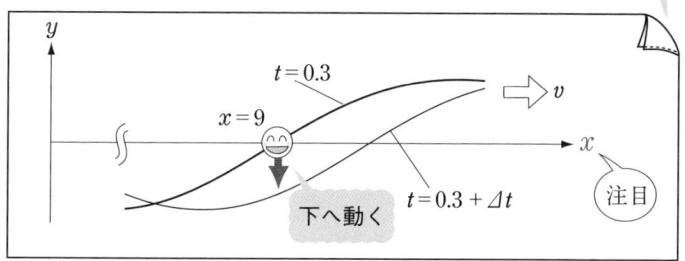

ここで，$T = 0.6\,\text{s}$，$v = 10\,\text{m/s}$ で波の基本式から，波長 $\lambda$ は，

$$\lambda = \frac{v}{f} = Tv = 0.6 \times 10 = 6\,[\text{m}]$$

となるので，$x < 9$ の範囲の $y$–$x$ グラフを $\lambda = 6\,\text{m}$ として，$x = 9\,\text{m}$ まで延長してかくと，求める $y$–$x$ グラフは次のような形となることがわかる。

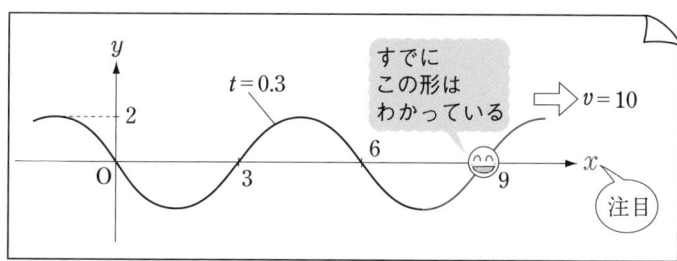

## 第 1 章
# ま と め

① 波のイメージ＝「ウェーブ」

波形は平行移動
各媒質点は単振動　　区別

② 波の基本量と基本式

(1) $T = \dfrac{1}{f}$

$v,\ f(T),\ \lambda$ のうち
2つをgetできれば
残りがわかる。

(2) $v = f \times \lambda$

③ 波の2種のグラフ

(1) $y\text{-}x$ グラフ：ある時刻での波形の写真

横軸チェック！　　　　　↕　変換できるようになろう！

(2) $y\text{-}t$ グラフ：ある点の変位の時間変化

波形の写真を2枚重ねると，各点の動きがよく見える。

次は波のいろいろな作図法について見ていこう。

# 縦波・反射波

▲満員電車でブレーキを踏むと縦波(疎密波)が生じる

## STORY 1 // 横波と縦波

### 1 縦と横ってどうやって決めるの？

トツゼンだけど，図1のような魚についた縞模様は「横縞」とよぶんだっけ？　それとも「縦縞」とよぶんだっけ？

上下方向に縞が入っているから「縦縞」に決まってるよ。

ブブー！　この魚の上下に入っている縞は縦ではなくて「横縞」というんだ。ウソだと思ったら図鑑で調べてね。

図1　縦縞 or 横縞？

ドーシテ，上下方向なのに「横」なの？

ポイントは基準のとり方だ！

魚の縞模様の場合は，**図2**のように魚の進む向きを基準にとる。

そして，その基準方向と同じ方向の縞を「縦縞」，基準方向と90°（直角方向）の縞を「横縞」とする。ルールはシンプルで，

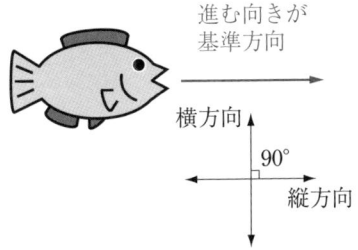

進む向きが
基準方向

横方向

90°

縦方向

図2　縦と横の決め方

> 基準（進行方向）に沿ったものを「縦」
> 90°方向となるものは「横」

このルールは次に見る「横波」，「縦波」でも全く同じルールとなるからね。

## 2　横波って何？

**図3**のように，玉(●)をばね(◠◠◠)でつないだものを用意して，左端を手で上下に振るぞ。

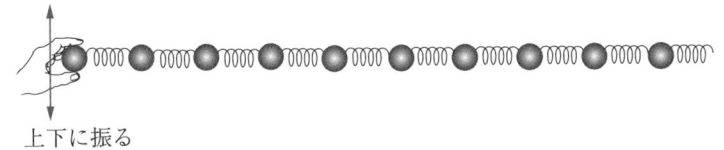

上下に振る

図3　何波ができるか？

すると**図4**のように，sin カーブ型をした「波形」ができる。この波形は右へ進む。

では，このときの各玉(●)はどちら方向に振動しているかな？

また，この波は「何波」とよべばよいかな？

えーと，各玉(●)は上下に振動しているな。すると……
波形の進行方向と 90° 方向を向いているから，横波だ！

いいぞ！　その調子。

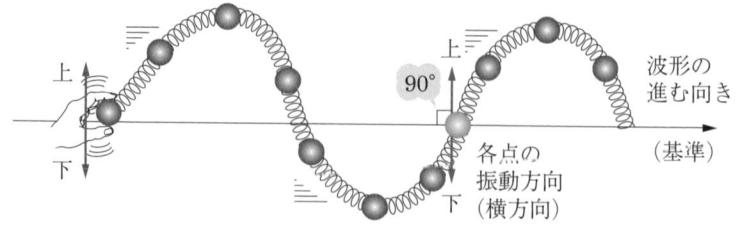

上
下

上
90°
下

各点の
振動方向
（横方向）

波形の
進む向き

（基準）

**図4　横波ができた！**

　このように，波形の進行方向と 90° 方向に振動する波を横波という。
横波の例としては，光波や，地震のS波(あとからやってくる主要動)
がある。

**3** **縦波って何？**

　今度は**図5**のように，左端を手で**左右に振って**みるよ。

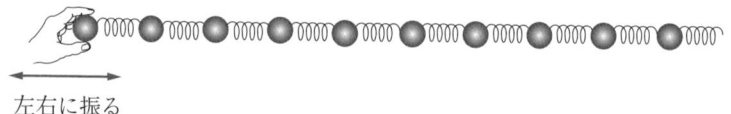

左右に振る

**図5　今度は何波ができる？**

　すると**図6**のように，各玉(●)の左右の振動が次々と伝わる波がで
きるね。この波は「何波」とよべばいいかぃ？

 ハイ！　各玉は波の進行方向に沿って左右に動くから，こ
れは縦波です。

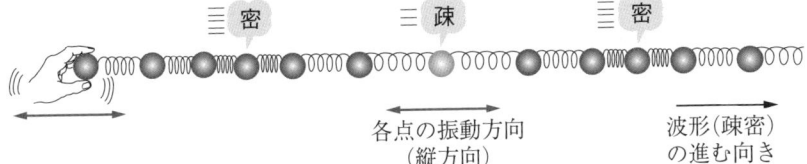

各点の振動方向
（縦方向）

波形（疎密）
の進む向き
（基準方向）

**図6　縦波ができた！**

　そうだ。また注目してほしいのは，**図6**のように，まわりから玉が ギュッと集まってきて密集している部分(密)と，まわりから玉が逃げ て，スカスカになっている部分(疎)があることだ。

　そして，時間とともにこの「密」と「疎」に相当する部分が次々と進行 方向(右)に移動していく。まるで玉突きのようだね。

　そこで，この縦波は別名「疎密波」ともよばれる。具体例は，音波や， 地震のP波(はじめにやってくる初期微動)だ。

## 4 縦波(疎密波)の横波表示

　**図4**の横波では，波形が「sin, cos カーブ」の形で「スイスイ」と表 せるね。

　これに対し，**図6**の縦波では，波形が「疎密」の形となるので「グ チャグチャ」となってしまい，表すのがめんどうくさいよね。

　そこで，次のルールを使って縦波を横波の姿を借りて表してしまう んだ。

---

縦波での右への変位 ➡ 横波での上への変位
縦波での左への変位 ➡ 横波での下への変位

---

「上　右」ルール　と覚えよう

このルールによって，**図7**の(b)のような縦波の「疎密」を，**図7**の(c)のように横波の「sin，cosカーブ」で表してしまうことができる。

また，これとは逆の手順で，横波表示から元の縦波の形に戻すこともできるよ！

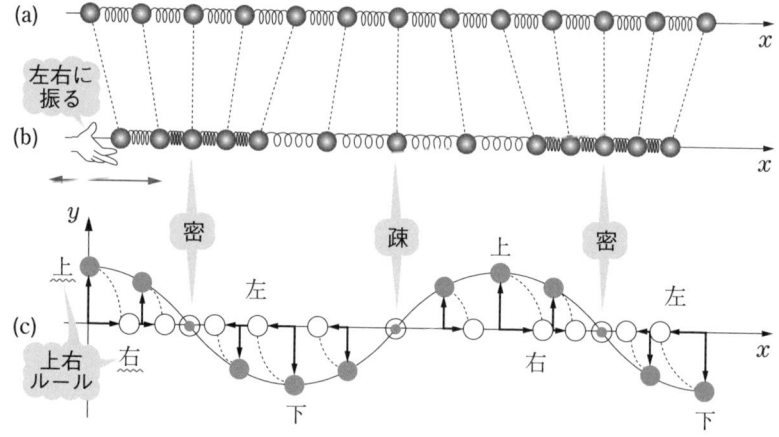

○…縦波としての媒質点の位置(左右に変位している)
●…横波としての媒質点の位置(上下に変位している)

**図7　縦波を横波として表す**

縦波でも，横波のように表すことができるんだね。

## POINT ① 横波と縦波

① 横波：「波形」の進行方向と「媒質点」の振動方向が $90°$
（例：光波）└ $\sin$, $\cos$ カーブの形

② 縦波：「波形」の進行方向と「媒質点」の振動方向が 同じ
（例：音波）└ 疎密の形

③ 対応：横波で上向きへの変位 ⇔ 縦波で右向きへの変位
　　　　　　　　（下）　　　　　　　　　　（左）

上 右 ルール

### チェック問題 1 〉縦波と疎密の分布　📖 易 5分

　図aのように横波表示をされている縦波がある。ただし $+x$ 向きの変位を $+y$ 向きの変位におきかえてある。

(1) $t = 2$ s で媒質の密度が最大となっている点のうち，$0 \leqq x \leqq 12$ に入っている $x$ 座標を求めよ。

(2) 密度が図bのように，時間変化する点の $x$ 座標を，図aの中の $0 \leqq x \leqq 12$ のうちから求めよ。

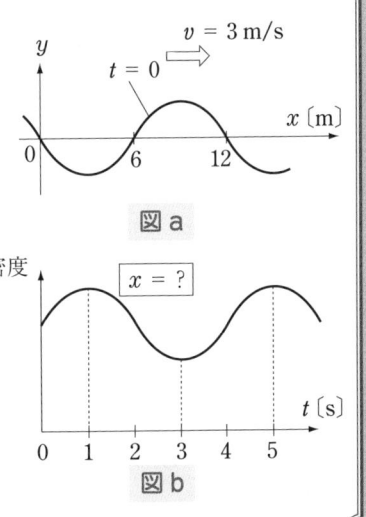

図a

図b

**解説** (1) $t = 2$ s の $y$-$x$ グラフは，$t = 0$ s のグラフを右へ
$v \times 2 = 3 \times 2 = 6$〔m〕ずらしたものだから，次のようになるね。

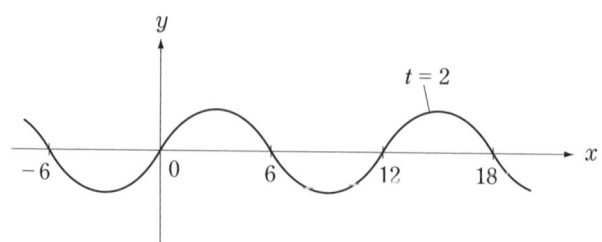

　ここで ＿上 右ルール＿ を使ってこの横波表示を縦波の姿に戻すと，
$0 \leqq x \leqq 12$ の範囲では

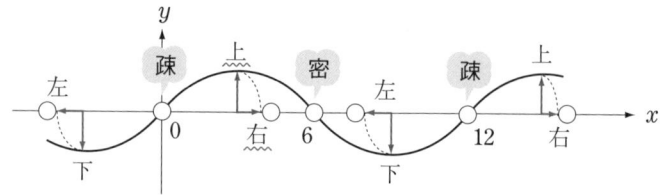

　このように $x = 6$〔m〕……**答** の位置が密になっている。

(2) **図b** より求めたい点の密度は，$t = 1$ s で最大の「密」となっている。そ
こで，$t = 1$ s の $y$-$x$ グラフをかいてみよう。
　$t = 1$ の $y$-$x$ グラフは，$t = 0$ の $y$-$x$ グラフを右へ
　$v \times 1 = 3 \times 1 = 3$〔m〕
ずらしたものだから，次ページのようになる。

　ここで ＿上 右 ルール＿ を使うと，

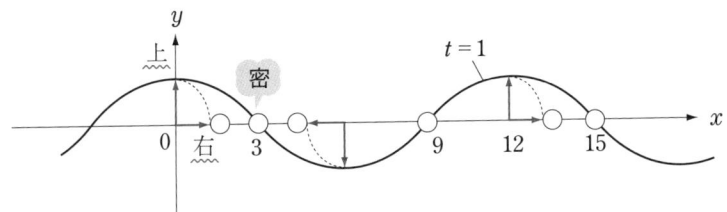

このように $0 \leqq x \leqq 12$ の範囲では，$x = 3\,\mathrm{m}$ で「密」になっていることから，**図b**のグラフは $x = 3\,(\mathrm{m})$ ……**答**の点での密度の時間変化を表したものといえる。

ちなみに，地震で最初にくるカタカタは P 波で縦波だ。遅れてやってくるユサユサの主要動は，S 波で横波だ。新幹線は，この先にやってくる P 波を検知して警報を発する「ユレダス」というシステムを採用している。縦波と横波の速さに違いがあるおかげで，命を救えるんだね。

「上右ルール」
と覚えよう！

## STORY② 合成波って何？

車どうしがぶつかると，**図8**のように，ガシャーンとクラッシュしちゃうよね。

では，波どうしがぶつかったらどうなってしまうんだろう？

図8　クラッシュ！

> えー，やっぱり何かグシャグシャになってしまうかな。

いいや，そんなことは全くなく，**図9**の波Aと波Bのように，スーと素通りしてしまうんだ。まさに「忍法通り抜けの術」みたいだね。

このことを「波の独立性の原理」というんだ。

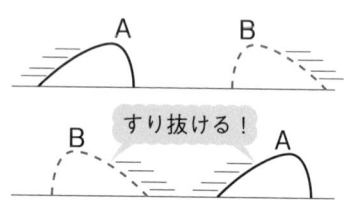

すり抜ける！

図9　波の独立性

> へー。じゃあ，波どうしが重なっている途中の状態はどうなっているんですか？

いい質問だ。そのときには**図10**のように，2つの波の変位を単純に足した変位をもつ合成波ができるんだ（波の重ね合わせの原理）。

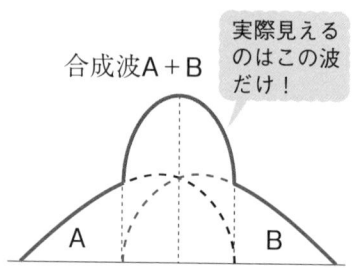

合成波A＋B

実際見えるのはこの波だけ！

図10　波Aと波Bの変位を単純に足すと合成波A＋Bになる（波の重ね合わせの原理）

ここで大切なことは，実際に目に見えるのは，合成波だけだということなんだ。**図10**では，波Aと波Bの点線部分は，決して目に見えることはないよ。だから，問題文の中で単に「波を図示せよ」ときたら，それは「実際に，目に見える合成波を作図しなさい」ということなんだよ。

## STORY ③ // 反 射 波

### 1 反射の究極の2択

「ヤッホー！《ヤッホー》」山で声がこだまする。キラッキラッ。鏡で太陽の光が反射する（まぶしい！）。「チャプン！」プールの壁で水の波がはね返っていく。

これらは，いろいろな波が，障害物や異なる物質どうしの境界面で反射することで起こっているんだよ。しかし，その反射にはたった2タイプしかないんだ。それを，**自由端反射**と**固定端反射**という。

 何が「自由」で，何が「固定」なんですか？

それは，壁にあたる部分で媒質（波を伝える物質）が自由に振動できるか，それとも，固定されて全く振動できないかで決まるんだ。

**図11**のようなロープを張った装置でいえば，上が自由端で，下が固定端になるよ。今から手を「プルン！」と1回上下させて山の形の波を右向きに送ってみよう！　ちなみに，壁へ向かって送り込む波を入射波というよ。

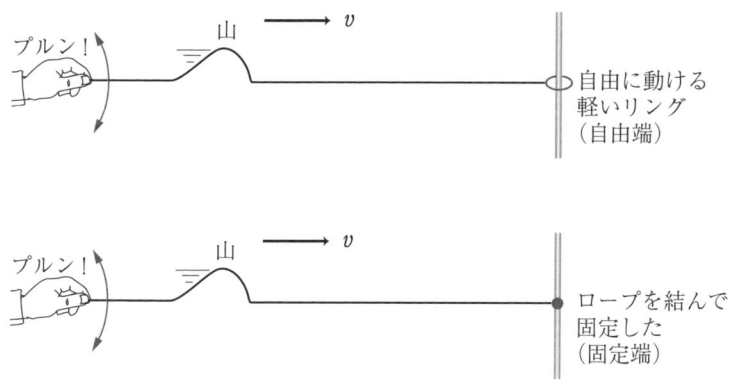

**図11　自由端と固定端**

図11の自由端と固定端に送り込んだ入射波は，いったいどのような形の反射波になって，はね返ってくるのだろうか。

その結果が，ズバリ図12だ。

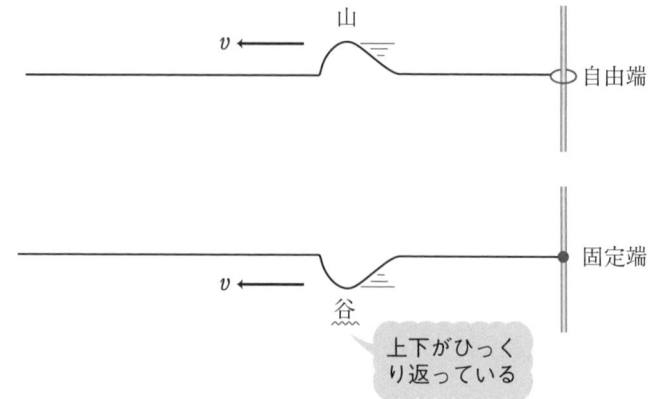

**図12　自由端と固定端の反射波**

 どうして固定端のときだけ，山が谷にひっくり返っているの？

それは，次にまとめるように，入射波が壁に入り込んだときに何が起こっているかを見るとわかる。

自由端と固定端，それぞれに分けて考えてみよう。

## 2 自由端反射はそのまま折り返す

自由端というのは，端点でロープに全く力がはたらかないということ。

よって，入射波には何の変位のずれもなく，進行方向だけ逆転してそのまま戻っていく。

したがって，次の2つのステップで作図できる。

まず，図13で示した透過波というのは，「壁がない」と仮定したときの入射波の姿を表すよ。

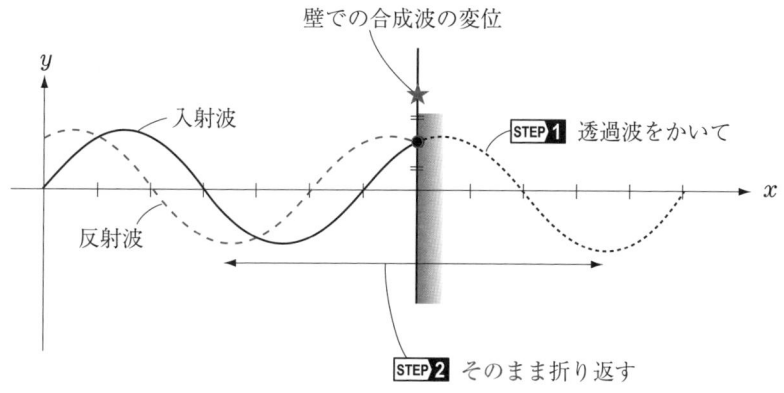

STEP1 透過波をかいて

STEP2 そのまま折り返す

**図13　自由端反射波の作図法の2ステップ**

　ここで注目してほしいのは，ちょうど壁の位置での波の変位だ。入射波の変位 ● と反射波の変位 ● はどんな関係だい？

● と ● は，同じ高さになっています。

　そうだ。そのことを入射波と反射波は，壁の位置で「位相のずれがない」というんだ。

　位相というのは，波の振動のタイミングのイメージで，要は，「● と ● は全く同じ振動をしている」ということだ。

　さらに，そのことから入射波と反射波との合成波の壁の位置での変位 ★ は，● と ● を足すとそれらの2倍の変位になっていることになるね。合成波は実際に見える波だから，自由端の位置では実際に大きな波が見えるということになるんだ。

たとえば，**図14**のように，水の入ったバケツを左右にゆすると，「チャッポン！チャッポン！」と端の位置で大きく揺れるのが見えるよね。これも水が壁の位置で自由に動ける自由端となっていることの現れだよ。

図14　自由端では大きな揺れ

また，中学校時代，はやっていたのが，プールのとき，タオルでムチをつくって「プルン！」と手を振って水着の相手を攻撃する遊びだ。これもかなり威力があったのは，**図15**のように端が自由端で大きく動いたからだね。

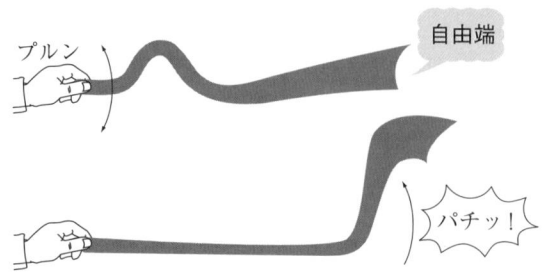

図15　タオルのムチは強力な武器

### 3 固定端反射は上下ひっくり返してから折り返す

固定端反射では，端点でロープがガッチリ固定されている。だから，**図16**のように，山の形をした波が入った瞬間，「上へずれちゃダメ！」と端点からロープへ下向きの撃力が加わる。この撃力によって，一瞬にして上下がひっくり返されてから，進行方向が逆転して戻ってくる。

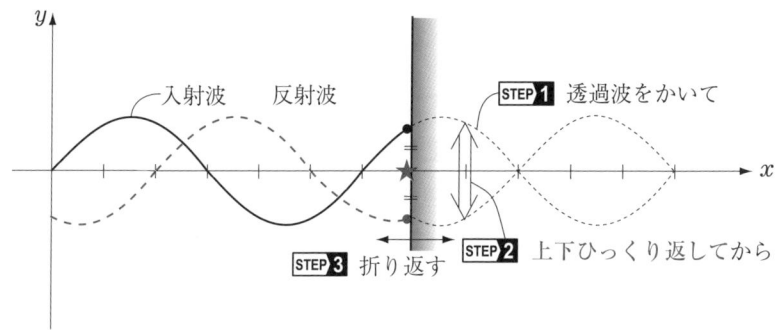

**図16　固定端反射波の作図法 3 ステップ**

　ここで注目してほしいのは，やはり壁の位置での入射波の変位 ●
と反射波の変位 ● の関係だ。ちょうど上下ひっくり返って逆符号の
変位になっているね。このことを「位相のずれが π（パイ）」とか，「位
相が逆になっている（逆位相）」という。

> 　位相というのは，詳しくは第 5 章の「波の式のつくり方」で見るけど，波
> 形を三角関数で表したときの角度部分という意味をもっているんだ。角度
> が π〔rad〕＝ 180° ずれると，三角関数の符号は逆転するよね。

　さらに**図16**から，壁での合成波の変位 ★ は，いくらになることが
わかるかい？

 ● と ● が逆の符号ということは，足した合成波 ★ の変
位は 0 となります。

　そうだ。★ の変位は，いつも必ず 0 なんだ。★ は，実際に見える
合成波だから……

 あ！　実際に見えるロープもガッチリ固定されて，動かな
いことと合っています！

　その通り。逆にいえば，壁でロープが固定されるためには，入射波
を上下ひっくり返す必要があったんだね。

## • POINT ❷ • 自由端反射と固定端反射

① 自由端反射

透過波を**そのまま**折り返す。

⎡ 壁で入射波と反射波の変位は同じ（位相のずれなし）。⎤
⎣ 合成波の変位は壁では常に入射波の2倍。         ⎦
　　　　└─ 実際に見える

② 固定端反射

⎡ 透過波を**上下ひっくり返して**から折り返す。        ⎤
⎣ 壁で入射波と反射波の変位は逆符号（位相 $\pi$ ずれる）。⎦

　合成波の変位は壁では常に0。
　　　　└─ 実際に見える

---

**チェック問題 2** 自由端・固定端反射波，合成波　標準 **6**分

　図のような三角形をした波が $x = 8\,\mathrm{m}$ にある壁に入っていく。$t = 3\,\mathrm{s}$ での

①入射波 ──

②反射波 ----

③合成波 ── の波形を，

壁が，次のそれぞれの場合に分けて作図せよ。

(1) 自由端反射の場合

(2) 固定端反射の場合

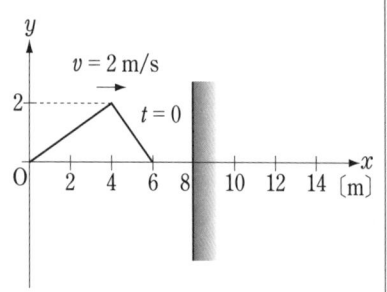

**解説** 図 a のように，3 s 後に波形の先端は，もし壁がなければ（透過波として），$x = 6 + 2 \times 3 = 12$〔m〕まで平行移動している。

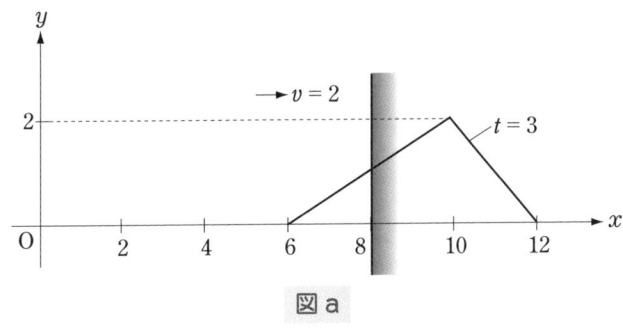

図 a

(1) **自由端反射のとき**

透過波をそのまま折り返すので，**図 b**のような各波形ができる。合成波は，**図 c**のように，$x = 6, 7, 8$ での各波形の変位を足して，1 つひとつ求めていくとわかりやすい。

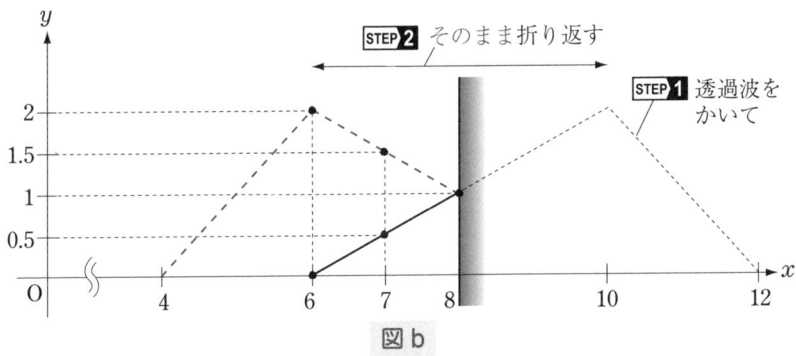

図 b

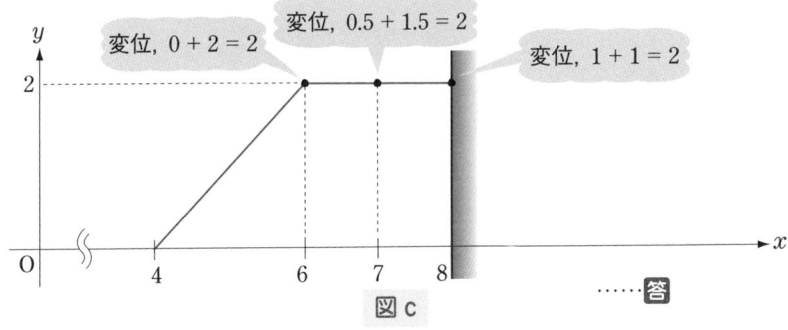

図 c

……答

(2) **固定端反射のとき**

透過波を上下ひっくり返してから折り返すので，**図d**のような各波形ができる。合成波は，**図e**のように，$x = 6$，7，8 で符号も含めた変位の足し算をして，コツコツ作図しよう。

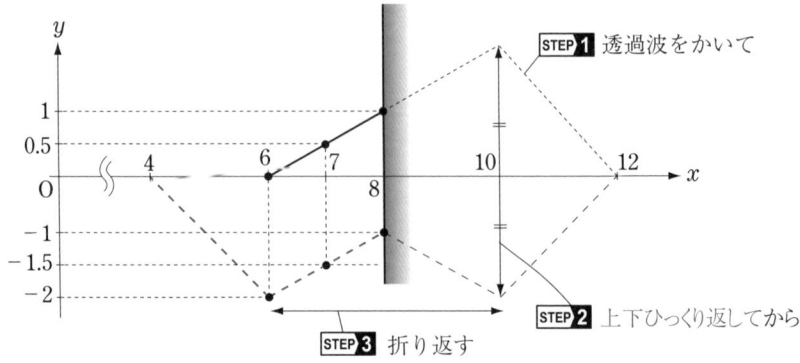

STEP**1** 透過波をかいて
STEP**2** 上下ひっくり返してから
STEP**3** 折り返す

図 d

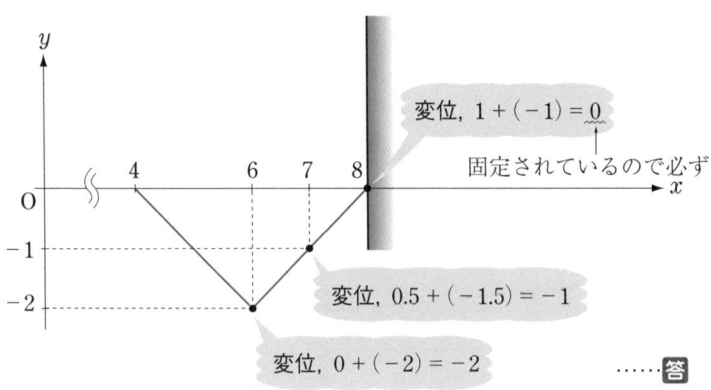

変位，$1 + (-1) = 0$
固定されているので必ず
変位，$0.5 + (-1.5) = -1$
変位，$0 + (-2) = -2$    ……答

図 e

# 第 2 章

# ま と め

① 縦波（疎密波）

(1) 波形の進行方向に沿った方向の振動が次々と伝わる

疎，密となる部分が移動していく

(2) 横波表示で上に変位 ⇔ 縦波では右に変位

　　　　　（下）　　　　　　　　　（左）

**上 右 ルール**

② 合 成 波

(1) $y_{合成} = \underbrace{y_A + y_B}_{\text{符号も含めた変位の単純和}}$ （重ね合わせの原理）

(2) 実際に見えるのは合成波のみ

③ 反 射 波

(1) 自由端反射波

透過波をそのまま折り返す

(2) 固定端反射波

透過波を上下ひっくり返して折り返す

本章の内容を
次の定常波に
応用しよう。

# 第3章 定常波と弦・気柱

▲弦・気柱とはまさに弦楽器や管楽器のことだ

## STORY① 定常波って何？

### 1 まずは ② の固定端反射のおさらいから

さて，忘れないうちに復習しよう。**図1**のような固定端では，右へ進む入射波の透過波を上下ひっくり返して，壁に関して折り返すと，左へ進む反射波ができた。右へ進む入射波と左へ進む反射波を足し合わせると，合成波ができる。これらのうち，実際に見えるのは合成波だけだったね。ここまでは前回の復習だよ。

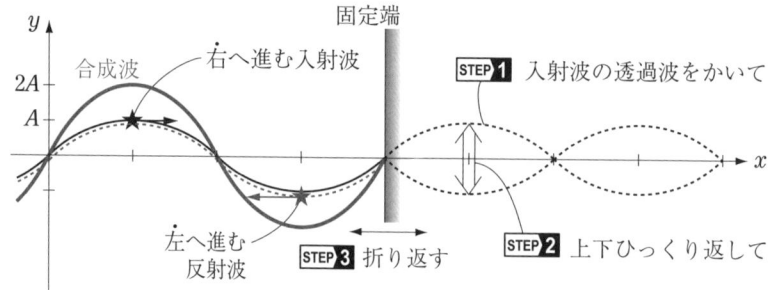

**図1　固定端反射の場合の合成波**

## 2 定常波をつくろう

図1の時刻を $t = 0$ として，
$$t = \frac{1}{4}T, t = \frac{1}{2}T, t = \frac{3}{4}T$$
と4枚の $y$–$x$ グラフの「写真」を撮ってみよう（**図2**）。

⑦では右へ進む波と，左へ進む波とがちょうど重なって，その合成波はもとの波の2倍の変位になっているね。

⑦ $\frac{1}{4}$ 周期後$\Bigl($つまり，$\frac{1}{4}T \times v$
$= \frac{1}{4}\lambda$ だけそれぞれの波は
進んでいるよ$\Bigr)$，ちょうど2つの波は山と谷とが重なるので打ち消し合っている。よって，合成波は0だね。

⑦さらに，$\frac{1}{4}$ 周期後，再び2つの波が重なるので，2倍の変位の合成波ができる。ただし，⑦のときとは上下がひっくり返るよ。

⑦さらに，$\frac{1}{4}$ 周期後，⑦と同様に2つの波は打ち消し合う。

$t = T$ では再び⑦へ戻るため，以上で1サイクルになる。

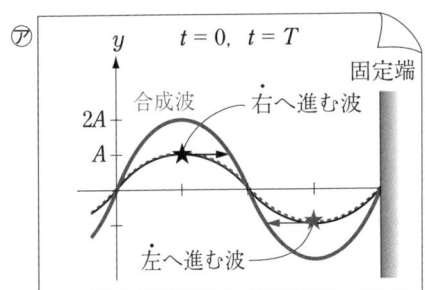

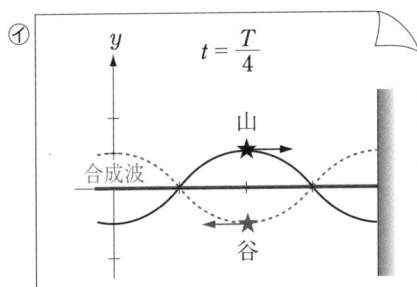

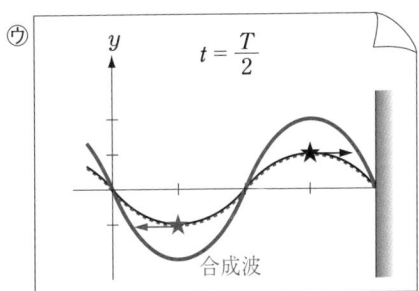

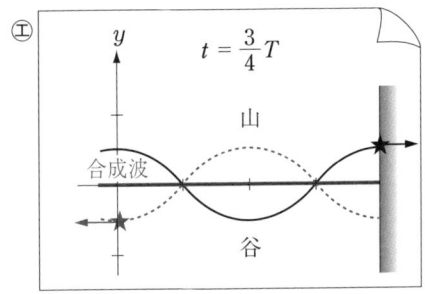

**図2　入射波と反射波の合成波**

ここで，**図2**のうち，実際目に見える合成波の部分だけを抜き出して4枚の写真を重ねると，**図3**のようになる。この図からわかるように合成波は全く進行せず，その場で「クネクネ」とヘビのように「のたうちまわる」波になっているね。この波のことを**定常波**(定在波)というんだ。

　すると，実際に目に見えるのは，このクネクネと動く定常波だけなんですね。

　そうだよ。

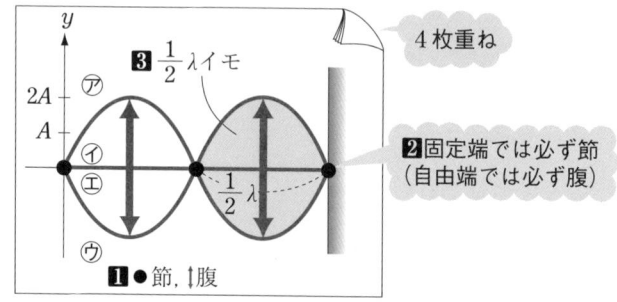

図3　図2の合成波のみ抜き出して重ねる

　ここで大切なポイントは3つあって，

**1**　定常波中には全く振動状態が異なる次の2つの点がある
　　　記号 ● …全く振動しない(振幅 $0$)点：節という
　　　記号 ↕ …最も激しく振動する(振幅 $2A$)点：腹という
**2**　固定端の位置には，必ず節ができる(端では動けないので)
　　　自由端の位置には，必ず腹ができる(端で最も激しく動くので)
**3**　図3で色をつけた部分は，まるで「芋(イモ)」のような形をしてい

る。その長さは入射波の波長 $\lambda$ の $\dfrac{1}{2}$ 倍の長さをもっている。

　　この部分をこれからは

$$「\dfrac{1}{2}\lambda イモ！」$$

とよぶことにするよ(笑)。

## ・POINT ① 定常波

① 互いに逆向きに進む2つの同じ形の波どうしでつくられる，たとえば，入射波と反射波を足し合わせてできる合成波

② 全く進行せず，その場で「クネクネ」振動する

③ ┌ ●節：振幅 0 の点（固定端では必ず節）
　└ ↕腹：振幅 2$A$ の点（自由端では必ず腹）

④ $\frac{1}{2}\lambda$ の長さをもつ 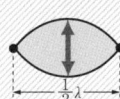 「$\frac{1}{2}\lambda$ イモ」がつながる形

「互いに逆向きに走ってきた波が重なる」と定常波発生だ！

キミは，バイオリンやチェロなどの弦楽器は好きかい。いったい，あの美しい音色はどうやって出てくるんだろうね。

いま，**図4**のように，おんさを横にして，先に糸をつけて右端を固定しピーンと張るよ。ここでおんさをたたくと，糸（弦）には縦波と横波のどっちが伝わっていく？

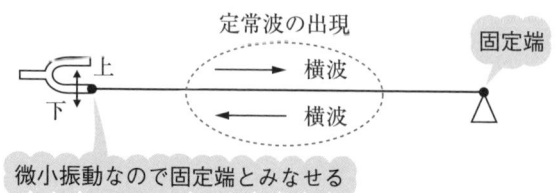

**図4 弦に振動を送り込むと…**

えーと，おんさは，上下に振動するから……そう横波です。p.25と同じです。

いいぞ。そして，その横波は右端で固定端反射をしたあと，反射波となって入射波と重なるから，STORY①// で見てきたように……

互いに逆向きに走る波の重なり……
あ！ 定常波が発生します！

そうだ。ここで思い出してほしいのは，定常波には「自由端が腹」，「固定端が節」となる絶対的なルールがあったことだ。今の場合は，両端ともに固定端だから，両端ともに節になる必要があるんだ。

ちょっと待って。おんさの先は振動しているんだから，左端は自由端じゃないの？

いいや，いくらおんさが振動するっていったって，微小振動だ。だから，ほぼ固定端とみなせるんだよ。

さて，**図5**のように，両端とも節を満たす振動を弦の固有振動という。弦は，この固有振動の波のみが安定して発生できるんだ。固有振動のうち振動数が最も小さいものを**基本振動**といい，その2倍，3倍の振動数をもつものを2倍振動，3倍振動というんだ。

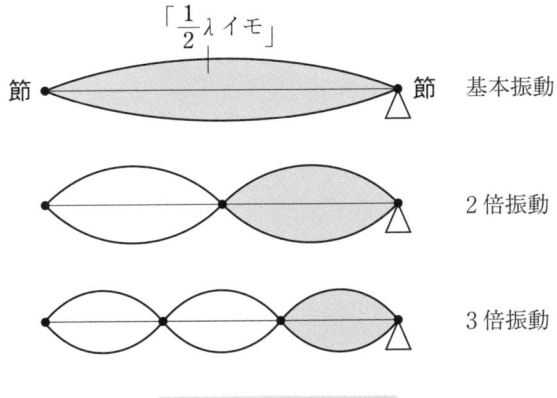

図5　弦の固有振動

> 2倍振動，3倍振動となるにつれ，「イモ」の個数も2個，3個と増えていきますね。

おっ！　いいことに気づいたね。同じ長さの中に「イモ」が2個，3個と入っていくことは，逆に波長$\lambda$は$\dfrac{1}{2}$，$\dfrac{1}{3}$と短くなっていくね。

よって，その$\lambda$に反比例する振動数$f = \dfrac{v}{\lambda}$は2倍，3倍と増えていくんだ。

---

**◆POINT ②◆ 弦の固有振動**

弦の固有振動：両端とも固定端なので節ができる。

---

## STORY ③ 気柱の振動

### 1 音波ってどうやって伝わるの？

空気をつめたピストンを押すと反発して戻るね。また，引いても引き戻されるね。このことから，ピストンは，ある力学的なものに似ているけどわかるかい？

押しても引いても元に戻ろうとする……あ！　ばねです！

OK！　すると，図6の上の空気をつめたピストンを左右に激しく振ると，それは図6の下のようなばねの端を左右に振るのと同じだから，

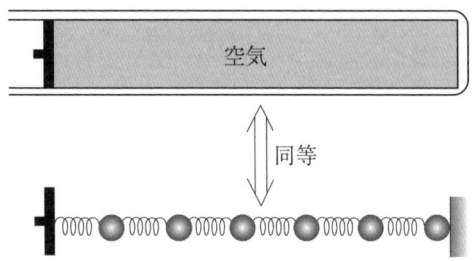

空気

同等

**図6　力学的には空気は「ばね」と同じ**

あ！　縦波ができます。p.26と同じです。

そうだ。すると，図7のように，空気中でスピーカーを鳴らしたり，おんさをたたいたりすることは，空気という「ばね」の一端を左右に揺さぶって縦波（疎密波）を送っていることになるんだ。

この空気中を伝わる縦波のことを音波というよ。

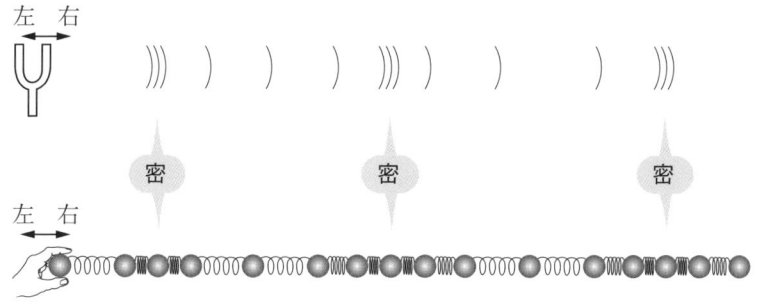

図7　音波とは「空気ばね」中に伝わる縦波（疎密波）

　この音波の速さ（音速）は，気温が高く，空気が軽いほど，軽い「空気ばね」になるので速くなる。たとえば，ヘリウム中では空気よりもはるかに軽いので，ずっと速くなる。また，「空気」がなければ波は伝わらないから，真空中では音波は伝わらないよね。さらに，水中では「ばね」が異常に硬くなる（水をつめたピストンは異常に硬いよね）ので，音速もダンゼン速くなるんだ。

**◆POINT❸◆　音波のイメージ**

① 空気中を伝わる音波とは，空気という「ばね」の中を伝わる縦波（疎密波）である。各空気分子が，左右に振動している。

② 「空気ばね」が軽くなるほど（冷たい空気→暖かい空気→ヘリウム），また，硬くなるほど（液体中→固体中），音速は速くなる。

③ 1気圧の空気中での音速 $v$〔m/s〕の公式は覚えておきたい。
$$v = 331.5 + 0.6t \quad (t \text{〔℃〕：気温})$$
（覚え方；さあさあいい子つけるよオムツ）

うわぁ。すると、ボクたちって空気という「ばね」の中にギッシリ囲まれて暮らしていることになるのかな。

いいイメージだね(笑)。**図8**を見て！

**図8　私たちは空気という「ばね」の中に囲まれて暮らしている**

　キミが手をたたくと、その手が「空気ばね」の一端を揺らし、その振動が縦波として伝わって、キミの耳の鼓膜を振動させているんだ。キミが聞いているすべての音は、このように「空気ばね」の中を伝わってきているんだね。

　大切なことは、音というのは音源から直接飛んでくるモノではなくて、音源がまず「空気ばね」を揺らし、それから、この「空気ばね」の中を縦波の形で振動が伝わっていくことなんだよ。つまり、「空気ばね」の存在を忘れてはいけないということだ。いつも身のまわりにあって目には見えないのだけど、この「空気ばね」のおかげで、ボクらは会話したり音楽を聞いたりすることができるわけだ。

　余談だけど、アニメの宇宙での戦闘シーンで派手にドカン！ドカン！と音がしているけど、あれはありえないからね(笑)。

　音は空気の存在がなくては伝わらないんだ。空気を意識してほしい。

## 2 気柱って何？

　図9のように，細長い管の先におんさを縦にして置いたものを用意しよう。そして，このおんさを鳴らして音波を管の中に送り込もう。

　このとき，管の中は空気で満たされ，気柱ができているため，音波は縦波として，空気分子を左右に揺らしながら進んでいく。

　すると，管の右端の閉じた壁では，空気分子は左右に動けないので固定端反射をしてはね返り，入口からやってくる入射波と互いに逆向きの波どうしで重なるので，……そう，定常波が発生するぞ。

　ここで大切なことは，管の左端の開いた部分では，空気分子は自由に動けるので，自由端反射をすることだよ。

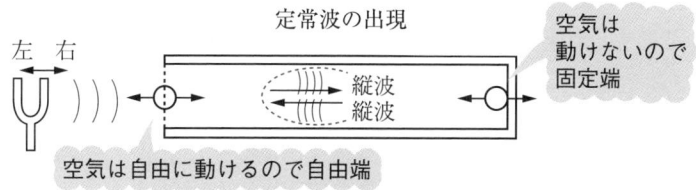

定常波の出現

左　右

縦波
縦波

空気は動けないので固定端

空気は自由に動けるので自由端

図9　気柱に音波を送り込むと

え！　管の入口では何も壁がないのに，どーして「反射」なんてできるんですか？

　おっ！　とてもいい質問だ。確かに入口では，固い壁はないけれど，図10のように，外部の大気（圧力はいつも大気圧で一定）と内部の空気（圧力変化する）という異なる性質の空気の境界線がある。つまり波は，この境界線で反射するイメージだ。

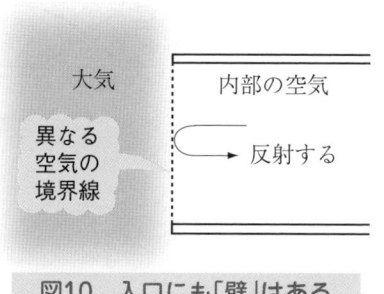

大気

異なる空気の境界線

内部の空気

反射する

図10　入口にも「壁」はある

これで、**図11**のように、一方が閉じた管(閉管という)に生じる定常波がかける。ポイントは次の４つだ。

① 音波は縦波(疎密波)であるが、波形をかきにくいので「上 右ルール」(p.27)で横波の姿を借りて表示している。

(実際には、空気分子は左右に振動していることに注意)

② 底(閉じている方)では固定端なので節が生じる。

③ 入口(開いている方)では自由端なので腹が生じる。ただし入口よりも少し外にはみ出して腹ができる。この「はみ出し」の距離を開口端補正といい、管径のみで決まる。

(振動が少し外へ漏れるイメージ)

④ 音波は目には見えないので、この「定常波が発生する(立つ)」ということを「大きな音が出る」とか「共鳴する」と問題文では書いてある。

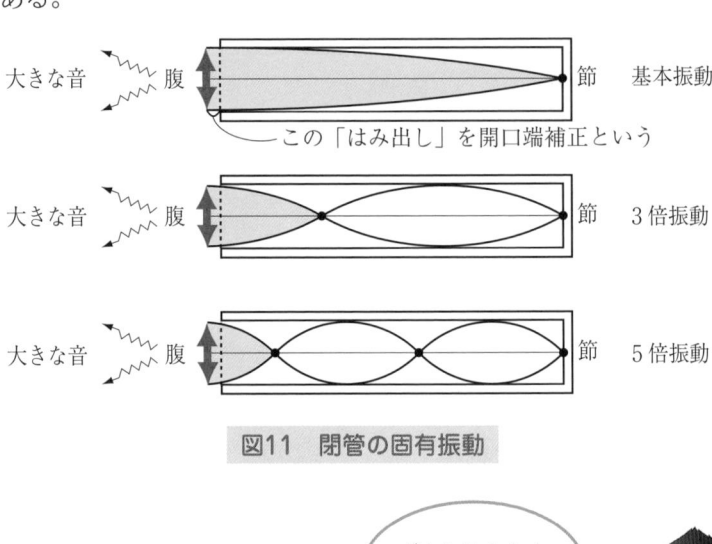

図11 閉管の固有振動

ボクもみんなと共鳴したいな。

あれ？ **図11**で，どうして基本振動の次が2倍振動，3倍振動とならないで，3倍，5倍と奇数倍なのですか？

　いいことに気づいたね。それは，**図12**のように基本振動に含まれる

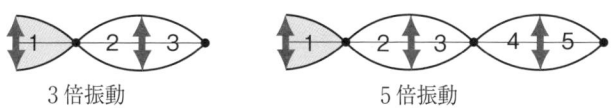 のような「$\frac{1}{4}\lambda$イモ！（$\frac{1}{2}\lambda$イモの半分）」

ケチくさいイモ

が基準となって，それが3倍振動には3個，5倍振動には5個含まれているから奇数倍なんだ。

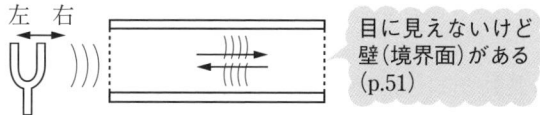

3倍振動　　　　　　　　　5倍振動

**図12　奇数倍振動のみになる理由**

　つまり，

> **基本振動と同じ形が $n$ 個含まれれば $n$ 倍振動**

という，とってもシンプルなルールなんだ。

　では，**図13**のように，両端の開いた管（開管）に音波を送り込むと，どのような定常波が生じるかな？　そして，基本振動の次とその次は，何倍振動となっていくかな？

左 右

目に見えないけど壁（境界面）がある（p.51）

**図13　開管に音波を送り込む**

　えーと，両端とも腹で開口端補正がつくから……

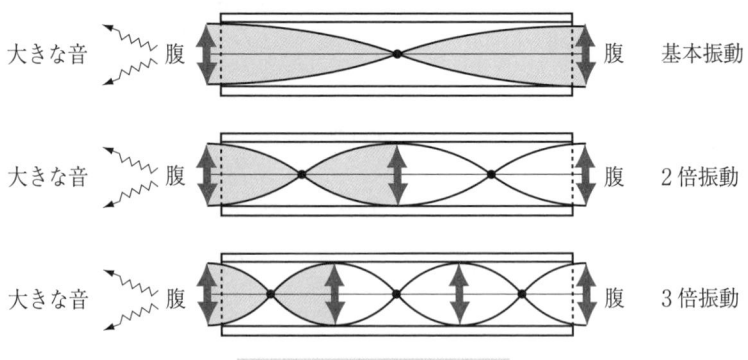

| | | |
|---|---|---|
| 大きな音 〜〜 腹 | 腹 | 基本振動 |
| 大きな音 〜〜 腹 | 腹 | 2倍振動 |
| 大きな音 〜〜 腹 | 腹 | 3倍振動 |

図14　開管の固有振動

> そして，この中には基本振動として　　　　の形の「チョウチョウ」が2匹，3匹と入っていくから，2倍，3倍振動と続く……

大正解！　コツをつかんだね。ボクには「リボン」に見えるけど(笑)。

**・POINT ④** 気柱の固有振動

① 閉じた端では，固定端で節ができる。
　　開いた端では，自由端で腹ができる。
　　　　　　　　　　↳端より少しはみ出る
　　　　　　　　　　（開口端補正という）

② 基本振動と同じ形が n 個含まれるとき n 倍振動という。

> 開口端補正は
> 忘れずに！

　これまでのポイントを押さえた人にとっては，弦・気柱は，はっきりいってワンパターン。次の「ハメ技」が使えるゾ！

---

**・POINT ⑤・** 《弦・気柱の解法》

**STEP1** 何よりも先に定常波を図示し，波長 $\lambda$ を求めよう。
$\left(\text{「}\dfrac{1}{2}\lambda\text{イモ」を見つける！ という}\right.$
方針でいくと必ず求まるぞ。$\bigg)$

**STEP2** もとの進行波の速さ $v$ を求めよう（公式を活用）。

① 弦の場合 $v = \sqrt{\dfrac{S}{\rho}}$
$\begin{cases} S\,\text{〔N〕}\,(=\text{〔kg·m/s}^2\text{〕}) : 弦の張力 \\ \rho\,\text{〔kg/m〕} : 弦の線密度（1\,mあたり \\ \qquad\qquad\qquad の質量\text{〔kg〕}） \end{cases}$

$\left(\begin{array}{l}\text{この公式は，弦を強く張り}(S\to\text{大})，弦が軽い(\rho\to\text{小}) \\ \text{ほど} v\to\text{大となるというイメージをつくって覚えよう。}\end{array}\right)$

② 気柱の場合 音速 $v = 331.5 + 0.6\,t$ （$t$〔℃〕：気温）

$\left(\begin{array}{l}\text{この公式は1気圧の空気中のときのみ使える。ヘリウム中} \\ \text{では音速はもっと速いし，}CO_2\text{中では遅くなるよ。}\end{array}\right)$

**STEP3** $\lambda$ と $v$ の「2つget！」したので，波の基本式
$v = f\lambda$，$f = \dfrac{1}{T}$ より振動数 $f$ や周期 $T$ を求めよう。

---

　ここで大切なことは，速さ $v$ は，弦や空気などの媒質の性質のみで決まり，振動数 $f$ は，おんさやスピーカーなどの音源の性質のみで決まるという対応関係だ（気柱の開口端補正は管径のみで決まる）。
　たとえば，弦をとりかえれば，速さ $v$ のみ変化する（振動数 $f$ は変わらない）。一方，おんさを変えると，振動数 $f$ のみ変化する（速さ $v$ は変わらない）ということだよ。何が変化し，何が変化しないかを見きわめるのに大切になってくる対応関係だ。

図のように，線密度 $\rho$ の
糸の先端 A に振動数 $f$ で振
動しているおんさを固定し，
もう一方の先端 B 点には質
量 $M$ のおもりを乗せ，なめ

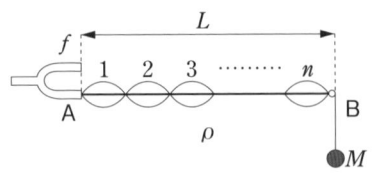

らかに回る滑車にかけてつり下げた。このとき，$n$ 個の腹をもつ
定常波が発生した。AB $= L$，重力加速度の大きさを $g$ とする。

(1)　おもりの質量のみを $M'$ にすると腹の数が $(n - 1)$ 個に
　　なった。$M'$ を求めよ。

(2)　さらに，おんさを振動数 $f'$ のものにすると，腹の数が $n$
　　個に戻った。$f'$ を求めよ。

---

**解説**　(1)

> さて，おもりの質量を $M'$ にすると……

待って！　あわてるな！　まずは，はじめの与えられた状態について
考えてから，そのあとにおもりの質量を変えよう。

《弦・気柱の解法》(p.55) に入るよ。

**STEP 1**　図 a では，「$\dfrac{1}{2}\lambda_0$ イモ」が何個で全長 $L$〔m〕になっているかい？

> 「イモ」が $n$ 個です。

では，式を書いてみよう！

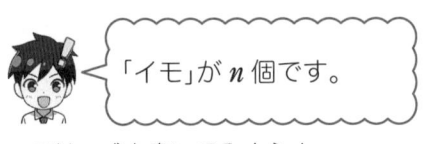

$$\underbrace{\frac{1}{2}\lambda_0}_{\text{イモが}} \times \underbrace{n}_{n\text{個で}} = \underbrace{L}_{\text{全長}L} \qquad \therefore \quad \lambda_0 = \frac{2L}{n}$$

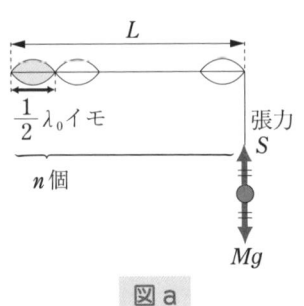

図 a

**STEP 2**　公式より，

$$速さ\ v_0 = \sqrt{\frac{S}{\rho}} = \sqrt{\frac{Mg}{\rho}} \qquad (\because \quad 力のつり合い\ S = Mg)$$

**STEP 3**　$\lambda_0$ と $v_0$ の「2つget！」したので，波の基本式に今までの結果を代入して，

$$f = \frac{v_0}{\lambda_0} = \frac{n}{2L}\sqrt{\frac{Mg}{\rho}} \cdots\cdots ①$$

　次に，おもりの質量を $M'$ にするよ。変化するのは速さ $v$，それとも，振動数 $f$，どっち？

えーと，おもりの質量を変えると弦の張力が変わるから，速さ $v$ が変化します。一方，おんさは変えないから振動数 $f$ は変わりません！

　よし！　よく対応関係を押さえている。では，もう一度解法に戻ろう。

**STEP 1**　図 b では，新しい波長を $\lambda_1$ として，

$$\underbrace{\frac{1}{2}\lambda_1}_{イモが} \times \underbrace{(n-1)}_{n-1個で} = \underbrace{L}_{全長L}$$

$$\therefore \quad \lambda_1 = \frac{2L}{n-1}$$

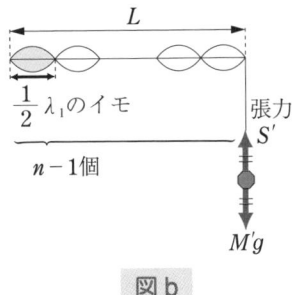

図 b

**STEP 2**　公式より，新しい速さ $v_1$ は，

$$v_1 = \sqrt{\frac{S'}{\rho}} = \sqrt{\frac{M'g}{\rho}}$$

**STEP 3**　$\lambda_1$ と $v_1$ の「2つget！」したので，波の基本式に今までの結果を代入して，

$$f = \frac{v_1}{\lambda_1} = \frac{n-1}{2L}\sqrt{\frac{M'g}{\rho}} \cdots\cdots ②$$

　さあ，ここで①と②の式を見比べてごらん。一番いい方法は，左辺どうし右辺どうしを辺々割って比べることだ。

$$\frac{f}{f} = \frac{\dfrac{n}{2L}\sqrt{\dfrac{Mg}{\rho}}}{\dfrac{n-1}{2L}\sqrt{\dfrac{M'g}{\rho}}}$$

辺々割る！ と，余分なものがどんどん消えて，ほしいものだけが残ってくるよ！だからいいんだ！

$$1 = \frac{n}{n-1}\sqrt{\frac{M}{M'}}$$

$$\therefore \quad M' = \left(\frac{n}{n-1}\right)^2 M \cdots\cdots 答$$

(2) 次におんさの振動数を $f'$ にするよ。このとき速さ $v_1$ は変わるかい？

速さ $v_1$ は弦とおもりのみで決まるので，いくらおんさをかえたって変わりません。

いいぞ！ その通りだ。

**STEP 1** はじめと同じで，

$$\frac{1}{2}\lambda_0 \times \underbrace{n}_{n個で} = \underbrace{L}_{全長L} \qquad \therefore \quad \lambda_0 = \frac{2L}{n}$$

$\underbrace{\phantom{xx}}_{イモが}$

**STEP 2** (1)と同じで，

$$v_1 = \sqrt{\frac{M'g}{\rho}}$$

**STEP 3** $\lambda_0$ と $v_1$ の「2つget！」したので，波の基本式に今までの結果を代入して，

$$f' = \frac{v_1}{\lambda_0} = \frac{n}{2L}\sqrt{\frac{M'g}{\rho}} \cdots\cdots ③$$

ここで，この③式と何番の式を辺々割るとよいかな？

えーと，共通の $M'$ どうし入っているので，②式と辺々割ります。

そうだね。共通の文字が多いほど打ち消し合うからね。
③÷②より

$$\frac{f'}{f} = \frac{n}{n-1}$$

$$\therefore \quad f' = \frac{n}{n-1}f \cdots\cdots 答$$

ホントにワンパターンで楽勝だね！

弦・気柱で「条件変更」ときたら，次の解法が能率的となる。

$$v = f \times \lambda \text{ の各々が何倍になるかに注目}$$

本問では

(1) 「はじめの状態」と比べると「(1)の状態」の $v$, $f$, $\lambda$ は，

$$v = f \times \lambda$$
$$\downarrow \qquad\qquad \downarrow \qquad\qquad \downarrow$$
$$\sqrt{\frac{M'}{M}} \text{倍} \qquad\qquad 1\text{倍} \qquad\qquad \frac{n}{n-1}\text{倍}$$

$$\left( v = \sqrt{\frac{Mg}{\rho}} \text{より} \right) \qquad \left( \begin{array}{c} \text{おんさは} \\ \text{変わらないので} \end{array} \right) \qquad \left( \begin{array}{c} \text{「イモ」の数と} \\ \text{波長は反比例} \\ \text{するので} \end{array} \right)$$

になっている。この式の左右の辺のバランスを考えると，

$$\sqrt{\frac{M'}{M}} = \frac{n}{n-1}$$

$$\therefore \quad M' = \left( \frac{n}{n-1} \right)^2 M \cdots\cdots \boxed{答}$$

(2) 「(1)の状態」と比べると「(2)の状態」の $v$, $f$, $\lambda$ は，

$$v = f \times \lambda$$
$$\downarrow \qquad\qquad \downarrow \qquad\qquad \downarrow$$
$$1\text{倍} \qquad\qquad \frac{f'}{f}\text{倍} \qquad\qquad \frac{n-1}{n}\text{倍}$$

$$\left( \begin{array}{c} \text{(1)と比べると} \\ \text{おもりも弦も} \\ \text{同じなので} \end{array} \right) \qquad\qquad \left( \begin{array}{c} \text{「イモ」の数と} \\ \text{波長は反比例} \\ \text{するので} \end{array} \right)$$

になっている。この式の左右の辺のバランスを考えると，

$$1 = \frac{f'}{f} \times \frac{n-1}{n}$$

$$\therefore \quad f' = \frac{n}{n-1} f \cdots\cdots \boxed{答}$$

$v$ は媒質（弦や気体）のみで決まり，$f$ は波源（おんさやスピーカー）のみで決まること。それが大切だよ。

ピストンつきの管の開口端の
近くでおんさを鳴らし，開口端
とピストンの距離 $l$ を 0 から増
加させたところ，まずはじめに
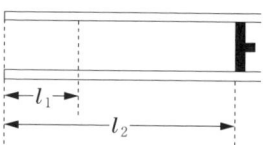
$l_1 = 11.1$ cm，次に $l_2 = 36.1$ cm で共鳴した。おんさの振動数を
$f = 680$ Hz とする。

(1)　音速 $v$ は何 m/s か。

(2)　開口端補正 $x$ は何 cm か。

(3)　$l_2 = 36.1$ cm のとき，空気の密度が最も変動するのは管口
　　から何 cm のところか。

解説 (1)　「ハメ技」である《弦・気柱の解法》(p.55) で攻めよう。

STEP 1　まずはじめに，$l_1 = 11.1$ cm で共鳴したということから，どんな定
常波の図がかけるかい？

まず，入り口から必ず開口端補正分はみ出して腹 ↕。そし
て，ピストンの位置では必ず節 ● がくる。最初の共鳴は，
図 a です。

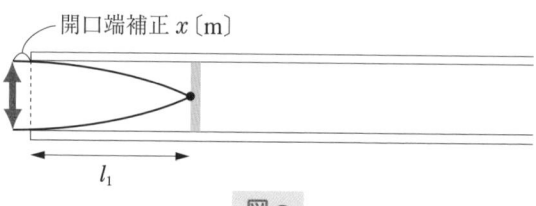
開口端補正 $x$ 〔m〕

$l_1$

図 a

OK！　その調子。

この $l_1$ は $\dfrac{1}{4}\lambda$ だから，波長 $\lambda = 4\,l_1$ と求まりますね！

アチャー！　やっちゃった。**図a**をよく見てごらん。開口端補正分の $x$〔m〕を忘れないように。正しくは，$\dfrac{1}{4}\lambda = x + l_1$ だよ。ただし，この $x$ は今のところ未知だから，まだ波長 $\lambda$ は出ないよ。

そこで，2回目の共鳴に入ろう。$l_2 = 36.1\,\text{cm}$ で共鳴したけど，$l = l_1$ のときと，$l = l_2$ のときでは，音速 $v$ や振動数 $f$ は異なっているかい？

> 気温は同じだから音速 $v$ は変わらない。そして，おんさも同じだから振動数 $f$ も変わらない。
> ……ということは，波長 $\lambda$ も変わらないですね。

よく気づいたね。$v,\ f$ が変わらなければ，波長 $\lambda = \dfrac{v}{f}$ も変わらないよね。さらに，管径のみで決まる開口端補正 $x$ も変わらない。よって，$l = l_1$ のときの波形は，そのまま変わらず，さらに，その右に同じ波長の「$\dfrac{1}{2}\lambda$ イモ」が付け加わるだけなんだね。

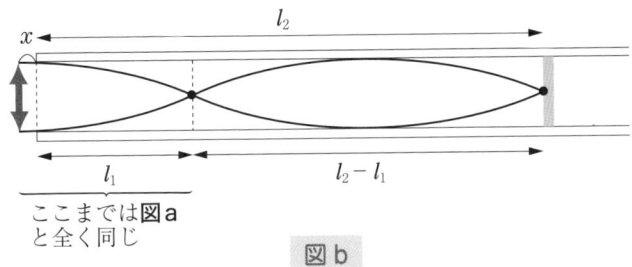

図 b

ここまでは**図a**と全く同じ

すると，**図b**で，

$$\underbrace{\dfrac{1}{2}\lambda}_{\text{イモが}} \times \underbrace{1}_{1個で} = \underbrace{l_2 - l_1}_{全長\,l_2-l_1} = 25\ \text{〔cm〕}$$

$\therefore\quad \lambda = 50\,\text{cm} = 0.5\,\text{m}$

**STEP 2**　気温が与えられていないので音速の公式は使えない。とりあえず音速を与えられたとおり $v$ としておこう。

**STEP 3**　$f$ と $\lambda$ の「2つget！」してあるので，波の基本式より，

$v = f\lambda = 680\ \text{〔1/s〕} \times 0.5\ \text{〔m〕} = 340\ \text{〔m/s〕}$……**答**

やっぱりワンパターンだね。

(2) 図aより $\frac{1}{4}\lambda$ の「けちくさいイモ」が1個で $x + l_1$ 〔m〕なので

$$\frac{1}{4}\lambda = x + l_1$$

$$\therefore \quad x = \frac{1}{4}\lambda - l_1 = \frac{1}{4} \times 50 - 11.1 = 1.4 \text{〔cm〕}\cdots\cdots\boxed{答}$$

(3) 定常波をパチリと写真に写すとどんな波形が撮れる？

「イモ」の形で〜す！

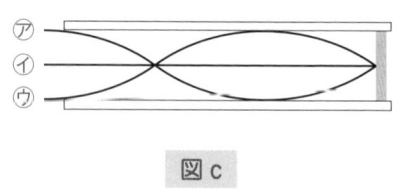

図 c

違うっ！　もう忘れたのかっ！ p.43をもう一度見てごらん。

　各瞬間の波形は，**図c**の⑦，⑦のような単なる曲線または⑦のような直線の形をしているぞ！ 「イモ」というのは，長時間かけて見た輪郭にすぎないんだよ。

　ここで，**図c**の⑦と⑦について，**図d**のように「上右ルール」 (p.27)を使って，横波表示を縦波（疎密波）に戻す。

　**図d**より密度変化が最大となる（密 ↔ 疎と変わる）点は定常波の節の位置で，

$$l_1 = 11.1 \text{ cm } と l_2 = 36.1 \text{ cm} \cdots\cdots\boxed{答}$$

となる。

図c の⑦の瞬間

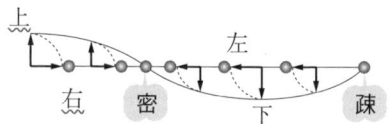

図c の⑦の瞬間

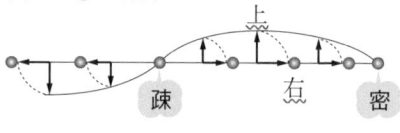

図 d

　ちなみに「声」というのは，声帯という「弦」で発した音波を，のどという「気柱」で共鳴して大きくして出すんだ。すると，1人ひとりの声の違いはその「弦」と「気柱」で決まってくる。最近「振り込め詐欺」などの犯罪捜査で，声紋分析が指紋の次の証拠能力として活用されている。詳しく調べれば男女はもちろん身長，年齢まで分析できるというから驚きだ。

**第 3 章**

# ま と め

① **定 常 波**

(1) 互いに逆向きに進む2つの波の合成波で，全く進行しない(代表例は，入射波と反射波の合成波)。

(2) 節(振幅 $0$)と腹(振幅 $2A$)が交互に並ぶ。

(3) $\dfrac{1}{2}\lambda$ の長さの「イモ」の形がつながる。

② **音 波**

空気という「ばね」の中を伝わる縦波(疎密波)

③ **弦・気柱の解法**

**STEP 1** 定常波の「イモ」の図から波長 $\lambda$ を求める

(気柱は開口端補正(管径のみで決まる)に注意)

**STEP 2** 公式により伝わる波の速さ $v$ を求める

① 弦の場合 $v = \sqrt{\dfrac{張力S}{線密度\rho}}$

② 気柱の場合 音速 $v = 331.5 + 0.6 \times (気温℃)$

弦・空気のみで決まる

**STEP 3** 基本式により振動数 $f$ を求める

$$f = \dfrac{v}{\lambda}$$

音源のみで決まる

# 第4章 うなり

▲わずかに異なる振動数の音を同時に聞くとうなる

## STORY① うなりって何？

### 1 うなりのイメージ

うなりって，犬とかのガルルル……じゃないですよね。

　それは世間一般の「うなり（声）」だよ！　物理の「うなり」というのは，波動の現象の一種で，わずかに異なる振動数の音どうしを同時に聞くときに生じる現象だ。日常生活の例としては，お寺の鐘の音がゴゥァーンウァーンウァーンと揺れて聞こえたり，2台のエレキギターを同時に鳴らすとキューウィンウィンと音がまわって聞こえたりする現象がそうだ。

　まずはカンタンな例で，うなりのイメージをつかんでもらおう。

　A君とB君は，それぞれが一定の時間間隔で，パチパチと手をたたいているとしよう。A君は4秒に1回，B君は3秒に1回として，まずはじめは同時に手をたたく。

　すると図1のように，線を引いた時刻が手をたたいた時刻になるね。

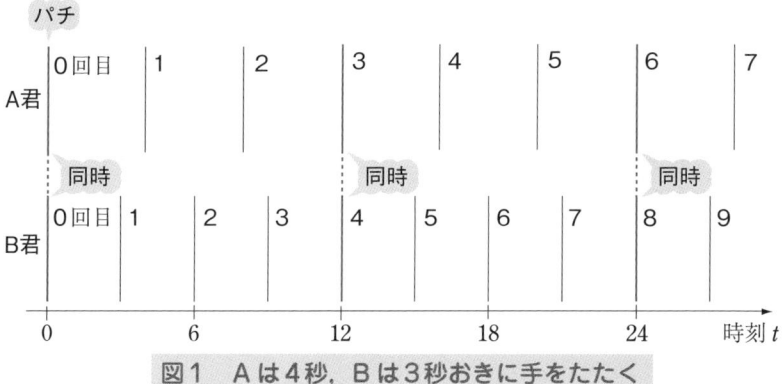

図1　Ａは４秒，Ｂは３秒おきに手をたたく

　では，２人が同時に手をたたいて大きな「パチ！」が聞こえる時間の間隔はいくらだい？

　　12秒です。$t=12$ で，Ａ君は３回目，Ｂ君はＡ君よりちょうど１回余分にたたいて４回目を同時にたたきます。

　そうだね。大切なことは，キミの言った

> 「ちょうど１回余分にたたいて」

のところなんだ。

　つまり，わずかに異なる振動数（周期）で振動している２つの波Ａ，Ｂは，ＢのほうがＡより「ちょうど１回余分に振動」したところで，再びタイミングが合って合成波が強め合うんだ。これがうなりの本質なんだ。

　**◆POINT ❶◆ うなりのイメージ**

　わずかに異なる振動数の波Ａ，Ｂを合成すると，Ｂ（Ａ）がＡ（Ｂ）より「ちょうど余分に１回振動する」時間間隔をもって，２つの波は周期的に強め合う。

## 2 うなりの振動数

1 で見たように，わずかに異なる振動数の波 A, B を同時に聞くと，Bのほうが A より「余分に1回振動する」ごとに，再びタイミングが合って合成波が強め合うね。

では，具体的に**図2**のようにおんさ A，B を用意して実験してみよう。

Aは振動数 $f_A$，B は A よりもわずかに高い振動数 $f_B$（ $> f_A$ ）をもつおんさとする。

これらのおんさを同時に鳴らして聞いてみよう。

すると，Bのほうが A より「1回余分に振動する」のにかかる時間ごとに音が強め合って聞こえることになるはずだね。この時間を $T$ 秒としよう。

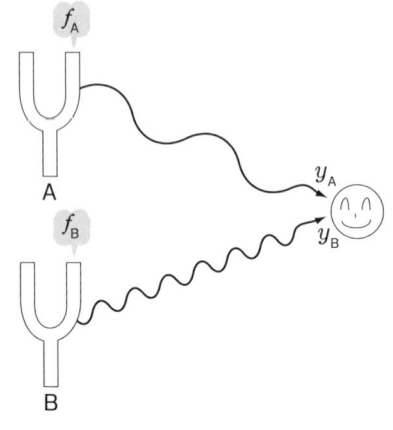

図2 $f_A$, $f_B$ の振動数の音を同時に聞くと

A から来た波の変位を $y_A$，B から来た波の変位を $y_B$ として $y_A$, $y_B$ と合成波 $y_A + y_B$ それぞれの $y$–$t$ グラフ（p.17）を**図3**にかいてみよう。

まず $T$ 秒の間に A は何回振動する？

 えーと1秒で $f_A$ 回振動だから，$T$ 秒では $f_A \times T$ 回です。

よし，同様に B は $T$ 秒で $f_B \times T$ 回振動するね。

**図3**では，$f_A \times T = 5$ 回，$f_B \times T = 6$ 回としてある。この**図3**を見ると，波どうしが $T$ 秒おきにタイミングが合って，合成波が強くなっている様子がわかるね。

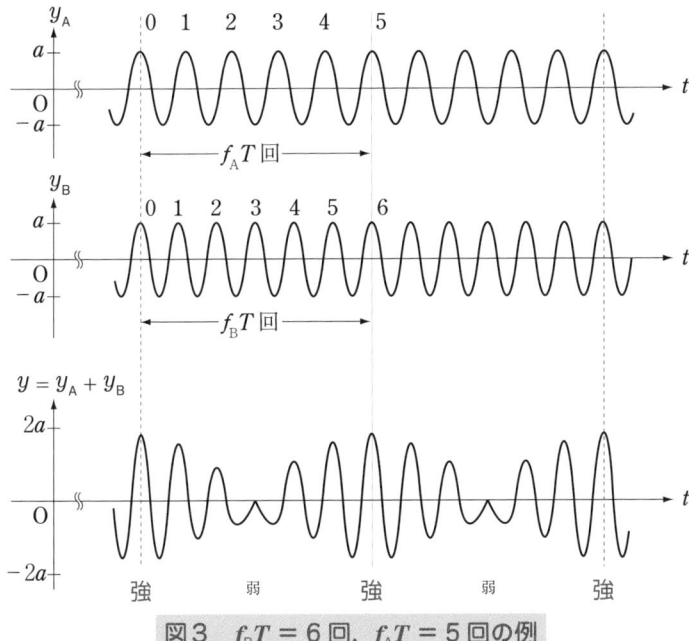

図3　$f_B T = 6$ 回, $f_A T = 5$ 回の例

　ここで，$T$ 秒というのは B が A より「余分に 1 回振動する」時間だから，

$$\underbrace{f_B \times T \text{回}}_{\text{Bの振動回数}} - \underbrace{f_A \times T \text{回}}_{\text{Aの振動回数}} = 1 \text{回} \cdots\cdots ①$$

　①式を $T$ について解くと，

$$T = \frac{1}{f_B - f_A} \cdots\cdots ②$$

となるね。これが 1 回うなる，つまり，A と B が強め合ってから次に強め合うまでの時間間隔になるね。これを「うなりの周期 $T$」というんだ。

　ここで，1 秒間あたりに何回うなるか（「うなりの振動数 $f_{AB}$」という）を求めよう。それは 1 秒間の中にうなりの周期 $T$ 秒間が何回入るかを考えればよいので，

$$f_{AB} = \frac{1\,秒間}{T\,秒間} \cdots\cdots ③$$

となるね。③式に②式を代入すると，

$$f_{AB} = \frac{1}{\dfrac{1}{f_B - f_A}} = f_B - f_A \cdots\cdots ④$$

となる。

 $f_A$ と $f_B$ の差ですか。結果はずいぶんとシンプルですね。

　そうなんだ。たとえば，$f_A = 500\,\text{Hz}$ と $f_B = 502\,\text{Hz}$ の音を同時に聞くと1秒間に，
　　　$f_{AB} = f_B - f_A = 502 - 500 = 2\,回$
「ウァーンウァーン」と，うなるんだね。

　確かに結果はシンプルだけど，大切なのは，もう一度①式のイメージを押さえることだ。そこから，④式にもっていく過程を確認しておこう。

---

**・POINT ②・ うなりの振動数**

　わずかに異なる振動数 $f_A$，$f_B$ の音 A，B を同時に聞くと，1秒間あたりのうなりの回数（強め合って音が「ウァーン」と大きく聞こえる回数）は，
　　　　$$f_{AB} = |\,f_B - f_A\,|$$
となる。これをうなりの振動数という。

---

 どうして絶対値をつけているの？

　たとえば，$f_A = 502\,\text{Hz}$ と $f_B = 500\,\text{Hz}$ だったら，うなりの振動数 $f_{AB}$ はいくらだい？

$f_{AB} = f_B - f_A = 500 - 502 = -2$　アレ！　マイナス？

おかしいでしょ。AとBを逆にしても変わらないから$f_{AB} = 2$だよ。うなりの回数は必ず正だから，絶対値がついているのだ。

あと1つ疑問なんですが……どうして「わずかに異なる」の「わずか」が必要なの？

いいところに目をつけた。

たとえば，$f_A = 100\,\text{Hz}$, $f_B = 400\,\text{Hz}$ だったら，

$$f_{AB} = |f_B - f_A| = 300$$

でしょ。

よくイメージしてごらん。1秒間に300回うなったってそれは実際耳にはうなりとして判別できるかい？　1秒間にせいぜい数回ぐらいのうなりしか私たちには実感できないよね。

---

**チェック問題**　　**うなり**　　標準 **6分**

振動数$f_A$, $f_B$, $f_C$で振動する3つのおんさ A，B，C がある。$f_A = 100\,\text{Hz}$で，$f_B > f_A$であることはわかっている。

① AとBを同時に鳴らすと，1秒あたり3回のうなりが聞こえた。

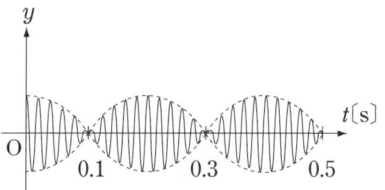

② BとCを同時に鳴らすと1回うなるのにかかる時間は0.5秒であった。

③ AとCを同時に鳴らし測定すると，上図のような$y$–$t$グラフが得られた。

以上の①②③から，$f_B$, $f_C$を推定せよ。

**解説** まず①でうなりの振動数の式より，

$$|f_\mathrm{B} - f_\mathrm{A}| = 3$$

いま，$f_\mathrm{A} = 100 \,\mathrm{Hz}$，$f_\mathrm{B} > f_\mathrm{A}$ より，

$$f_\mathrm{B} = 103 \,\mathrm{Hz} \cdots\cdots 答$$

次に，②から1回うなるのにかかる時間が 0.5 秒だから，逆に1秒あたりのうなりの回数は，

$$\frac{1秒}{0.5秒/回} = 2 回$$

よって，うなりの振動数の式より，

$$|f_\mathrm{B} - f_\mathrm{C}| = 2$$

いま，$f_\mathrm{B} = 103 \,\mathrm{Hz}$ より，$f_\mathrm{C} = 101 \,\mathrm{Hz}$，$105 \,\mathrm{Hz}$ のどちらかだ。

また，③で与えられたグラフから，1回うなるのにかかる時間は，

$$0.3 - 0.1 = 0.2 秒$$

ということは，1秒あたりのうなりの回数は，

$$\frac{1秒}{0.2秒/回} = 5 回$$

よって，うなりの振動数の式より，

$$|f_\mathrm{A} - f_\mathrm{C}| = 5$$

いま，$f_\mathrm{A} = 100 \,\mathrm{Hz}$ より，

$$f_\mathrm{C} = 105 \,\mathrm{Hz}，95 \,\mathrm{Hz}$$

ここで，②③両方とも満たすのは，

$$f_\mathrm{C} = 105 \,\mathrm{Hz} \cdots\cdots 答$$

となる。


　ちなみに，人間の耳に聞こえる音の振動数の範囲はおよそ $20 \,\mathrm{Hz} \sim 20000 \,\mathrm{Hz}$ だ。下限の $20 \,\mathrm{Hz}$ に近い音は，指を耳につっこんだときに聞こえる「ゴー」という音だ。

　では，うなりの振動数は $5 \,\mathrm{Hz}$ なのに，どうして聞こえるのか？

　それは，うなりは，音そのものではなく，音波の振幅の変化であるからだ。

## 第 4 章
# ま と め

① うなりの振動数

　わずかに異なる振動数 $f_A$, $f_B$ の音 A，B を同時に聞くと，B（A）のほうが A（B）より余分に 1 回振動する時間 $T$ ごとに，合成波が強め合う現象。

② 公式の導出　$|f_B T - f_A T| = 1$ 回より，

$$T = \frac{1}{|f_B - f_A|}$$

　よって，1 秒あたりの強め合い（うなり）の回数，つまり，うなりの振動数 $f$ は，

$$f = \frac{1 \text{秒間}}{T \text{秒間}} = |f_B - f_A|$$

振動数の差の絶対値

公式はシンプルだけど，
どうしてそうなるのか
の理由が大切だよ。

# 物理 の 波 動

# 第5章 波の式のつくり方

▲揺れは遅れてやってくる

（初学者や苦手な人は飛ばして「第6章」に入ってもいいですよ！）

## STORY 1 まずはこの準備から

### 1 波の式は全然ムズカシくない！

トツゼンだけど，図1の $y$–$x$ グラフを式にしてみて。

傾き $\dfrac{1}{2}$，$y$ 切片 $-1$
で $y = \dfrac{1}{2}x - 1$ です！
どうしてこんな中学生レベルの問題をさせるんですか？

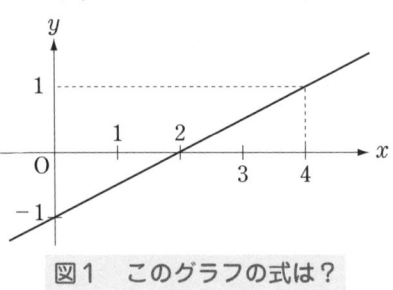

図1　このグラフの式は？

それは，キミたちが波の式を「超ムズカシ～」と思いこんでいるからだよ。波の式をつくるのもこれと大差ないってことなんだ。ちなみに ① でやった，$v = f\lambda$，$T = \dfrac{1}{f}$ は「波の基本式」だよ。今回は「波の式」といって波の形を式にしたものなんだ。

## 2 $y\text{-}t$ グラフを式にする

次は，図2の $x = 0$ の点での $y\text{-}t$ グラフを式にしてみよう。この $y\text{-}t$ グラフは，**1** で見たように，$x = 0$ の点の変位の時間変化を表すグラフだね。

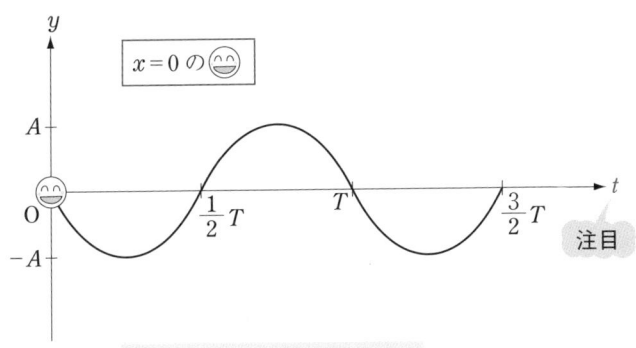

図2 このグラフの式は？

 いきなりレベルアップです！ どうしたらいいんですか。

では次の3ステップで誘導に乗って求めてみよう。

**STEP 1** $y = \pm A \sin \theta$，$\pm A \cos \theta$ の4択をする

図2の $y\text{-}t$ グラフは sin 型，それとも cos 型のグラフ？

 原点を通っているから sin 型です。

では +sin 型，それとも −sin 型？

 原点から下がっていくから −sin 型です。

すると図2の $y\text{-}t$ グラフの式は振幅を $A$ として，

$$y = -A \sin \theta \cdots\cdots ①$$

と書けるね。$\theta$ の具体的な形は，あとから決めていこう。

以上のように，ほとんどの場合は，$y = \pm A \sin \theta$, $\pm A \cos \theta$ の 4 択となるよ。

**STEP 2** $\theta$ と $t$ の関係を比で求める

図2を $y = -A \sin \theta$ のグラフと見たとき，
$\theta = 0,~\pi,~2\pi,~3\pi,~\cdots\cdots$〔rad〕となるのは時刻 $t$ がいつのとき？

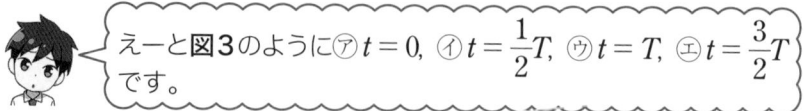

えーと図3のように㋐ $t = 0$, ㋑ $t = \dfrac{1}{2}T$, ㋒ $t = T$, ㋓ $t = \dfrac{3}{2}T$ です。

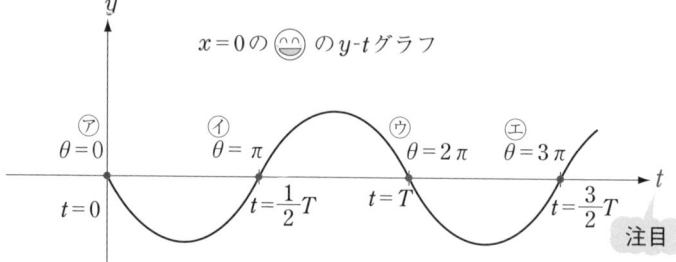

**図3　$\theta$ と $t$ の対応**

そうだね。すると $\theta$ と $t$ の対応関係は，次の表のようになるね。

| $\theta$ | 0 | $\pi$ | $2\pi$ | $3\pi$ | $4\pi$ | $\cdots\cdots$ |
|---|---|---|---|---|---|---|
| $t$ | 0 | $\dfrac{1}{2}T$ | $T$ | $\dfrac{3}{2}T$ | $2T$ | $\cdots\cdots$ |

$\theta$ と $t$ は比例関係にあるけどその比はいつも何対何かな。次の□の中をうめて？

$\theta : t = 2\pi : \boxed{\phantom{xx}}$

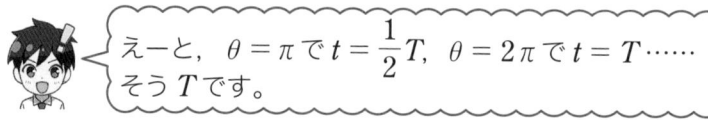

えーと，$\theta = \pi$ で $t = \dfrac{1}{2}T$, $\theta = 2\pi$ で $t = T$ ……
そう $T$ です。

いいぞ。すると，

$$\boxed{\theta : t = 2\pi : T}$$

となるね。

　この式は中学校でやった比例式だから解けるね。

$$\theta \times T = 2\pi \times t$$

$$\therefore \quad \theta = \frac{2\pi}{T}t \cdots\cdots ②$$

これで $\theta$ が $t$ を使って表せたでしょう。

**STEP3**　②を①に代入すると，**y–t** グラフの式が出る

　②を①に代入すると，

$$y = -A\sin\frac{2\pi}{T}t \cdots\cdots ③$$

となって，**図2**の **y–t** グラフの式が求められたことになるね。

ホントにステップを踏めばカンタンです！　ではこの③の式が目的の波の式なんですね。

　いいや，違うんだ。③式は，あくまでも $x = 0$ の点における振動の時間変化を表したグラフなんだ。$x = 0$ という特別な点のみでしか使えないんだ。

　一方，最終的に求めたい波の式は，一般の位置 $x$ での **y–t** グラフの式なんだ。

　では，この③式をもとにして，一般の位置 $x$ でも通用する波の式をつくっていこう。その前に数学のおさらいをしておこう。

### 3 平行移動すると，式はどう変わる？

　**図4**のように，傾き 1 で原点を通る $y = t$ のグラフを右へ $a$ だけ平行移動するとその式はどう変わるんだっけ？

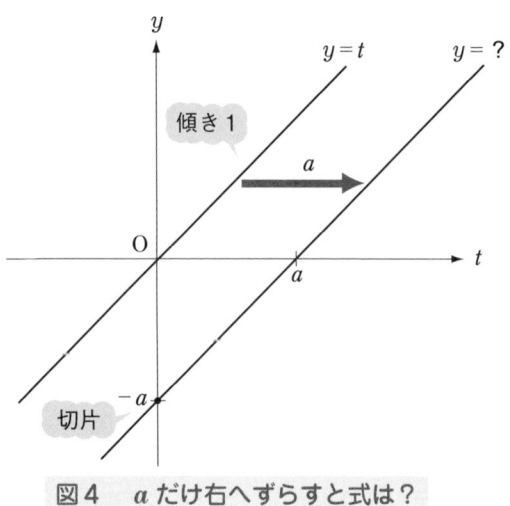

図4　$a$ だけ右へずらすと式は？

えーと，傾きは1のままで**図4**を見ると……お！　$y$ 切片が $-a$ になっているから　$y = t - a$　ですよ。

OK！　いま元の式の $t$ を $t - a$ へおきかえたね。一般に，

**右へ $a$ だけ平行移動 ➡ $t$ を $t - a$ でおきかえる**

ことがいえるね。このおきかえ法は全く覚える必要ないからね。

ドーシテ？　忘れそうです。

だって，いつでも**図4**をかけば，10秒で思い出せるでしょ。
以上が，波の式をつくるための2つの準備なんだ。

## POINT ① 波の式をつくるための2つの準備

① 《$y$–$t$ グラフを読みとって，式にする3ステップ》

STEP1 $y = \pm A\sin\theta$，$\pm A\cos\theta$ の4択をする

STEP2 $\theta$ と $t$ の比から $\theta$ を求める

STEP3 求めた $\theta$ を STEP1 に代入する

② $y$–$t$ グラフを平行移動したときのグラフの式のおきかえ
いつも図4のように $y$–$t$ グラフを $a$ だけずらした図をかいて思い出せばよい（右へ $a$ だけずらすと $t \to t - a$ へ）

---

## STORY② いよいよ波の式のつくり方

### 1 地震の揺れは遠いほど遅れてはじまる

図5で，いま A 地点で地震が発生した。では，B 地点では，何秒後に揺れがはじまるだろう。A と B の距離は 100 km，地震波の速さは 4 km/s とするよ。

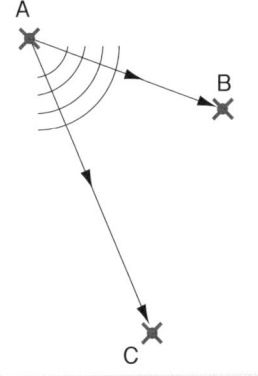

図5　何秒遅れて振動がはじまる？

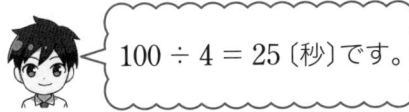

100 ÷ 4 = 25〔秒〕です。

では，C地点では，どうかな？
AとCの距離は240kmとするよ。

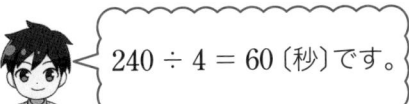

240 ÷ 4 = 60〔秒〕です。

そうだね。このように地震の揺れは震源から遠くなるほど遅れてはじまるんだね。この性質を利用したのが緊急地震速報だ。一般に，

$$\underline{\frac{\text{波源からの距離 } x}{\text{波の速さ } v}} \text{ だけ遅れて振動がはじまる}$$

んだね。

## 2 波の式のつくり方

いま，もう一度図6にp.75の図2をかいてみた。この $y\text{-}t$ グラフの式は STORY1 で求めた③式で，

$$y = -A\sin\frac{2\pi}{T}t \cdots\cdots ③$$

だったね。ただ，この式は $x = 0$ という特別な点での $y\text{-}t$ グラフの式だよね。

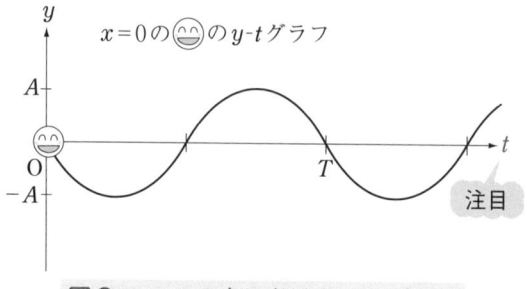

$x=0$ の 😄 の $y\text{-}t$ グラフ

注目

**図6　$x=0$ の点における $y\text{-}t$ グラフ**

これから，一般の位置 $x$ での $y\text{-}t$ グラフの式，つまり波の式を求めてみよう。

図7で $x = 0$ にいる😄の振動が，位置 $x$ にいる😣まで伝わるには何秒かかるかな？　波形は $+x$ 方向に速さ $v$ で伝わるとしよう。

図7のように，距離 $x$〔m〕を速さ $v$〔m/s〕で伝わるので $\dfrac{x}{v}$ 秒かかります。

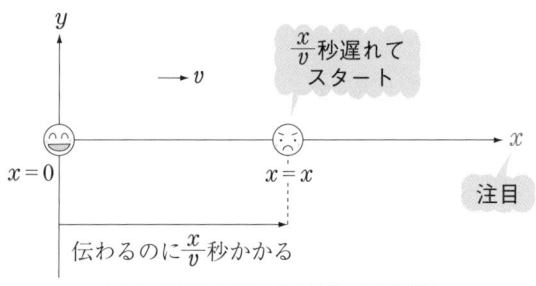

図7　伝わるのにかかる時間

つまり，位置 $x$ の😣では $x = 0$ の😄と同じ振動が $\dfrac{x}{v}$ 秒だけ遅れてはじまるんだね。すると，$x = x$ の点の $y\text{-}t$ グラフは，どんな形になるかい？

図8のように，時刻 $t_1 = \dfrac{x}{v}$ から $x = 0$ の😄と同じ $-\sin$ 型の振動がはじまります。

これは，図6の $x = 0$ の点の $y\text{-}t$ グラフを右へ $t_1 = \dfrac{x}{v}$ 秒だけ平行移動したものになるね。

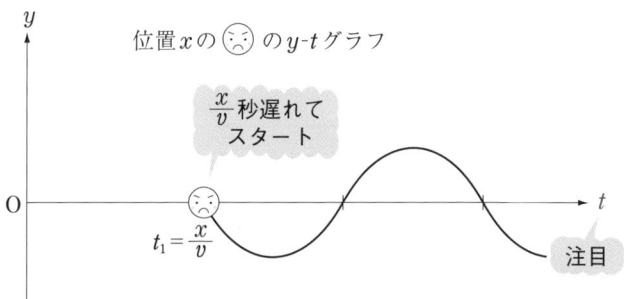

図8　$t_1 = \dfrac{x}{v}$ 秒遅れて $x = 0$ の😄と同じ振動がはじまる

さて，いよいよ，この図8の位置 $x$ の点の $y\text{-}t$ グラフの式を求めよう。この式こそが最終的に求めたい一般の位置 $x$ での波の式となるんだ。

ところで，$y$-$t$ グラフを右へ $\dfrac{x}{v}$ だけ平行移動したあとの式を求めるには，元の式 $y = -A\sin\dfrac{2\pi}{T}t$ で $t$ をどうおきかえればよかったんだっけ？

> $a$ だけ右へずらすと，$t \Rightarrow (t - a)$ となるんだったから，$\dfrac{x}{v}$ だけ右へずらすと，$t$ を $\left(t - \dfrac{x}{v}\right)$ におきかえます。

いいぞ！　その通りだ。③式で $t \Rightarrow \left(t - \dfrac{x}{v}\right)$ として，

$$y = -A\sin\frac{2\pi}{T}\left(t - \frac{x}{v}\right)$$

これが，一般の位置 $x$ で，一般の時刻 $t$ での波の変位を表す最終的に求めたい波の式だ。さらに，$v = f\lambda = \dfrac{1}{T}\lambda$，つまり，$vT = \lambda$ を代入すると，

$$y = -A\sin 2\pi\left(\frac{t}{T} - \frac{x}{\lambda}\right)$$

と書くこともできる。これで完成だ！
　以上の波の式のつくり方をもう一度まとめておこう。

---

**• POINT ②•**　《波の式のつくり方の手順》

**手順1**　$x = 0$ の点の $y$-$t$ グラフの式をつくる
（**•POINT ①•** の《$y$-$t$ グラフを読みとって，式にする3ステップ》を使う）

**手順2**　$x = 0$ の点から $x = x$ の点まで振動が伝わるのに要する時間 $t_1$ を求める $\left(t_1 = \dfrac{\text{距離}}{\text{速さ}}\right)$

**手順3**　**手順1** で求めた式で $t \to (t - t_1)$ とおきかえる

---

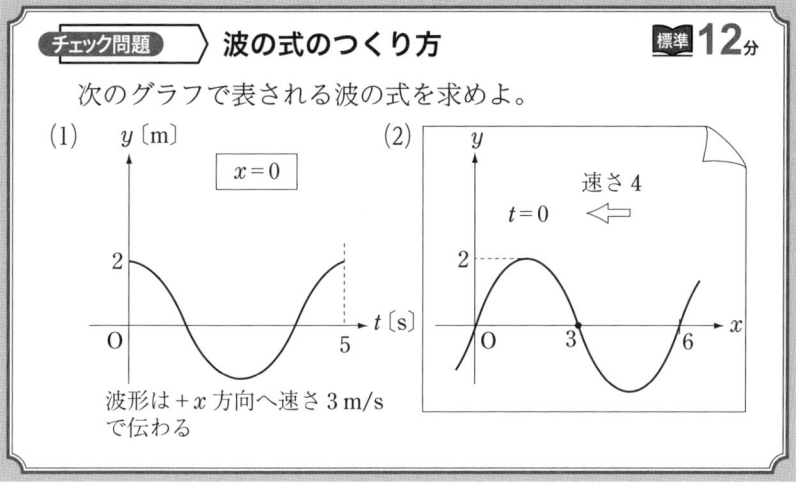

チェック問題　波の式のつくり方　標準12分

次のグラフで表される波の式を求めよ。

(1) グラフ $x = 0$
波形は $+x$ 方向へ速さ $3\,\mathrm{m/s}$ で伝わる

(2) 速さ $4$、$t = 0$

解説　《波の式のつくり方の手順》に入ろう。

(1) **手順1** の《$y$-$t$ グラフを読みとって，式にする３ステップ》で，

**STEP1** 与えられた式は振幅２の ＋cos 型をしているので，

$$y = 2\cos\theta \cdots\cdots ①$$

とおく。

**STEP2** 図 a でいつも $\theta$ と $t$ の間には

$$\theta : t = 2\pi : 5$$

$$\therefore \quad \theta = \frac{2\pi}{5}t \cdots\cdots ②$$

の関係があるね。

**STEP3** ②を①に代入して，

$$y = 2\cos\frac{2\pi}{5}t \cdots\cdots ③$$

となる。

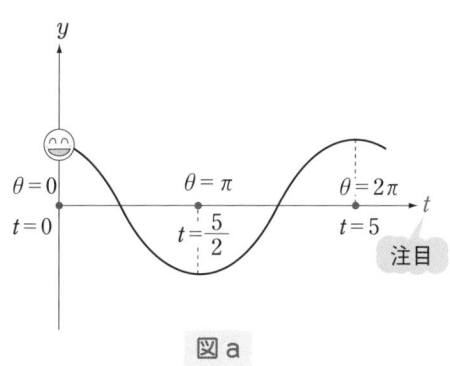

図 a

注目

次に，**手順2** で図bのよう
に一般の位置 $x$ の点まで振動が
伝わるのにかかる時間 $t_1$ は，

$$t_1 = \frac{x}{3} \text{〔秒〕} \cdots\cdots ④$$

となる。

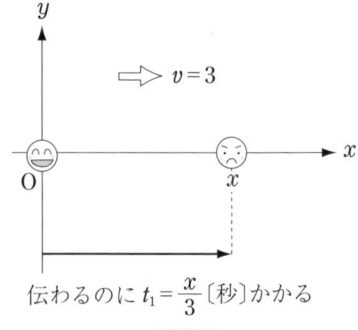

伝わるのに $t_1 = \frac{x}{3}$〔秒〕かかる

図 b

最後に **手順3** で
$x = x$ の点の $y$-$t$ グラフは
**図c** のようになる。このグ
ラフは，**図a**を右へ $t_1 = \frac{x}{3}$
だけ平行移動したものだね。

　このグラフの式は③式で
$t$ を $(t - t_1)$ におきかえたも
のになるから，

$x = x$ の ☹ の $y$-$t$ グラフ

☹ スタート

$t_1 = \frac{x}{3}$

注目

図 c

$$y = 2\cos\frac{2\pi}{5}(t - t_1)$$

$$= 2\cos\frac{2\pi}{5}\left(t - \frac{x}{3}\right) \qquad (\because \quad ④)$$

$$= 2\cos 2\pi\left(\frac{t}{5} - \frac{x}{15}\right) \cdots\cdots \boxed{答}$$

 今さら聞くのもなんですが，波の式を求めて何の役に立つんですか？

　この波の式さえわかってしまえば，好きな時刻 $t$，座標 $x$ を代入する
と，そのときのその点の変位 $y$ が出るんだ。
　たとえば，本問で $t = 5$ での $x = 5$ の点の変位は，

$$y = 2\cos 2\pi\left(\frac{5}{5} - \frac{5}{15}\right)$$

$$= 2 \cos\left(2\pi \times \frac{2}{3}\right) = 2 \cos\frac{4}{3}\pi$$

$$= 2 \times \left(-\frac{1}{2}\right)$$

$$= -1$$

となるんだね。

 いったん求めてしまえば，とても便利な式なんですね。

(2)

 あれ！　与えられているのは $y$-$t$ グラフじゃなくて，$y$-$x$ グラフのほうだよ。どうしたらいいの？

与えられた $y$-$x$ グラフから「$x = 0$ の点の $y$-$t$ グラフ」をつくればいいんだよ。**①**(p.19)でもやったでしょ。

**図d** のように $t = 0$ と $t = \varDelta t$ の「写真」を2枚重ねると，$x = 0$ の点は $t = 0$ で $y = 0$，$t = \varDelta t$ で $y > 0$ へ上がっていることがわかるね。

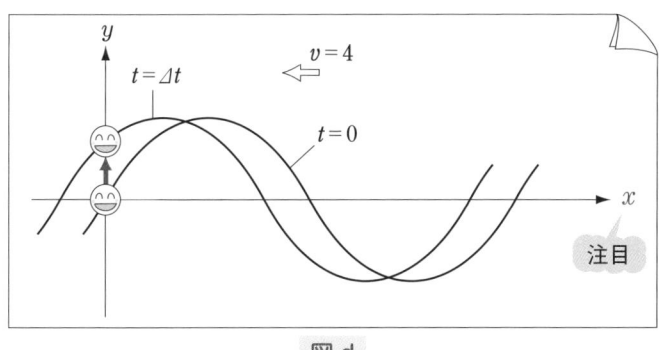

**図 d**

すると $x = 0$ の $y$-$t$ グラフは，波の基本式より，周期が，$T = \dfrac{1}{f} = \dfrac{\lambda}{v}$ $= \dfrac{6}{4} = \dfrac{3}{2}$ 〔s〕なので**図e** のようにかけるよ。これで，(1)と同じように3つの手順で考えられるね。

**手順1** $x = 0$ の $y$-$t$ グラフの式を求める

**STEP 1** 図 e の $y$-$t$ グラフ
の形は振幅2の $+\sin$ 型
となっているので,

$$y = 2 \sin \theta \cdots\cdots ⑤$$

とおく。

**STEP 2** $\theta$ と $t$ の比は図 f よ
り,

$$\theta : t = 2\pi : \frac{3}{2}$$

$$\therefore \quad \theta = \frac{4}{3}\pi t \cdots\cdots ⑥$$

**STEP 3** ⑥を⑤に代入して,

$$y = 2 \sin\frac{4}{3}\pi t \cdots\cdots ⑦$$

となる。

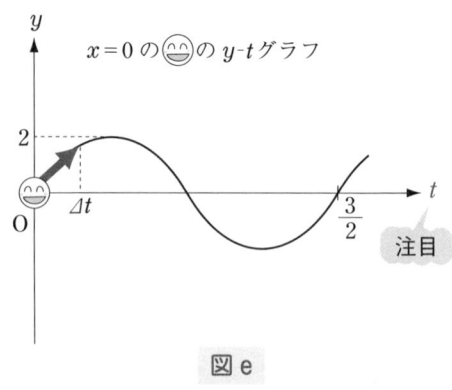

図 e

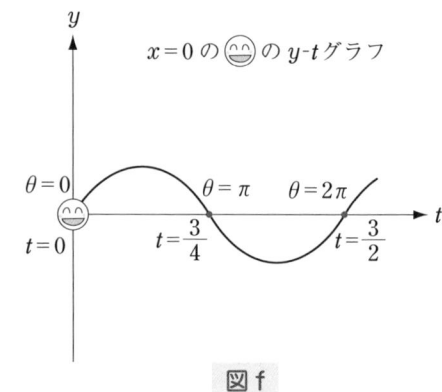

図 f

**手順2** $x = 0$ の点から $x = x$ の点まで振動が伝わる時間を求める。

図 g のように，$x = 0$ から波形は負の向きに進むことに注意しよう。

すると，$x = 0$ の点の振動がこれから伝わっていく点は $x < 0$ となる点
P となるね。では，原点 O から点 P まで振動が伝わる時間 $t_1$ を求めて
みて。

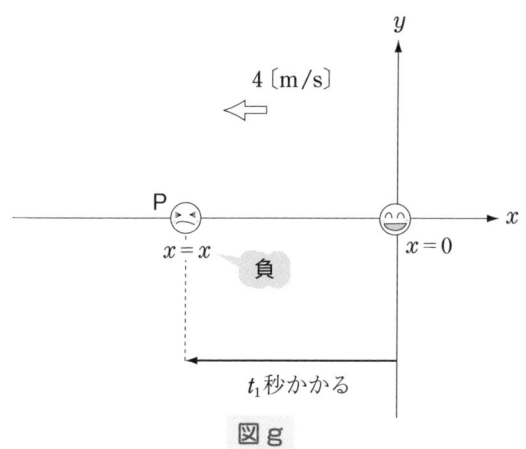

$4 (\mathrm{m/s})$

P

$x = x$

負

$x = 0$

$t_1$秒かかる

図g

 $x = 0$ から $x = x$ の点 P まで速さ 4 で伝わるから $t_1 = \dfrac{x}{4}$ です。

ブブー！　引っかかったね。

いいかい。いま $x < 0$，つまり，$x$ は $-2$ とか $-5$ とかの負の座標だよ。つまり，$x = 0$ から $x = x$ までの距離は $|x| = -x$ となるんだよ。距離は絶対に正だからね。

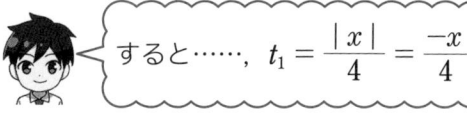 すると……，$t_1 = \dfrac{|x|}{4} = \dfrac{-x}{4}$ です。

そうだ。$x$ が負の座標であることに注意しよう。$t_1 = \dfrac{-x}{4}$ ……⑧のようにマイナスを忘れないこと。

| 手順3 |　位置 $x$ での $y$-$t$ グラフは，図hのようになるね。

 え〜どうして，**図h**は，**図f**のグラフを右へずらしているんですか。
波形は左へ動くんだから，左へずらすんじゃないの。

アチャー！ **図h**の横軸は何？時刻 $t$ でしょ。波形が右へ動こうが左へ動こうが，$t_1$ 秒遅れてはじまるということは横軸 $t$ のグラフでは右へずれることになるよ。時間が遅れるんだから。

**図h**のグラフの式は，

⑦式で $t \Rightarrow (t - t_1)$ として，

$$y = 2 \sin \frac{4}{3}\pi(t - t_1)$$

$$= 2 \sin \frac{4}{3}\pi \left\{ t - \left( -\frac{x}{4} \right) \right\}$$

$$= 2 \sin \left( \frac{4}{3}\pi t + \frac{\pi}{3}x \right) \cdots\cdots 答$$

となるよ。これで $y$-$x$ グラフが与えられても，波の式が自由自在に求まるね♥

$x = x$ 負 の 😖

スタート

$O$

$t_1 = \dfrac{-x}{4}$

注目

$t$

図h

この章は数式ばかりだけど，「振動は遅れてはじまる」というイメージが大切だよ。

# ま と め

① $y$-$t$ グラフを式にする 3 ステップ

**STEP 1** $y = \pm A \sin\theta$, $\pm A \cos\theta$ の 4 択

**STEP 2** $\theta$ と $t$ の比を考え, $\theta$ を $t$ で表す

**STEP 3** $y$ を $t$ の関数で表す

② 波の式のつくり方の手順

**手順 1** $x = 0$ の点の $y$-$t$ グラフを式にする。

①の 3 ステップを用いる。

**手順 2** $x = 0$ の点から $x = x$ の点まで波が伝わるのにかかる時間 $t_1$ を求める。

$$t_1 = \frac{距離\,|x|}{速さ\,v}$$

(注 波形が負の向きに伝わるときは, $x$ そのものも負になるので注意)

**手順 3** $x = x$ の点の $y$-$t$ グラフを式(波の式)にする。

$x = 0$ の点の $y$-$t$ グラフを右へ $t_1$ だけ平行移動するので, その式は 手順 1 の式で $t \to (t - t_1)$ としたものになる。

# ドップラー効果

▲ドップラー効果の原因は２つのみ

## STORY① ドップラー効果の基本

### 1 ドップラー効果って何？

　僕らが日常生活の中で体験する代表的なドップラー効果の例を２つ考えてみよう。

　１つ目の例は，救急車が出した「ピーポー」のサイレンの音が，近づいてくる救急車のときは，「ピィポォ，ピィポォ」と高く聞こえ，逆に，遠ざかる救急車のときは，「ペーポー，ペーポー」と低く聞こえる現象だ。

　２つ目の例は，「カン，カン」と鳴る踏切に電車が近づくとき，乗客には踏切の警笛音が「キン，キン」と高く聞こえ，逆に電車が遠ざかるとき，「コーン，コーン」と低く聞こえる現象だ。

　以上のように，ドップラー効果とはいずれにしても，観測者の聞く音の高さ，つまり音の振動数 $f$ が変化してしまう現象なんだね。

## 2 ドップラー効果を理解するための３つの前提

じつは，ドップラー効果に入る前に確認しておきたい，次の３つの前提となる事実があるんだ。

前提1 音源がいくら動いても音速は変わらない

図1のように，100 の速さで走る車の上から，前方に 50 の速さでボールを投げよう。このボールを大地に立っている人から見ると，いくらの速さに見える？

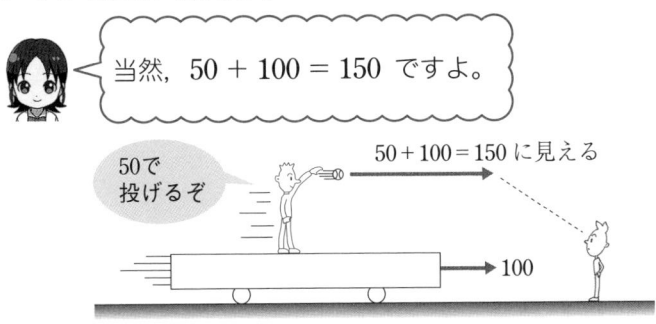

当然，$50 + 100 = 150$ ですよ。

50で
投げるぞ

$50 + 100 = 150$ に見える

→ 100

図1 車の上からボールを投げると

まさにその通り！ 車の速さ分，上乗せされるんだよね。

今度は図2のように，車の上に音源（おんさ）を乗せるとしよう。この音源から発せられた音波は，車が止まっているときは，速さ 340 で進むとするね。では，車が速さ 100 で走るときは，大地から見て，この音波は前方にいくらの速さで進むように見えるかな？

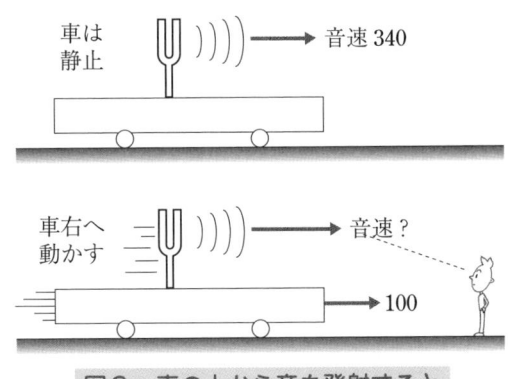

車は
静止

→ 音速 340

車右へ
動かす

→ 音速？

→ 100

図2 車の上から音を発射すると

今回も，もちろん，340 + 100 = 440 ですね。

ブブ～ッ！ 引っかかったね。じつは 340 のまま変わらないんだ。

 え～！ 車が 100 で走っているのになんで 100 上乗せされないの？

　それは次の理由なんだ。音は何が伝える？ そう，p.48で見たように空気だね。この空気の性質だけで，音速は決まるんだったね。じゃあ，もし車が速さ 100 で走ったら，まわりの大気まで車といっしょになって速さ 100 で動くかい？ 動いたらコワイでしょ。暴風が吹きまくるね。

　そう，大気は静止したままだね。いったん発射された音は，音源とは全く関係なく，その静止した大気の中を伝わるんだ。よって，音速は 340 のままなんだ。

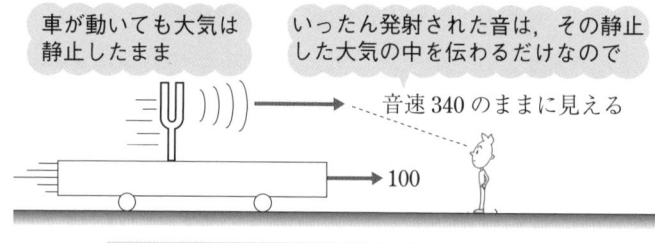

図3　音速は音源の動きに関係なく一定

前提2 振動数 $f$ (Hz) の音源は，その動きに関係なく，1秒間に $f$ 個の音波を外に出す

　たとえば，500 Hz のおんさはどう振り回そうが，1秒間に 500 回振動して（1波長を1個と数えると），1秒間に必ず 500 個の音波を外に出すのだ。

前提3 観測者が動いても，波長の圧縮や引き伸ばしはできない

　図4のように，右へ進む音波を左へ走りながら観測しても，観測者は空気を押しつぶしたり，引き伸ばしすることはできない。

　観測者は，ただ単に音波を拾っていくのみの存在なんだ。

　それは，観測者の大きさを大気に比べてほぼ0とみなすからだよ。

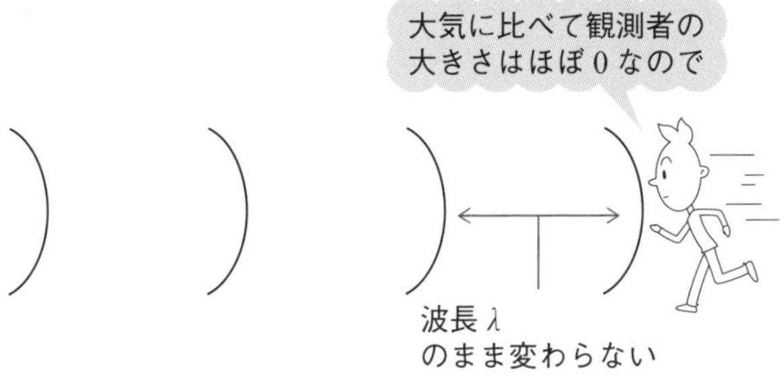

大気に比べて観測者の
大きさはほぼ0なので

波長 $\lambda$
のまま変わらない

図4　観測者が動いても波長は変わらない

• POINT ❶ • ドップラー効果の3つの前提

前提1　音速は音源の動きとは無関係。

前提2　音源は必ず1秒に $f$ 個（波長分）の音を外へ出してくる。

前提3　観測者が動いても波長を変化させることはできない。

ドップラー効果を
理解するために押
さえておきたい大
前提だ。

# STORY② // ドップラー効果の原因は2つしかない

## 1 すべては波の基本式から

STORY① //（p.90）で見たように，ドップラー効果というのは，観測者の聞く振動数 $f$ が変化してしまう現象だったね。では，なぜ，観測者の聞く振動数 $f$ が変化してしまうんだろうか？　それは，おなじみの波の基本式 $f = \dfrac{v}{\lambda}$ を日本語に直してみるとわかるんだ。

$$（観測者の聞く振動数 f）= \dfrac{（観測者の見る音速 v）\quad 分子}{（波長 \lambda）\quad 分母}$$

この式から，左辺の（振動数 $f$）が変化する原因は次の2つしかないね。

原因1　右辺の　分母　の（波長 $\lambda$）が変化すること。

原因2　右辺の　分子　の（観測者の見る音速 $v$）が変化すること。

## 2 原因1 （波長 $\lambda$）の変化のイメージ

波長が変化するのは波源が動くとき。

たとえば，図5のように，池でアヒルがスイスイ♫と泳いでいる。このときアヒルが発した波紋（波面）を見よう。アヒルの前方では，間隔がギュッとつまって波長が圧縮されている。一方，アヒルの後方では，間隔がビヨーンと広がり波長が引きのばされている。

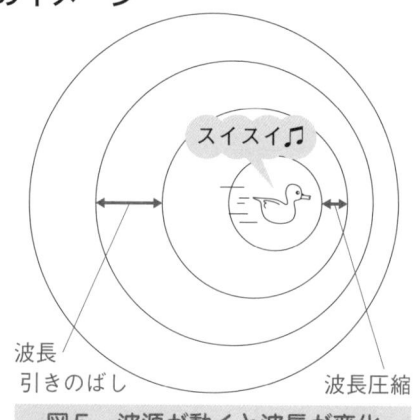

スイスイ♫

波長
引きのばし

波長圧縮

図5　波源が動くと波長が変化

## 3 | 原因2 （観測者の見る音速 $v$）の変化のイメージ

見かけの音速が変化するのは観測者が動くとき。

たとえば，図6のように，

速さ100でやってくる車を自転車に乗った人が車に向かって速さ20で突っ込みながら見るとき，車の速さは見かけ上

$$100 + 20 = 120$$

に「ビュン！」と速く見えるよね。

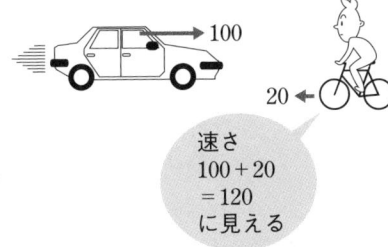

図6 観測者が動くと見かけの速さが変化

それと同じように，観測者が音に向かって突っ込みながら，その音を聞くと，まるで対向車が「ビュン！」と速く見えるように，音速もより速く見えてしまうんだ。逆に，観測者が音から逃げながら，その音を聞くと，音速は見かけ上，より遅く見えてしまうんだ。

---

**・POINT 2・ ドップラー効果の2つの原因**

原因1　動く音源から音波が発されるときに，（波長 $\lambda$ ）が圧縮されたり，引きのばされたりする。

原因2　動く観測者が音波を受けとるときに，（観測者の見る音速 $v$ ）がより速く見えたり，遅く見えたりする。

**STORY 2** で見たドップラー効果の2つの原因によって，新しい振動数は，具体的にどのように決まってくるのかを考えよう。テストでは，この証明過程そのものが出されるから，しっかりと理解して，導けるようにしようね。

**1** 原因1 (波長) の変化

……動く音源から音が発射されるときに起こる(音速を $c$ [m/s]，おんさ(音源)の振動数を $f$ [Hz]とする)。

(i)おんさが静止しているとき

図7(i)のように，時刻 $t = 0$ でおんさをたたいてから1秒後，音波の先端 **)** は右へ $c$ [m]だけ動いている。一方，おんさからは1秒間に $f$ 個(波長分)の波が出される。

(ii)おんさを右へ速さ $v$ [m/s]で動かすとき

図7(ii)のように，ドップラー効果の 前提1 (p.91)より，音速は同じ $c$ [m/s]のまま。おんさをたたいてから $t = 1$ 秒後，右へ $c$ [m]進んだ音波の先端 **)** と，右へ $v$ [m]進んだおんさ間の $c - v$ [m]の長さの中に， 前提2 (p.92)より，1秒間に出された同じ $f$ 個の波が入っているよ。

以上により，今回の波長(波1個あたりの長さ) $\lambda_1$ は，(i)の波長 $\lambda$ よりも「ギュッ！」と圧縮されており，

$$\lambda_1 = \frac{c - v \text{ [m]の中に}}{f \text{ 個の波が入っている}} \cdots\cdots ①$$

となるんだ。

これで音速 $c$ と，新しい波長 $\lambda_1$ の「2つget！」(p.15)できたので，新しい振動数 $f_1$ は，波の基本式により，

$$f_1 = \frac{c}{\underset{①より}{\lambda_1}} = \frac{c}{\dfrac{c - v}{f}} = \frac{c}{c - v} f$$

となり，もとの振動数 $f$ よりも高くなっているね。

## (ⅲ)おんさを左へ速さ $v$ (m/s)で動かすとき

図7(ⅲ)のように，1秒後，右へ $c$ 〔m〕進んだ音波の先端 **)** と左へ $v$ 〔m〕進んだ **▮** の間の $c+v$ 〔m〕の中に $f$ 個の波が入っているよ。よって，(ⅱ)の $c-v$ を $c+v$ におきかえればよいので，新しい振動数 $f_2$ は，

$$f_2 = \frac{c}{c+v}f$$

となり，もとの振動数 $f$ よりも低くなっているね。

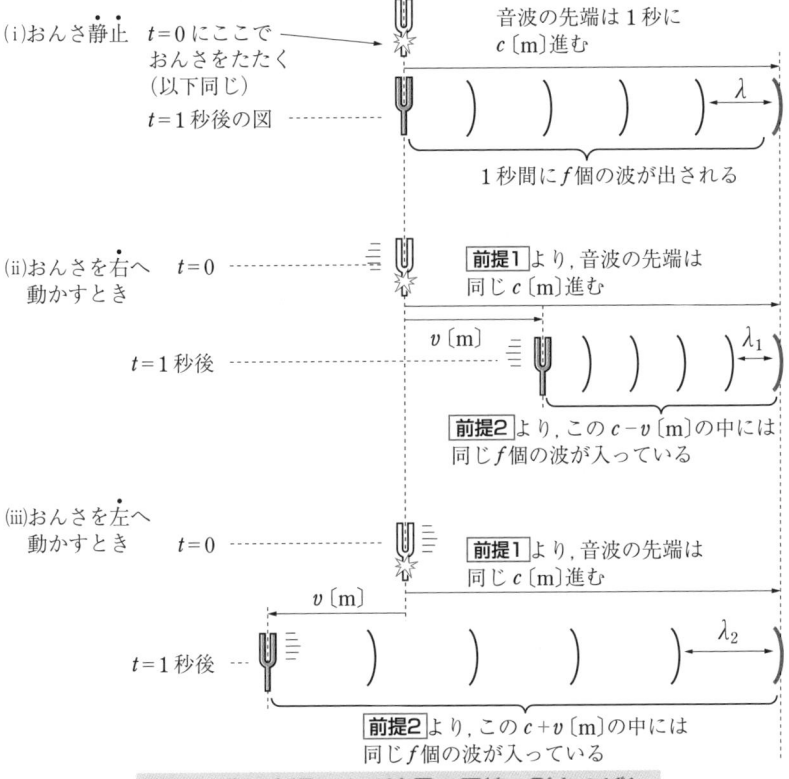

図7　動く音源による波長の圧縮・引きのばし

## 2 | 原因2 (観測者の見る音速)の変化

……動く観測者が音を受けとるときに起こる(媒質 (大気)に対する音速を $c$ 〔m/s〕とする)。

### (ⅰ)観測者が静止しているとき

図8(ⅰ)のように,振動数 $f$ の音波が速さ $c$ でやってくるように見える(「2つget!」)だけなので,その波長 $\lambda$ は波の基本式より,

$$\lambda = \frac{c}{f} \cdots\cdots ②$$

となる。

### (ⅱ)観測者が音に向かって速さ $u$ 〔m/s〕で突っ込みながら音を受けとるとき

図8(ⅱ)のように,観測者にとってのみかけの音速は(対向車が「ビュン!」と速く見えるように) $u$ だけ増して $c + u$ 〔m/s〕に見えるね。

一方,ドップラー効果の 前提3 (p.93)より,波長は圧縮されずもとの $\lambda$ のままだよね。これで観測者にとっての音速 $c + u$ と波長 $\lambda$ の「2つget!」(p.15)したので,観測者にとっての新しい振動数 $f_3$ は波の基本式より,

$$f_3 = \frac{c + u}{\lambda} = \underbrace{\frac{c + u}{\dfrac{c}{f}}}_{②より} = \frac{c + u}{c} f$$

となり,もとの振動数 $f$ より高くなるよ。

### (ⅲ)観測者が音から速さ $u$ 〔m/s〕で逃げながら音を受けとるとき

図8(ⅲ)のように,観測者にとって音速は $c - u$ 〔m/s〕に遅くなって見えるね。よって(ⅱ)の $c + u$ を $c - u$ におきかえればよいので,新しい振動数 $f_4$ は,

$$f_4 = \frac{c - u}{c} f$$

となり,もとの振動数 $f$ より低くなるよ。

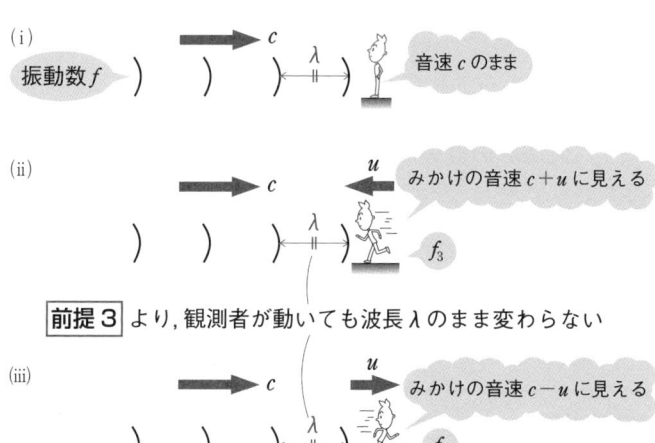

(i)
振動数 $f$

$c$
$\lambda$
音速 $c$ のまま

(ii)
$c$
$u$
みかけの音速 $c+u$ に見える
$\lambda$
$f_3$

前提3 より,観測者が動いても波長 $\lambda$ のまま変わらない

(iii)
$c$
$u$
みかけの音速 $c-u$ に見える
$\lambda$
$f_4$

図8　動く観測者の見るみかけの音速の変化

 結局「ドップラー効果の3つの前提」(p.93)と「2つ get!」(p.15)しか使っていないんですね。

　そういうことだね。もう一度,この章の最初からここまでの流れをしっかりとおさらいして,「ドップラー効果の3つの前提」に基づいて「ドップラー効果の2つの原因」それぞれによる新しい振動数の式を自力で導けるようにしておこう。何度もくり返すけど,この証明過程はテストにそのまま出るからね。

ドップラー効果では,「公式が導けてナンボ」なんだ。

### 3 ドップラー効果の式はどうやって立てるか？

　以上で，ドップラー効果の公式を導けたら，次はその使い方をマスターしよう。大切なのは音源と観測者のところで何が起こっているか（例 音源によって波長が「ギュッ！」と圧縮されている！　観測者のところで音速が見かけ上「ビュン！」と速く見えているぞ！）を見きわめることなんだ。その現象をつかみさえすれば，次の方法で，式をスイスイ立てることができるよ。

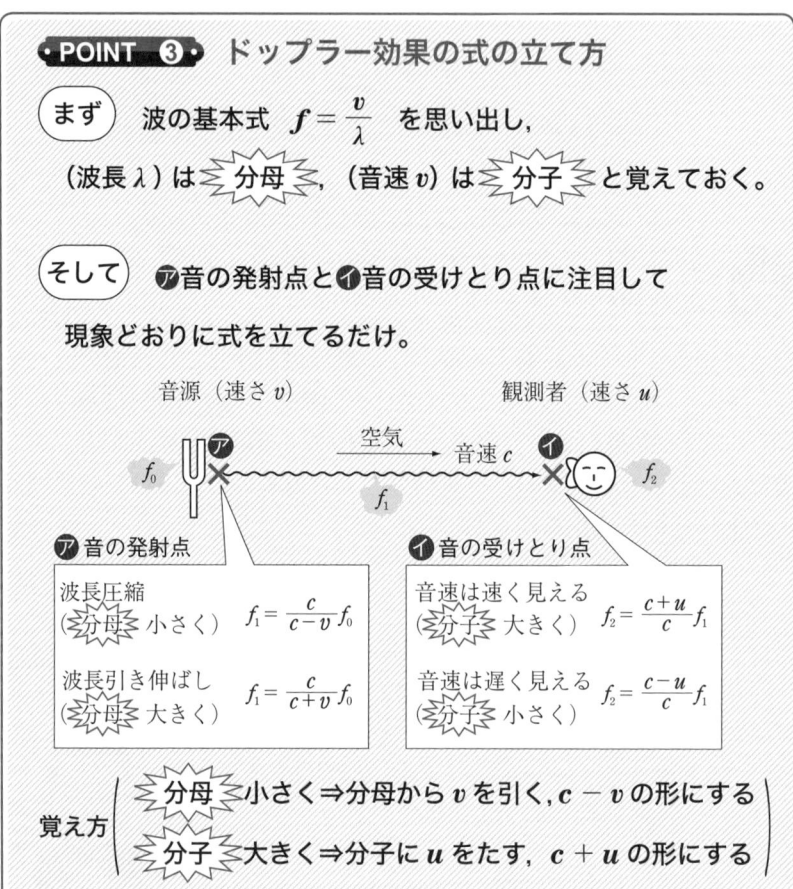

・POINT 3・ ドップラー効果の式の立て方

まず）波の基本式 $f = \dfrac{v}{\lambda}$ を思い出し，

（波長 $\lambda$ ）は 分母 ，（音速 $v$ ）は 分子 と覚えておく。

そして）⑦音の発射点と①音の受けとり点に注目して

現象どおりに式を立てるだけ。

音源（速さ $v$ ）　　　　　　　　観測者（速さ $u$ ）

空気　　音速 $c$

$f_0$　　⑦　　　　　　　　　　　　①　$f_2$

$f_1$

**⑦音の発射点**

波長圧縮
（分母 小さく）　$f_1 = \dfrac{c}{c - v} f_0$

波長引き伸ばし
（分母 大きく）　$f_1 = \dfrac{c}{c + v} f_0$

**①音の受けとり点**

音速は速く見える
（分子 大きく）　$f_2 = \dfrac{c + u}{c} f_1$

音速は遅く見える
（分子 小さく）　$f_2 = \dfrac{c - u}{c} f_1$

覚え方 { 分母 小さく ⇒分母から $v$ を引く，$c - v$ の形にする

分子 大きく ⇒分子に $u$ をたす，$c + u$ の形にする }

**チェック問題 1** ドップラー効果の式の立て方 　易 **5**分

図のように音源，観測者が動いている。

(1) 伝わる音波の波長 $\lambda_1$ を求めよ。

(2) 観測者が聞く音の振動数 $f_2$ を求めよ。

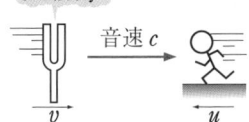

振動数 $f$　音速 $c$　$v$　$u$

**解説** (1)

波長!?　おきてやぶりですよ。ドップラー効果なのにどうして振動数じゃなくて波長を問うの？

へへへ！　そうくると思ったよ。みんなドップラー効果の問題で波長 $\lambda$ を問うとあたふたしてしまうんだよね～♪　じゃあ，波長 $\lambda_1$ はあとまわしにして(2)から解こう！

え～そんなことしていいの？

別にかまわないよ。要は完答すればいいんでしょ。**波長は，あとまわしあとまわし。**

(2)　まず振動数を先に出そう。**図 a** のように，ドップラー効果の起こる点となる

**ア**「動く音源の音の発射点」と

**イ**「動く観測者の音の受けとり点」に×印をつけ，新しい振動数を仮定しよう。

**図 a** でつけた×印それぞれについて《ドップラー効果の式の立て方》によって新しい振動数を求めていこう。

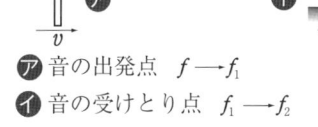

$f$　$f_1$　$c$　$f_2$　$v$　$u$

**ア** 音の出発点　$f \longrightarrow f_1$

**イ** 音の受けとり点　$f_1 \longrightarrow f_2$

図 a

⑦の点では何が起こっている？

⑦では音源が右側の波長を「ギュッ！」と圧縮しています。

いいぞ！　ではその現象通りに式を立てると，

⑦ 波長圧縮
（分母小さく）

$$f_1 = \frac{c}{c - v} \times f \cdots\cdots ①$$

だね。いま（分母小さく）だから分母から $v$ を引いたよ。
では❷の点では何が起こっている？

❷では観測者がつっこんでるから，波長が「ギュッ！」と……

ちょっと待った〜！　もう原則を忘れたのか！　いいかい。ドップラー効果の 前提3 （p.93）で見たように，観測者は音を拾うだけの受け身の存在で，波長の圧縮や引きのばしは，一切できない。よくやる間違いだよ！

❷では　あ！　音速は速く見えます！　だから（分子大きく）で $f_2 = \frac{c + u}{c} \times f$ です。

ブブー！　やっぱりまちがえたか！　いいかい，もう⑦の段階ですでに振動数は $f$ から $f_1$ へ変わっているんだよ。だから，❷では，その $f_1$ がさらに $f_2$ に変わるんだから，

$$f_2 = \frac{c + u}{c} \times f_1 \cdots\cdots ②$$

となるんだ。
　①，②より，

$$f_2 = \frac{c + u}{c} \times \frac{c}{c - v} \times f$$

$$= \frac{c + u}{c - v} f \cdots\cdots 答$$

となる。上の2つの落とし穴に十分に注意してね。

さあ，ここで(1)に戻ろう。

(1) いま，(2)で $f_1$, $f_2$ をすでに求め
たので，図bの状態になっているね。
ここで空気中を伝わる音の，速さ
$c$，振動数 $f_1$ を求めてあるから

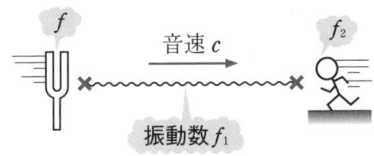

図b

あ！　4大基本量のうち「2つget！」してますね(p.15)。

よーく気づいた。だから，あとは波の基本式によって求める波長 $\lambda_1$ は，

$$\lambda_1 = \frac{c}{f_1}$$

ここで，①を代入して，

$$\lambda_1 = \frac{c}{\dfrac{c}{c-v}f} = \frac{c-v}{f} \cdots\cdots 答$$

となる。

なぁんだ。振動数を先に求めてしまえば，波の基本式から，
波長は一瞬で出るんですね！

そういうこと。だからこの問題のように，(1)で波長を問われても，あわ
てずにドップラー効果の式で，すべての振動数を出しておくことが大切な
んだ。

---

**◆POINT ④◆ ドップラー効果で波長を問われたら**

波長は，すべての振動数を求めたあとに，

$$v と f の「2つget！」 \text{ \& } 波の基本式 \ \lambda = \frac{v}{f}$$

から求めると楽。

---

図でRは反射板，Oは観測者，Sは振動数 $f_0$ の音源である。音速を $c$ として，次の(1)(2)の場合にOが観測する直接音と反射音の振動数を求めよ。

(1) Rが右へ $V$，Sが右へ $v$，Oが右へ $u$ の速さで動くとき。

(2) Rが静止し，Sが右へ $v$，Oが右へ $u$ の速さで動き，風速 $w$ の風が右へ吹くとき。

(3) (1)のとき，観測者は周期的に音が大きくなったり小さくなったりを，くり返し聞いた。その周期を求めよ。

**解説** (1)

うわ！　壁が動いている～！　どう見たらいいの？

「壁で音が反射する」とひと言でいうけれど，そこで起こる現象は2段階に分けられるよね。

まず，① 壁が音を受けとる（壁は観測者の役目）
次に，② 壁は音をはね返す（壁は音源の役目）

壁は1人2役だ！

あとは《ドップラー効果の式の立て方》(p.100)に入るのみ。

図aのように，音波が発射され，伝わり，そして受けとられる過程をかく。ここで，動く反射板は，まず，
①音を受けとる観測者
次に，
②受けとった振動数と
　同じ振動数の音源
とみなすのがコツ。

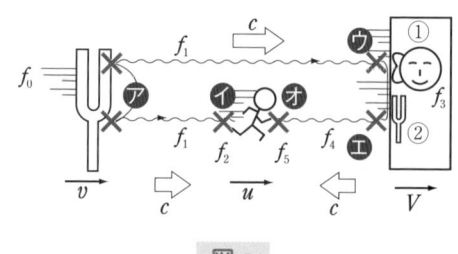

図a

ドップラー効果の原因となるのは，図の㋐〜㋔

㋐波長圧縮
（分母小さく） $f_1 = \dfrac{c}{c - v} f_0$

㋑音速は遅く見える
（分子小さく） $f_2 = \dfrac{c - u}{c} f_1$

㋒音速は遅く見える
（分子小さく） $f_3 = \dfrac{c - V}{c} f_1$

㋓波長引き伸ばし
（分母大きく） $f_4 = \dfrac{c}{c + V} f_3$

㋔音速は速く見える
（分子大きく） $f_5 = \dfrac{c + u}{c} f_4$

㋐㋑より，$f_2 = \dfrac{c - u}{c - v} f_0$ ……答

㋐㋒㋓㋔より，$f_5 = \dfrac{(c + u)(c - V)}{(c + V)(c - v)} f_0$ ……答

---

**・POINT ❺・ 動 く 壁**

まず　音を受けとる観測者とみなす

次に　音を発する音源とみなす 🎵

動く壁は1人2役

---

(2)

ウェーン！　風まで吹いてきたし〜！

大丈夫。ところで，キミは流れるプールで遊んだことはあるかい？
**キミは「どっち派」だった？**

「どっち派」といわれても……あ！　そうか私は流れに
乗ってスイスイ泳ぐのが好きな派です。

　僕は，逆流派だけどね（笑）　で，流れるプールに乗って泳ぐとその流
れの分だけ速くなるね。逆流すると，その分だけ遅くなるよね。

これは，風速 $w$ の風の中を伝わる音（無風時の音速 $c$）についても全く同じで，

- 風と同じ向きに伝わる音の音速は　$\boxed{c+w}$
- 風と逆向きに伝わる音の音速は　$\boxed{c-w}$

となる。あとは，この $c \pm w$ が音速を表す文字だと思って，《ドップラー効果の式の立て方》(p.100)で $c \rightarrow \boxed{c \pm w}$ にとりかえた式を使えばいいんだよ。

**図 b** で風と同じ向き，逆向きに伝わる音速をそれぞれ $\boxed{c+w}$, $\boxed{c-w}$ とする。

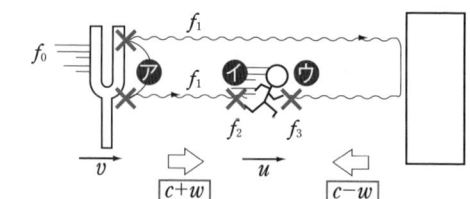

図 b

㋐波長圧縮
（分母小さく）　$f_1 = \dfrac{\boxed{c+w}}{\boxed{c+w}-v} f_0$

㋑音速は遅く見える
（分子小さく）　$f_2 = \dfrac{\boxed{c+w}-u}{\boxed{c+w}} f_1 = \dfrac{c+w-u}{c+w-v} f_0 \cdots\cdots$答

㋒音速は速く見える
（分子大きく）　$f_3 = \dfrac{\boxed{c-w}+u}{\boxed{c-w}} f_1 = \dfrac{(c-w+u)(c+w)}{(c+w-v)(c-w)} f_0 \cdots\cdots$答

---

・POINT ⑥・　**風のもとでのドップラー効果**

（まず）　伝わる方向について風のもとでの音速を求める。

（そして）　音速 $c$ の記号をその音速におきかえる。

---

(3) 問題文の「周期的に音が大きくなったり小さくなったりをくり返し」とはいったい何のこと？

いまわずかに異なる振動数 $f_2$ と $f_5$ の音が同時に聞こえていたなぁ……あ！　そうか！　「うなり」です！　④でやりました！

OK！「ドップラー効果で振動数をわずかにずらし，同時に聞いてうなりの現象」は超頻出パターンだ！　では，求めるうなりの周期 $T$ は？

確か「振動数の差の絶対値」だったような……
$T = |f_2 - f_5|$　です。

アチャー！　それは「うなりの振動数 $f$」でしょ。ほしいのは「うなりの周期 $T$」だよ。うなりの周期 $T$ は，うなりの振動数 $f$ の逆数なので，

$$T = \frac{1}{f} = \frac{1}{|f_2 - f_5|}$$

$$= \frac{1}{\left| \dfrac{c-u}{c-v} f_0 - \dfrac{(c+u)(c-V)}{(c+V)(c-v)} f_0 \right|}$$

$$= \frac{(c-v)(c+V)}{|(c-u)(c+V) - (c+u)(c-V)| f_0}$$

$$= \frac{(c-v)(c+V)}{2c|V-u| f_0} \quad \cdots\cdots \boxed{答}$$

$V$ と $u$ の大小関係はわからないので，$|V-u|$ と絶対値の記号の中に入れておくよ。

**チェック問題 3 斜め方向のドップラー効果** 標準 **8**分

図で，A は振動数 $f_0$ の音源，
B は反射板，C は観測者であり，
図の位置で示したような速度
$v_A$, $v_B$, $v_C$ をもっている。

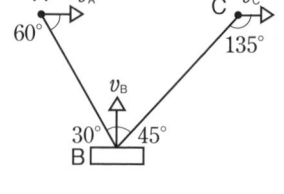

音速を $V$ として，図の瞬間に
C が聞く反射音の振動数を求めよ。

ただし，$V$ は $v_A$, $v_B$, $v_C$ に比べ十分に大きいので音が伝わ
る間の A，B，C の配置はほぼ変わらないとしてよい。

---

**解 説**

> 今度は音の伝わる方向 $\overrightarrow{AB}$ と $\overrightarrow{v_A}$，$\overrightarrow{v_B}$ が一直線上に乗って
> いな～い！　どうするの？

物理で斜め方向のベクトルが出たら，どうするのがおきまりのやり方
だっけ？

> 放物運動でも，仕事でも「斜めのベクトルは分解せよ！」
> です。

それと同じように，今回も $\overrightarrow{v_A}$，$\overrightarrow{v_B}$ を分解すればいいだけのことだよ。
そして，ドップラー効果の原因（「波長圧縮」とか「音速は速く見える」など）
にならない，$\overrightarrow{AB}$ と垂直の速度成分は「ポイッ！　と捨てる」だけだよ。す
ると結局，一直線上のドップラー効果に帰着することができるんだ。

まず，**図a**のように，AB間のみで考える（Bは観測者とみなす）。速度ベクトルを分解し，音が伝わる方向の速度成分（これがドップラー効果の原因となる）のみ考える。

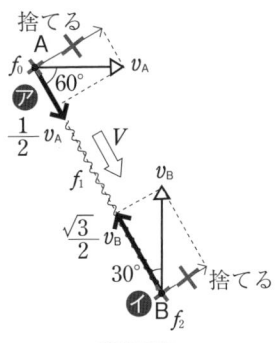

図 a

**ア** 波長圧縮（👊分母👊小さく）
$$f_1 = \frac{V}{V - \frac{1}{2}v_A}f_0$$

**イ** 音速は速く見える（👊分子👊大きく）
$$f_2 = \frac{V + \frac{\sqrt{3}}{2}v_B}{V}f_1$$

次に，**図b**のように，BC間のみで考える（Bは音源とみなす）。

**図a**と同様に速度ベクトルを分解する。

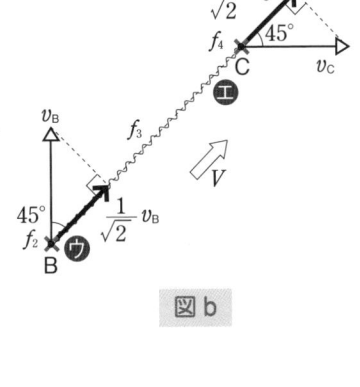

図 b

**ウ** 波長圧縮（👊分母👊小さく）
$$f_3 = \frac{V}{V - \frac{1}{\sqrt{2}}v_B}f_2$$

**エ** 音速は遅く見える（👊分子👊小さく）
$$f_4 = \frac{V - \frac{1}{\sqrt{2}}v_C}{V}f_3$$

$$= \frac{(\sqrt{2}V - v_C)(2V + \sqrt{3}v_B)}{(\sqrt{2}V - v_B)(2V - v_A)}f_0 \cdots\cdots \boxed{答}$$

---

### ・POINT ❼・ 斜め方向のドップラー効果

　速度ベクトルを分解し，「音の伝わる方向」とそれに「垂直な方向」とに分ける。そして，ドップラー効果の原因にならない「垂直な方向」の成分を捨てると，一直線上のドップラー効果に帰着する。

ちなみに，ドップラー効果ほど有効に私たちの生活で活用されている波動現象はないんだよ。スピード違反の取締り（スピード違反はいけませんよ）。野球のスピードガン，医学で手術中に血液の流れを調べるドップラーモニター，気象では雨や風の強さを見るドップラーレーダー，漁業では魚群探知機，潜水艦のソナー，さらに宇宙天文学でのドップラーアンテナ，そして，なんとコウモリやイルカなどの動物までもがこの現象をフル活用しているんだね★

音の発射点と，受けとり点で，どんな現象が起こっているか，イメージすることが大切だよ。

## 第 **6** 章
## ま と め

**(1)** ドップラー効果の３つの前提

| 前提1 | 音源が動いても音速は変わらない。 |
|---|---|
| 前提2 | 音源が動いても必ず１秒に $f$ 個の音波を外部に出す。 |
| 前提3 | 観測者が動いても波長の圧縮や引きのばしはできない。 |

**(2)** ドップラー効果の２つの原因

| 原因1 | 音源動く⇒(波長)の変化 |
|---|---|
| 原因2 | 観測者動く⇒(見かけの音速)の変化 |

**(3)** ドップラー効果の式の立て方

$$\left( \begin{array}{llll} f_新\cdots新しい振動数 & f_旧\cdots古い振動数 & c\cdots音速 \\ v\cdots音源の速さ & u\cdots観測者の速さ \end{array} \right)$$

① 動く音源が音を発射するときに

- (波長)引きのばし(**分母大きく**)⇒ $f_新 = \dfrac{c}{c+v} \times f_旧$
- (波長)圧縮(**分母小さく**) ⇒ $f_新 = \dfrac{c}{c-v} \times f_旧$

② 動く観測者が音を受けとるときに

- (音速)速く見える(**分子大きく**)⇒ $f_新 = \dfrac{c+u}{c} \times f_旧$
- (音速)遅く見える(**分子小さく**)⇒ $f_新 = \dfrac{c-u}{c} \times f_旧$

**(4)** ドップラー効果の４つの応用

① 波長は一番最後に波の基本式 $\lambda = \dfrac{v}{f}$ で求めよ。

② 動く壁は１人２役とみなせ。

③ 風のもとの音速の記号におきかえよ。

④ 音が伝わる方向と斜めの速度は分解して，垂直成分は捨てよ。

# 第7章 光の屈折

▲プールは実際よりも浅く見えてしまう

## STORY 1 屈折率って何？

### 1 光波と音波の違いは？

　光波というのは，電場や磁場という場が変動しながら波として伝わっていく電磁波の一種だ。この電磁波では，電場や磁場が波の進行方向と直角方向に振動する。これは横波，それとも縦波だったっけ？

　波の進行方向と直角に振動するということはp.25でやった横波です。

　その通り。「音波は縦波」「光波は横波」と区別してね。
　ところで，音波は，真空中を伝わったっけ？

　音波は，確かp.49で見たように空気という「ばね」の中を伝わる縦波です。真空中では，その「ばね」がないから伝わりっこありません。

そうだね。では光は，真空中を伝わるかい？

 えーと，真空中では，何も伝えるものがないから伝わらない……いや，宇宙空間でも伝わるから……！　伝わります！　でも，何もないのにどうして伝わるの？

　その理由は，電磁気でやった電磁誘導がヒントだよ。電磁誘導では，コイルに磁石を出し入れすると誘導電流が流れたよね。つまり，何もない空間中でも磁場を変化させると電気を動かす電場が発生するということだね。

　一方，電磁誘導とは逆に，空間中で電場を変化させると磁場が発生することも知られているんだ。すると……，

 電場と磁場が互いを生み出し合う「リレー」がつながっていきますね。図1です。

　そうだ。だから真空中のように何もなくとも電場と磁場が互いに相手を生み出して次々と伝わっていくことができるんだ。

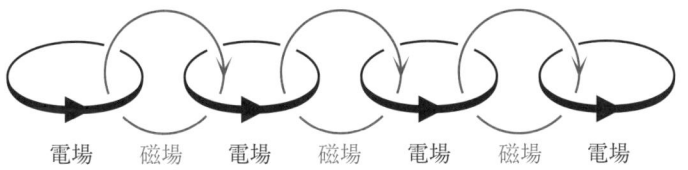

電場　　磁場　　電場　　磁場　　電場　　磁場　　電場

**図1　光は電場と磁場の「リレー」で伝わる**

---

**◆POINT　①◆　光波と音波の違い**

① 光波…電場・磁場の変動する横波（真空中でも伝わる）
② 音波…「空気ばね」の振動する縦波（真空中では伝わらない）

---

**2 屈折率って何？**

　光波は，速さNo.1だ。1秒間に約30万km，なんと地球を7周半する速さだぞ。ただし，これはあくまでも真空中を進む場合だよ。

真空中ではなくて，水やガラスなどの物質中を進む場合は，さすがの光も「ノロノロ」遅くなってしまう。これは，光波の電場の振動が，水やガラス中に含まれる電子を「ユサユサ」揺さぶりながら進んでいかねばならないためだ。

　よく整備されたグラウンド(真空中)では，100 m を10秒で走れる陸上選手(光)であっても，ドロドロにぬかるんだ田んぼ(ガラス中)では，泥(電子)が足(電場)にまとわりついて，ゆっくりとしか走れないのと同じイメージだね！

すごーく「苦しそう」なイメージですね。

　そう！　この「苦しそう」というイメージが大切なんだ。この「苦しさ」の度合いは物質の種類によって違ってくるんだ。

　そこでたとえば，ある物質中での光速が，真空中の光速の2分の1に遅くなったとしたら，その物質のことを屈折率2の物質と約束しよう。もちろん3分の1に遅くなれば屈折率3となるね。

　一般に，**図2**のように，ある物質中での光速が真空中の $n$ 分の1になり，それに伴って波長も $n$ 分の1に縮んでしまう場合を(絶対)屈折率 $n$ の物質と定義する。もちろん，真空自身の屈折率は $n = 1$ だ。

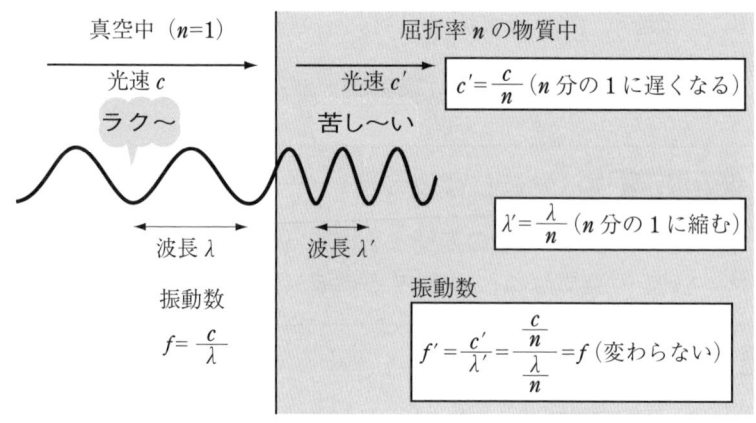

**図2　光が屈折率 $n$ の物質中に入ると**

 どうして振動数 $f$ だけは，物質中に入っても変わらないのですか？　振動数 $f$ だって「苦しくて」ゆっくりになってしまうイメージがありますけど……

　なるほど。だったら，振動数 $f$ というのは，ある断面を 1 秒あたりに通過する波の数であることを思い出してほしい。

　たとえば，**図3**のように，入射波が $f = 50\,\mathrm{Hz}$ というのは，1 秒あたりに 50 個の波が境界面の左から入ってくることを意味するね。

　このとき，境界面から右へ 1 秒に何個の波が出てくる？

 1 秒に50個入ったんだから 1 秒に50個出ていくしかないです。40個しか出なかったらオカシイです。

　そりゃそうだね。すると境界面から右へ 1 秒あたり $f' = 50$ 個の波が出ていくことになる。よって，$f = f' = 50$ と変わらないんだ！

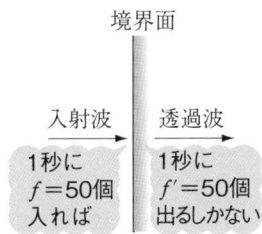

図3　振動数だけは不変

　たとえば，トンネルに 1 分間あたり 50 台車が入っていたら，出口からは 1 分間あたり 50 台出てこなくちゃコワイよね。それと同じことだよ。

> ・**POINT ②**・ 屈折率 $n$ の物質中では
>
> 　真空中と比べて光速が $\dfrac{1}{n}$ 倍に遅くなり，波長が $\dfrac{1}{n}$ 倍に縮む。ただし，振動数だけは変わらないことに注意。
> （屈折率のイメージ＝光が感じるその物質の「苦しさ」）

## 1 波面って何？

水たまりの中のある１つの点Ｐを「チョンチョン」とつつくと，**図4**のような同心円状の波紋（はもん）ができるね。この波紋のように，同じ振動状態の点（例：山や谷）を結んだ線または面を**波面**（はめん）という。特に**図4**のように１点を波源（中心）として広がる波は，波面が球面となるので**球面波**（きゅうめんは）というよ。

一方，水たまりを長い棒で「タンタン」とたたくと，**図5**のような，直線状の波面ができる。この波を**平面波**（へいめんは）という。

ここで注目してほしいことは，波が伝わる方向（光波の場合はこれを光線という）と，波面とは必ず直角に交わることなんだ。また，ある波面と次の波面との間隔は，ちょうどその波の波長 $\lambda$ になっていることも忘れずに！

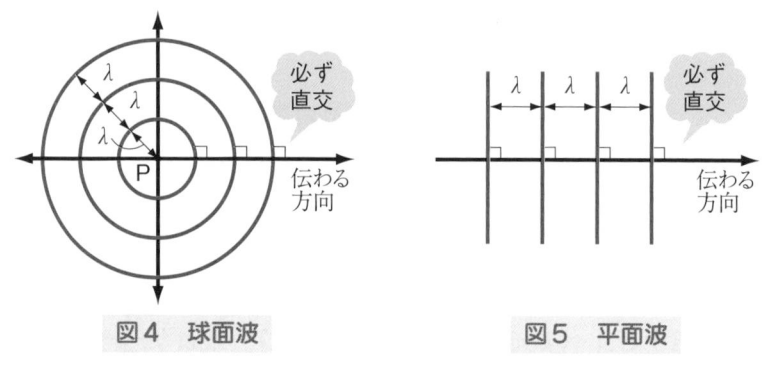

図4　球面波　　　図5　平面波

この波面の進み方には，何かルールがあるの？

あるよ。では，そのルールを次に見ていこう。

## 2 波面の進み方の大原則

　次の３ステップの手順は「今の波面」から「次の瞬間の波面」をつくり
あげるオールマイティーな方法で，**ホイヘンスの原理**とよばれている。
**図6**で，

**STEP1** ある時刻での波面がある

**STEP2** その波面上のあらゆる点から同じ半径をもった無数の球面波（こ
れを**素元波**(点線)という）が出る（目には見えない）

**STEP3** それらの球面波に共通に接する面が次の瞬間での波面となる

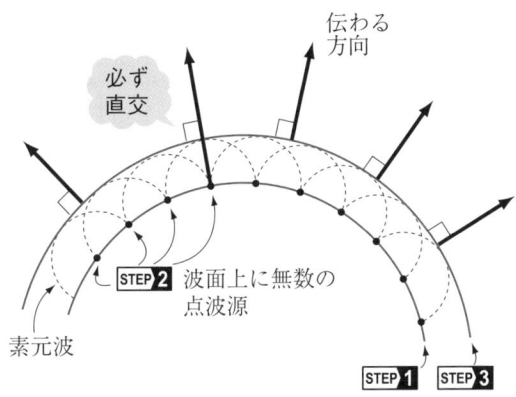

図6　ホイヘンスの原理

　原理はシンプルなんですけれど，これが何の役に立つので
すか？

　うん，この原理はいろいろな波の現象を深く理解することに役立つ
んだ。その代表例が，次に見ていく，狭いすき間を波面が抜けるとき
に生じる回折という現象なんだ。

## 3 回折って何？

トツゼンだけど，今，**図7**(a)のように，キミの乗ったボートに大波が襲いかかる!!!!　でも，大丈夫。堤防の陰に逃げ込んでいる。さて，ホントに大丈夫かな？

> 堤防の後ろに隠れたから平気ですよ！

へへー，じつは**図7**(b)のように，堤防のすき間に入った波から，ホイヘンスの原理の素元波（点線）が発生するんだ。これらの素元波を共通に包み込む曲面がすき間を抜けた波の波面となる。すると，この波は両端で「丸み」をおびるので球面波のように広がって……

> ウー！　陰に隠れていたボクのボートのほうまで波がきちゃう！

そうなんだ。このように，狭いすき間を抜けた波面が障害物の後ろに回り込んで伝わる現象を回折という。

また，**図8**のように波長 λ に比べて十分すき間が狭いと，すき間を抜けた波は，ほぼ1点から広がる球面波とみなせる。十分に回折してよく回り込んでいることがわかるね。

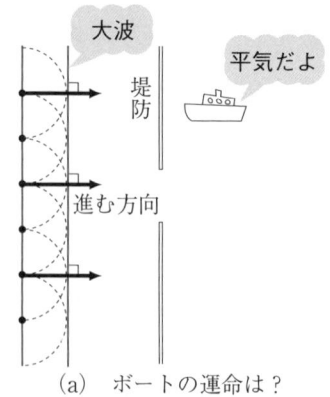

(a)　ボートの運命は？

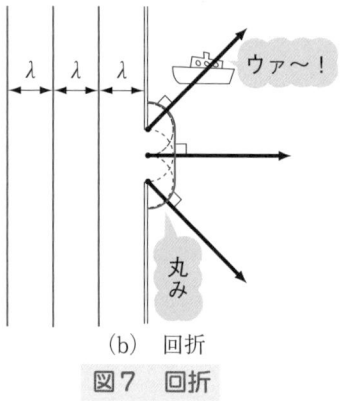

(b)　回折

**図7　回折**

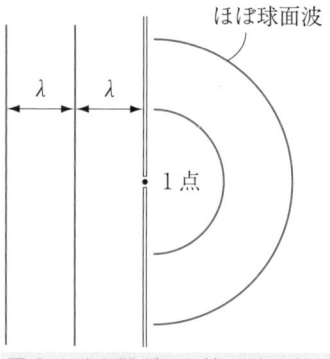

**図8　すき間が λ に比べ狭いとき**

たとえば，音波と光波では，音波のほうがはるかに波長が長いので，同じすき間でも音のほうが光よりもよく回折するよ。

　日常生活の例としては，窓とカーテンを閉め切った真っ暗な部屋(密室)で，ドアをわずかに開けるとその瞬間，部屋のどこにいても，外からの音は漏れて聞こえるでしょ。一方，外からの光はドアをわずかに開けただけで，イキナリ部屋中すみずみまでパッと明るくなることはないよね。

　また，携帯電話が家の中でも使えるのは，波長が音波並みに長い携帯電話の電波がすき間から回折して家の中まで入り込んでくるからなんだよ。

　さらに，AMラジオのほうが，FMラジオよりも，アンテナがなくても家の中で聞こえやすいのは，AMの電波のほうが波長が長くて回折しやすいからなんだね。

> ・POINT ❸・ 回　折
> 　狭いすき間を抜けた波面がすき間の裏の空間にまで回り込んで広がって進む現象。
> 　（波長に対してすき間が狭いほどよく広がって進む）

携帯電話が使えるのは電波が回折してくれるおかげなんだね。

## STORY③ 屈折の法則

### 1 屈折のイメージ

図9(a)は，ある小学校のグラウンドを真上から見下ろしたものとしよう。上半分(領域Ⅰ)は整備されたグラウンドで，下半分(領域Ⅱ)はドロドロにぬかるんでいるとするよ。

今，運動会でよくある競技だけど，長い棒をA君とB君2人が持って走っているとしよう。

ⅠとⅡの境界面に左上から走ってきた2人のうち，図9(b)のように，A君のほうが先に「ズボッ！」と領域Ⅱに足をつっこんでしまった！

すると，A君は「苦しく」なりスピードダウンしてしまう。一方，B君はまだ領域Ⅰにいるので，スピードは速いままだ。

こうして，図9(c)のように，境界面の上下での速さの違いによって，進行方向が曲がってしまうんだ。

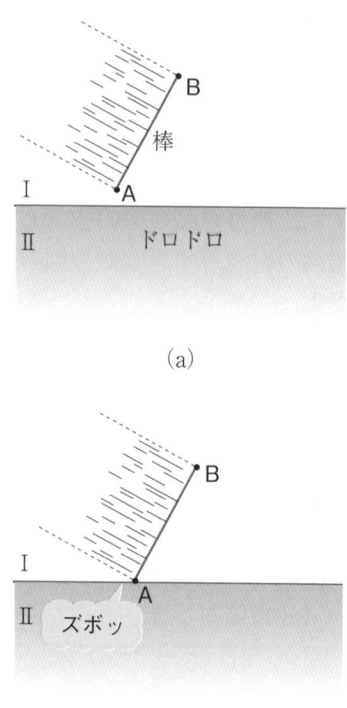

(a)

(b)

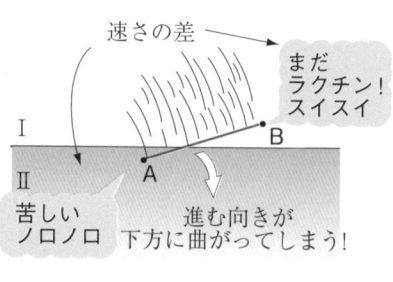

(c)

図9　屈折のイメージ

## 2 ホイヘンスの原理を使うと

いまの話をホイヘンスの原理(p.117)を使ってもう少し詳しく見てみよう。

**図10**のように，異なる媒質Ⅰ，Ⅱの境界面に対して，斜めに平面波が入ってきたとするよ。媒質Ⅰ，Ⅱそれぞれを伝わる波の速さを$v_1$，$v_2(v_1 > v_2)$とする。

**図10**で，ABはAが媒質Ⅱに入った瞬間の時刻での波面とする。ここからAの速さは$v_1 \rightarrow v_2$へと遅くなってしまうね。一方，Bは全く関係なくそのままの速さ$v_1$でまっすぐにB′まで進んでいくね。ここで，BからB′へ媒質Ⅰの中を波が進むのに要する時間を$t$とすると，BB′$= v_1 t$となるね。

一方，この間にAを波源とする素元波は，半径$v_2 t$の球面波となって広がっている。ホイヘンスの原理より，B′からこの球面波に引いた接線A′B′が$t$秒後の波面となるね。

よって，屈折波の進む方向は，この波面A′B′に直交する$\overrightarrow{AA'}$の方向となるんだ。

このようにして，異なる媒質の境界面では，波の進行方向が折れ曲がるんだ。この現象を屈折というよ。

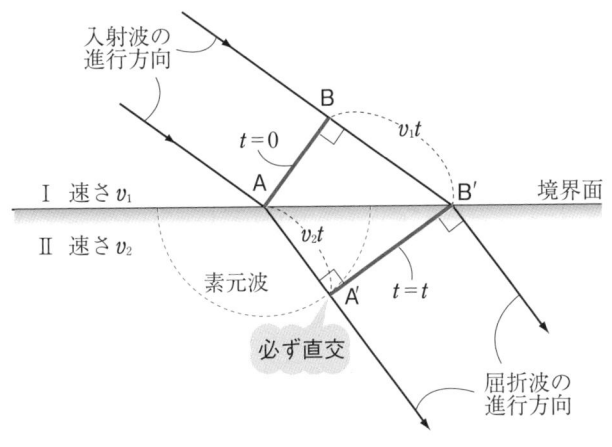

**図10 ホイヘンスの原理を使うと**

### 3 屈折の法則を導く

　ここまでの話でイメージしたように，異なる物質間の境界面の上と下での速度の違いが，波面の進行方向を曲げることがわかったね。

　さて，**図11**は**図10**の波面 AB，A′B′ をもう一度かいてみたものだ。この**図11**を使って屈折の法則を導いてみよう。**この法則は証明過程そのものがよく試験に出るので手を動かして覚えるくらいまでくり返してほしい。**

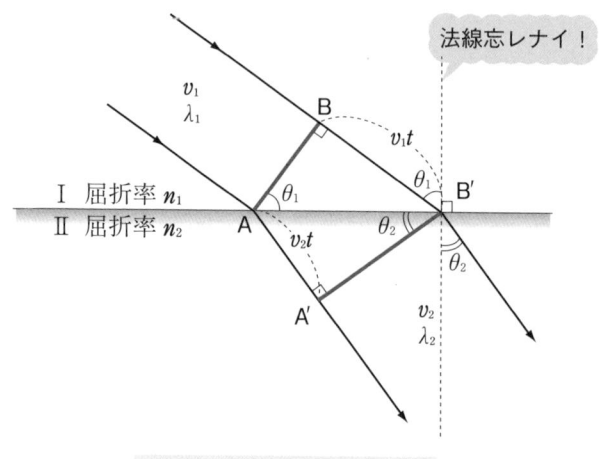

**図11　屈折の法則を導く図**

　証明の前に，　**•POINT ❷•**（p.115）でやった屈折率 $n$ の物質の定義をもう一回言ってみて？

ハイ！　真空中と比べ，光速が $\dfrac{1}{n}$ に遅くなり，波長が $\dfrac{1}{n}$ に縮む物質のことです。

　いいぞOK！

**図11**で，上は屈折率 $n_1$ の物質，下は屈折率 $n_2 (> n_1)$ の物質としよう（例上は空気，下はガラス）。真空中での光速を $c$，波長を $\lambda$ とすると，屈折率の定義からそれぞれの物質中での

　光速は　$v_1 = \dfrac{c}{n_1}, \quad v_2 = \dfrac{c}{n_2}$ ……①

　波長は　$\lambda_1 = \dfrac{\lambda}{n_1}, \quad \lambda_2 = \dfrac{\lambda}{n_2}$ ……②　となっているね。

　今，**図11**のように，法線（境界面に垂直に立てたライン）となす角 $\theta_1$（入射角）で入った光が，法線となす角 $\theta_2$（屈折角）で出ていくとしよう。以上の $\theta_1$，$\theta_2$，$v_1$，$v_2$，$\lambda_1$，$\lambda_2$ と $n_1$，$n_2$ の関係を表すものが屈折の法則なんだ。

　では，準備ができたので**図11**の２つの直角三角形 AB′B と AB′A′ に注目して，詳しく見ていくよ。まずは辺の長さを見て

　　AB′ $\sin \theta_1$ = BB′ = $v_1 t$
　　AB′ $\sin \theta_2$ = AA′ = $v_2 t$

　辺々割って共通の AB′，$t$ は消して

$$\frac{\sin \theta_1}{\sin \theta_2} = \frac{v_1}{v_2} \underset{\text{①式より}}{=} \frac{\dfrac{c}{n_1}}{\dfrac{c}{n_2}} = \frac{n_2}{n_1} \underset{\text{②式より}}{=} \frac{\lambda_1}{\lambda_2}$$

$$\therefore \quad \frac{n_2}{n_1} = \frac{\sin \theta_1}{\sin \theta_2} = \frac{v_1}{v_2} = \frac{\lambda_1}{\lambda_2}$$

　この分数の式を屈折の法則というが，この分数の式の形で覚えると分子と分母をとり違えて危険！　そこで，各分数の分母を $n_2$ に，分子を $n_1$ に「たすきがけ」をして次のように積の式の形に変形すると覚えやすく使いやすくなるぞ。

　　　$n_1 \sin \theta_1 = n_2 \sin \theta_2$
　　　　$n_1 v_1 = n_2 v_2$
　　　　$n_1 \lambda_1 = n_2 \lambda_2$

　この式の効果的な使い方を次の **・POINT ④** にまとめるね。

$$n_1 \sin\theta_1 = n_2 \sin\theta_2$$
$$n_1 v_1 = n_2 v_2$$
$$n_1 \lambda_1 = n_2 \lambda_2$$

| 下かくしの積 | 上かくしの積 |

覚え方

境界面から下を手で隠したときに上に残って見える $\theta_1$, $v_1$, $\lambda_1$ に $n_1$ をかけたもの

境界面から上を手で隠したときに下に残って見える $\theta_2$, $v_2$, $\lambda_2$ に $n_2$ をかけたもの

例 法線忘レナイ！

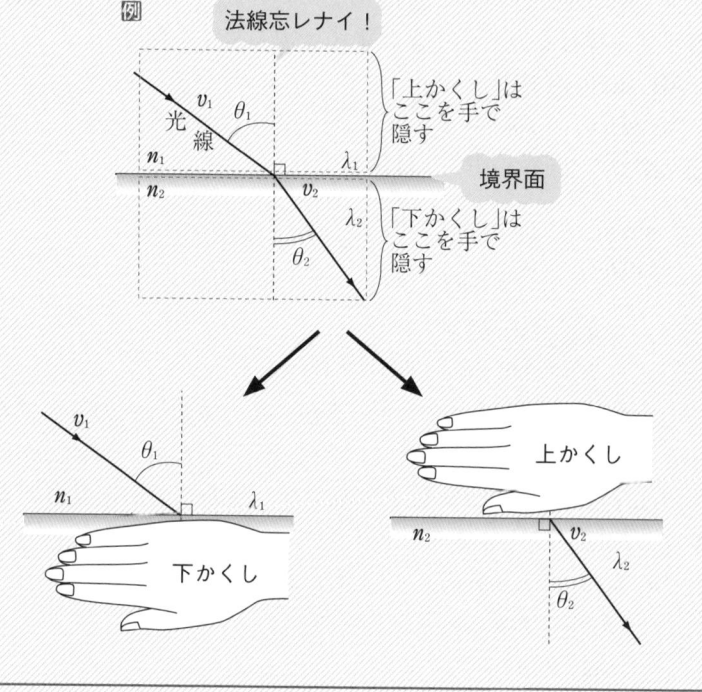

「上かくし」はここを手で隠す

境界面

「下かくし」はここを手で隠す

上かくし

下かくし

チェック問題 1 屈折の法則　　　　　　　　　易 4分

(1) 図の角度 $\theta$ はいくらか。また速さ $v_2$ はいくらか。

(2) 媒質Ⅰに対する媒質Ⅱの屈折率はいくらか。

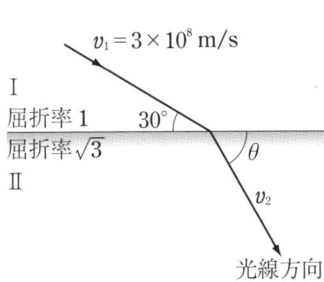

$v_1 = 3 \times 10^8$ m/s

Ⅰ
屈折率 1　30°
屈折率 $\sqrt{3}$　　$\theta$
Ⅱ

$v_2$

光線方向

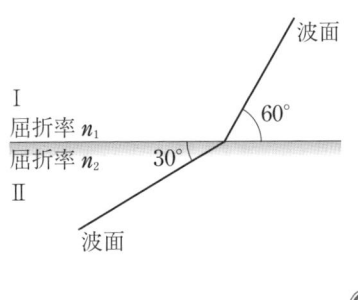

波面

Ⅰ
屈折率 $n_1$　　60°
屈折率 $n_2$　30°
Ⅱ

波面

---

**解説** (1)　問題文の図で《屈折の法則》を使ってみて，

ハイ！　下かくしの積＝上かくしの積で，
$1 \times \sin 30° = \sqrt{3} \times \sin \theta$ です。

アチャー，やっぱり引っかかった！

いいかい，「法線忘レナイ！」だよ。

入射角と屈折角は，**図a**のように，法線と光線のなす角だから，60°と $(90° - \theta)$ だ。

よって，正しい《屈折の法則》は，**図a**で，

$$\underbrace{1 \sin 60°}_{\text{下かくしの積}} = \underbrace{\sqrt{3} \sin(90° - \theta)}_{\text{上かくしの積}}$$

$\sin 60° = \dfrac{\sqrt{3}}{2}$，$\sin(90° - \theta) = \cos\theta$ だから，

$$\frac{\sqrt{3}}{2} = \sqrt{3} \cos\theta$$

$$\cos\theta = \frac{1}{2} \qquad \therefore \quad \theta = 60° \cdots\cdots 答$$

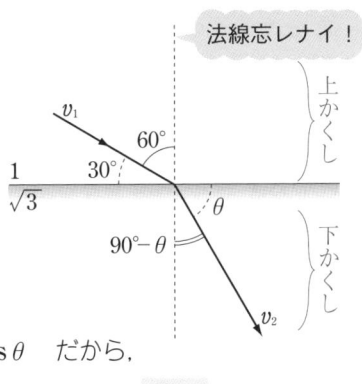

法線忘レナイ！

$v_1$

60°

30°

$\frac{1}{\sqrt{3}}$

$90° - \theta$　　$\theta$

$v_2$

上かくし

下かくし

図a

何度もくり返すけど「法線忘レナイ！」だよ。

また，速さについて《屈折の法則》(p.124)より，

$$\underbrace{1 \times v_1}_{\text{下かくしの積}} = \underbrace{\sqrt{3} \times v_2}_{\text{上かくしの積}}$$

$$\therefore \quad v_2 = \frac{1}{\sqrt{3}} \times v_1 = \frac{1}{\sqrt{3}} \times 3 \times 10^8$$
$$= \sqrt{3} \times 10^8$$
$$\fallingdotseq 1.7 \times 10^8 \, [\text{m/s}] \cdots\cdots 答$$

(2) 今度の《屈折の法則》はどう書けるかい？

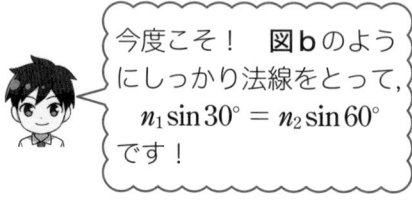

今度こそ！　図bのようにしっかり法線をとって，
$n_1 \sin 30° = n_2 \sin 60°$ です！

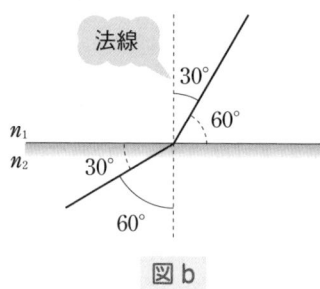

図 b

ブブー！　また落とし穴に引っかかった！　問題文の図を見ると「波面」とあるでしょ。

キミは「光線」と間違えたね。

「光線」と「波面」とは互いに直交するので，正しい「光線」の図は，図c となるよ。

すると，

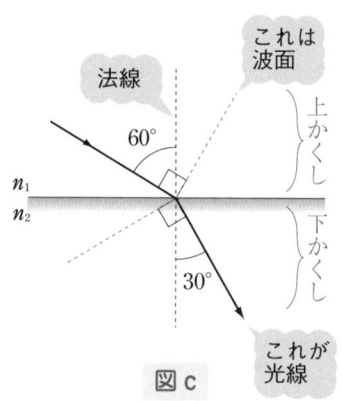

これは波面

これが光線

図 c

$$\underbrace{n_1 \sin 60°}_{\text{下かくしの積}} = \underbrace{n_2 \sin 30°}_{\text{上かくしの積}} \cdots\cdots ①$$

となるね。

「媒質Ⅰに対する媒質Ⅱの屈折率」って何ですか。

　それは，「$n_1$ に対して，$n_2$ が何倍になっているか」を表す量で，$\dfrac{n_2}{n_1}$ と表される量だ。

　①より，$\dfrac{n_2}{n_1} = \dfrac{\sin 60^\circ}{\sin 30^\circ} = \dfrac{\dfrac{\sqrt{3}}{2}}{\dfrac{1}{2}} = \sqrt{3}$ ……答

となるね。

　以上のように，屈折というのは，とってもミスしやすい分野だから，要注意！

問題文だけでなく，与えられている図にも細心の注意が必要なんだね。

水の入ったコップを**図12**のように，もち
上げて，斜め下から水面を見上げると水面が
なんと銀メッキされた鏡のように反射して見
えるんだ。ぜひ試してほしいな。これは屈折
と深い関係があるんだ。

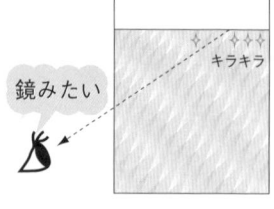

**図12　やってみよう!**

ホントだ！　でもこの現象は
反射でしょ。何か屈折と関係
があるの？

じつは大アリなんだよ。

　今，**図13**のように屈折率が大きい水などの物質から，屈折率が小
さい空気などの物質へ，3つの光**ア**●**イ**●**ウ**●が入っているとしよう。

　**ア**●**イ**●などのように空気中へ出ていく屈折光の屈折角 $\theta$ が 90°より小
さい場合は，入射した光のうち一部は屈折し，残りは反射する。たと
えば，**ア**●で 100 ％のエネルギーの光が入射し，80 ％が屈折したとす
ると，残り 20 ％は反射する(反射率 20 ％)ことになる。

　一般的に**ア**●→**イ**●と入射角をより大きくしていき，光線をより反射面
と平行に近い方向から入射させるほど，反射率は高まっていく。

体育館で足元の床よりも，遠くの床のほうがツヤツヤに
見えるのと同じですね。

　そうだね。「反射面にかするように入る光ほどよく反射する」という
のは大切なイメージだ。

　さらに入射角を大きくしていくと，いつかは必ず**ウ**●のように屈折角
が 90°に達するね。

　ところで，屈折角 90°を超えるような屈折光なんて存在するかい？

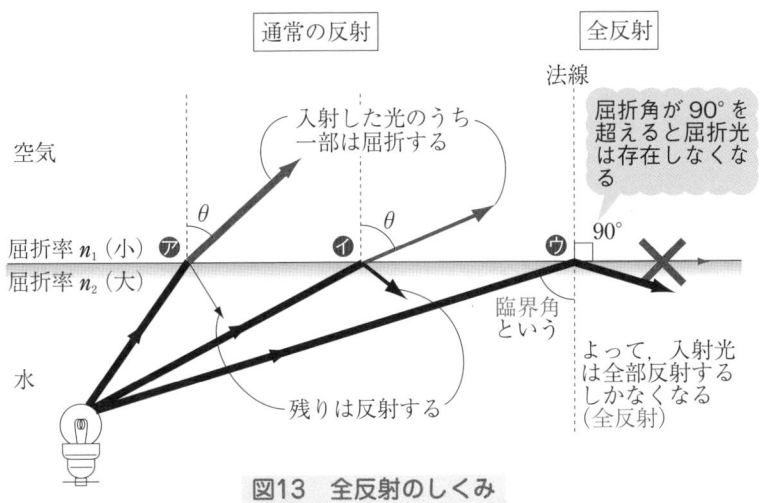

法線

屈折角が 90° を
超えると屈折光
は存在しなくな
る

空気

入射した光のうち
一部は屈折する

$\theta$　　　　　$\theta$

90°

屈折率 $n_1$（小）　ア　　　　　イ　　　　　ウ

屈折率 $n_2$（大）

臨界角
という

水

残りは反射する

よって，入射光
は全部反射する
しかなくなる
（全反射）

**図13　全反射のしくみ**

屈折角が 90° を超える？　ナンセンス！　そんな屈折光な
んてものは存在できるわけありませんよ！

　するとそのとき，たとえば，100 ％のエネルギーの光が入射したと
しても，屈折する光はないので 0 ％，すると，残り 100 ％のエネル
ギー全てが反射するしかなくなるね。これが全反射という現象なんだ。

全反射というのは，「屈折角 90° で屈折光がなくなってし
まって，しょうがないから全部反射するしかない」，とい
うイメージですね。

　いいイメージだね。だから全反射といっても本質は反射ではなく，
屈折の問題なんだ。

┌─────────────────────────────────────┐
│ **・POINT ⑤・　全 反 射**
│
│ 　屈折率が大きい物質から小さい物質に光が入射するとき，屈
│ 折角が 90° を超えると，屈折光がなくなり，入射光が全て反射
│ する現象（屈折角が 90° となるときの入射角を臨界角という）。
└─────────────────────────────────────┘

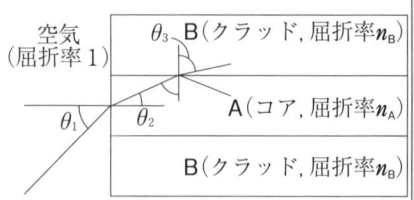

## チェック問題 2 〉 光ファイバーと全反射　　標準 7分

　屈折率 $n_A$ の円柱状の透明媒質 A(コアとよばれる)がある。その端面は中心軸に垂直であり，側面は屈折率 $n_B$ の媒質 B(クラッドとよばれる)で囲まれているものとする。外側の空気の屈折率は1とし，$n_A > n_B > 1$ であるとする。

(1)　図のようにコアに外側から光が入射角 $\theta_1$ で入射したとき，入射角 $\theta_1$ と屈折角 $\theta_2$ はどのような関係になるかを求めよ。

(2)　コアに入射した光はクラッドとの境界面で一部は反射し，また一部はクラッドに入ることになる。光がクラッドに入るときの屈折角 $\theta_3$ と角 $\theta_2$ の間の関係を求めよ。

(3)　光がコア内を進んでいくためには光がクラッドの中に入らず，コアとクラッドの境界面で全反射をくり返さなければならない。そのためには外部から入射させる光の入射角 $\theta_1$ が，どのような条件を満たす必要があるかを求めよ。

---

**解説**　(1)(2)　法線をしっかりと立て作図する。**図a**で各点での《屈折の法則》(p.124)より，

㋐　$\underbrace{1\sin\theta_1}_{\text{右かくし}} = \underbrace{n_A\sin\theta_2}_{\text{左かくし}}$ ……(1)の **答**

㋑　$\underbrace{n_B\sin\theta_3}_{\text{下かくし}} = \underbrace{n_A\sin(90° - \theta_2)}_{\text{上かくし}}$

ここで $\sin(90° - \theta_2) = \cos\theta_2$ より，

$n_B\sin\theta_3 = n_A\cos\theta_2$ ……(2)の **答**

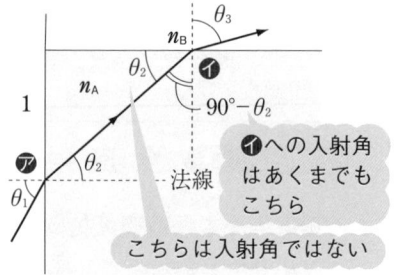

㋑への入射角はあくまでもこちら

こちらは入射角ではない

図 a

(3) まずちょうど**イ**で全反射をする
条件は，**イ**での屈折角が $90°$ にな
ることである。**図 b**で，各点での
《屈折の法則》より，

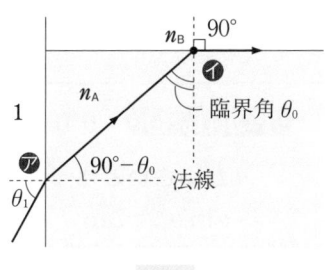

図 b

**ア** $1 \sin \theta_1 = n_A \sin (90° - \theta_0) \cdots\cdots ①$

　　└─┬─┘　　└───┬───┘
　　右かくし　　　左かくし

**イ** $n_B \sin 90° = n_A \sin \theta_0 \cdots\cdots ②$

　　└─┬─┘　　└──┬──┘
　　下かくし　　　上かくし

本問では $\theta_1$ を求めたいので，①②から $\theta_0$ を消去して $\theta_1$ だけの式にする。
①で $\sin (90° - \theta_0) = \cos \theta_0$，②で $\sin 90° = 1$ を用いて，

$$\begin{cases} \sin \theta_1 = n_A \cos \theta_0 \cdots\cdots ①' \\ n_B = n_A \sin \theta_0 \cdots\cdots ②' \end{cases}$$

ここで辺々，${①'}^2 + {②'}^2$ し，$\sin^2 \theta_0 + \cos^2 \theta_0 = 1$ を利用して（おきまり），

$$\sin^2 \theta_1 + n_B{}^2 = n_A{}^2 (\cos^2 \theta_0 + \sin^2 \theta_0) = n_A{}^2$$

$$\therefore \quad \sin \theta_1 = \sqrt{n_A{}^2 - n_B{}^2}$$

　この条件を満たす入射角 $\theta_1$ で入射すれば，ちょうどギリギリ全反射
する。

　一方，求める $\theta_1$ は余裕で全反射できる条件である。よって，この角
度よりももっと小さい入射角で**ア**の面に入射し，**イ**の面により，平行
に近い方向からかするように入射する（p.128）条件を考えて，

$$\sin \theta_1 < \sqrt{n_A{}^2 - n_B{}^2} \cdots\cdots \boxed{答}$$

　この光ファイバーも日常生活でよく使われているね。インターネット
通信の光ケーブルから，胃カメラ，内視鏡，クリスマスツリーなどだ。
　光ファイバー内を光を減衰させることなしに遠くに伝えることができ
るのは，全反射のおかげなんだね。

次の問題に入る前に，光の屈折やあとでやる干渉で頻出の，この近似を見ていただきたい。

> **POINT ⑥** $\theta$ が小さいときの近似
>
> $\theta$ が小さいとき，$\theta$ を〔rad〕単位（$\pi$ を使う角度）として，
> $$\sin\theta \fallingdotseq \tan\theta \fallingdotseq \theta$$

この式のイメージはグラフだ。キミは数学で sin や tan のグラフはかいたことはあるよね。そこで今，$y = \sin\theta$，$y = \theta$，$y = \tan\theta$ のグラフをかいてみるよ。

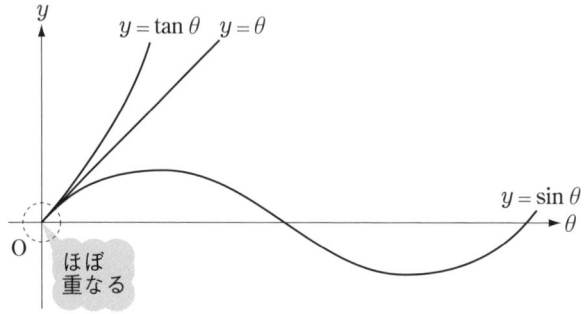

すると，この3つのグラフはある近くではほぼ重なって，等しいね。

あ！ $\theta = 0$ の近くでは，ほぼ等しいです！

そうだね。すると，$\theta$ が小さければ上の近似が成り立つこと，そして，逆に，$\theta$ が小さくなければ，上の近似が使えないこともわかったね。

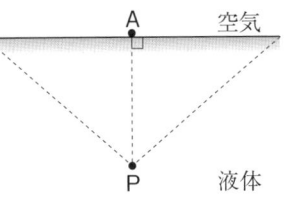

### チェック問題 3 見かけの深さ，光の閉じ込め問題 標準 8分

　　屈折率 $n$ の液体中，深さ $d$ の位置に点光源 P がある。この点光源からの光を境界面のすぐ上の空気中で観測する。空気の屈折率を 1 とする。$\theta \fallingdotseq 0$ のときは $\tan\theta \fallingdotseq \sin\theta$ とせよ。

(1) 図の点 A のほぼ真上から見たときの点光源の見かけの深さ $d'$ はいくらか。

(2) 点 A を中心として境界面に沿って半径 $r$ 以上の円板を置くと，空気中では光が観測できない。$r$ を求めよ。

**解説** (1) P から出た3つの光アイウを図aのようにかいてみたよ。

　さて，このアイウ3つの光はすべてある1点から広がってくるかのように見えるけど，それはどこだろう。

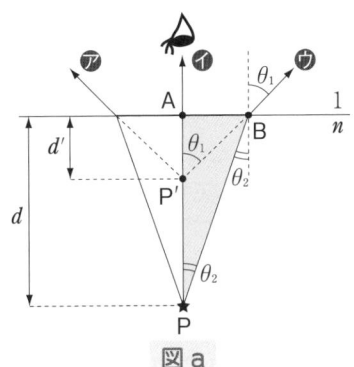

図 a

アイウの光はすべて……あ！ P ではなくて P′ 点から広がってくるように見えます！ P′ に点光源が見えます。

　そうだね。すると求める点光源の見かけの深さは $d$ ではなくて $d'$ となるね。

点 B での ・POINT ④・ (p.124)の《屈折の法則》より，

B：$\underbrace{1 \sin\theta_1}_{\text{下かくし}}$ ＝ $\underbrace{n \sin\theta_2}_{\text{上かくし}}$ ……①

また，図 a の色をつけた部分の直角三角形より，

$$d \tan\theta_2 = d' \tan\theta_1 = \text{AB}$$

$$\therefore \quad d' = \frac{\tan\theta_2}{\tan\theta_1}d$$

ここで「ほぼ真上から見る」ので $\theta_1$，$\theta_2$ は小さいから，
近似 $\tan\theta \fallingdotseq \sin\theta$ を使って，

$$d' \fallingdotseq \frac{\sin\theta_2}{\sin\theta_1}d$$

$$= \frac{1}{n}d \quad (\because \quad ①) \cdots\cdots 答$$

　キミは初めて行ったプールで，見かけ上浅く見えるからと思って，飛び込んだら深かった！　という経験あるかい？　水の屈折率は $n \fallingdotseq 1.33$ だから本問の結果 $\frac{1}{n}d$ によると，$1.33$ m のプールが $1$ m ぐらいに見えるんだね。

(2)　P からの光が空気中に出ないようにするためには，水面上をアメリカ大陸ぐらい大きい円板でおおう必要があるかな？

> そんな大きい円板なんていらないとは思うけど……

　そうだね，じつは，図 b のように，半径 $r$ の円板のふちの位置の C 点でちょうど全反射が起こるようにしてあげればいいんだよ。つまり，これだけの半径 $r$ の円板でおおえばすむんだ。

> でも，C 点より外側の光は円板がないなら空気中にもれちゃうんじゃないの？

　大丈夫。どうせ余裕で全反射してくれて，水面ではね返されてしまうから。

点Cでの《屈折の法則》より，

$$\text{C}: \underbrace{1 \sin 90°}_{\text{下かくし}} = \underbrace{n \sin \theta_\text{C}}_{\text{上かくし}} \cdots\cdots ②$$

また，**図b**の直角三角形より，

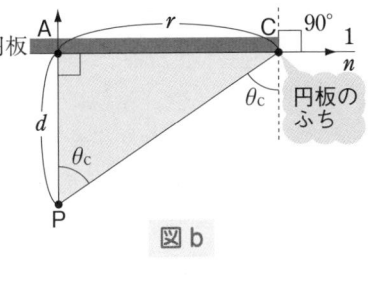

図b

$$r = d \tan \theta_\text{C} \cdots\cdots ③$$

$$= d \frac{\sin \theta_\text{C}}{\cos \theta_\text{C}}$$

$$= d \frac{\sin \theta_\text{C}}{\sqrt{1 - \sin^2 \theta_\text{C}}}$$

$$= d \frac{\dfrac{1}{n}}{\sqrt{1 - \left(\dfrac{1}{n}\right)^2}} \quad (\because \;\; ②)$$

$$= \frac{d}{\sqrt{n^2 - 1}} \cdots\cdots \boxed{答}$$

 上の式変形の③で，$d \tan \theta_\text{C} \fallingdotseq d \sin \theta_\text{C} = d \dfrac{1}{n}$ と近似してはいけないの？

$\theta_\text{C}$ は臨界角だよ。全反射を起こすには相当大きな角度 $\theta_\text{C}$ が必要になるね。 ・POINT ⑥ （p.132）で見たように，$\theta_\text{C}$ が小さくないのに近似はできないよ。だから，

$\tan \theta_\text{C} = \dfrac{\sin \theta_\text{C}}{\cos \theta_\text{C}}$ とするしかなかったのだ。

　ちなみに，魚を釣るときはこの問題の原理を覚えておくといい。**図b**の三角形の中から出た光が決して空気中に出ていかないということは，空気中から見えないということだ。それは水中の魚にとっては天敵である鳥などから見つからないという絶好の隠れ家になるわけだね。池の中に浮いている水草やボートの下，そこに釣り針を垂らせば……そう，ジャンジャン釣れる……はずだよ。

チェック問題 **4** 〉 **分　散**　　　　　易 **3**分

　図は紫，緑，赤色の光線が球状
の水滴中を進む様子を表す。①，
②，③のうち，紫色の光は [　(1)　]
である。

　この結果から，虹の紫，緑，赤の
色は，空の高いほうから低いほう
の順に [　(2)　] と並ぶことがわかる。

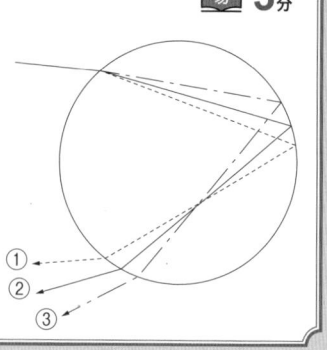

**解説**〉（1）　水（ガラス）に対する絶対屈折率
$n$ は一般に，右のグラフのように，波長 $\lambda$
が短く，振動数 $f$ が大きい紫の光ほど大き
くなる。この現象を**分散**という。なぜこの
傾向になるかは大学の範囲だけど，簡単に
言えば，p.114の光波の電場が物質中の電子
を「ユサユサ」揺さぶるときの共鳴振動数
が紫外線領域にあることが原因だ。だから
**紫外線に近い紫色の光ほどより「苦しく」感
じてより大きく屈折していく**，と覚えてお
こう。

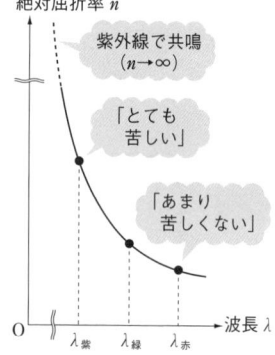

　よって，①……**答**

（2）　右図のように，分かれた色のうち，
赤色の光は急角度で降りてくるので
空の高い側にある水滴からやってく
るように見え，紫色の光はより水平
に近い角度で降りてくるので空の低
い側にある水滴からやってくるよう
に見える。

　よって，赤，緑，紫……**答**

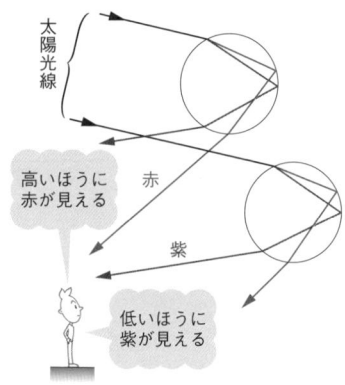

**①** 屈折率……光が進むときに感じる「苦しさ」
　　真空中に比べ屈折率 $n$ の物質中では波長，光速は $\dfrac{1}{n}$ 倍になる。一方，振動数は変化しない。

**②** 波面……同じ振動状態の点をつないだもので，波紋と
　　　　　 同じイメージ
　　ホイヘンスの原理にしたがって進行していく。
　① 回折：狭いすき間を抜けた波面は回り込んであらゆ
　　　　　 る方向に広がって進む　　　　　　 区別
　② 屈折：境界面の上下で波面の速さの違いによって，
　　　　　 ある特定の方向に折れ曲がる

**③** 屈折の法則
$$n_1 \sin\theta_1 = n_2 \sin\theta_2$$
$$n_1 v_1 = n_2 v_2$$
$$n_1 \lambda_1 = n_2 \lambda_2$$
下かくしの積　　上かくしの積

光線
$v_1$
$\lambda_1$
$\theta_1$

法線忘レナイ！

屈折率 $n_1$
屈折率 $n_2$

$\theta_2$　$v_2$
$\lambda_2$

上かくし
下かくし

**④** 全反射
　　屈折角が $90°$ を超えると，屈折光は存在しなくなり，全部反射することしかできなくなる。

▲仮に凸レンズであれば，モノは焦がせる

## STORY① レンズも結局は光の屈折だ

　図1のように，三角形のプリズムに単色光(ある色の波長のみを
もっている決まった光)を当てると屈折して進むよね。この屈折は，
で見たように波面の折れ曲がりでイメージできる。

　では，図2のように，三角形や台形のプリズムを積み重ねたものに
光軸(中心軸)と平行な光を当てるとどのように折れ曲がって進むのだ
ろうか。

> 真ん中の光線は，まっすぐ進む。そして端に入った光線ほ
> どよく屈折しそう……

図1　プリズム

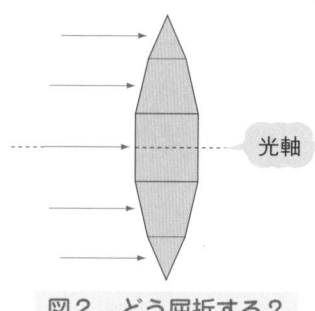

図2　どう屈折する？

そうだね。さらに，うまくプリズムを調節して，**図3**のように各平行光が光軸上のある1点で集まったとしよう。

あ！　これは凸レンズで光が焦点に集まるのとそっくりです。

そうなんだ。このように，レンズも結局は光の屈折の現象だけで理解できてしまうんだ。

次は**図4**のように，台形のプリズムを積み重ねたものに平行光を当てると**図4**のように進むけど，これは

凹レンズと同じです。だから，凹レンズでは光が広がるんですね。

そうだ！　その光が広がる源となる点Fを凹レンズの焦点という。

つまり，凹レンズも光の屈折で理解できてしまうんだよ。

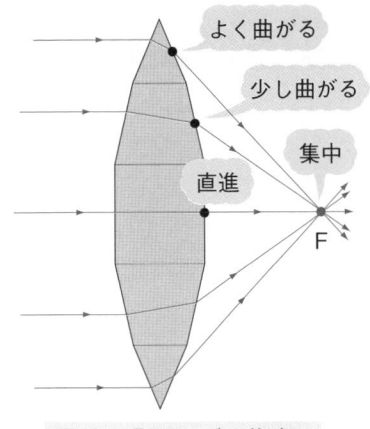

図3　凸レンズの焦点F

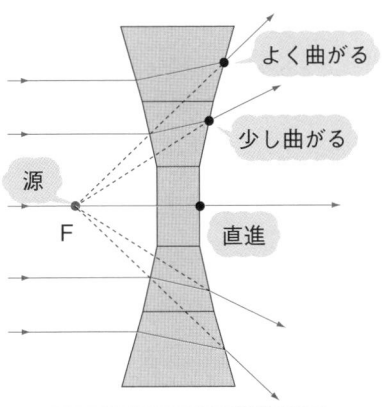

図4　凹レンズの焦点F

---

**・POINT　①・　レンズの焦点F**

レンズは，各部分のプリズムによって光を屈折させる。

　凸レンズ：光軸に平行な光はすべて焦点Fに集まる。

　凹レンズ：光軸に平行な光はすべて焦点Fから出てくるように広がる。

## レンズの３種の基本光線と像

　凸(凹)レンズは，プリズムの集合体とみなすことができたね。そして，中心軸と平行な光は焦点Fへ集まる(Fから広がる)。そのことを踏まえて，凸レンズ(凹レンズ)の像の代表例「カメラ型」，「ルーペ型」(「凹レンズ」)を作図してみよう。作図上大切な光線は３つある。それらを《３種の基本光線》とよぶよ。レンズは十分薄いとするよ。

### 1 凸レンズ

（i）　カメラ型（$a > f$）

**作図**

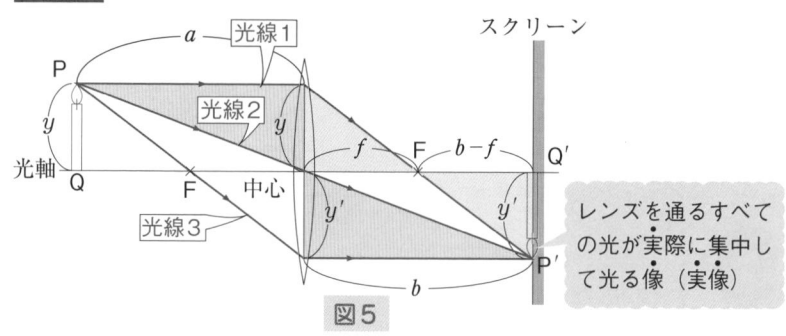

図5

　凸レンズの《３種の基本光線》を押さえよ。

> **光線1**　光軸と平行な光は屈折して焦点Fを通る
> 　　　　（焦点の定義(p.139)そのものだね）
>
> **光線2**　中心を通る光はそのまま直進する
> 　　　　（中心は平行板ガラス状態なのでほぼ直進させるよ）
>
> **光線3**　焦点Fを通った光は屈折して光軸に平行に進む
> 　　　　（**光線1**の逆行(屈折の法則(p.124)は対称式だから，
> 　　　　光線はもときた道を戻ることもできるんだ)）

　では，この**図5**をもとに，レンズの公式を導いてみよう。

**レンズの公式**

図5の中に含まれる2組の相似な三角形に注目して,

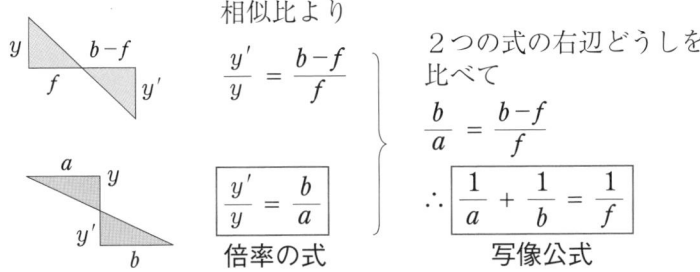

相似比より

$$\frac{y'}{y} = \frac{b-f}{f}$$

$$\boxed{\frac{y'}{y} = \frac{b}{a}}$$

倍率の式

2つの式の右辺どうしを比べて

$$\frac{b}{a} = \frac{b-f}{f}$$

$$\therefore \boxed{\frac{1}{a} + \frac{1}{b} = \frac{1}{f}}$$

写像公式

(ⅱ)　ルーペ型（$a < f$）

**作図**

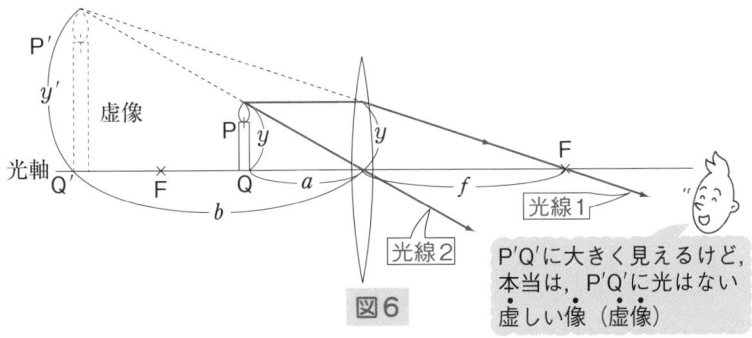

光線1, 2ともにある1点から広がるように見えるね。そう, 図の点P'からだ。よって, 点P'にあたかもローソクの光があるかのように見えるんだ。

**レンズの公式**

図6の2組の相似な三角形に注目して,

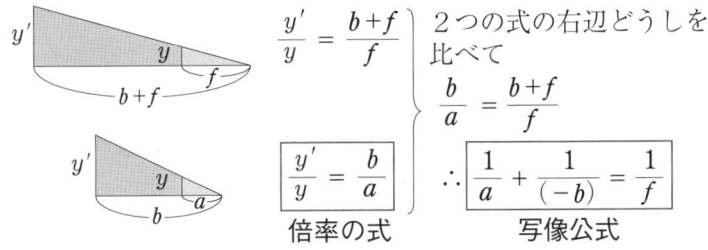

$$\frac{y'}{y} = \frac{b+f}{f}$$

$$\boxed{\frac{y'}{y} = \frac{b}{a}}$$

倍率の式

2つの式の右辺どうしを比べて

$$\frac{b}{a} = \frac{b+f}{f}$$

$$\therefore \boxed{\frac{1}{a} + \frac{1}{(-b)} = \frac{1}{f}}$$

写像公式

イマイチ実像と虚像の違いがわかりづらいのですが，何が実で何が虚なんですか？

　イメージとしては，実際にその点に光がきて集まっている点(手を近づけると実際暖く感じる)を実像という。

　一方，その点に光は全くなく，ただそこから光がやってくるように見える点(手を近づけても何も感じず虚しい)を虚像と思えばいいね。

## 2 凹レンズ

作図

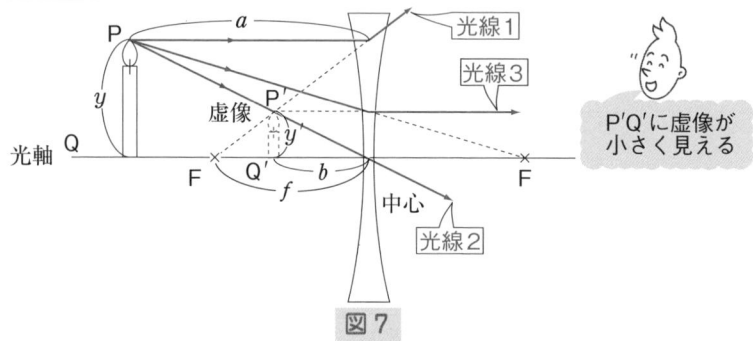

図7

　光線1，2，3ともにある点からやってくるように見えるね。

　そう今回は点 P′ から光が広がってくる。よって，今回は点 P′ に小さなローソクの光が見えるね。

　凹レンズの《3種の基本光線》を押さえよ。

| 光線1 | 光軸に平行な光は，屈折後，焦点 F から出てきたかのように進む |

(凹レンズの焦点の定義(p.139))

| 光線2 | 中心を通る光はそのまま直進する |

(平行板ガラス状態)

| 光線3 | 向こう側の焦点 F に向かって進む光は，屈折後，光軸に平行に進む |

( 光線1 の逆行)

レンズの公式

図7の2組の相似な三角形に注目して,

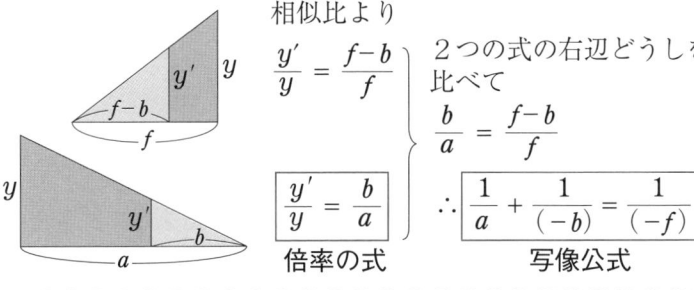

相似比より

$$\frac{y'}{y} = \frac{f-b}{f}$$

2つの式の右辺どうしを比べて

$$\frac{b}{a} = \frac{f-b}{f}$$

$$\boxed{\frac{y'}{y} = \frac{b}{a}}$$

倍率の式

$$\boxed{\frac{1}{a} + \frac{1}{(-b)} = \frac{1}{(-f)}}$$

写像公式

凹レンズでは,凸レンズみたいにローソクの光の実像はできないんですか?

　そうなんだ。凹レンズでは点光源から広がってきた光は必ずプリズムによってさらに広げられてしまうので,光が集中して光る実像はどうやってもできないんだね。

　だから $a > f$, $a < f$ によらず,いつもローソクの小さな虚像が焦点Fよりもレンズに近いところにできるんだ。

---

**・POINT 2・ レンズによる点光源の3つの像**

① 凸レンズ

　(ⅰ) カメラ型 ($a > f$) ➡ 倒立実像　$\dfrac{1}{a} + \dfrac{1}{b} = \dfrac{1}{f}$

　　　　　　　　　　　　　　　　$\dfrac{y'}{y} = \dfrac{b}{a}$

　(ⅱ) ルーペ型 ($a < f$) ➡ 正立虚像　$\dfrac{1}{a} + \dfrac{1}{(-b)} = \dfrac{1}{f}$

　　　　　　　　　　　　　　　　$\dfrac{y'}{y} = \dfrac{b}{a} > 1$　いつも拡大

② 凹レンズ(いつでも) ➡ 正立虚像　$\dfrac{1}{a} + \dfrac{1}{(-b)} = \dfrac{1}{(-f)}$

　　　　　　　　　　　　　　　　$\dfrac{y'}{y} = \dfrac{b}{a} < 1$　いつも縮小

うへ〜，レンズの公式は6つもあって，とくに $\dfrac{1}{a} + \dfrac{1}{(-b)} = \dfrac{1}{f}$ とか，$\dfrac{1}{a} + \dfrac{1}{(-b)} = \dfrac{1}{(-f)}$ とか， いつどこにマイナスの符号をつけたらいいのか覚えられません。

　大丈夫。あらゆる場合に使える，次の**たった2つの式**さえ押さえればいいだけなんだ。

① 《レンズの統一公式》

写像公式

$$\frac{1}{a} + \frac{1}{b} = \frac{1}{f}$$

$|a|$…レンズ面から光源までの距離
$|b|$…レンズ面から像までの距離
$|f|$…レンズ面から焦点までの距離

倍率公式

$$M = -\frac{b}{a}$$

$|M|$…倍率
$M > 0$ のとき正立像
$M < 0$ のとき倒立像

> このようになるためにわざわざ $\dfrac{b}{a}$ にマイナスをつけたんだ

アレ！ $b$ や $f$ の前についていたマイナスの符号はどうなっちゃったの？

　それは，$a$，$b$，$f$ の中に含まれているんだ。たとえば，$b = -20\,\text{cm}$ とか $f = -40\,\text{cm}$ のようにね。

じゃぁ，$a$，$b$，$f$ がいつマイナスになるのかは，どういうルールで決まってくるんですか？

　それには**カンタンなルール**があって，次のように約束されているんだ。

② 《a, b, f の符号の約束》

(ⅰ) $f$ の符号はレンズで判定 $\begin{cases} 凸レンズは f > 0 \\ 凹レンズは f < 0 \end{cases}$

(ⅱ) レンズ面を原点として，光の入射側へ $a$ 軸，出射側へ $b$ 軸を
立てる。$a$ は光源の位置の $a$ 座標，$b$ は像の位置の $b$ 座標を表す。

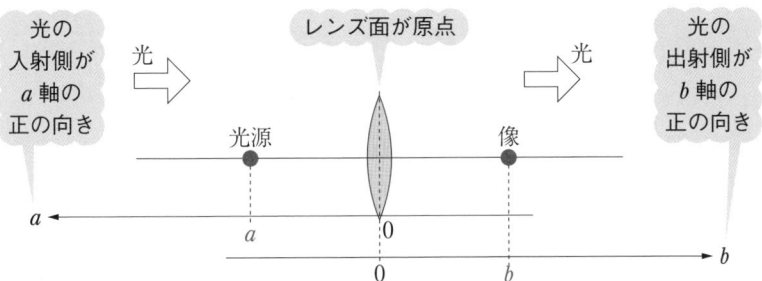

例えば，STORY❷ の

p.140の凸レンズのカメラ型では

(ⅰ) $f > 0$ 　　(ⅱ) $a > 0$ 　　　　$b > 0$
　　凸レンズ　　　　入射側に光源　　　出射側に実像

p.141の凸レンズのルーペ型では

(ⅰ) $f > 0$ 　　(ⅱ) $a > 0$ 　　　　$b < 0$
　　凸レンズ　　　　入射側に光源　　　入射側に虚像

p.142の凹レンズでは

(ⅰ) $f < 0$ 　　(ⅱ) $a > 0$ 　　　　$b < 0$
　　凹レンズ　　　　入射側に光源　　　入射側に虚像

に相当することを確かめてほしい。

 　今さら聞くのも何なんですが，倍率公式の $M = -\dfrac{b}{a}$ には，どうしてマイナスがついているんですか？

　ちょうどいいところで聞いてくれた。上で見たように，$a$, $b$ は座標だから，負の値をとることもあったね。だから，$M$ の値も正になったり負になったりするんだ。

もし，$M$ が正の値になると（例「ルーペ型（p.141）」では，$a$ は正，$b$ は虚像が入射側にあるので負となり，$M = -\dfrac{b}{a}$ は正），その像はひっくり返らず正立することがわかっている（正立像）。逆に，$M$ が負の値になったら（例「カメラ型（p.140）」では，$a$ は正，$b$ は実像が出射側にあるので正となり，$M = -\dfrac{b}{a}$ は負），その像は倒立することがわかっている（倒立像）。

要は「$M$ が正なら正立」，「$M$ が負なら倒立」とゴロがよくなるように，強引にマイナスをつけただけなんだよ。

---

**・POINT ❸・** 《レンズの統一公式》

写像公式　$\dfrac{1}{a} + \dfrac{1}{b} = \dfrac{1}{f}$

倍率公式　$M = -\dfrac{b}{a}$ $\begin{cases} M > 0 \text{ のとき正立像} \\ M < 0 \text{ のとき倒立像} \end{cases}$

凸レンズは $f > 0$，凹レンズは $f < 0$

$a$，$b$ はレンズ面を原点とした光源と像の座標

---

$a$，$b$ は座標だよ!!

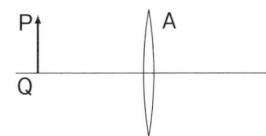

## チェック問題 1 〉 レンズのつくる像  標準 12分

　焦点距離 20 cm の凸レンズ A があ
る。図のように，レンズの左方 60 cm
の位置に長さ 5 cm の物体 PQ を置い
た。

(1)　物体 PQ の像の位置はどこか。また，像の長さはいくらか。

(2)　PQ をレンズの左方 10 cm の位置にずらすと像の位置と長
　　さはどうなるか。

(3)　(1)の状態に戻し焦点距離 40 cm の凹レンズ B を A の右方
　　10 cm の位置に置いた。このとき物体 PQ の像のできる位置
　　はどこか。また像の種類(実像，虚像，正立，倒立)および長
　　さはいくらか。

---

**解説**　基本的にレンズの問題の解法は 2 つしかない。1 つめは《3 種の
基本光線》(p.140)の作図。2 つめは《レンズの統一公式》だ。作図と式の
両面作戦でいくのがベスト。

(1)　解法1 《3 種の基本光線》の作図で解く。
　　図 a のように作図する。三角形の相似に注意して各部分の長さを決めて
　いこう。図 a で色をつけた部分の三角形の相似比が 2 : 1 であるので，
　　　$x = 10$ cm，$y' = 2.5$ cm とわかるね。
　　よって，像の P′Q′ は，A の右方 30 cm の位置に，倒立しており，そ
　の長さは 2.5 cm となっている。これは「カメラ型」だね。…… **答**

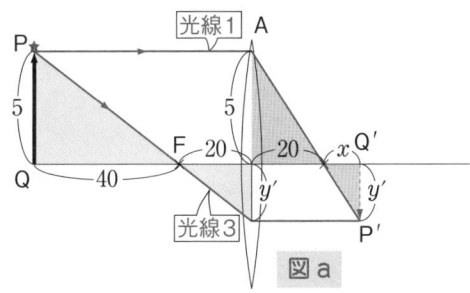

図 a

解法2 《レンズの統一公式》(p.145)を用いる。

　図bのように，光の入射側に $a$ 軸，光の出射側に $b$ 軸を立てる。簡単のため光源の位置は Q にとる。$a = +60$，$f = +20$ となるので，写像公式(p.144)は，

＜凸レンズ＞

$$\frac{1}{a} + \frac{1}{b} = \frac{1}{f} \quad \text{で} \quad \frac{1}{60} + \frac{1}{b} = \frac{1}{20} \quad \therefore \quad b = +30$$

＜実像＞

⇨ A の右方 30 cm に実像 ……答

　そして，倍率公式(p.144)で倍率 $M = -\dfrac{b}{a} = -\dfrac{30}{60} = -0.5$

＜倒立＞

⇨ 倒立しており，長さは $5 \times 0.5 = 2.5$ cm ……答

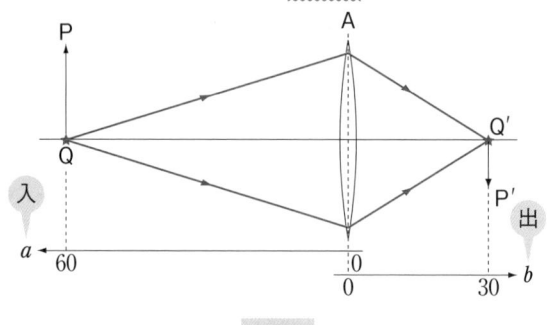

図 b

(2)　図cのように，光の入射側に $a$ 軸，光の出射側に $b$ 軸を立てる。
$a = +10$，$f = +20$ となるので，写像公式より，

＜凸レンズ＞

$$\frac{1}{a} + \frac{1}{b} = \frac{1}{f} \quad \text{で} \quad \frac{1}{10} + \frac{1}{b} = \frac{1}{20} \quad \therefore \quad b = -20$$

＜虚像＞

　ここで，$b$ 座標が負ということは……そう，像は A の左方に生じる。そして図cより，光は Q′ から出てくるように見えるので，それは虚像だ。

⇨ A の左方 20 cm に虚像 ……答

　そして，倍率公式で，倍率 $M = -\dfrac{b}{a} = -\dfrac{-20}{10} = +2$

＜正立＞

⇨ 正立しており，長さは $5 \times 2 = 10$ cm ……答
　これは「ルーペ型」(p.141)だね。

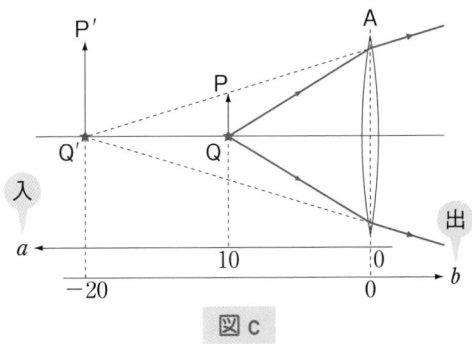

図 c

(3) 組み合わせレンズの命は「前のレンズの像＝次のレンズにとっての光源」だ。図 d のように，レンズ A にとっての像 Q′ をレンズ B にとっての光源 Q′ とみなす。レンズ B を原点として光の入射側に $a′$ 軸，出射側に $b′$ 軸をとる。B にとっての光源 Q′ の $a′$ 座標は負になり，$a′ = -20$，$f′ = -40$ であるので，写像公式は，

凹レンズ

$$\frac{1}{(-20)} + \frac{1}{b′} = \frac{1}{(-40)} \qquad \therefore \quad b′ = +40$$

実像

⇨ B の右方 40 cm に実像 P″Q″ ができる。……答

そして，レンズ B にとっての倍率公式は，

$$倍率\ M′ = -\frac{b′}{a′} = -\frac{40}{-20} = +2$$

正立

よって，A＋B の全体をかけ合わせた倍率（総合倍率）は，

$$M \times M′ = (-0.5) \times (+2) = -1$$

倒立

⇨ 最終的な像は倒立しており，長さは $5 \times 1 = 5$ cm……答

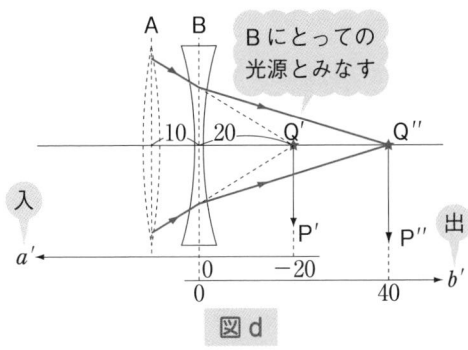

B にとっての光源とみなす

図 d

　半径 6 cm，焦点距離 30 cm
の薄い凸レンズがある。光軸上
で，レンズから 60 cm のところ
に，長さ 2 cm の棒を光軸の上
側に垂直に立てる。

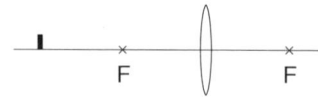

(1)　像のできる位置はどこか。また，像の長さはいくらか。

(2)　棒をレンズから少し遠ざけるとき，像はどのようになるか。

　　①　レンズに近づく　　②　レンズから遠のく　　③　動かない

(3)　(2)のとき，像の長さはどのようになるか。

　　①　大きくなる　　　②　小さくなる　　　③　変わらない

(4)　今度は，レンズを上側に少し移動させる。このとき，像は
　どのようになるか。

　　①　上に動く　　　②　下に動く　　　③　動かない

(5)　今度はレンズの上半分を紙でおおう。このとき像はどのよ
　うになるか。

　　①　消える　　②　上半分が欠ける　　③　欠けるところはない

**解説**　(1) 《レンズの統一公式》(p.146)を用いる。図 **a** のように **a**，**b**
軸を立てる。$a = +60$，$f = +30$ であるので写像公式は，

　　　実光源　　　凸レンズ

$$\frac{1}{a} + \frac{1}{b} = \frac{1}{f} \quad で \quad \frac{1}{+60} + \frac{1}{b} = \frac{1}{+30} \qquad \therefore \quad b = +60 \text{ cm}$$

　　　　　　　　　　　　　　　　　　　　　　　　　　　実像

➡ レンズの右方 60 cm の位置に実像……**答**

また，倍率公式より，

$$倍率 M = -\frac{b}{a} = -\frac{+60}{+60} = -1$$

　　　　　　　　　　　　　　　　　倒立

➡ 像は倒立しており，その大きさは，2 × 1 倍 = 2〔cm〕……**答**

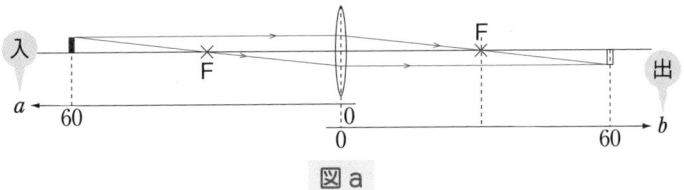

図a

(2) 棒をレンズから遠ざけることは$f$が一定のまま，$a$を大きくすることに相当する。

このとき，写像公式

$$\frac{1}{a} + \frac{1}{b} = \frac{1}{f}$$ で $f$が一定で$a$は大きくなるのだから，$b$は逆に小さくなる。

よって，像の位置はレンズに近づくことになる。 ①……答

(3) 倍率公式より，

$$M = -\frac{b}{a}$$ で $a$を大きくして$b$は小さくすると，

$$|M| = \left|\frac{b}{a}\right|$$ は小さくなる。

つまり，像の長さは小さくなる。 ②……答

(4) レンズを上へ動かすときにはレンズの公式は使えない（レンズを含む平面は不動で$a$，$b$，$f$は不変だから）ので，基本光線の作図で解く。

図bより，レンズの中心軸を通る光（直進する）に注目すると，像の位置は上に動くことがわかる。 ①……答

ちなみに，$a$，$b$，$f$は不変なので，像の大きさや，像の左右への動き（$b$の変化）は全くない。

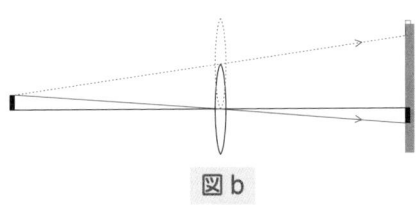

図b

(5) レンズの上半分を紙でおおうときもレンズの公式は使えない（*a*，*b*，*f* は不変だから）ので，基本光線の作図で解く。

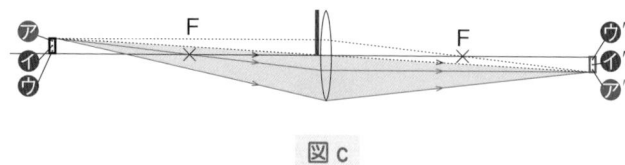

図 c

図 c で，棒の各点アイウから出た光はスクリーン上のア´イ´ウ´に集まる。このとき大切なことは，たとえばアからレンズに入るすべての光は必ずア´の点に集まるということだ。だから，たとえ紙でレンズの上半分がおおわれても，レンズの下半分を通ったすべての光が（図 c で色をつけた部分のように）ア´に集まるので，（明るさは半分になるが）ア´の像は消えることはない。同様にイウから出た光はレンズの下半分を通って必ずスクリーン上のイ´ウ´に集まり欠けることなく像をつくる。 ③……答

> 全く欠けないなんて驚きです!!

話は横にそれるけど，ドラ○もんに出てくるの○太の眼鏡って近視用の凹レンズ，それとも遠視用の凸レンズかな？ 原作では「ねころんでマンガばかり見てるから近視になっちゃった」とあるので，凹レンズとなるけど，映画の中では「メガネで恐竜の手を焼いていた」から凸レンズでしかないよね。また，「眼鏡を外すと目が ε（イプシロン）になる」から凸レンズかとも思えるけど……

どっちが正しいのだろうか？ 悩ましいこと限りない。

> 光源から出てレンズを通るすべての光が像に関与できるから欠けないんだ。

**1 凹面鏡**

　凹面鏡って見たことあるかい。ホテルなどの洗面所にあって，顔が
デッカくうつる，毛抜きなどで役立つあの鏡だ。凹面ということから
中央部がヘコんでいる。

　顔がデッカくうつるということは……

> 凸レンズのルーペで拡大されるのと似ています。

　そうだ。凸レンズと同様な像ができる。ただし，光線の進み方は凸
レンズとは少し異なる。**図8**のように凸レンズでは，平行光はすべて
レンズの後方の焦点Fに集まったね。一方，凹面鏡では平行光は鏡
で反射されて凹面鏡の前方にある焦点Fに集まるんだ。

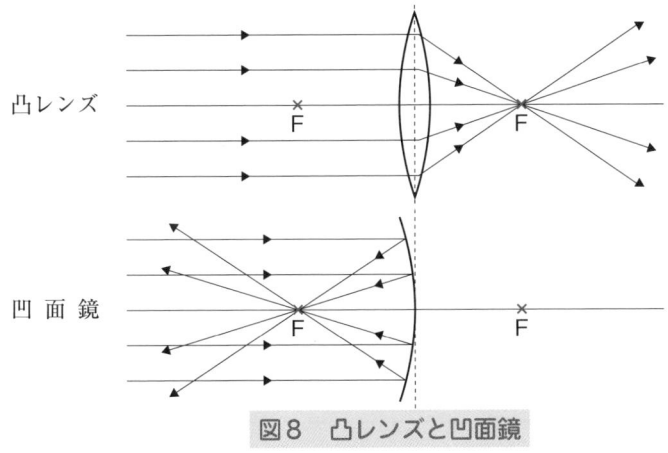

凸レンズ

凹面鏡

図8　凸レンズと凹面鏡

> 何だか凹面鏡の反射光って，凸レンズの通過光を鏡に関
> してただ折り返しただけに見えます。

スバラシイ！　そこさえわかってしまえば，凹面鏡はすべて凸レンズ
の知識を流用して解けてしまうんだ。

## 2 凸面鏡

キミの家のなるべくピカピカなスプーンを見てほしい。スプーンの背の丸いところに顔をうつすと……

> あっ顔が小さくうつります。でも上下はひっくり返っていないや。

そうだ。凹レンズと同様な像ができるね。

ただし，光線の進み方は少し異なる。**図9**のように，凹レンズでは平行光はすべて，凹レンズの前方の焦点 F から広がってくるように見えたね。一方，凸面鏡では平行光はすべて，凸面鏡の後方の焦点 F から広がってくるように反射してきている。

これは，凹レンズでの透過光を鏡に関して折り返したものになっているね。

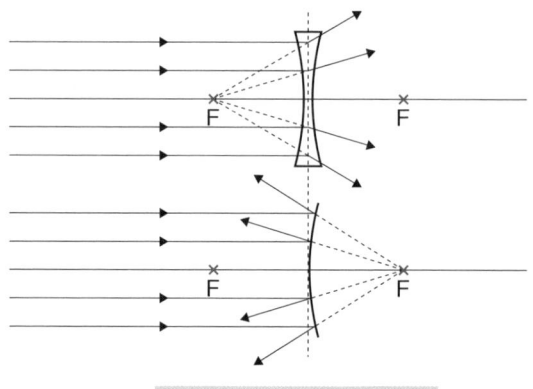

図9 凹レンズと凸面鏡

---

**•POINT 4• 凹面鏡・凸面鏡**

① 凹面鏡：凸レンズでの通過光を鏡に関して，折り返したのと同じ

② 凸面鏡：凹レンズでの通過光を鏡に関して，折り返したのと同じ

---

(1) 焦点距離 6 cm の凹面鏡の前方 15 cm の所に，長さ 3 cm の棒を光軸に垂直に立てた。どこにどんな像ができるか。

(2) 焦点距離 15 cm の凸面鏡の前方 30 cm の所に，長さ 12 cm の棒を光軸に垂直に立てた。どこにどんな像ができるか。

(3) (2)でさらに焦点距離 12 cm の凸レンズを，凸面鏡の前方 50 cm の所に置くと，最終的にどこにどんな像ができるか。

**解説**

(1) まず作図で見当をつけよう。

図 a のように平行光は焦点 F に向かって反射すること，および中心で反射する光は上下対称に反射することを押さえると，倒立した実像 P′ が生じることがわかる。

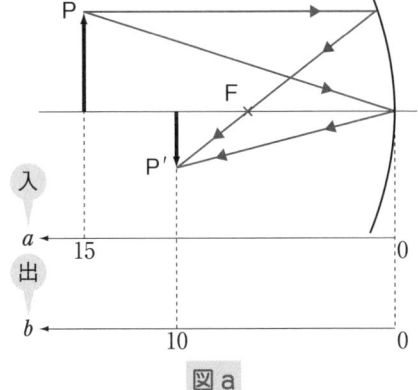

図 a

鏡を用いていることから，光が反射して左側へ出ていくことに注意。よって，$b$ 軸を出射側である左向きに立てることがポイント。凹面鏡＝凸レンズより，$a = +15$，$f = +6$ から，

$$\frac{1}{15} + \frac{1}{b} = \frac{1}{6} \qquad \therefore \quad b = +10$$

よって，凹面鏡の前方 10 cm ……**答**に，倍率公式（p.144）で，

$$倍率 M = -\frac{b}{a} = -\frac{10}{15} = -\frac{2}{3} 倍$$

よって，倒立した長さ $3 \times \dfrac{2}{3} = 2$ cm の実像ができる ……**答**

(2) **図b**のように平行光はFから出て
くるように反射すること，および中心
で反射する光は上下対称に反射するこ
とを押さえると，凸面鏡の後方に正立
した虚像P′ができることがわかる。

　光が左側へ反射して出ていくこと
に注意して**図b**のように$a$，$b$軸を
とると，凸面鏡＝凹レンズより，
$a = +30$，$f = -15$から，

$$\frac{1}{30} + \frac{1}{b} = \frac{1}{-15} \quad \therefore \quad b = -10$$

よって，凸面鏡の後方10 cm ……**答**に，

倍率 $M = -\dfrac{b}{a} = -\dfrac{-10}{30} = +\dfrac{1}{3}$ 倍

よって，正立した長さ $12 \times \dfrac{1}{3} = 4$ cm の虚像ができる ……**答**

**図b**

(3) **図b**のように凸面鏡で反射し
た光はすべて，像P′から広
がってくるように見えるのでP′
を凸レンズにとっての光源と
見なすのがポイント。

　つまり，**図c**のように凸レン
ズの右方 $50 + 10 = 60$ cmに
大きさ4 cmの光源P′を置い
たのと同じになる。

　**図c**のように光が右側から入
り，左側へ出ていくことに注意
して，$a'$，$b'$軸をとる。$a' = +60$，$f' = +12$より，

$$\frac{1}{60} + \frac{1}{b'} = \frac{1}{12} \quad \therefore \quad b' = +15$$

よって，凸レンズの前方15 cm ……**答**に，

倍率 $M = -\dfrac{b'}{a'} = -\dfrac{15}{60} = -\dfrac{1}{4}$ 倍

よって，倒立した長さ $4 \times \dfrac{1}{4} = 1$ cm の実像ができる ……**答**

**図c**

① レンズはプリズムの集合体

   ① 平行光を焦点 F に集めるのが凸レンズ

   ② 平行光を焦点 F から広げるのが凹レンズ

② レンズの3種の基本光線と像

   ① 光線1 平行光    光線2 中心光

      光線3 光線1 の逆行

   ② 点光源のつくる像

凸レンズ $\begin{cases} a > f \text{（カメラ型）倒立実像} \\ a < f \text{（ルーペ型）正立拡大虚像} \end{cases}$

凹レンズ：必ず正立縮小虚像

※レンズを通るすべての光が像に関与する

③ レンズの統一公式

   ① 写像公式 $\boxed{\dfrac{1}{a} + \dfrac{1}{b} = \dfrac{1}{f}}$

   ② 倍率公式 $\boxed{M = -\dfrac{b}{a}}$ $\begin{cases} M > 0 & \text{正立} \\ M < 0 & \text{倒立} \end{cases}$

符号の約束 $\begin{cases} \text{凸レンズは } f > 0, \text{ 凹レンズは } f < 0 \\ a \text{ と } b \text{ はレンズ面を原点として，入射側に } a \text{ 軸，} \\ \text{出射側に } b \text{ 軸をとったときの座標} \end{cases}$

④ 凹面鏡・凸面鏡

   ① 凹面鏡 ＝ 凸レンズ ＋ 反射

   ② 凸面鏡 ＝ 凹レンズ ＋ 反射

# 第9章 波の干渉

▲干渉で雑音を打ち消すヘッドフォンが大人気

## STORY① 干渉の大原則

### 1 干渉って何？

干渉って，どんなイメージをもつ言葉？

「親がいちいち干渉してきてうるさいんだよね。自分の進路なのにひとりで決めさせてよ。」

「我が国の内政に干渉しないでくれたまえ！」……

どれも，何かの上に他の何かが乗っかってきて，影響を与えようとしているよね。

その通りだ。ここで見る波の干渉というのも，波どうしが重なり合って強め合ったり，または弱め合ったりする現象なんだ。さらに，これまでに見た定常波（p.42），うなり（p.64）も広い意味での干渉だよ。定常波では，「腹」で強め合い，「節」で弱め合う。うなりでは，周期的に強め合ったり，弱め合ったりしたよね。

**◆ POINT ① ◆ 干渉とは**

波どうしが重なって，強め合ったり，弱め合ったりする現象
➡ 定常波やうなりもその一種

## **2** まずはこのイメージから

いま，**図1**のように，波1つない十分広いプールがある。

その中で，ある2点 $S_1$，$S_2$ を同じタイミング（同位相という）で「チャポチャポ」とたたいていく。このとき，**図1**の点Pにおもちゃのボートを浮かべたら，そのボートは激しく振動するかい。それとも，全く揺れないかな。

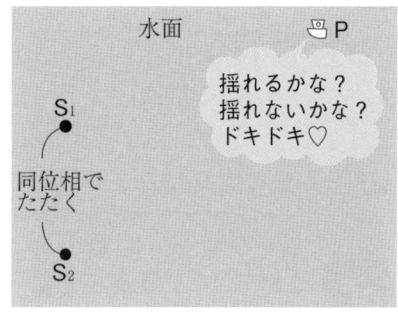

図1　水面の2点 $S_1$，$S_2$ をたたくと

では，実際にたたいてみると，**図2**のような波紋（波面）ができるね。$S_1$，$S_2$ を中心とする同心円状の波面は，実線が山，点線は谷としよう。このとき，線分 $S_1$P 上で見てみると，山（●で表す）と谷（○で表す）が交互に並んだ列が見える。この山と谷の列はこのあと，点Pへ向かってドドドッと突進していくね。線分 $S_2$P 上でも同様だ。

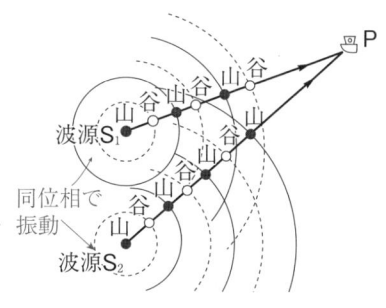

図2　山（●）谷（○）の列がPへ向かっていく

ここでもし，$S_1$ から来た山と $S_2$ から来た山どうし，または $S_1$ から来た谷と $S_2$ から来た谷どうしのように，同じ形の波が点Pで同時に出

会えれば，2つの波は強め合えることがわかるね。

　一方，$S_1$，$S_2$ から山と谷の逆の形の波が点 P で同時に出会ってしまうと，2つの波は弱め合ってしまうんだ。

　要は「点 P での山（●）と谷（○）の出会いのタイミング」が強め合うか，弱め合うかを決めるんだね。

　ここまでの話は大丈夫かな？

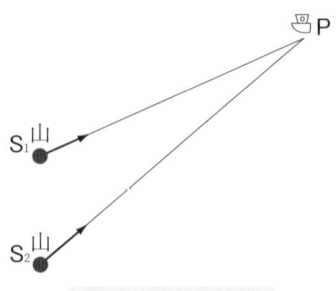

図3　よーいドン！

## 3　強め合う条件

　いま，図3のように，$S_1$ から山（●），$S_2$ からも山（●）が同時にスタートしたとしよう。さて，この2つの山のどちらが先に点 P にたどりつく？

> そりゃー，距離の近い $S_1$ からの波が先に点 P につきますよ。

　そうだね。では，図3で $S_1$ からの山と同時に出会えるのは，線分 $S_2$P 上のどこにいる波だろう？

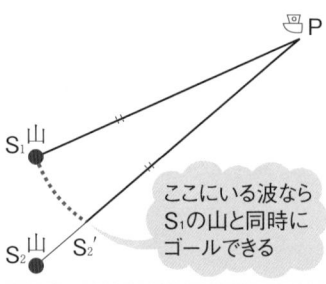

ここにいる波なら $S_1$ の山と同時にゴールできる

図4　$S_1$ と $S_2'$ の波は同時ゴール

> えーと，図4のように点 P から見て，$S_1$ と同じ距離にいる点 $S_2'$ です。

　では，その $S_2'$ に山または谷のどちらの波がいてくれると，点 P で強め合うことができるかな？

> $S_1$ に山がいるから，$S_2'$ にも同じ山です。

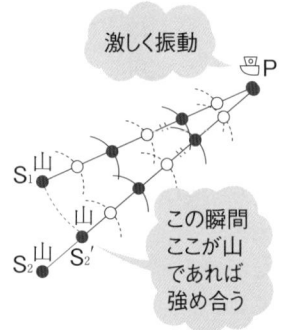

激しく振動

この瞬間ここが山であれば強め合う

図5　強め合うための条件

そうだね。**図5**のように，$S_2'$ に山がいてくれれば，点Pで同じ山どうしが重なって強め合えるね。

**図5**では，いま山と山どうしが重なって，点Pは盛り上がっている状態だね。そして，次は谷と谷どうしがやってきて，点Pはものすごくへコんだ状態になるね。さらに，次に山と山がやってきて，点Pは再び盛り上がる！　すると……

> 点Pは「グァッシャン，グァッシャン」と激しく振動しますね〜。

そうなんだ。音だったら大きな音が聞こえるし，光だったら明るくなるね。もとの振幅の2倍で振動することになるからね。

さて，強め合うには $S_2'$ に山がいてくれることが必要とわかったけど，このとき，**図5**の $S_2S_2'$ 上に注目してみよう。**図6**のように，$S_2$ に山，$S_2'$ にも山がいてくれるためには，$S_2S_2'$ 間にどのように波が入っていればいいかなあ？　一例を挙げてみて。

ここが山であれば強め合う

山
$S_2'$

山
$S_2$

**図6**　**図5**の $S_2S_2'$ 上に注目

> できました。**図7**です。

いいぞ。で，$S_2S_2'$ 間に，ちょうど何個の波が入っているかい。

> ちょうど2個です。

そう，同様に $S_2S_2'$ 間にちょうど1個，2個，3個，……，一般に整数 $m$ 個の波が入ると強め合うんだ。式でいうと，$S_2S_2' = m \cdot \lambda$ だね。

山
$S_2'$

山
$S_2$

$2\lambda$

**図7**　$S_2$ で山 $S_2'$ で山となる $S_2S_2' = 2\lambda$ の例

ところで，$S_2S_2'$は**図5**より $S_1P$ と $S_2P$ の道のりの差(これを行路差こ う ろという)に等しいから，$S_2S_2' = S_2P - S_1P$ と表せるね。以上より，

> 強め合う条件 ➡ 行路差 $S_2P - S_1P = m \cdot (\text{波長 } \lambda)$

となる。

## **4** 弱め合う条件

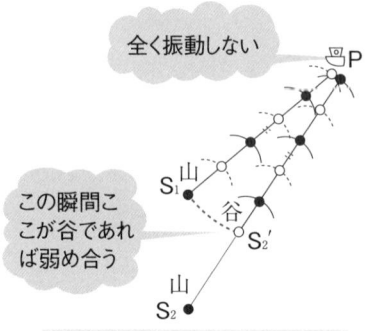

全く振動しない

この瞬間こ こが谷であれ ば弱め合う

図8 弱め合うための条件

**図5**とは逆に，**図8**で $S_2'$ に今度は谷がいると，点 P で山と谷が同時に重なり打ち消し合って全く振動しない振幅ゼロの状態になるね(音だったら無音だし，光なら真っ暗だ)。

$S_2'$ に谷がいるためには，たとえば，**図9**のように $S_2S_2'$ 間に 1.5 個の波長 $\lambda$ が入ってくれることが必要になる。

同様に，$S_2S_2'$ 間に 0.5 個, 1.5 個, 2.5 個, ……, 一般に $m$ を整数として $m \pm \dfrac{1}{2}$ 個の波長 $\lambda$ が入ると，弱め合うんだ。

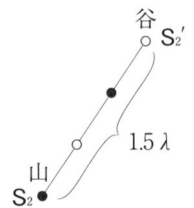

谷 $S_2'$

$1.5\,\lambda$

山 $S_2$

図9 $S_2$で山$S_2'$で谷となる $S_2S_2' = 1.5\lambda$ の例

式でいうと，$S_2S_2' = \left(m \pm \dfrac{1}{2}\right) \cdot \lambda$ だね。$S_2S_2'$は**図8**より $S_1P$ と $S_2P$ の行路差だから，

> 弱め合う条件 ➡ 行路差 $S_2P - S_1P = \left(m \pm \dfrac{1}{2}\right) \cdot (\text{波長 } \lambda)$

となる。

以上，強め合いと弱め合いの条件をまとめてみよう。

**POINT ②** 《干渉の原則１》(基本)

同位相の波源 $S_1$，$S_2$ から出た波が点 P で重なるとき，

強め合う条件 ➡ 行路差 $S_2P - S_1P = (整数\ m) \times (波長\ \lambda)$
(振幅２倍)

弱め合う条件 ➡ 行路差 $S_2P - S_1P = \left(整数\ m \pm \dfrac{1}{2}\right) \times (波長\ \lambda)$
(振幅０)

※道のりの差の中に(波長 $\lambda$ の波)が何個入るかで，干渉条件が決まる。

２つの波の道のりの差が命だね！

## 5 $S_1$と$S_2$が逆位相のときは大ドンデン返し

**・POINT ②・**はあくまでも波源$S_1$，$S_2$が同位相(どういそう)のときの条件だったんだ。じつは，波源$S_1$，$S_2$が逆位相(ぎゃくいそう)(たとえば，$S_1$が山のとき，$S_2$は谷となる)のときは，**図10**のように，$S_2P$側の山と谷がすべてひっくり返るので，強め合う条件と弱め合う条件が完全に入れかわるんだ。

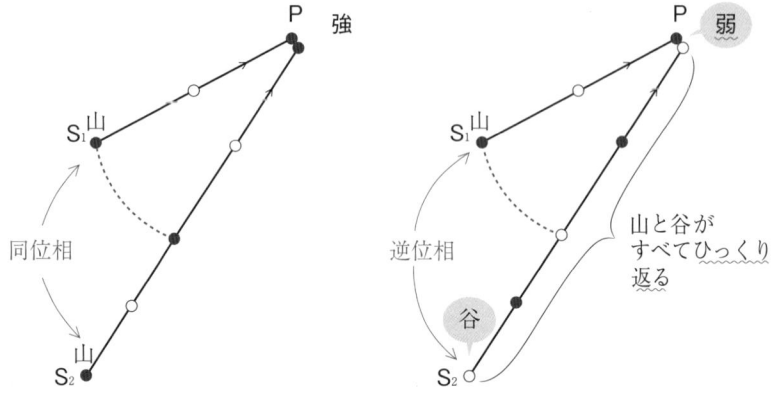

図10　$S_1$と$S_2$が逆位相のとき

**・POINT ③・**　《干渉の原則2》($S_1$と$S_2$が逆位相のとき)

$S_1$と$S_2$が逆位相のときは，

強め合う条件 ➡ 行路差 $S_2P - S_1P = \left(整数\, m \pm \dfrac{1}{2}\right) \times (波長\,\lambda)$

弱め合う条件 ➡ 行路差 $S_2P - S_1P = (整数\,m) \times (波長\,\lambda)$

$S_1$と$S_2$が同位相のときと条件が逆転している。

チェック問題 ▷ **干渉の原則**　　易 **6**分

$xy$ 平面上の2点 $S_1(-30, 0)$,
$S_2(30, 0)$ に置かれた小さいスピー
カーからともに波長 $\lambda = 40\,\text{cm}$ の
音波が同位相で等方的に出ている。
（単位は cm）

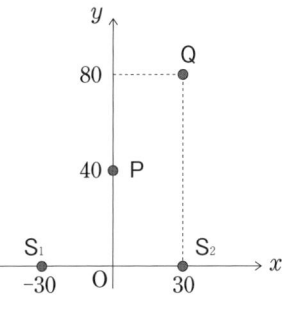

(1) 図の P, Q の各点で波は強め
　　合っているか，弱め合っている
　　か。

(2) 線分 $S_1S_2$ 上で波が強め合っている点はいくつあるか。

(3) 波が強め合っている点をつなぐとどのような形になるか。

(4) もし，$S_1$, $S_2$ が逆位相であると(1)はどうなるか。

---

**解説**　　あの〜　音も干渉するんですか？　音は縦波で
すよね。

　もちろん！　音に限らず横波でも縦波でもすべての波は干渉するよ。
◆POINT ❷◆(p.163)を使ってみよう。

(1) 波長 $\lambda = 40\,\text{cm}$ として，点 P までの行路差は3：4：5の比の有名
三角形の性質を利用して長さを求めて，

> 0 も立派な整数

$$S_2P - S_1P = 50 - 50 = 0 = 0\cdot\lambda \quad（波長の整数倍）$$

　よって，点 P では，山と山どうし谷と谷どうしがいつも同時に出会
うので強め合う。 ……答

　一方，点 Q までの行路差は，$S_2Q - S_1Q = 80 - 100 = -20 = -\dfrac{1}{2}\lambda$

　あれ！　行路差がマイナスになっちゃった。どうすれ
ばいいの？

プラスだろうが，マイナスだろうが，整数 $\pm\frac{1}{2}$ 倍なら弱め合いだよ。

別に，$-1$，$-2$，$-3$，$-4$，……だって立派な整数でしょ。

よって，点Qでは，山と谷が同時に出会ってしまうので弱め合う。

……答

(2)

どこから手をつければよいのかわかりません。

このタイプの問題を苦手にしている人は多いね。ひと言アドバイスすると，

干渉のコツ

**迷ったら，まず行路差0からはじめ，次に1つひとつ行路差を増やせ！**

だよ。図aで，まず

$S_2P - S_1P = 0$ となるのは，$S_1$ と $S_2$ の中点となる⑦原点 O(0, 0)とすぐわかるね。

次に小さい行路差

$S_2P - S_1P = 1\cdot\lambda = 40\,\text{cm}$ となる点を，図aの中から探してみて。

えーと，$S_2P = 50$，$S_1P = 10$ となる。そう，⑦$(-20, 0)$です。

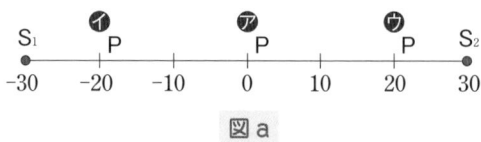

図a

そうだね。対称性より，$S_2P - S_1P = 10 - 50 = -40 = -1\cdot\lambda$ となる点である⑦$(20, 0)$でも強め合うね。

次に小さい行路差，$S_2P - S_1P = 2\cdot\lambda = 80\,\text{cm}$ となる点は？

行路差 80 cm？　だって，$S_1$ と $S_2$ が 60 cm しか離れていないのにそんな点を探すのはムリです。

そうだね。すると，以上の**アイウ**の３つだけになるね。……答

---

**•POINT ④•** 《干渉の考え方のコツ》

① まず は行路差０の点から考えはじめよ！

② 次に 行路差 $\pm 1 \cdot \lambda$，$\pm 2 \cdot \lambda$，$\pm 3 \cdot \lambda$，……と具体的に考えていく。

③ さいごに 限界で止める。

---

(3)　まずは数学的なこの知識から。

---

**•POINT ⑤•** 双曲線
（そうきょくせん）

　ある２点 $S_1$，$S_2$ からの距離の差（行路差）が等しい点をつなぐと双曲線という曲線になる。とくに行路差 ＝ ０ となる線は，線分 $S_1S_2$ の垂直二等分線となる。

　また，行路差が逆符号どうしになる２つの線は左右対称の曲線どうしになる。

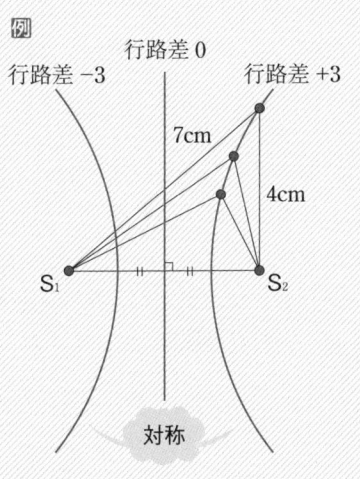

例

行路差 0

行路差 −3　　　　　　　　行路差 +3

7cm

4cm

$S_1$　　　　　$S_2$

対称

---

なんか阪神夕○ガースのマークみたいですね。

何おもろいことを言うてまんねん（笑）　で，いまの場合は《干渉の考え方のコツ》より，**図b**において，まず 行路差 0 の強め合う線が $S_1S_2$ の垂直二等分線となる $y$ 軸上に 1 つできるね。

次に p.166(2)の**イウ**を通る左右対称な行路差 $\pm 1 \cdot \lambda$ の双曲線ができる。

それより大きい行路差での強め合いはムリなので，以上，**図b**の3本が**答**となる。

$S_1$ と $S_2$ が逆位相になる場合は，**POINT ❸** (p.164)を使うんだ。

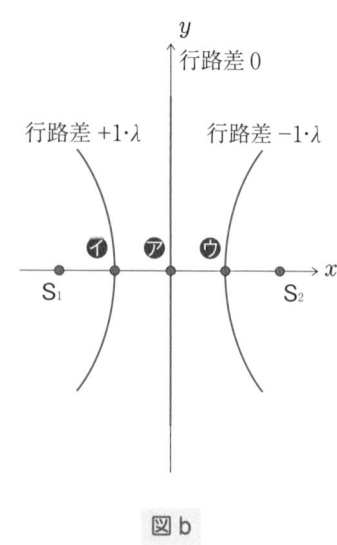

図 b

(4)　(1)とは強め合いと弱め合いの条件が逆転するので，点Pで弱め合い（山と谷が同時に出会ってしまう），点Qで強め合う（山と山，谷と谷どうしが同時に出会える）。……**答**

この干渉も，ドップラー効果に次いで生活に応用されているね。最近のヘッドホンには，雑音をマイクで拾って，わざとそれとは逆波形の音をイヤホン内のスピーカーから出して打ち消すというノイズキャンセリングヘッドホンが人気だね。高級な製品になると地下鉄内でクラシックが楽しめるというから驚きだ。

次の章は光の干渉の具体例だ！

第 9 章
## ま と め

① 干渉とは
　2つの波源からの波が重なり，強め合ったり，弱め
合ったりする現象。
　定常波やうなりも干渉の一種。

② 干渉の原則1
$S_1$, $S_2$ が同位相波源のとき $m$ を整数，$\lambda$ を波長として，

行路差　$S_2P - S_1P = \begin{cases} m \cdot \lambda & \text{強め合う} \\ \left( m \pm \dfrac{1}{2} \right) \cdot \lambda & \text{弱め合う} \end{cases}$

道のりの差が命

③ 干渉の原則2　逆位相波源のとき
　$S_1S_2$ が逆位相波源のときは，②の強め合い，弱め合い
の条件が逆転する。

④ 《干渉の考え方のコツ》
まず，何よりも先に行路差0の点から考えはじめ，
次に，$\pm 1 \cdot \lambda$，$\pm 2 \cdot \lambda$，$\pm 3 \cdot \lambda$，……と具体的に考えていき，
限界で止める。

# 第10章 光の干渉（スリット型）

▲物理的には，白は最も汚れた色

## STORY 1 ／／ スリット型干渉に入るための準備

### 1 回折，そして干渉

**9**で見たように，2つの波源 $S_1$，$S_2$ から出た波が点 P で強め合うか弱め合うかは，

　　　　「行路差 $S_2P - S_1P$ が波長 $\lambda$ の何倍になるか」

のみで決まったね！

そこで，この波の干渉を，光波についても見ていこう。

まず，**図1**のように，狭いすき間（スリット）$S_0$，$S_1$，$S_2$（$S_0S_1$ と $S_0S_2$ は等距離とする）でできた装置に，光波が入ってきたとしよう。

「狭いすき間」と言えば何を思い出す？

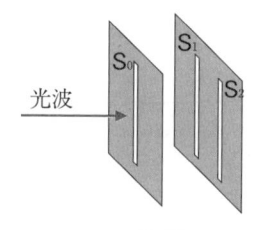

光波

図1

回折です。p.118でやりました。今の場合，**図2**の断面図の $S_0$ から広がった波は，$S_1$，$S_2$ に同位相で入っていきます。

OK。さらに，$S_1$，$S_2$ に同位相で入った波も，**図3**のように，それぞれで回折して広がるね。するとそれらの波はどうなるかい？

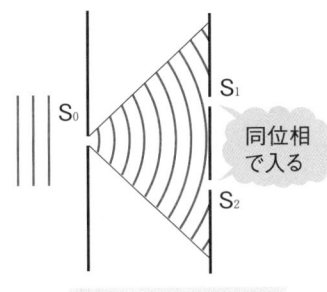

図2　図1の断面図

あ！　$S_1$，$S_2$ から同位相で出た波どうしは，まさに重なって，干渉します。まるでp.159の**図2**のようです。

すると，それらの光波をスクリーン上で重ねると，強め合う点では明るくなり，弱め合う点では暗くなるね。

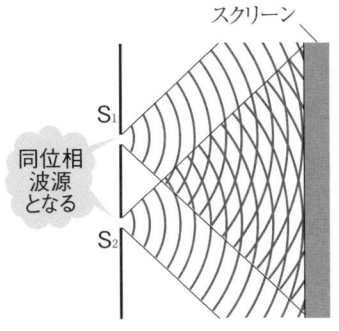

図3　$S_1$, $S_2$ からの光波が干渉

本章では，まず回折して，次に干渉というタイプ（スリット型）の光の干渉の問題を見ていくよ。

とりあえずその前に，光の色と波長に関する必須知識についてまとめておこう。

---

**・POINT ❶・ スリット型干渉**

| まず | 狭いすき間（スリット）で回折し， |
|---|---|
| 次に | 複数のスリットから出た光どうしがスクリーン上で干渉する。 |

---

## 2 常識としたい可視光の色と波長

**❼** で見たように，光は電磁波の一種で，その中で特に我々の目に見える（網膜の視細胞を刺激する）波長の範囲にある光を**可視光**（か し こう）という。

可視光の波長 λ の範囲は，おおよそ

$$\lambda = 3.8 \times 10^{-7}\text{m} \sim 7.7 \times 10^{-7}\text{m}$$

となる。これは，覚えておこう（理系の常識としておこう）。

うぁ～！　ずいぶんと短い波長ですね。1000万分の1メートルですか。とても細か～い波なんですね。

そうだね。**音の波長が数十 cm あったことと比べると雲泥**（うんでい）**の差**だね。目に見える光の範囲がいかに狭いかわかるかい？

私たちは，空間を飛び交う様々な波長の電磁波のうち，ごくごくわずかな範囲の可視光という電磁波を目で受けて，この全世界を感じとっているんだよ。そして，そのわずかな範囲の光の波長を，何百万色という色におきかえて景色を豊かに楽しんでいるんだ。

へ～，生物の目と脳って，すごいんですね。

ここで，おもな色と波長の対応関係を表にしておこう。**波長の範囲と色の並ぶ順番は必ず覚えておいてね。**試験に出てくるよ。波長の範囲は「ラッキーセブン($7.7 \times 10^{-7}$ m)とその半分（約$3.8 \times 10^{-7}$ m）」で「セブンイ●ブンいい気分」みたいに覚えてね（超古い！）。

理系の常識としてほしいなぁ。

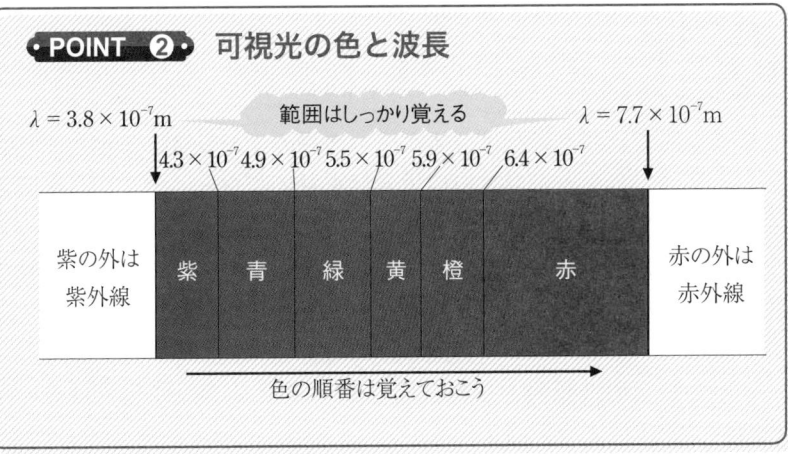

**POINT ❷** 可視光の色と波長

$\lambda = 3.8 \times 10^{-7} \text{m}$　　範囲はしっかり覚える　　$\lambda = 7.7 \times 10^{-7} \text{m}$

$4.3 \times 10^{-7}$ $4.9 \times 10^{-7}$ $5.5 \times 10^{-7}$ $5.9 \times 10^{-7}$ $6.4 \times 10^{-7}$

| 紫の外は紫外線 | 紫 | 青 | 緑 | 黄 | 橙 | 赤 | 赤の外は赤外線 |

色の順番は覚えておこう

## 3 白って最も汚れた色ってホント？

あの〜，**POINT ❷** の色の中には，白や黒は入ってないんですけど？

いいかい！　黒は何も光が来ないこと，暗いのと同じ。

白は？

白は，じつは，すべての色の光が同時に来ることなんだ。

え〜？　すべての色が混ざればレインボー！　虹色じゃないの？

いいや。白だ。たとえば，スマホの画面の白い部分に水を1滴つけて見てごらん。すると，白色と思った部分が……

あ！　赤と緑と青のランプが同時についてます！

そして，水滴をふきとると

あ！　白色に見えます！

　そうなんだ。我々の脳は，すべての波長の光を受けとると，それを「白」と感じてしまうんだ。白い蛍光灯を見てごらん。そこからキミの目には，赤や青や黄や緑，ごちゃまぜに，いろいろな色の光がやって来ているんだね。白色は，物理学的には「最もごちゃごちゃで汚れた色」なんだ。「純白のウェディングドレス」というのは，ちょっとオカシイ？(笑)

　一方，特定の波長のみを含む光を単色光という。単色光はその波長の色に色づいて見えるよ。

---

**・POINT　③・　単色光と白色光**

単色光……ある特定の色の波長 λ のみをもつ光

白色光……可視光のすべての色の光を含む光

---

　ここまで準備ができたら，次の問題にチャレンジしてくれたまえ。

　この問題には，スリット型干渉で出題されるあらゆる問題が入っているぞ。

この1問をマスターすれば点数はグンとアップするよ！

Q は波長 $\lambda$ の単色光源，$W_0$ はスリット $S_0$ をもつスリット板，$W_1$ は複スリット $S_1$，$S_2$ をもつスリット板，S はスクリーンであり，$W_0$，$W_1$，S は互いに平行である。$S_1$，$S_2$ は

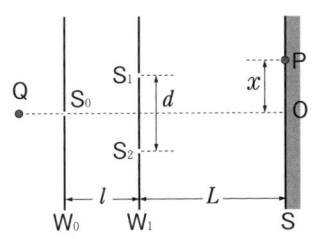

$S_0$ から等距離にあり，$S_1$ と $S_2$ の間隔は $d$ である。Q と $S_0$ を結ぶ直線は，$S_1S_2$ の中点を通って S と直角に交わる。この交点 O を原点として，スクリーン上に上向きに $x$ 軸をとる。$W_0$ と $W_1$ の間隔 $l$ および $W_1$ と S の間隔 $L$ は，$d$ に比べて十分大きいものとする。

(1) 点 O は明るくなるが，それはなぜか説明せよ。

(2) 点 O から $x$ の位置にある点を P とし，$x$ は $L$ より十分小さいとする。$m$ を整数として，点 P が明線となるための条件式を求めよ。

(3) $L = 50\,\text{cm}$，$d = 0.53\,\text{mm}$ のとき，干渉縞の間隔は $0.55\,\text{mm}$ であった。光源の光の波長 $\lambda$ は何 m か。

(4) (3)で $W_0$ と $W_1$ の間隔を広げると，干渉縞の間隔はどうなるか。

(5) (3)で $W_1$ と S の間隔を広げると，干渉縞の間隔はどうなるか。

(6) (3)で光の波長 $\lambda$ を長くする(より赤色に近くなる)と干渉縞の間隔はどうなるか。

(7) (3)で白色光(すべての色の光を含む)を用いるとスクリーン上にはどのような干渉縞が見られるか。

(8) (3)でスリット板 $W_1$ とスクリーン S の間を屈折率 $n$ の透明な物質で満たすと，干渉縞の間隔は何倍になるか。

(9) (3)でスリット $S_0$ を上に $a$($a$ は $l$ に比べ十分に小さい)だけずらすと，点 O にあった明線が点 O′ にずれた。点 O′ の点 O

からの距離 $h$ を求めよ。

(10) (3)でスリット $S_1$ の右側に屈折率 $n$，厚さ $t$ ($t$ は $L$ に比べ十分に小さい) の透明薄膜を貼ると点 O にあった明線は図の上へ動くか下へ動くか。

**解説** スリット型干渉の全パターンが入った超良問だ。十分に研究しよう！

(1) **9** の • POINT **4** • (p.167) で見たように，干渉ときたら ┃まず┃ 何よりも先にすることは？ ┃次に┃ 何を考える？

> ハイ！ ┃まず┃ 行路差 0 の点を見つけることです。 ┃次に┃ 行路差 $1\lambda$，$2\lambda$，$3\lambda$，$4\lambda$，……と具体例をつくっていくことです。

いいぞ！ ではいまの場合，スクリーン上で行路差 0 の点は？

> カンタン！ $S_1$ と $S_2$ から等距離の点 O です。点 O では行路差 0 で強め合って明るくなります。

この点 O のように，行路差 0 で強め合って明るくなる……**答** 位置を 0 次の明線という。

(2) 点 P の位置がちょうど点 O と一致すると，(1)で見たように行路差 0 で明るくなる (0 次の明線) ね。では，$x$ が増え，点 P が上にずれていくと行路差 $S_2P - S_1P$ は大きくなる？ それとも小さくなる？

> 差は大きくなっていきます。

そうだね。そこで**図a**のように，行路差 $S_2P - S_1P$ がちょうど $0\lambda$, $1\lambda$, $2\lambda$, ……, $m\lambda$ となるところに，とびとびに明線ができていくんだね。

とくに，$m$ を整数として行路差が $m\lambda$ となって明るくなる線を「$m$ 次の明線」とよぶ。式だと，

$$S_2P - S_1P = m\lambda \cdots\cdots ①$$

だね。

さて，次は，この行路差 $S_2P - S_1P$ を $d$ や $x$ や $L$ を使って求めよう。ただ，その前に重大な事実を知っておいてほしい。それは，

問題文に与えられた図が，かなり実際と違って，長さがオーバーにかかれていることなんだ。

実際，この実験をやったことある人ならわかるんだけどなぁ……

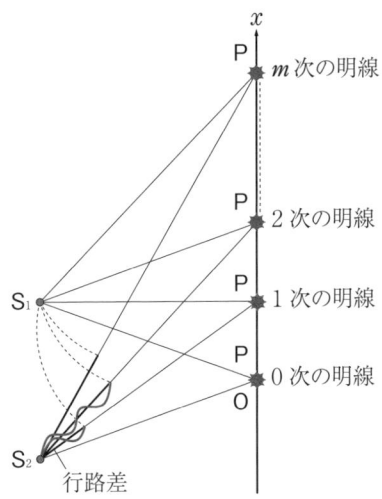

図a　縞のイメージ

 実験なんてしたこともないですよ。どこがオーバーなんですか。教えてください。

いいよ。それは実際の $d$ や $L$ や $l$, $x$ の長さなんだ。

まず，実際の $d$ の長さは，だいたいなんと

$$d = 0.5 \, \text{mm} \, !!!!$$

ぐらいで，キミのシャーペンの芯ぐらい狭いんだ。さらに，縞の見える $x$ の範囲は $x = 5 \, \text{mm} \, !!$ ぐらいで，点 O の付近にチョボチョボとバーコードのような縞が見えるぐらいなんだ。また，$L$ は $1 \, \text{m}$ ぐらい，$l$ は $3 \, \text{cm}$ ぐらいの長さがあるんだ。すると，実際に近い図は，**図b**のようになるよ。

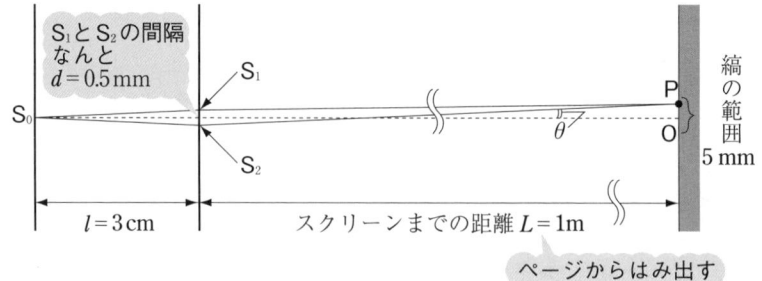

図b

ヒェー！　ほとんど $S_1P$ と $S_2P$ がくっついちゃって，ほぼ平行。それから $S_1P$ の傾きの角度 $\theta$ もメチャクチャ小さ～い！

ほんとにそうだね。**図b**から大切なことが３つわかったね。

---

**・POINT ④・　２スリット型干渉の作図３ポイント**

| ポイント1 | $S_1P$ と $S_2P$ はほぼ平行とみなせる。 |
|---|---|
| ポイント2 | **傾きの角度 $\theta$ は十分小さい。** |
| ポイント3 | $S_0S_1$ と $S_0S_2$ もほぼ平行とみなせる。 |

---

さて，この３ポイントを押さえると，$S_1$ と $S_2$ 付近の拡大図は，**図c** のようになるね。

実際の長さを
想像してごらん。

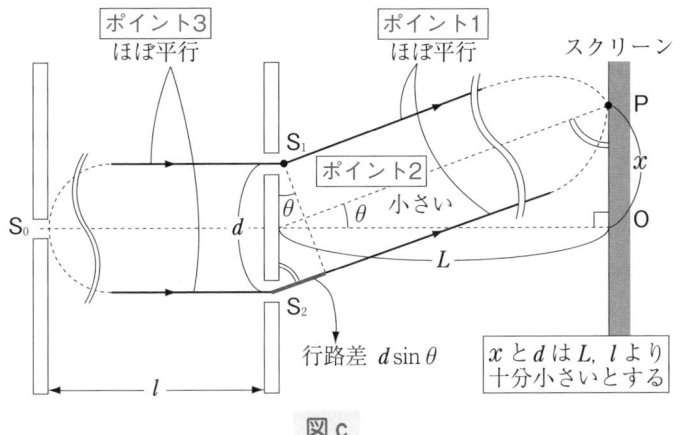

ポイント3 ほぼ平行
ポイント1 ほぼ平行

スクリーン

ポイント2 小さい

行路差 $d \sin \theta$

$x$ と $d$ は $L$, $l$ より 十分小さいとする

図 c

　すると，$S_0$ から出て，$S_1$ と $S_2$ を経由して P に入る光の行路差は，**図 c** の $S_1S_2$ を斜辺とする傾き $\theta$ の直角三角形の底辺となるので，

　　　行路差 $S_2P - S_1P = d \sin \theta$ ……②

となるね。では，次にどうやってこの $\sin \theta$ を求めるかだ。そこで，**図 c** で底辺 $L$，高さ $x$，傾き $\theta$ の直角三角形より，

$$\tan \theta = \frac{x}{L} \cdots\cdots ③$$

はわかっているね。②と③をどうやって結びつけたらいい？　$\theta$ は小さいよ。

　$\theta$ は小さい……　そうか！　たしか $\theta$ が小さいとき，$\sin \theta \fallingdotseq \tan \theta$ としていいというのがあった。p.132でやったね。

　よく気づいた。すると②より，

　　　行路差 $S_2P - S_1P = d \sin \theta$
　　　　　　　　　　　　　$\fallingdotseq d \tan \theta$

$$= d\frac{x}{L} \cdots\cdots ④ \quad (\because \quad ③)$$

となるね。この④式を，$m$ 次の明線となる条件式①式に代入して，

　　　行路差　$d\dfrac{x}{L} = m\lambda \cdots\cdots ⑤$　……**答**

(3) ⑤式より明線の点 O からの距離は,

$$x = \frac{L\lambda}{d} \times m$$

ここで, $m$ に $m = 0,\ 1,\ 2,\ 3,\ \cdots\cdots$の具体
値を代入していくと,

$$x = 0,\ \frac{L\lambda}{d},\ \frac{2L\lambda}{d},\ \frac{3L\lambda}{d},\ \cdots\cdots \text{となり,}$$

図dのように, 間隔は,

$$\Delta x = \frac{L\lambda}{d} \cdots\cdots ⑥$$

で, 等間隔に並ぶことがわかるね。

⑥より,

$$\lambda = \frac{d\Delta x}{L}$$

$$= \frac{0.53 \times 10^{-3}\,[\text{m}] \times 0.55 \times 10^{-3}\,[\text{m}]}{50 \times 10^{-2}\,[\text{m}]} \fallingdotseq 5.8 \times 10^{-7}\,[\text{m}] \cdots\cdots \boxed{答}$$

（ちなみにこの光は黄色）

(4) ⑥より, $l \to$ 大としても $\Delta x$ は変わらない。$\cdots\cdots \boxed{答}$

(5) ⑥より, $L \to$ 大とすると $\Delta x$ も大きくなる。$\cdots\cdots \boxed{答}$

(6) ⑥より, $\lambda \to$ 大とすると $\Delta x$ も大きくなる（赤い光ほど間隔が広くなる）。
$\cdots\cdots \boxed{答}$

図d（右図）
- $\dfrac{3L\lambda}{d}\ (m=3)$
- $\dfrac{2L\lambda}{d}\ (m=2)$
- $\dfrac{L\lambda}{d}\ (m=1)$
- $\Delta x$
- $0\ \ (m=0)$
- O
- x
**図d**

イメージ

図eのように, $\lambda$ の大きい赤い
光ほど, 同じ $m = 1$ 次の明線をつ
くるのにも, より大きな行路差が
必要になってしまう。だから, 赤
い光のほうが, 同じ $m = 1$ 次の明
線であっても, より上のほうにつ
くられるんだ。

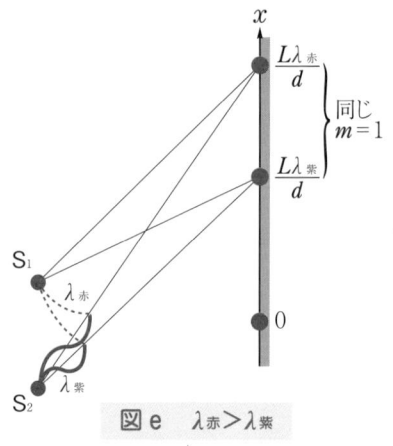

図e　$\lambda_赤 > \lambda_紫$

(7)　白色光に含まれる波長 λ の範囲と，色の並ぶ順番は覚えたかい？

えーと，波長 λ の範囲は忘れました。p.173を見ると……
$\lambda = 3.8 \times 10^{-7}$m～$7.7 \times 10^{-7}$m で，波長の短いほうから，
紫 青 黄 緑 橙 赤 かな？

　ちがうぞ，紫青緑黄橙赤だ！　波長の範囲もきっちり覚えてくれよ。
　ここで，図 e で見たように，同じ
$m = 1$ の明線であっても，波長 λ
の長い赤に近い光ほどより上のほうに
できるんだったね。
　すると，図 f のように，同じ $m = 1$
の明線であっても，下から紫青緑黄
橙赤の順に明線ができていく。

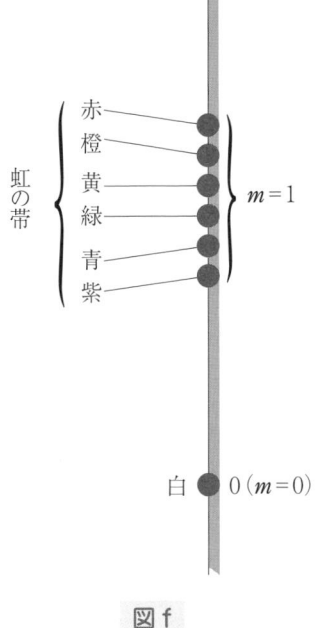

図 f

あ！　レインボーです！
虹の帯ができるんですね。

　その通り。$m = 2$ 次，$m = 3$ 次，
……でも（重ならない限り）同じだよ。
　では，点Oの $m = 0$ 次の明線はど
うなるだろう。赤だろうが青だろう
が，点Oで行路差0で強め合うこと
には変わりはないね。すると，すべ
ての色の光が点Oで強め合うから

点Oではすべての色が
重なって，そう！　元の
白色光のままです！

　OK！　以上より，図 f のように点Oに白色，周囲に虹の帯（内から外
へ紫青緑黄橙赤と並ぶ）が見える。……答

(8)　屈折率 $n$ の物質を入れると，波長 λ は $\dfrac{1}{n}$ 倍に小さくなるので，⑥より

　　$\Delta x$ も $\dfrac{1}{n}$ 倍に小さくなる。……答

(9) 干渉ときたら,《干渉の考え方のコツ》(p.167)より ┃まず┃ 行路差 0 の点(0 次の明線)を求めるが,今の場合,図 g のように,S₀ の位置が上に a だけずれるので,行路差 0 で「同時にゴール」できる点の位置 O′ は逆に下にずれる。そのずれを h としよう。

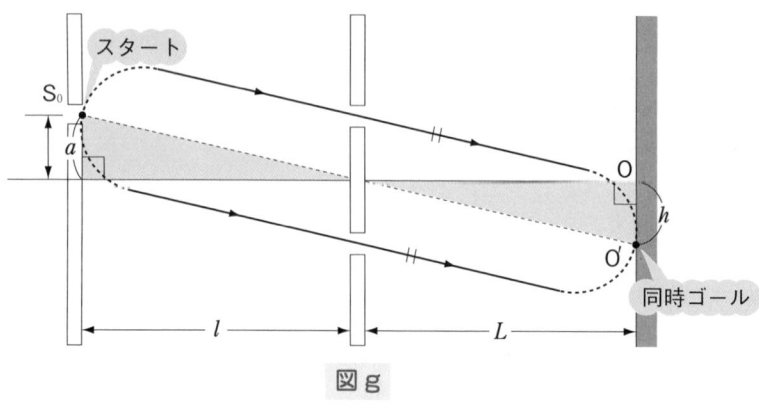

図 g

図 g で,色をつけた部分の直角三角形の相似比より,

$$a : l = h : L$$

$$\therefore \quad h = \frac{L}{l}a$$

となる。つまり点 O にあった 0 次の明線は $h = \dfrac{L}{l}a$ だけ下がる。……答

また,同様に 1 次,2 次,……,m 次の明線もすべてが下へ $h = \dfrac{L}{l}a$ だけ下がることがわかっている。

(10) さて,今回も《干渉の考え方のコツ》より, ┃まず┃ S₁ と S₂ からの光が同時にゴールできる点を見つけていこう。まず図 h で,S₁ と S₂ をスタートした光は,点 O で同時にゴールできるかな？

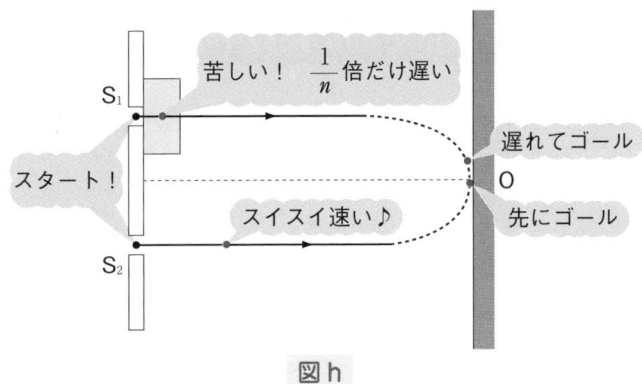

図 h

 いいえ，$S_1$ からの光のほうが，薄膜中で $n$ 分の 1 に遅くなるので，その分だけ遅れてゴールします。

　すると，$S_1$ と $S_2$ からの光が同時にゴールできる点は，スクリーンの点 O より上の点？　それとも下の点？

 ハイ！　$S_1$ のほうがより「苦しい」ので $S_1$ にハ・ン・デ・を与えるためにも，点 O より上の点をゴールにしてあげます。図 i のように，点 O″ にとります。

　そうだね。すると，答は，上だね。

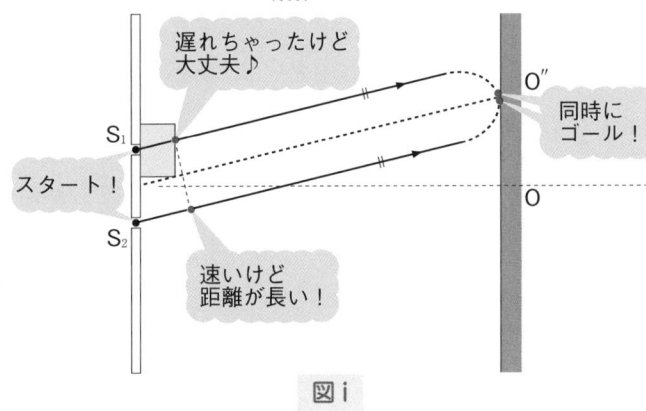

図 i

## STORY ② /// 途中で部分的に物質中を通るときは？

**1** チェック問題 ① (p.175)の⑽で薄膜を貼る問題があったね。

この問題のように，$S_1P$ と $S_2P$ のうち，ある一部分だけ屈折率 $n$ の物質を通る問題では，$S_1P$ と $S_2P$ をそのまま比べることはできなかったんだよね。たとえば，**図4**で，$S_1P = S_2P$ だからといって，行路差 $S_2P - S_1P = 0$ で強め合いになっているかい？

> あれ!? **図4**を見ると，点 P で 2 つの波が山と谷で出会って，行路差 0 なのに弱め合っちゃってる!!

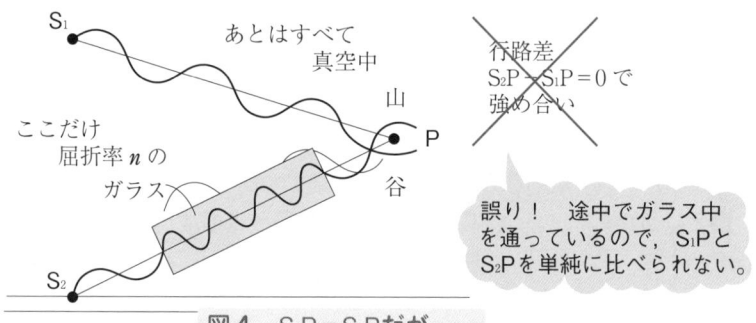

**図4** $S_1P = S_2P$ だが……

このように $S_1P$ と $S_2P$ を比べられなくなってしまうのは，真空中での波長が $\lambda$ であるのに対し，屈折率 $n$ のガラス中では，波長は真空中の $\dfrac{1}{n}$ 倍の $\dfrac{1}{n}\lambda$ になっているためだね。

そこで，いまの場合**図5**のように，ガラス中の長さを，$n$ 倍の真空中の長さにおきかえて，波長を $\lambda$ にそろえる必要があるんだ。

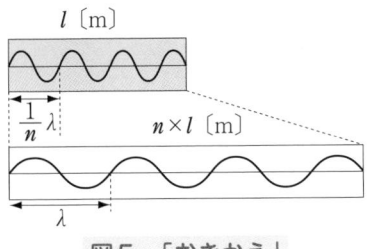

$l$ 〔m〕

$\frac{1}{n}\lambda$

$n \times l$ 〔m〕

$\lambda$

図5 「おきかえ」

この「おきかえ」をすると，**図6**のようにすべての部分で真空中での波長 $\lambda$ にそろった「正しい図」がかける。この図では，道のりの差は

$$S_2{}'P - S_1P = 5.25\lambda - 2.75\lambda = 2.5\lambda$$

となって，確かに弱め合いの条件を満たしていることがわかるね。

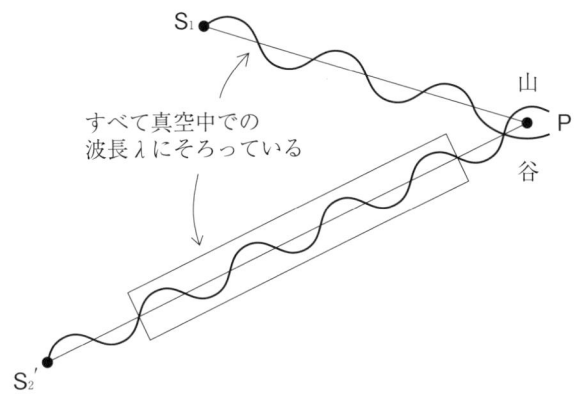

S$_1$

山
P
谷

すべて真空中での
波長 $\lambda$ にそろっている

S$_2{}'$

図6 これで単純に比べられるようになった

このように，屈折率 $n$ の物質中 $l$ 〔m〕の長さは，$n$ 倍して，真空中の $n \times l$ 〔m〕の長さに「おきかえ」るんだ。そうすると正しい道のりの差を求められるようになるよ。

「おきかえ」たあとの真空中での長さ $n \times l$ 〔m〕のことを光学的距離といい，光学的距離に直したあとの道のりの差のことを光路差という。

光が「苦し〜い」と叫んだら，カワイソウなのでその部分の長さを，$n$ 倍に長くみなしてあげればいいんですね。

「苦しい中頑張ってるから，ご褒美に $n$ 倍の長さを走っているものとみなしてあげる」とは，いいイメージだね(笑)　このように光学的距離というのは「私たち人間から見た距離」ではなくて，「光の感じる距離」ということなんだね。屈折率 $n$ の物質中では，光の速さは $n$ 分の１に遅くなり，$n$ 分の１に縮んでしまっているから，まわりと同じ真空中の長さに戻すには，$n$ 倍の長さに「おきかえ」てあげるんだね。

---

**・POINT ⑤**　《干渉の原則３》(光学的距離への「おきかえ」)

屈折率 $n$ の物質中での $l$ 〔m〕の長さ

　　🔻「おきかえ」

真空中での $n \times l$ 〔m〕の長さ（光学的距離）

光学的距離に直したあとでの道のりの差　$=\begin{cases}m \cdot \lambda \Rightarrow \text{強め合い} \\ \left(m \pm \dfrac{1}{2}\right) \cdot \lambda \Rightarrow \text{弱め合い}\end{cases}$
　　　（光路差）

　　　　　　　　　　　　　　　　　（ $\lambda$ は真空中での波長）

㊟　　光路差：光学的距離に直したあとの道のりの差

区別　↕ １文字違いで大違い！

　　　行路差：単なる道のりの差

---

 光の感じる長さにおきかえてあげよう。

**チェック問題 2** 　**光学的距離への「おきかえ」** 　　　標準 **6**分

p.175の **チェック問題 1** の(10)で，明線が上へ動いた距離 $h''$ を求めよ。

**解説** 　p.183で見たように，$S_1$ と $S_2$ からスタートした光が同時にゴールできる点 $O''$ は，点 $O$ よりも上にあったね。同時にゴールできたということは，光学的距離の差（光路差）$= 0$ （注 行路差 $= 0$ ではない）となるということだね。

図 a で，$O$ と $O''$ の距離を $h''$ とする。$S_1O''$ 上に点 $S_1'$ をとり，$S_2O''$ 上に点 $S_2'$，$S_2''$ をとる。

さて，光路差が生じるのは，どの区間かな？

> $S_2'S_2'' = d\sin\theta \fallingdotseq d\tan\theta = d\dfrac{h''}{L}$ の分ですね。
> $\theta$ は小さい　　図の直角三角形より

いいや，それだけじゃないぞ。

> あ！ 　$S_2S_2'$ と $S_1S_1'$ の差もあります。どっちも，ほぼ $t$〔m〕の長さに見えるけど，$S_1S_1'$ の長さは，屈折率 $n$ の物質中だから，$n$ 倍して，$n \times t$〔m〕に「おきかえ」てあげます。

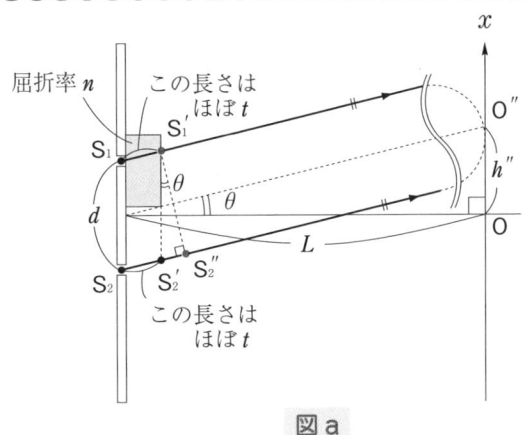

図 a

OK！　すると，

光路差　$(S_2S_2{}' + S_2{}'S_2{}'') - \underbrace{n \times S_1S_1{}'}_{\text{光学的距離に直す}}$

$$\fallingdotseq \left( t + d\frac{h''}{L} \right) - n \times t \underset{\text{同時にゴール}}{\underbrace{=}} 0$$

この式を $h''$ について解くと，

$$h'' = \frac{(n-1)tL}{d} \cdots\cdots \boxed{答}$$

この章で出てきた色の話だけど，人間と同じようにフルカラーでモノが見えるのは他にサル・トリ・魚・カエルなどだ。人間とサルはわかるけど，なぜ，トリ・魚・カエルまでもフルカラーで見えるのか。まず，体の色が熱帯魚とかクジャクとか，カラフルだよね。やはり色で相手を識別するために必要なんだろうね。

一方，イヌ・ネコ・ウシ・ウマなどは，フルカラーで見えないらしい。カラフルなイヌ・ネコなんていないでしょ（飼い主が着せているけど（笑））。

さらに，紫外線が大好きなのが昆虫。特にミツバチは，紫外線（ブラックライト）によって浮かび上がる花の蜜の通り道（蜜腺）をたよりに，蜜を集めているらしい。

逆に，赤外線を利用して生きている動物にガラガラヘビがいる。砂漠にいるガラガラヘビの一種でサイドワインダーという名のヘビは，夜の時間帯に起き出して，「赤外線暗視スコープ」でもって狩りをするんだ。

ちなみに，私たちの使っているテレビなどのリモコンは，その先から赤外線を出して信号を送っている。じつはなんと，その信号を見る，つまり「赤外線を見る」方法があるんだ。それは，スマホのデジカメモードでリモコンの先を見ることだ。赤外線が何色に「見える」かは，実際に見てのおたのしみ。　やってみて，びっくりするよ！

第 10 章
# ま と め

①　スリット型干渉

　まず　狭いすき間(スリット)で回折する。

　次に　その回折光どうしが干渉する。

②　可視光の色の順と波長 $\lambda$ の範囲は覚えよう

$\lambda = 3.8 \times 10^{-7}$m $\qquad\qquad\qquad \lambda = 7.7 \times 10^{-7}$m

| 紫 | 青 | 緑 | 黄 | 橙 | 赤 |
|---|---|---|---|---|---|

すべての波長(色)の光を含むと「白色光」になる。

③　2スリット型干渉の作図3ポイント

①　$S_1P$ と $S_2P$ はほぼ平行　➡　行路差 $d\sin\theta$

②　傾きの角度 $\theta$ は十分小さい　➡　近似 $\sin\theta \fallingdotseq \tan\theta$

③　$S_0S_1$ と $S_0S_2$ もほぼ平行

以上より，行路差 $S_2P - S_1P = d\sin\theta \fallingdotseq d\tan\theta = d\dfrac{x}{L}$
となる $\underbrace{\qquad}_{①より} \quad \underbrace{\qquad}_{②より}$

④　光学的距離《干渉の原則3》

　屈折率 $n$ の物質中 $l$ 〔m〕は真空中の長さ $n \times l$ 〔m〕(光学的距離)に「おきかえ」てから道のりの差(光路差)をとる必要がある。

# 光の干渉(反射型)

▲シャボン玉がきれいなのはどうして?

# 第11章

## STORY 1 反射と干渉条件

### 1 シャボン玉の色

「シャボン玉って,どうしてあんなに色づいてきれいなのかわかる人いる?」小学生のころ学校の先生がみんなに質問したんだ。

ボクは堂々と「ハイ!」と手を挙げ,幼稚園のころからあたためていた自分の説を発表したよ。「シャボン玉の液は人の息に触れると変色するんです。その化学反応は……」なんてことを3分ぐらい演説したところで,先生に「ハイ,次の人」って,打ち切られてしまったよ。悔しかったね。

では,リベンジだ。ここでは,シャボン玉のような反射の入った(反射型)干渉について見ていくことにしよう。

## 2 光波にも自由端反射・固定端反射がある。

光波も波であるからには反射の際，自由端反射(p.34)，または固定端反射(p.36)のどちらかをするんだ。

自由端反射では，入射波は上下ひっくり返らず(山谷逆転しない：位相のずれなし)，反射波になったね。一方，固定端反射では，入射波が，まず上下ひっくり返されて(山と谷が逆転して：位相のずれπ)，そして反射波になったね。光でも全く同じなんだ。

でも，光波は目に見えないから，端で「固定」されているのか，「自由」なのかが，よくわからないんじゃないですか？

確かにね。じつは，端(異なる媒質どうしの境界面)で光が反射するとき，自由端反射するか，固定端反射するかは，異なるそれぞれの媒質の屈折率(p.115)の大小関係で決まることが知られている。

なぜ，こう決まるかは，大学の電磁気学の範囲なので，ここでは自由端・固定端の判定法を「光の気持ち」というイメージで伝授しよう。

図1のように，大きな屈折率
(たとえばガラス) の媒質中を
通ってきた光が，小さな屈折率
(たとえば空気)の「壁」に出会っ
て反射するよ。

このとき，「光の気持ち」にな
ると，まるで空気というやわら
かい壁(エアクッション)でフン
ワリ♡とはね返る感じがするね。

このときが自由端だ。

「ヤワラカクてフンワリ♡自
由だ〜」というイメージをもとう。

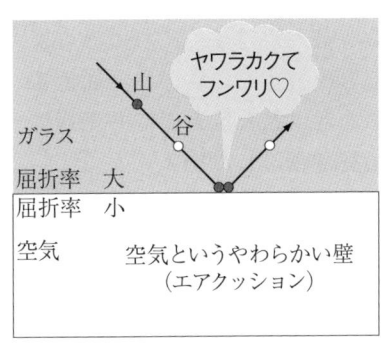

図1　光の自由端反射

逆に，**図2**のように，小さな屈折率（たとえば空気）の媒質中を通ってきた光が，大きな屈折率（たとえばガラス）の「壁」に出会って反射している。

このとき，やはり「光の気持ち」になると，まるでガラスの固〜い壁に頭をゴツ〜ンとぶつけてイタイ！　とはね返される感じがするね。

このときが固定端だ。

「固クてイタイ！」とイメージしよう。

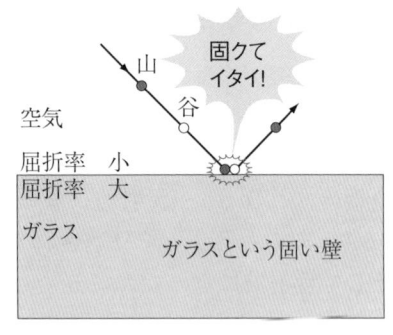

図2　光の固定端反射

## 3　屈折では絶対に山谷逆転しない

2 で「固クてイタイ！」ときに，固定端反射して山谷逆転すると言ったけど，これはあくまでも反射するときのみ。屈折するときはどんなときでも絶対に山谷逆転はしないよ。

たとえば，**図3**のように，空気中からガラス中に光が入るときは，確かに「固クてイタイ！」だね。しかし，**7** の(p.114)で見たように，波長が縮むだけで，山谷は逆転しないんだ。

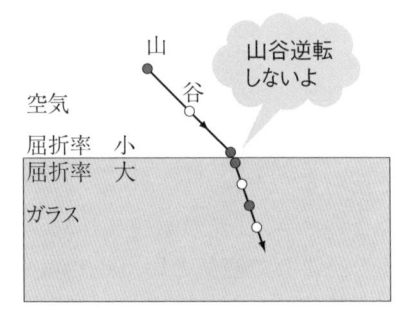

図3　屈折では山谷逆転しない

特に間違えやすいところなので，十分に注意しよう。

> ◆ POINT ① ◆ 光の自由端・固定端反射の判定法

光が ⎰ フンワリ♡　➡　自由端反射（山谷逆転しない）
　　 ⎱ イタイ！　　➡　固定端反射（山谷逆転する）

㊟　屈折では，絶対に山谷逆転しない。

## 4 固定端反射による干渉条件の逆転

　固定端反射で「山谷逆転」すると，干渉条件に大ドンデン返しが起こるんだ。いま，2つの光源 $S_1$，$S_2$ から光が同位相で出ているとする。そのうち，$S_1$ からの光だけ反射をして，やがて，点 P で出会うという反射の入った干渉を考えてみよう。

　まず，自由端反射（**フンワリ♡**）では，**図4**のように，光路差が1波長分で強め合うという通常の干渉条件となるね。

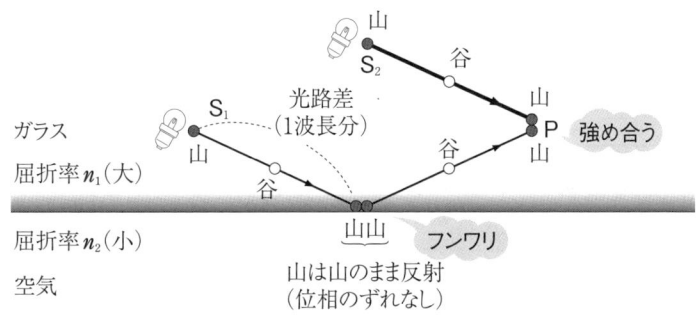

**図4　自由端反射と干渉条件**

一方，**図5**のように，固定端反射（イタイ！）では，反射後の山と谷がすべてひっくり返るね。その結果，**図4**では，山と山で強め合えていたが，**図5**では山と谷の弱め合いとなってしまっているね。**図5**の場合，光路差が1波長分であるにもかかわらず，弱め合いになってしまっているね。つまり，強め合いと弱め合いの条件が逆転してしまうんだ。

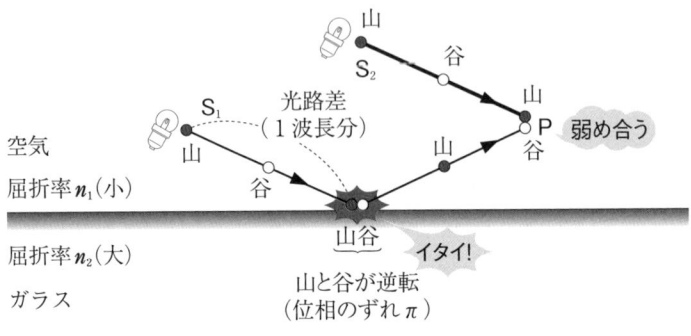

**図5　固定端反射と干渉条件**

・POINT ❷・《干渉の原則4》（反射のあるとき）

固定端反射が奇数回あるとき，

イタイ！　屈折はダメ

　　　　　　強め合いの条件と弱め合いの条件が逆転する。

これってどうして，奇数回なんですか？

裏の裏は？

表ですけど。

　そうでしょ。せっかく1回固定端反射して干渉条件が逆転しても，もう1回，つまり合計2回（偶数回）固定端反射をすると，再び逆転して，元の干渉条件に戻ってしまうんだ。

　だから，**図6**みたいに，奇数回（図6では3回）のときのみ強め合いと弱め合いの条件は逆転するんだ。

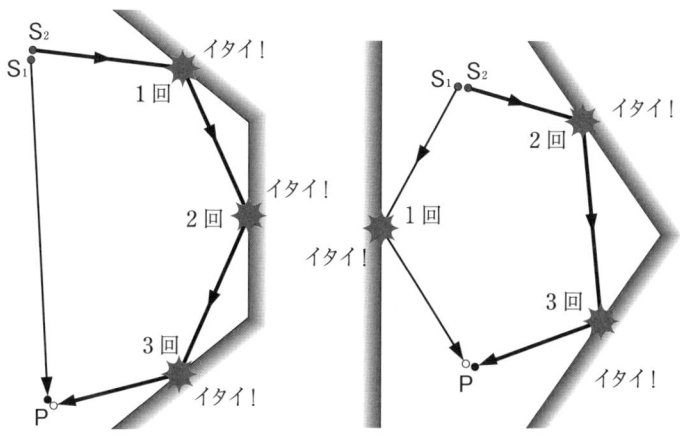

**図6　固定端反射が合計で奇数回のときのみ条件逆転**

「苦しーい！」
「イタイ！」の
光の叫びを
聞き逃すな！

　光学用平行平面ガラス
A，Bを図のように左端
点Oから$L$の距離に，厚
さ$t$のアルミはくをはさ
んで小さな角$\theta$だけ傾け
て重ねた。そして，Aの
上方からBに垂直に波

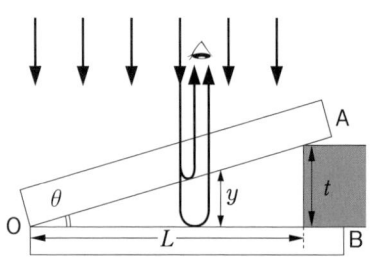

長$\lambda$の平行光線を照射した。その上方から反射光を見ると，B
上に平行に並ぶ明暗の干渉縞が見られた。

　この干渉縞は図のように，Aの下面での反射光とBの上面
での反射光が，干渉した結果生じたものとする。

(1) AとBの間にできる空気層の厚みが$y$となる位置に暗い縞
　　ができるとき，$y$と$\lambda$の関係を求めよ。ただし，本問では空
　　気の屈折率は1として考えよ。必要なら$m = 0, 1, 2, \cdots\cdots$
　　を用いよ。

(2) 暗い縞どうしの間隔$d$を求めよ。

(3) Bの下方より透過光を見ると，どのような干渉縞が見られ
　　るか。

(4) (1)で次の(i)～(iv)のように変化させたとき，反射光の干渉縞
　　にどのような変化が見られるか。

(i) AとBのすき間を屈折率$n$の水で満たす。

(ii) $\theta$を変えずにAを上へ平行移動してもち上げる。

(iii) 点Oはくっつけたまま，アルミはくを押しつぶし，Aの
　　　傾き$\theta$を小さくする。

(iv) 光を単色光から白色光に変える。

**解説** (1)

> どうして問題の図で，Aの下面で反射した光はUターンして，しかも真上へはね返ってくるの？　Aは傾いているんだから，もう少し左上のほうへ反射するんじゃないの？

　まず，問題の図で，光はUターンしてはね返るようにかかれているけど，本当は一直線上の出来事だからね。そして，真上にはね返る理由なんだけど，問題の図は，実際のところ，**図a**のような大きさになっているんだ。もう，ほとんどガラス板A，Bは「密着」していて，AとBの間の角度 $\theta$ はほぼ0とみなすことができるんだ。

　だから，Aの下面での反射光はほぼ真上にはね返ることができるよ。

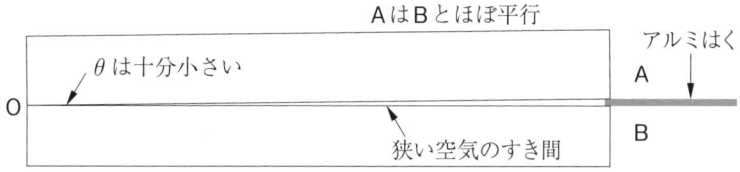

AはBとほぼ平行

$\theta$ は十分小さい

O

アルミはく
A

B

狭い空気のすき間

**図a**

　さて，次は，干渉といえば《干渉の原則1》(基本)(p.163)の道のりの差の追求だけど，Aの下面で反射した光とBの上面で反射した光とは，どちらが長い距離を走っている？

> そりゃぁ，Bの上面で反射した光のほうです。

　では，どれだけ長いかい？

> それは，AとBのすき間の間隔分の $y$ です。

　ブブー！　光はすき間を往復しているんだよ。そう，往復分ということで，行路差は $\underline{2} \times y$ になるよ。$\underline{2}$ を忘れないように！

往復分

では，次は《干渉の原則4》(p.194)の固定端反射の回数だけど，いまの場合は，何回あるかい？

 図bで，まずAの下面での反射は，ガラスから空気に出会っての反射なので「フンワリ♡」と自由端反射です。
次に，Bの上面では，空気からガラスに出会っての反射だから「固くてイタイ！」固定端反射です。

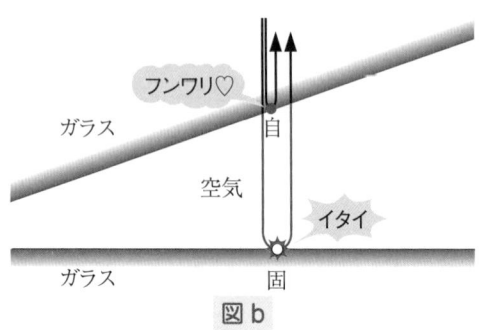

フンワリ♡

ガラス

自

空気

イタイ

ガラス　　　　　　　固

**図b**

そうだね。すると，固定端反射は合計1回(奇数回)で，干渉条件は逆転しているので，

$$
行路差 \quad 2 \times y = \begin{cases} m\lambda \quad (弱め合い[暗い縞]) & \cdots\cdots 答 \\ \left(m + \dfrac{1}{2}\right)\lambda \quad (強め合い[明るい縞]) \end{cases}
$$
$$(m = 0,\ 1,\ 2,\ 3,\ \cdots\cdots)$$

となるね。AとBのすき間の往復$2y$の長さに波長が整数$m$個($m\lambda$)入る位置に暗線ができるんだね。

(2)

 「縞の間隔」とか言われても，全然イメージがわきません。

干渉ときたら，《干渉の考え方のコツ》(p.167)で見たように，

まず $m = 0$ から始めて，

次に $m = 1,\ 2,\ 3,\ \cdots\cdots$ と具体的に考えると

イメージしやすいんだったね。

図cのように，まず$m = 0$，つまり，行路差が$0$ $(0 \cdot \lambda)$となるのは，左端の$O$の位置。次に$m = 1$，つまり，往復に$1$波長$(1 \cdot \lambda)$が入っている⑦の位置に暗線ができる。次は$m = 2$，つまり，往復に$2$波長$(2 \cdot \lambda)$が入っている①の位置に次の暗線ができる。同様に，往復に$3\lambda$，$4\lambda$，$5\lambda$，……というように，往復で$1$波長$(\lambda)$増えるごとに次の縞ができていく。

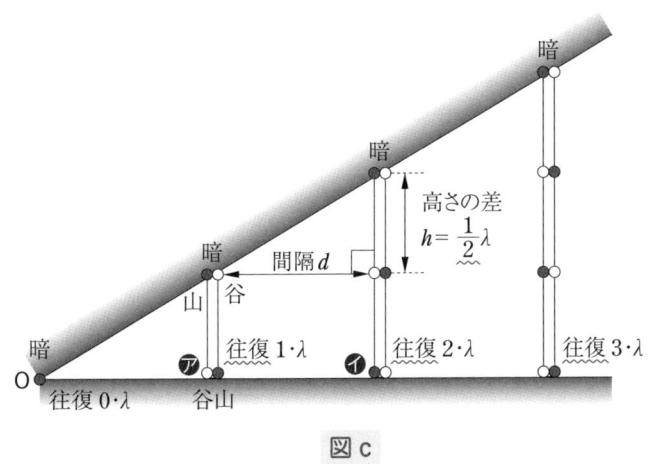

図 c

往復で道のりの差が$1$波長$(\lambda)$増えるということは，片道だけでは，高さはいくらだけ増える？

それは$\dfrac{1}{2}$波長分だけですよ。

その通り。つまり，互いに隣り合う⑦と①の位置の高さの差$h$は図cのように，

$$h = \frac{1}{2}\lambda \cdots\cdots ①$$　となるんだね。この$\dfrac{1}{2}$が大切なんだよ。

図cの⑦と①の間に，底辺の長さ$d$，高さが$h = \dfrac{1}{2}\lambda$の直角三角形が見えるかい？　この直角三角形は，ある直角三角形と相似なのはわかるかい？

あ！　全体の大きな三角形 OPQ（図 d）です。

すると，**図 d** の三角形の相似比から

$$d : h = L : t$$

よって，

$$d = \frac{h}{t}L = \frac{L\lambda}{2t} \quad \cdots\cdots ② \quad \cdots\cdots 答$$

①より

となるね。縞の間隔ときたら，いつも，この直角三角形の相似に注目するのがコツだ。

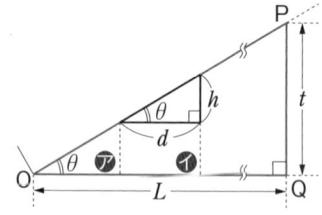

図 d

(3)　今回は下から見上げる。この場合，そのまままっすぐ目に入る光①と，B の上面で反射し，A の下面で反射してから下へ抜ける光②との干渉になるね。すると，行路差は**図 e** のように，やっぱり往復分 $2y$ となる。これは(1)と全く同じだね。では，固定端反射の数もやっぱり(1)と同じかな？

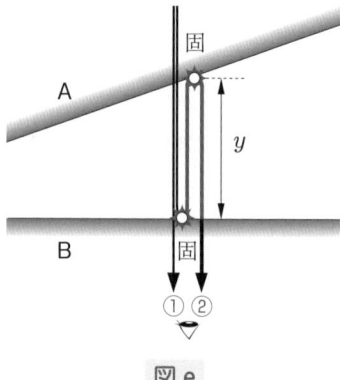

図 e

**図 e** より，B の上面で「固くてイタイ！」だから，固定端反射。そして，はね返った光は，A の下面でゴチンと頭をぶつけて「固くてイタイ！」で，2 回目の固定端反射をしている。2 回……，あ！　偶数回だ。

そうだね。すると干渉条件は，(1)のときは逆転していたけど，今回は再びもとに戻って通常の干渉条件になるね。すると，

$$\text{行路差 } 2 \times y = \begin{cases} m\lambda & (\text{強め合い[明るい縞]}) \\ \left(m + \dfrac{1}{2}\right)\lambda & (\text{弱め合い[暗い縞]}) \end{cases}$$

となって，(1)のときとは明・暗が逆転している。……答

(4) (i) 屈折率 $n$ の水を A と B のすき間に入れると，(2)の答の②式で，

$\lambda \rightarrow \lambda' = \dfrac{1}{n}\lambda$ となるので，新しい縞の間隔 $d'$ は，

$$d' = \frac{L\lambda'}{2t} = \underbrace{\frac{L}{2t} \times \frac{1}{n}\lambda}_{\text{②より}} = \frac{1}{n}d$$

となり，縞の間隔が $\dfrac{1}{n}$ 倍に縮む。ただし，点 O が暗線になるという条件は変わらないので，縞全体が点 O に向けて左へ収縮していくことになる。

……答

(ii) $\theta$ を変えないまま A を上へ平行移動していくと，図 f のように，もともと往復に $m\lambda$ が入っている暗線は，新しく往復 $m\lambda$ が入る位置へ移動していく。

　すると，図 f のように，縞全体は左へずれていく（縞の間隔は変わらない）ことがわかる。……答

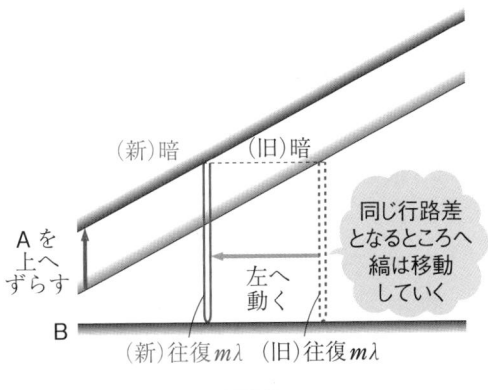

（新）暗　（旧）暗

同じ行路差となるところへ縞は移動していく

A を上へずらす

左へ動く

B

（新）往復 $m\lambda$　（旧）往復 $m\lambda$

図 f

(iii) θを小さくしていくと，**図g**のように，往復に$m\lambda$が入っている暗線は同じ行路差となる位置へ移動していく。

　すると，縞は右へずれていく。ただし，点Oはやはり行路差0で動かないので，Oから右へ縞の間隔が広がっていくことがわかる。……答

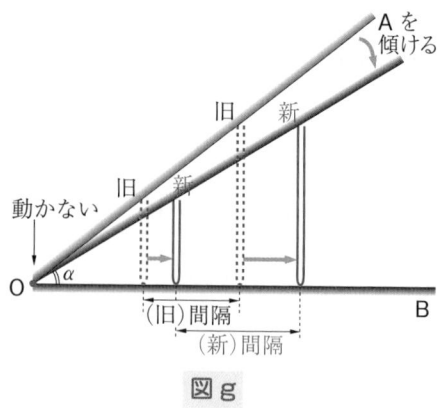

**図g**

(iv) 白色光を用いると同じ$m$次の強め合いの行路差$\left(m+\dfrac{1}{2}\right)\lambda$でも，白色光に含まれる光のうち，㋐波長の短い紫（$\lambda_{紫}$）に近い光のほうが短い行路差$\left(m+\dfrac{1}{2}\right)\lambda_{紫}$となり，㋑波長の長い赤（$\lambda_{赤}$）に近い光のほうが長い行路差$\left(m+\dfrac{1}{2}\right)\lambda_{赤}$となる。

　よって，同じ$m$次の明るい縞でも，**図h**のように，㋐紫に近い光ほど左に，㋑赤に近い光ほど右にというように，幅をもって分布する。

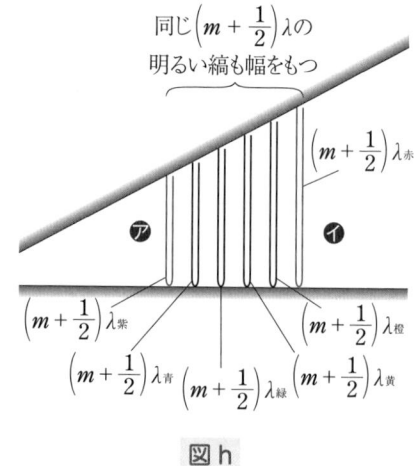

**図h**

赤に近い光ほど右にというように，幅をもって分布する。

　したがって，左から右へと紫青緑黄橙赤と並ぶ，つまり，虹色の帯になる。……答

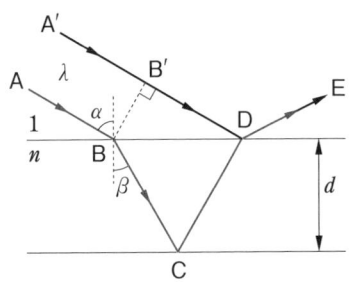

## チェック問題 2 〉 シャボン玉が色づく理由

やや難 25分

空気(屈折率 1 )中に厚さ $d$，屈折率 $n$ の平行薄膜がある。これに図のように波長 $\lambda$ の平行光線が入射すると，膜の上面と下面とで反射された光どうしが重なって干渉を起こす。入射角を $\alpha$，屈折角を $\beta$ とする。

(1) E で明るい干渉が観察されるための条件を求めよ(角度 $\alpha$ と整数 $m = 0,\ 1,\ 2,\ \cdots\cdots$ を用いよ)。

(2) $\alpha = 0$ で波長 $\lambda = 6.0 \times 10^{-7}\,\mathrm{m}$ の光が入射した。このとき膜を透過する光が弱め合うための $d$ の最小値を求めよ。$n = 1.5$ とする。

(3) $\alpha = 0$ で白色光(波長 $3.8 \times 10^{-7} \sim 7.7 \times 10^{-7}\,\mathrm{m}$ の光)を入射した。このとき，反射光は何色に見えるか。$n = 1.5$ とし，$d$ については次の 2 つの場合に分けて考えよ。

  (i)  $d = 9.0 \times 10^{-8}\,\mathrm{m}$

  (ii)  $d = 1.0 \times 10^{-3}\,\mathrm{m}$

(可視光の色については ・POINT ❷ (p.173)の図を見る)

---

**解説** (1) 干渉の基本は，道のりの差の追求だ。問題の図を見ると，A と A′ から E に入る 2 つの光のうち，どちらの光のほうが長い道のりかな？

> A から出た光です。AB と A′B′ までは同じ長さで，DE は共通です。

そうだね。すると，結局差が生じるのは，BCD と B′D との差ということになるね。では，それらの光路差を見つける前に B での《屈折の法則》(p.124)に入っておこう。

$$\underbrace{1\sin\alpha}_{\text{下かくしの積}} = \underbrace{n\sin\beta}_{\text{上かくしの積}} \cdots\cdots ①$$

　さて，ここが本問で最大の作図ポイントだ。**図a**は，p.121でも見た波面の作図だ。BB′までやってきた波面は，その後，DD′まで進んでいくよね。波面は，波の進行方向（光線）とは直角であることに気をつけると，D′はDからBCに下ろした垂線の足になるね。

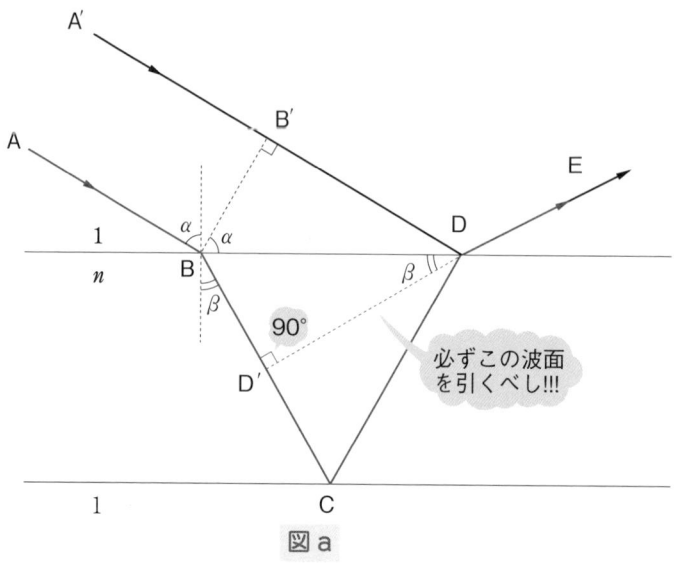

図 a

　では，この**図a**で，光路差を求めてごらん。BCDはD′で切ってね。

　　えーと，(BD′ + D′C + CD) − B′D です。

　光路差だよ，行路差じゃないよ。

　　あ！《干渉の原則3》(p.186)の光学的距離のことですか？　光は「苦しい！」から，BCD間は*n*倍の長さに「おきかえ」てあげる必要がある。

　そうだね。すると正しい光路差は，
　　$n \times (BD′ + D′C + CD) − B′D \cdots\cdots ②$

だ。さて，ここで各長さを求めていくけど，まず，**図a**の三角形 BDD′ に注目して，

$$BD' = BD \sin \beta \cdots\cdots ③$$

次に，三角形 BDB′ に注目して，

$$B'D = BD \sin \alpha \cdots\cdots ③'$$

となるね。ここで，②に③と③′を代入して，

$$n \times BD \sin \beta + n \times (D'C + CD) - BD \sin \alpha$$

さて，この式の〜〜の部分は，①を見ると，$n \sin \beta = \sin \alpha$ だから消えてしまうね。だから，光路差は結局

$$n \times (D'C + CD) \cdots\cdots ④$$

のみとなるけど，これは**図b**の ✓ チェックマークみたいな部分になるね。

> 結局 BD′ と B′D は光学的距離に直すと同じ長さだったんですね。

そうなんだ。じつは，そのことは，**はじめからわかっていた**ようなものなんだ。

> 「はじめからわかっていた」ってどういうことですか？

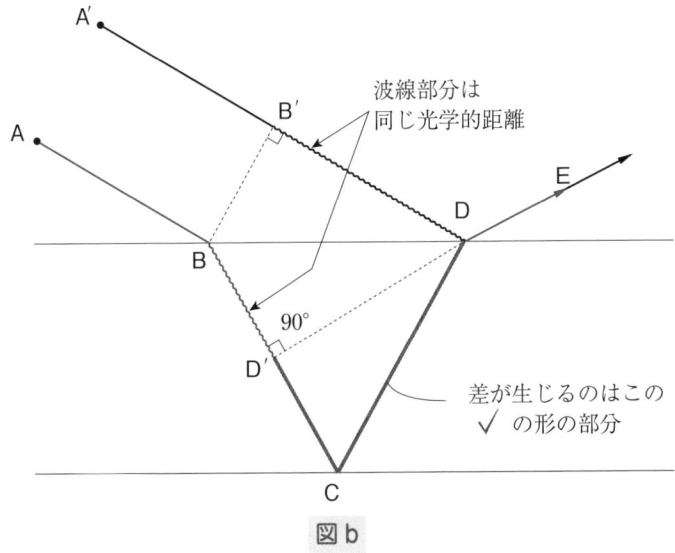

波線部分は
同じ光学的距離

差が生じるのはこの
✓ の形の部分

90°

**図b**

それは，波面の定義に戻ってみるとわかるんだ。定義を思い出してみて。

p.116でやったように，波面とは，同じ振動状態（同位相）となる点どうしをつないだ線または面です。

すると，D と D′ は同一波面上の点どうしだから，

あ！　A と A′ から出た光は，D′ と D までは全く同位相でやってくることができるんですね。つまり，そこまでは同じ光学的距離だということですね。

そうだ。だから，はじめから，光路差が生じるのは D′CD の √ の部分ということがわかっていたんだ。

では，その D′CD の √ の長さを求めるテクニックだ。

これは，一気に求まってしまうぞ。

ポイントは，**図 c** のように膜の下面に関して線分 CD を CD″ のように折り返すことだ。

すると，√ の長さ（D′C + CD）は直線 D′D″ の長さに等しくなるね。その長さは三角形 DD′D″ に注目して，

$$D′C + CD = D′D″ = DD″ \cos\beta$$
$$= 2d \cos\beta$$

となる。

すると，④式の光路差は

$$n \times 2d \cos\beta \cdots\cdots ⑤$$

となるね。

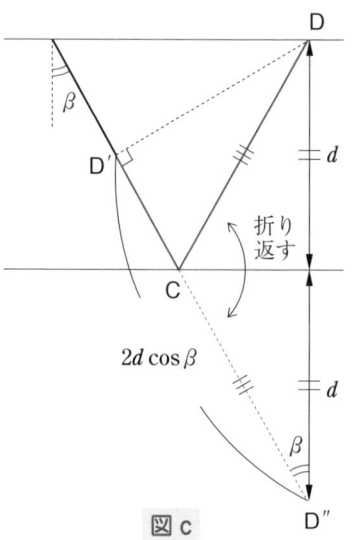

図 c

これで終わりですね。

いいや，問題文を見てごらん。角度 $\beta$ を使っていいのかな？　そう，「角度 $\alpha$ を用いよ」とあるでしょ。いままでに $\beta$ と $\alpha$ の関係を求めたことはあるね。そう，①式の屈折の法則だ。ただし，①式は sin の関係だね。

そこで，⑤式の cos を sin に強引にもっていこう。
$$n \times 2d\sqrt{1 - \sin^2\beta} \quad (\because \quad \cos^2\beta = 1 - \sin^2\beta \text{ より})$$
①を代入して，
$$n \times 2d\sqrt{1 - \left(\frac{1}{n}\sin\alpha\right)^2}$$
$$= 2d\sqrt{n^2 - \sin^2\alpha} \cdots\cdots ⑥$$
これでやっと光路差が見つかった。
さて，次は，強め合う条件を言ってみて。

> ⑥が $m\lambda$ で強め合いです。

アチャー，この章でやったばかりでしょ。《干渉の原則4》(p.194)だ。
固定端反射の数が奇数回
あったら，条件が逆転してし
まうよ。何回あるかい？

> 図dで，まずA′
> から来た光はD
> で「固くてイタ
> イ！」と固定端反
> 射する。

そして，

> 次に，Aから来た
> 光はBでも「固く
> てイタイ！」と固
> 定端……

ちょっと待った！　屈折では全く山谷逆転しないからね。

> では，BはスルーしてCで空気に出会って「フンワリ♡」
> と自由端反射でおしまい。

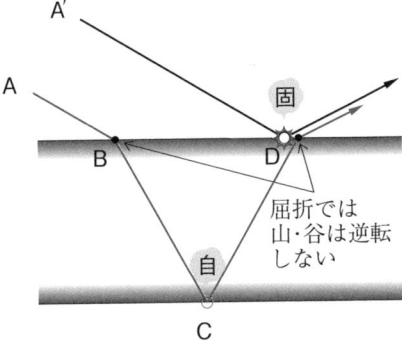

図 d

そうだ。すると結局，点Dで1回だけ固定端反射している。1は奇数
だから……

 条件が逆転しています。強め合いは，⑥が $\left(m \pm \dfrac{1}{2}\right)\lambda$ のときです。

　もう少し細かい話をすると，$m = 0,\ 1,\ 2,\ \cdots\cdots$と，$0$からはじまっているから，$m + \dfrac{1}{2}$ のみにしてね。$m - \dfrac{1}{2}$ だと，$m = 0$のときマイナスになってしまうからね。

　すると，強め合う条件は，

$$2d\sqrt{n^2 - \sin^2\alpha} = \left(m + \dfrac{1}{2}\right)\lambda \cdots\cdots ⑦ \quad \cdots\cdots 答$$

だね。以上の作図と式変形の流れをもう1度よくおさらいしてね。

(2)　図eのような，2つの光の干渉を考える。

　まず光路差は，屈折率 $n$ の
ガラス中の往復 $2d$ なので，$2dn$
（または⑦式で $\alpha = 0$ とおいて
もよい）。

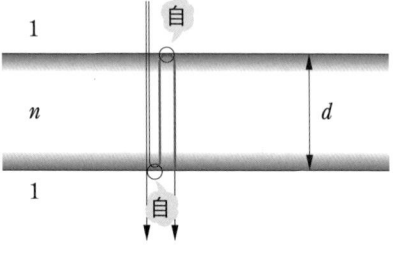

図e

　そして，ガラスの上面と下面
での反射は，両方とも自由端反
射であるので，**固定端反射の数
は0回**。

　よって，透過光どうしが干渉
して**弱め合う条件**は《光の干渉
の原則1，3，4》より，

$$2dn = \left(m + \dfrac{1}{2}\right)\lambda \quad (m = 0,\ 1,\ 2,\ \cdots\cdots)$$

ここで，$m = 0$ のときに $d$ は最小で，

$$d = \dfrac{\lambda}{4n} = \dfrac{6.0 \times 10^{-7}}{4 \times 1.5} = 1.0 \times 10^{-7}\ (\text{m}) \cdots\cdots 答$$

となるね。

(3) ⑦式で $\alpha = 0$ とすると強め合う条件は，

$$\underline{2d \times n} = \left(m + \frac{1}{2}\right)\lambda$$

屈折率 $n$ のガラス中の往復 $2d$

よって，強め合ってよく反射して見える色の波長 $\lambda$ は，

$$\lambda = \frac{2dn}{m + \dfrac{1}{2}} \cdots\cdots ⑧$$

となる。

（i）⑧式で $n = 1.5$，$d = 9.0 \times 10^{-8}\,\text{m}$ とすると，

$$\lambda = \frac{2 \times 9.0 \times 10^{-8} \times 1.5}{m + \dfrac{1}{2}}$$

$$= \frac{2.7 \times 10^{-7}}{m + \dfrac{1}{2}}\,(\text{m})$$

ここで，p.167の《干渉の考え方のコツ》より，
$m = 0$ からはじめて $1$，$2$，$\cdots\cdots$ ということで表をつくると，

| $m$ | $\lambda\,(\text{m})$ | 光 |
|---|---|---|
| 0 | $5.4 \times 10^{-7}$ | 緑色 |
| 1 | $1.8 \times 10^{-7}$ | 紫外線 |
| 2 | $1.08 \times 10^{-7}$ | 紫外線 |

あれ！　もうこれでおしまい？　もうちょっと $m = 3$，$4$，$5$，$6$，$\cdots\cdots$ってやってみたほうがいいんじゃないの？

もうおしまいだ。だって，これ以上続けても目には見えない紫外線の光が続くだけだよ。すると反射光の色は？

うわ！　緑です。緑の単色光です！　白色光のうち，⑧の条件を満たすのは，$\lambda = 5.4 \times 10^{-7}\,\text{m}$ の緑色の光だけです！

そうだね。シャボン玉の表面はいまの場合，こうして緑色に色づいて見えるんだね。……答

(ii) 今度は⑧式で $d = 1.0 \times 10^{-3}\,\mathrm{m}$（だいたいガラス板ぐらい）にしてみよう。すると，

$$\lambda = \frac{2 \times 1.0 \times 10^{-3} \times 1.5}{m + \dfrac{1}{2}}$$

$$= \frac{3.0 \times 10^{-3}}{m + \dfrac{1}{2}}\ [\mathrm{m}] \cdots\cdots ⑨$$

やはり，$m$ に 0，1，2，3，……と具体例を入れて表をつくると，

| $m$ | $\lambda\ [\mathrm{m}]$ | 光 |
|---|---|---|
| 0 | $6.0 \times 10^{-3}$ | 電波 |
| 1 | $2.0 \times 10^{-3}$ | 電波 |
| 2 | $1.2 \times 10^{-3}$ | 電波 |
| 3 | $8.6 \times 10^{-4}$ | 電波 |
| ⋮ | ⋮ | ⋮ |

なかなか可視光にたどりつかないので，$\lambda = 7.7 \times 10^{-7}\,\mathrm{m}$ を⑨式に入れて，そのときの $m$ を出すと，$m = 3896$ だから，

| $m$ | $\lambda\ [\mathrm{m}]$ | 光 |
|---|---|---|
| 3896 | $7.7 \times 10^{-7}$ | 赤色 |
| 3897 | $7.697 \times 10^{-7}$ | 赤色 |
| 3898 | $7.695 \times 10^{-7}$ | 赤色 |
| ⋮ | ⋮ | ⋮ |

今度はなかなか，赤から変わらないので，$\lambda = 3.8 \times 10^{-7}\,\mathrm{m}$ を⑨式に入れて，そのときの $m$ を出すと，$m = 7895$ となるので，

| $m$ | $\lambda\ [\mathrm{m}]$ | 光 |
|---|---|---|
| 7895 | $3.8 \times 10^{-7}$ | 紫色 |

$m = 3896$ から $m = 7895$ まで，ずいぶんと飛びましたね。

そこがポイントなんだ。つまり，$m = 3896 \sim 7895$ の間にある 4000 色ほどの光が⑨式を満たしているんだ。

ずいぶんとゆるゆるの条件ですね。(i)の「緑しかダメ！」という厳しい条件と比べると。

　そうなんだ。膜がぶ厚いと，いろんな組み合わせの波長が強め合う条件を満たしてしまうんだ。では，反射光の色はズバリ何？

 すべての色の光が含まれるから……　そう！　白色です。

　その通り。つまり，白色光を入れて白色光がそのまま何も色づくこともなく反射してくるだけなんだね。……答
　ぶ厚い窓ガラスがシャボン玉みたいに色がついたらコワイでしょ（笑）。

　すると，ボクが小学生のときに学校の先生の「シャボン玉はなぜ色がついて見えるの？」という質問には，どう答えればよかったのかな？

 ハイ！　シャボン玉は「薄いから」です。図 f のイメージです。

イメージ

（i）

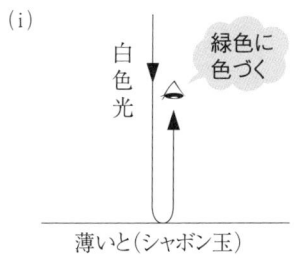

薄いと（シャボン玉）

（ii）

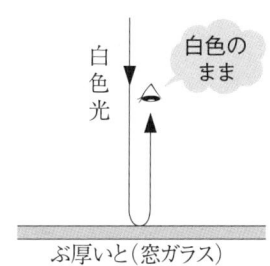

ぶ厚いと（窓ガラス）

図 f

　正解。
　本問からわかるように，干渉だけでなくその「薄さ」が本質だったんだ。薄ければ，水たまりに浮かぶオイルも，ウーロン茶の泡も，ラップの表面もレインボーに色づくんだ。

それにしても，はじめから小学生にはわかりっこない質問だったんだね（笑）　ウチの小学校は，レベルが高かったんだなあ。

　以上，楽しい波動の勉強はおしまいだ。どうだった？　いろいろな現象が身近に感じられ，深く理解できたかい？　さあ，いま，キミの身のまわりの世界にきらめく光を目で見て，囁く音を耳で聞いてごらん……。ホラ，反射・音波・弦・気柱・ドップラー効果・うなり・電磁波・光波・屈折・回折・全反射・干渉・色……それらの現象を1つひとつ分析できるキミがいるね。
　それが，科学するってことなんだよ。

以上で波動はおしまい!!
おつかれさまでした。
今後もぜひ何度も復習して，波動を好きになって，超得意にしてほしいね。

**①** 光の自由端反射と固定端反射の判定

境界面で光が「固くてイタイ！」と反射したら固定端反射

（山谷逆転）

（㊟ 屈折では絶対に山谷逆転しない）

**②** 固定端反射による干渉条件の逆転《干渉の原則４》

固定端反射が奇数回あるとき強め合いと弱め合いの条件は

（偶数回はダメ）

イタイ！

逆転する。

**③** 傾けて重ねた２枚のガラス板の縞の間隔 $d$ の求め方

① すき間の往復の中で $m\lambda$ の入る位置に暗い縞ができる。

② 隣り合う縞の位置のすき間の高さの差は $h = \dfrac{1}{2}\lambda$

③ 三角形の相似比 $d : h = L : t$

**④** 平行薄膜型干渉の作図と式変形の３ポイント

① 同一波面上では同位相となることを押さえ，$\checkmark$（チェックマーク）の部分のみ光学的距離を考える。

② $\checkmark$ の右側部分を下に折り返し直角三角形を考える。

③ 屈折の法則によって屈折角 $\boldsymbol{\beta}$ を入射角 $\boldsymbol{\alpha}$ におきかえる。

# 原子編

# 第12章 光の粒子性

▲光とはエネルギー弾のこと

## STORY 1 原子の分野では何を学ぶのか？

### 1 古典物理学から現代物理学へ

　じつは，ここまでキミたちが学んできた，力学，熱力学，電磁気学，波動学というのは物理では古典（クラシック）物理学とよばれている分野で，おもに19世紀までに法則が確立した学問なんだ。

　実際，19世紀末の科学者の会議では「私たちのやることは終わりに近づいている。あと2,3の問題を解決すれば物理学は完成だ。」という共同宣言がなされるくらい，すべてわかったと思われていたんだ。

　すっかり晴れあがった空のもと，地平線に小さな雲がわずかに見えているぐらいで，その雲が消えれば，もうすっきりというところだった。

　しかし，その当時は誰も予想できなかった。その雲がやがて空一面をおおいつくし，大あらしがくるなんてことは……

### 2 古い常識から新しい常識へ

　いままで私たちが見てきた古典物理学の世界では，次の3つの事柄は，まぎれもなく不変の常識とされてきたんだ。

━━━━━━━━━━━━ 古典物理学の３つの常識 ━━━━━━━━━━━━

① 光は，波である（回折・干渉するので）。
② 電子は，粒である（１コ１コ数えられるので）。
③ 質量は，消えたり生じたりすることはできない（100 g の氷は
　　とかして水にしても 100 g のままのはず）。

　しかし，この３つの常識は，やがて次の３つの新常識へとおきか
わってしまうんだ。

━━━━━━━━━━━━ 現代物理学の３つの常識 ━━━━━━━━━━━━

❶ 光は，粒でもある。
❷ 電子は，波でもある。
❸ 質量は，消えたり生じたりすることもできる。

 ＜ この「も」って何ですか？

　いいところに気がついた。現代物理学は，古典物理学を全く否定し
ているわけではないんだ。ただ，古典物理学がこの自然のある一面の
みを見ていただけだったのを，現代物理学ではさらに別の一面を見出
すことに成功したんだね。そして，自然の真の姿により近づくことが
できたんだ。
　これからボクたちが学ぶ原子物理学では，これらの３つの新常識が
いかにして発見され，そして，その結果，自然のより奥深い真実がど
のように解明されたかを見ていくことになるよ。

 ＜ どうして現代物理学のことを原子物理ともよぶの？

　いい質問だ。現代物理学の３つの新常識は，どれも原子レベルの超
ミクロの世界で顕著になる事実なんだ。逆にいえば，私たちの日常生
活のスケールではほとんど実感することができないんだ。日常生活の
範囲を扱うのが古典（日常）物理学といってもいいよ。

**• POINT ❶** 古典（日常）物理学から現代（原子）物理学へ

⑴　**古典（日常）物理学（〜19世紀）：日常生活の世界**

　　① 　光は，波である。

　　② 　電子は，粒である。

　　③ 　質量は，永久不変である。

⑵　**現代（原子）物理学（20世紀〜）：原子レベルの世界**

　　① 　光は，粒でもある。

　　② 　電子は，波でもある。

　　③ 　質量は，消えたり生じたりすることもある。

## STORY❷　電子の発見

　すべての物質は，それ以上分けることのできない究極の粒子である素粒子からできている。素粒子といえば，現在ではクォーク（p.288）が有名である。歴史をさかのぼれば，人類が発見した最初の素粒子というのは，じつは，電子なんだ。その意味では電子の発見が原子物理学（現代物理学）の始まりともいえる。

　電子は陰極線の実験から発見された。陰極線の実験とは，真空近くまで気体を排気したガラス管の内部に電極を封じ込め，高電圧を加えると，−極（陰極）から負の電気を帯びた粒子の流れが放出されるものだ。

　1897年にJ. J.トムソンは陰極線を電場や磁場の中で運動させ，その運動の様子から，陰極線粒子のもつ電荷の大きさ $e$ [C]と質量 $m$ [kg]の比（比電荷）を求めた。その値は，管内の気体の種類や電極の金属によらず一定で，必ず次の決まった値をもっていた。

$$\frac{e}{m} = 1.76 \times 10^{11} \text{ [C/kg]}$$

　このことから，陰極線粒子は，すべての物質に共通に含まれる普遍的かつ基本的な粒子であることがわかった。この負電荷をもつ基本粒子は電子と名づけられた。

そして，1909年にミリカンは帯電した油滴を用いた実験により，電子のもつ電気量の大きさ $e$ を推定し，その値を

$$e = 1.6 \times 10^{-19} \text{ [C]}$$

と求めた。この値は，すべての電気量の基本単位となる量で電気素量とよばれる。

これらの実験の具体例は次の チェック問題 1 ， チェック問題 2 で見ていくことにしよう。

---

### チェック問題 1 〉 電子の比電荷　　標準12分

幅 $l$，間隔 $d$ の平行電極板に $V$ の電圧を加える。図のように原点 O から極板と平行な $x$ 軸方向に電子(質量 $m$，電荷 $-e$)を速さ $v$ で入射させた。ただし，重力は考えなくてよいものとする。

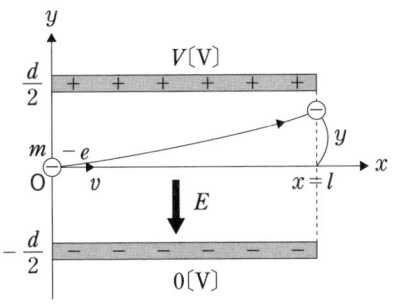

(1) 極板間に生じる電場の大きさ $E$ を求めよ。

(2) 電子が電場から出るときに，$x$ 軸からずれる距離 $y$ はいくらか。

(3) (2)で，さらに極板間全体に，紙面に垂直で磁束密度の大きさ $B$ の一様な磁場を加えたら，電子は $x$ 軸上を直進した。このときの磁場の向きを答えよ。ただし，$z$ 軸の正の向きは紙面に垂直で，裏から表の向きとする。

(4) 電子の比電荷 $\dfrac{e}{m}$ を $V$，$y$，$l$，$B$，$d$ で表せ。

**解 説**

(1) まず《電位の定義》(電磁気編 p.66を見て下さい)より，**図a**のように $+1\,\mathrm{C}$ を電場 $E$ に逆らって上向きに大きさ $E$ の力を加えつつ $d$ だけもち上げるのに要する仕事が $V$ であるので，

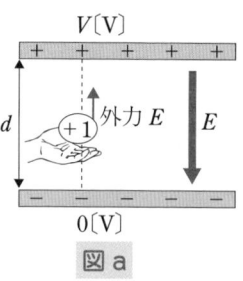

図 a

$$V = \underbrace{E}_{\text{力}} \times \underbrace{d}_{\text{距離}} \quad \therefore \quad E = \frac{V}{d} \cdots\cdots ① \quad \cdots\cdots \boxed{\text{答}}$$

(2) $x$ 方向には全く電気力を受けないので，一定の速さ $v$ で $l$ だけ動く。その時間 $t_1$ は，

$$t_1 = \frac{l}{v} \cdots\cdots ②$$

一方，$y$ 方向には，$y$ の正の向きに一定の電気力

$$eE = e\frac{V}{d} \quad (\because \quad ①)$$

を受けるので，運動方程式

$$ma = e\frac{V}{d} \text{より，}$$

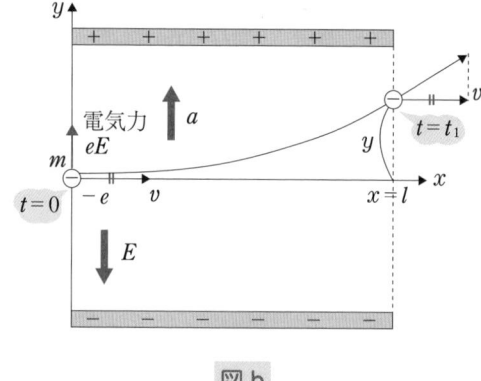

図 b

加速度 $a = \dfrac{eV}{md} \cdots\cdots ③$ の等加速度運動をする。

よって，電子は極板を通過する $t_1$ 秒間に $+y$ 方向に等加速度運動の式より，

$$y = \frac{1}{2} a t_1^{\,2}$$

$$= \frac{eVl^2}{2mdv^2} \cdots\cdots ④ \quad (\because \quad ②③) \cdots\cdots \boxed{\text{答}}$$

だけ変位している。

(3) 電子が直進するには，図cで，＋$y$向きの電気力$eE$を打ち消すように，ローレンツ力$f = evB$ が $-y$向きにはたらく必要がある。

　　そのためには《右手のパー(No.2)》(電磁気編 p.209も見て下さい)より，図cのように，まず，電子は負電荷なので，その速度ベクトル $\vec{v}$ と逆向きに親指を向ける。次に，$-y$向きのローレンツ力 $\vec{f}$ の向きに手のひらを向ける。すると，人さし指の向く向き，つまり磁束密度 $\vec{B}$ の向きは $-z$ 向き……答となる。

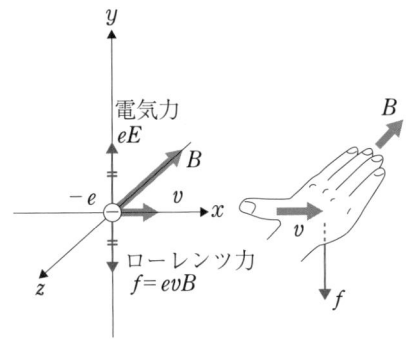

電気力
$eE$

$-e$

$v$

ローレンツ力
$f = evB$

$B$

$B$

$v$

$f$

図c

(4) 図cでローレンツ力と電気力とのつり合いより，

$$evB = eE = e\frac{V}{d} \quad (\because \quad ①)$$

$$\therefore \quad v = \frac{V}{Bd} \cdots\cdots ⑤$$

④に⑤を代入して，

$$y = \frac{eVl^2}{2md}\left(\frac{Bd}{V}\right)^2$$

$$= \frac{el^2B^2d}{2mV}$$

よって，比電荷はこの式を $\dfrac{e}{m}$ について解いて，

$$\frac{e}{m} = \frac{2Vy}{l^2B^2d} \cdots\cdots 答$$

と求められる。$V$，$y$，$l$，$B$，$d$はすべて実測可能な量なので，これで比電荷が求められたことになる。

油滴が空気中を運動するときの抵抗力の大きさ $f$ は，球の速さ $v$ と半径 $r$ に比例し，比例定数 $k$ を用いて $f = krv$ と与えられる。重力加速度の大きさを $g$ とする。

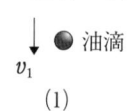

(1)

(1) 密度 $\rho$ の油滴が一定の速さ $v_1$ で落下した。この油滴の半径 $r$ を求めよ。

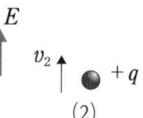

(2)

(2) 次に(1)の油滴に正の電荷 $q$ を与え上向きの電場 $E$ を加えたら一定の速さ $v_2$ で上昇した。このとき電荷 $q$ を $v_1$, $v_2$, $E$, $k$, $\rho$, $g$ で表せ。

(3) $q$ の値をいくつかの油滴について測定すると次の⑦〜⑰のような数値を得た（単位は $10^{-19}$ C）。電気素量 $e$ を推定せよ。ただし，各データは $e$ の12倍以内であるとする。

⑦ 1.69　⑦ 3.28　⑦ 4.97　⑦ 7.90

⑦ 12.8　⑦ 15.6

**解 説**

(1) 図aのように一定速度 $v_1$ で落下しているときの力のつり合いより，

$$krv_1 = mg \quad \cdots\cdots ①$$

ここで，油滴の質量 $m$ について

$$m = \underbrace{\frac{4}{3}\pi r^3}_{体積} \times \underbrace{\rho}_{密度}$$

より，

$$krv_1 = \frac{4}{3}\pi r^3 \rho \times g$$

$$\therefore \quad r = \sqrt{\frac{3kv_1}{4\pi\rho g}} \quad \cdots\cdots ② \quad \cdots\cdots 答$$

図 a

(2) 図**b**のように一定速度 $v_2$ で上昇しているときの
力のつり合いより.

$$qE = mg + krv_2$$
$$= krv_1 + krv_2 \quad (\because \quad ①)$$
$$\therefore \quad q = \frac{kr(v_1 + v_2)}{E}$$
$$= \frac{v_1 + v_2}{E}\sqrt{\frac{3k^3 v_1}{4\pi\rho g}} \quad (\because \quad ②)\cdots\cdots \boxed{答}$$

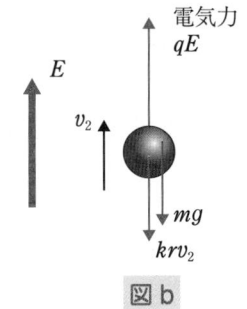

図 b

これで, 油滴が帯びている電気量 $q$ を測定できることになったね。

いきなりデータが与えられても, どう扱えばよいのやら
……

(3) 各データの $q$ は電気素量 $e$ の自然数 $n$ 倍になっているはずだね。そこで,
電気素量を $e$〔$\times 10^{-19}$ C〕として, 各データを $e \times n$ の形に仮定して, $e$ の
値を求める。

 ㋐   $1.69 = e \times 1$   $\therefore$   $e = 1.69$
 ㋑   $3.28 = e \times 2$   $\therefore$   $e = 1.64$
 ㋒   $4.97 = e \times 3$   $\therefore$   $e = 1.66$
 ㋓   $7.90 = e \times 5$   $\therefore$   $e = 1.58$
 ㋔   $12.8 = e \times 8$   $\therefore$   $e = 1.60$
 ㋕   $15.6 = e \times 10$   $\therefore$   $e = 1.56$

㋐で $1.69 = e \times 2$, ㋑で $3.28 = e \times 4$ はダメですか?

すると㋕で $15.6 = e \times 20$ となって $n \leqq 12$ に反してしまうからダメだよ。
ここで㋐〜㋕の平均をとると,

$$(1.69 + 1.64 + 1.66 + 1.58 + 1.60 + 1.56) \div 6 = 1.6216\cdots \fallingdotseq 1.6$$

よって, 求める電気素量の値は,

$$e = 1.6 \times 10^{-19}\ 〔C〕\cdots\cdots\boxed{答}$$

となる。

# STORY③ 光電効果

## 1 驚くべき結果

　金属の中には自由電子があるね。この「自由」というのは，あくまで
も，金属内部のみを自由に動けることだ。「シャーペンの先の金具を
たたいたらポロポロ電子がこぼれてきた!!!」なんてことはないでしょ。
電子は金属内部にガッチリ束縛されているんだ。だから，金属の外部
へ出すには，電子にある程度のエネルギーを与えてあげる必要がある
んだ。とくに，光のエネルギーを与えて電子を飛び出させる現象を光
電効果という。

　今，図1のⓐとⓑのように，全く同じ金属の板を用意する。ⓐでは，
赤いきわめて強い光(サーチライトの光ぐらい)を，ⓑでは，紫のきわ
めて弱い光(オリオン座のリゲルからくる光ぐらい)を当ててみよう。

　では，実際これらのうち，十分なエネルギーをもらって電子が飛び
出してきたとすると，それはⓐⓑどちらかわかるかい？　答えてみて。

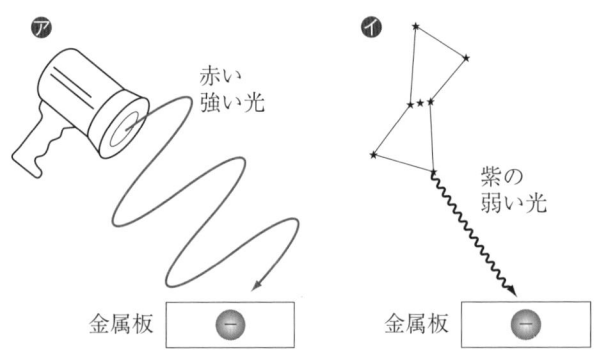

図1　どっちから電子○が飛び出してくる？

 答えは火を見るより明らか。ダンゼン⑦のほうです！
オリオン座のリゲルからの光に何ができるっていうんですか？

確かにそう思えるでしょ……

しかし！　実験結果は⑦ではなくて，なんと⑦だったんだ!!

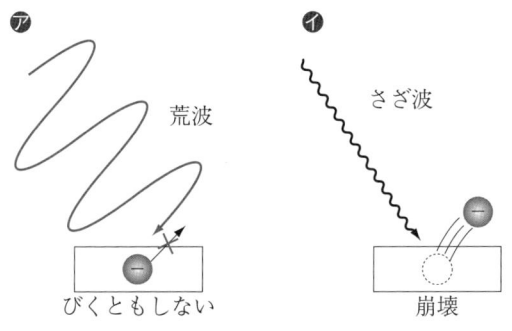

図2　驚くべき結果!?

 え!!!　でも波でいえば，⑦はまるで荒れ狂う大波，⑦は
さざ波。荒波でもびくともしない堤防が，そよ風にさそ
われたさざ波で崩壊!?　そんな話ありえないですよ。

　確かにね。19世紀末の物理学者たちも，この結果についてはビック
リしていたんだ。そして，その謎は長い間，未解決の問題として残っ
ていたんだね。若き天才物理学者がこの難問を解くまでは……

## 2 アインシュタインの光子仮説

1905年，若きアインシュタインは，光電効果の謎を，次の大胆な仮説を立て，一気に解いてしまった。

まずは，じっくりとていねいに下の•POINT ❷•を読んでみてね。何か気づくことはあるかい？

---

**•POINT ❷• アインシュタインの光子仮説**

振動数 $\nu$（ニュー）（原子物理学では振動数を $f$ ではなく $\nu$ で表す），波長 $\lambda$，光速 $c = \nu\lambda$ の光波は，次のような粒（光子）ともみなせる。

光子1粒あたりのもつ

質量 $m = 0$

つねに光速 $c$ で走る
光子

エネルギー
$$E = h\nu = h\frac{c}{\lambda}$$
$c = \nu\lambda$ より

運動量
$$P = \frac{h}{\lambda} = h\frac{\nu}{c}$$
$c = \nu\lambda$ より

（$h = 6.63 \times 10^{-34}$ J·s：プランク定数）

---

ちょっと待ってください！　質量 $m = 0$ なのに，どうしてエネルギーや運動量をもっているの？　$E = \frac{1}{2}mc^2 = 0$，$P = mc = 0$ じゃないの？　それに，つねに光速 $c$ で走るって意味不明!!

確かにね。でも，この光子という粒は，もはやニュートンの古典的運動方程式にしたがう粒ではないのだよ。

　だから，エネルギーが $E = \dfrac{1}{2}mv^2$ や，運動量が $P = mv$ という公式にはあてはまらない全く新しいタイプの粒なんだよ。

　とにかく，相手に $E = h\nu$ の仕事をすることができて，$P = \dfrac{h}{\lambda}$ の力積を与えることさえできれば，立派にエネルギー $E$ をもち，運動量 $P$ をもっていると言えるんだ。

でも，振動数 $\nu$ や波長 $\lambda$ で，エネルギーや運動量が決まってしまうなんて，まだ実感がわかないなあ。何か日常生活の例はないのかなあ？

　1つあるよ。たとえば，キミが一日中コタツに入っていたとする。そのとき，コタツの赤外線を大量に浴びた足が日焼けした！　なんてことはあるかい？

そんなことあったらコワイです。日焼けは紫外線でしょ。

　そうだね。まさにそのイメージがエネルギー $E = h\nu = h\dfrac{c}{\lambda}$ に合っているんだ。赤外線と紫外線とを比べると，圧倒的に紫外線のほうが振動数 $\nu$ は高く，波長 $\lambda$ は短い。つまり，エネルギー $E$ は大きいよね。

　イメージとしては，赤外線は砂粒，紫外線は大きな岩だ。

　どっちが当たったら，ケガ（日焼け）をするかがわかるよね。

### 3 ナゾは解けた！

さて，このイメージでいくと， **1** での謎「荒波でもびくともしない堤防が，さざ波で崩壊？」は，**図3**のように，「大量の砂あらしでもびくともしない堤防が，大きな岩1発で崩壊！」というナットくいくイメージで理解できるようになるんだ。

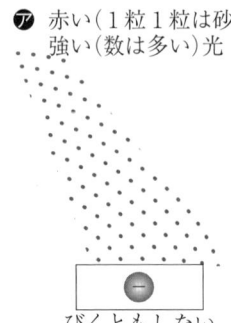

⑦ 赤い（1粒1粒は砂のよう）
強い（数は多い）光

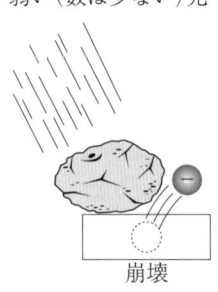

① 紫の（1粒1粒は大きな岩）
弱い（数は少ない）光

びくともしない　　　　　　　崩壊

**図3　これでナットク**

ホントにすっきり筋が通った話になりますね！

そうなんだ。光を粒と見るということで，謎が解けたんだ。

結局のところ光は粒なんですか，波なんですか？
どっちなの？

よくある質問だね。では，**図4**は円かな，それとも長方形かな？

いいえ，円柱です。

円です

長方形だ

**図4　これは円？　長方形？**

228 ｜ 原子編

でも，真上から見たら円でしょ。真横から見れば，長方形だよね。

全く同じように，光もある見方(実験の仕方)をすると粒(円)に見えて，また別の見方をすると波(長方形)に見えるだけなんだ。そして，その本質は，粒でも波でもない存在(円柱)なんだ。

このあたりの話は，大学で習う量子力学で学んでいくよ。「観測(実験)の仕方が測定結果に影響を与える」という考えは，量子力学の根本原理の１つになっているんだ。とっても不思議で面白いでしょ。

---

**チェック問題 3〉 光電効果** 標準**30**分

　図は光電効果を調べる装置である。一定の強度，振動数 $\nu$ の光を陰極 A に当てながら，陰極 A に対する陽極 B の電位 $V$ を変えて，回路に流れる光電流 $I$ を測る。電子の電荷を $-e$，質量を $m$，プランク定数を $h$，光速を $c$ とする。

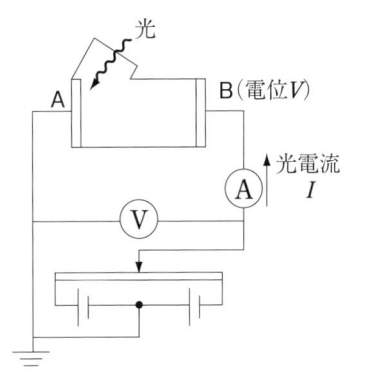

(1) 陰極 A の仕事関数 $W$ と A から飛び出す電子の最大運動エネルギー $\dfrac{1}{2}mv_{\max}{}^2$ と光の振動数 $\nu$ の関係を記せ。

(2) $\nu$ の値をいろいろと変えていったとき，$\nu$ がある値 $\nu_0$ よりも小さくなると光電子が飛び出さなかった。$\nu_0$ と $W$ の関係を記せ。

(3) $V$ の値をいろいろ変えていったときの光電流 $I$ の変化を表す $I$-$V$ グラフをかけ。

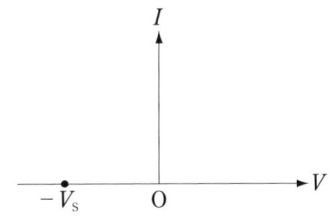

(4) $V = -V_S$ にすると $I = 0$ になった。$V_S$ と $\dfrac{1}{2}mv_{\max}{}^2$ の関係を記せ。

(5) $\nu$ の値をいろいろ変えていったときの $V_S$ の変化を表す $V_S$-$\nu$ グラフをかけ。

(6) 次の各場合について，(3)でかいた $I$-$V$ グラフの変化のおおよその様子を説明せよ。

(i) 光の振動数は一定のまま，1秒あたりに入る光子数のみを半分にする。

(ii) 1秒あたりに入る光子数は一定のまま，光の振動数のみを増す。

---

**解説**

> 手のつけかたが全くわかりません。先生，原子の分野の効率的な勉強法を教えてください。

　まあ，本当はメチャクチャ面白い分野だし，いままで学んだ分野の絶好の復習になるからじっくり取り組んでほしいんだけれども，なかなか時間がない時期でもあるんだよね。そこで，原子の問題にはおきまりのストーリーがあるので，そのワンパターンストーリーをステップ式で1つひとつ理解していきながらノートにまとめるのが最も効率のよい勉強法だ。

(1) **STEP1** **光子を吸収して，電子は金属中から脱出する**

　金属に光を当てると，電子が飛び出す現象が光電効果だ。金属内の自由電子は，陽イオンから引力を受けているので，エネルギーを与えてもらわないと外へ出られない。この脱出するのに最低限要するエネルギーのことを仕事関数 $W$ といい，金属の種類によって決まった値をもつ。

> 金属全体としての「イオン化エネルギー」みたいですね。

　いいイメージだ。とくに，光子が運んできたエネルギーをもらって電子が金属から脱出して飛び出してくる現象を光電効果という。

ここで**図a**のように，仕事関数 $W$（たとえば 100 万円支払わないと脱出できないとしよう）の金属でできた電極Aがある。そして，そこに，エネルギー $h\nu$（たとえば 120 万円もっているとしよう）の光子 1 つが入ってきて，そのエネルギーを 1 つの電子に与えたとする。さて，この電子は脱出するのに，もらった $h\nu$（120 万円）のうち最低 $W$（100 万円）を支払わねばならないね（ここで注意したいのは，最低 100 万円ということだ。電子の中には，脱出するのに 119 万円も支払って「かなりお金がかかってしまった〜」というのもいるし，100 万円支払って「ラッキー♥最低額で済んだ〜」というのもいるということだ）。

　では，ここで問題。光（光子の集団）を電極Aに当てたとき，次々と飛び出してくる電子（光電子という）のもちうる最大の運動エネルギー $\frac{1}{2}mv_{\max}^2$ は，いったい何万円になるかな？

 最大の運動エネルギー（お金）を残しているのは，最低100万円で済んだ電子だから，120 万円 − 100 万円 = 20 万円です。

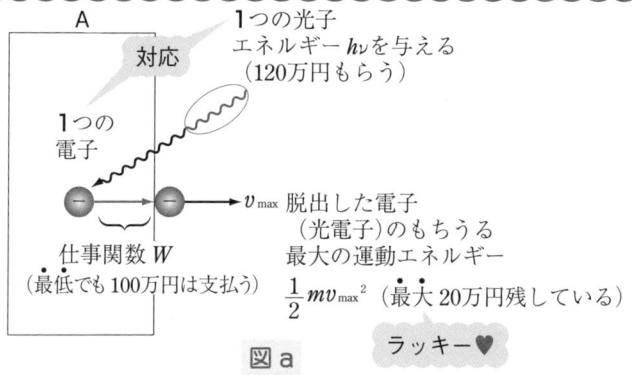

図 a

　そうだ。今，120 万円 − 100 万円と言ったよね。全く同様に，脱出した電子がもちうる最大の運動エネルギーは，

$$\underset{\text{20万円}}{\frac{1}{2}mv_{\max}^2} = \underset{\text{120万円}}{h\nu} - \underset{\text{100万円}}{W}$$

となる。この式を変形すると，　$h\nu = W + \frac{1}{2}mv_{\max}^2$ ……① 　……**答**

となるね。

ここで大切なことは，

> **1つの電子には，1つの光子しかエネルギーを与える
> ことができない**

ことなんだ（たとえば，2つの120万円の光子が1つの電子に集中して与え
たら，$120 \times 2 - 100 = 140$ 万円の運動エネルギーをもって電子は飛び出
すことができてしまうよね。しかし，そういうことはないのだ）。

　光電効果には3つの基本式が出てくる。前ページの①式が《光電効果の
3大基本式①》になる。

> ● **POINT　❸**　《光電効果の3大基本式①》
>
> $$1個 \times h\nu = W + 1個 \times \frac{1}{2}mv_{max}{}^2$$
>
> 1個の光子が　　　最低脱出　　　脱出した1個の電子が
> 与えるエネルギー　エネルギー　　もちうる最大運動エネルギー

　何度もくり返すけれど，この式は「最もラッキー♥（最低100万円で済ん
だ）」な電子についての方程式だからね。ほとんどの電子はこの $v_{max}$ よりも
遅い速さでしか飛び出せないよ。

(2)　STEP**2**　とくにギリギリ脱出の場合

　たとえば，脱出するのに最低100万円必要な金属に，ちょうど100万円
ジャストの光子が入ってきたら，もらった電子は脱出後いくらお金が
残っている？

> もらった100万円すべて支払うしかないから0円。所持金
> ゼロです。

　全く同じように，仕事関数が $W$ の金属に，ちょうど $W$ と同じエネル
ギー $h\nu_0 = W$ をもつ光子が入ってきたとすると，図bのように，電子は
ギリギリ脱出する状態になる。このときの光の振動数 $\nu_0$ を限界振動数と
いう。これより小さい振動数の光では，絶対に光電効果は起こらないんだ。

 えー，でも，60万円の光子が 2 つ入ってくれば，合計120万円，これは脱出するのに最低必要な100万円を超えるから，電子を脱出させることができますよ。

　アチャー，もう忘れたか。1 つの電子には，1 つの光子しかエネルギーを与えることができないんだ。たとえ99万円の光子が 1 億個やってきたって電子は脱出できないよ。**1**（p.224, 225）で見たように，金属板に赤いサーチライトの強い光を当てても電子が飛び出さなかったのも同じ理由だ。よって，(2)は $h\nu_0 = W$ ……② ……答

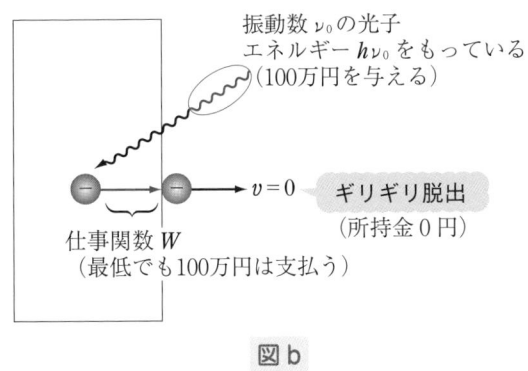

振動数 $\nu_0$ の光子
エネルギー $h\nu_0$ をもっている
（100万円を与える）

$v = 0$

ギリギリ脱出
（所持金 0 円）

仕事関数 $W$
（最低でも100万円は支払う）

図 b

---

**・POINT ❹・** 《光電効果の 3 大基本式②》

$$h\nu_0 = W$$

この振動数 $\nu_0$ を限界振動数という。

$\nu_0$ より小さい振動数の光では，絶対に脱出できない。

(3) STEP3 飛び出した電子の運命は2通り

STEP1 で飛び出した電子は，極板 A，B からなる「一種のコンデンサー」中を運動することになる。この運動の様子は，電極 A に対する電極 B の電位 $V$ が正であるか，負であるかによって大きく違ってくる。

㋐ $V > 0$ のとき（歓迎型）

図cのように，電極の電位が低い A は負に，高い B は正に帯電する。飛び出した電子は，その初速度によらずすべて B に引きつけられて集められる（歓迎）。

このとき，A→B へと渡った電子によって生じる電流を，光電流 $I$〔A〕というよ（太陽電池に似ているね）。

では，今，$V$ の値を 10 V，20 V，30 V，……と大きくしていくと，この光電流は大きくなる？ それとも小さくなる？

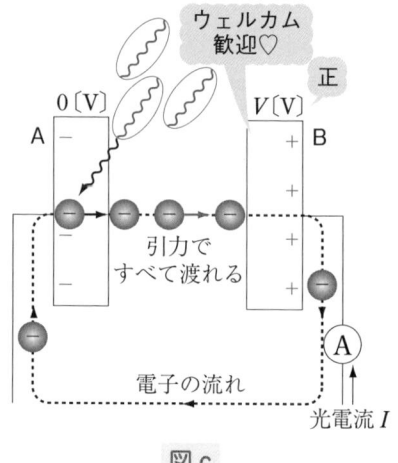

図 c

$V$ を大きくすれば，その分引力は強くなるから，当然光電流 $I$ も大きくなります！

ブブー!! 引っかかったね。いいかい，確かに $V$ を大きくすれば引力は強くなる。でも，よく考えてごらん。たとえば，今，光子が1秒間に50個しかやってこないとする。すると「1個の光子は1個の電子しか脱出させられない」ので，1秒間に出てくる電子の数は，どう頑張っても50個まででしょ。いくら引力を強くしたって（1秒間に）50個しか脱出してこないんだから（いくら運送会社が頑張ったって，工場で50個しか生産されなければ，50個より多くは届けられない），1秒間に通過する電子の数で決まる電流値は，それ以上に大きくはなれないんだ。

チェック1 $V > 0$ ならば，$V$ を大きくしても光電流 $I$ は一定

**イ** **$V < 0$ のとき（拒絶型）**

図dのように，電極の電位が高いAは正に，低いBは負に帯電する。電子はAから $v_{max}$ を最大値とするいろいろな初速度で飛び出す。飛び出した電子はBから反発力を受けるので，初速度の小さいものは押し返されてしまう（拒絶）。

よって，$|V|$ の値を大きくしていくと反発力が強まり，1秒あたりにA→Bへと渡れる電子の数が減ってしまうから，光電流 $I$ は $|V|$ を大きくするほど減少する。

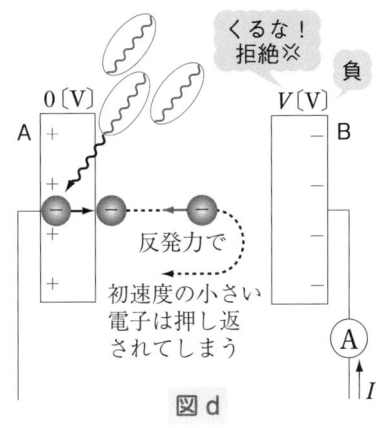

図 d

チェック2 ▶ $V < 0$ のときは，$|V|$ を大きくすると光電流 $I$ は減少する

**STEP4** $I$-$V$ グラフを作図する

以上の**ア** **イ**を図e ……**答**のように，$I$-$V$ グラフにまとめる。3つのチェックポイントに注目！

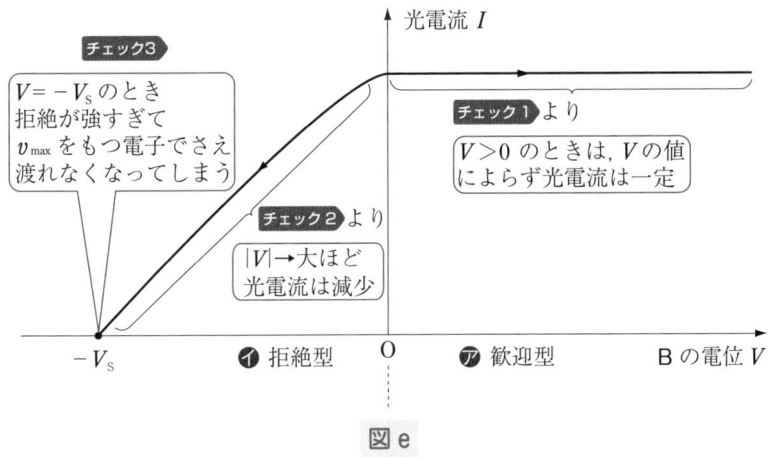

図 e

(4) **STEP5** $I = 0$ となるときの $V = -V_S$（阻止電圧という）を求める

図 e **チェック3** で見たように，$V = -V_S$（阻止電圧）のとき何が起こっているかい？　そう。そのとき，図 f のように「拒絶」が激しすぎて，最大速度 $v_{max}$ をもつ電子でさえ，ちょうど A→B へ渡れなくなってしまっているんだ。

図 f で，《エネルギー保存則》（詳しくは，電磁気編（p.72）も見てください）

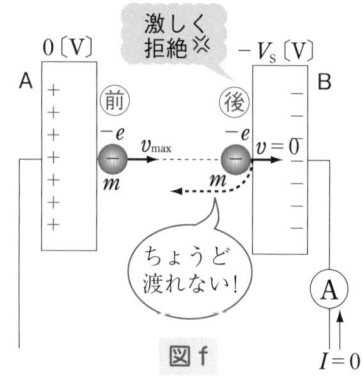

図 f

$$\underbrace{\frac{1}{2}mv_{max}^{2}}_{\substack{\text{前の運動} \\ \text{エネルギー}}} = \underbrace{(-e)(-V_S)}_{\substack{\text{後の電気力による} \\ \text{位置エネルギー}}}$$

により，$\dfrac{1}{2}mv_{max}^{2} = eV_S$ …… ③　……**答**

となり，《光電効果の３大基本式③》が出てくる。

---

**・POINT ⑤・** 《光電効果の３大基本式③》

$$\frac{1}{2}mv_{max}^{2} = eV_S$$

拒絶型の電圧の大きさを $V_S$（阻止電圧）以上にすると，最大速度をもつ電子でさえ渡れなくなり，光電流 $I$ が 0 となる。

---

(5) **STEP 6**　**3大基本式から$V_S$-νグラフを作図する**

①式に②③式を代入して,

$$h\nu = W + \frac{1}{2}mv_{max}{}^2$$

$$= h\nu_0 + eV_S$$

$$\therefore \quad V_S = \frac{h}{e}(\nu - \nu_0) \cdots\cdots ④$$

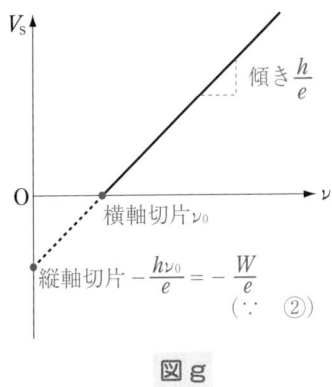

傾き$\frac{h}{e}$

横軸切片$\nu_0$

縦軸切片$-\frac{h\nu_0}{e} = -\frac{W}{e}$

$(\because \quad ②)$

図 g

よって, $V_S$はνの1次式で**図 g**
……**答**　のようにかける。このグ
ラフからは,次の3つの物理量を
読みとらせる問題がよくテストに
出るよ。

プランク定数 $h\left(傾き\ \frac{h}{e}\ より\right)$

仕事関数 $W\left(縦軸切片\ -\frac{h\nu_0}{e} = -\frac{W}{e}\ より\quad(\because\ \text{p.233②式})\right)$

限界振動数 $\nu_0$(横軸切片 $\nu_0$ より)

以上の3大基本式①②③と $I$-$V$ グラフ, $V_S$-νグラフを求める6ステップ
のストーリーは,何度もくり返してね。テストで即点数につながるからね。

(6)　(i)　光子と電子は1対1のや
りとりをするので,1秒あたり
に入る光子の数が半分になれば,
1秒あたりに出てくる光電子の
数も半分になり,光電流 $I$ も半
分になる。

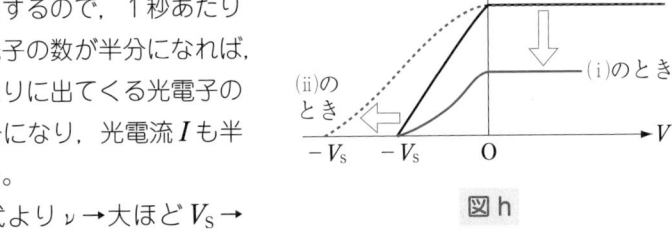

(ii)のとき

(i)のとき

図 h

(ii)　④式より ν→大ほど $V_S$→
大となる。強い光子(ν→大)に
よって飛び出した電子を阻止するには,大きい電圧($V_S$→大)が必要にな
るというイメージだね。

以上より,それぞれ**図 h**のように変化する。……**答**

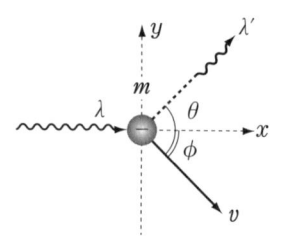

**チェック問題 4 コンプトン効果**　　　　　　　標準**10**分

波長 $\lambda$ の X 線光子が，静止した質量 $m$ の電子に当たり，波長 $\lambda'$ となって $\theta$ 方向へ，電子は速さ $v$ となって $\phi$ 方向へ飛んだ。

(1) 衝突の前後での全エネルギー保存の式，および $x$, $y$ 各方向の全運動量保存の式を立てよ。

(2) このとき衝突前と衝突後とで光子の波長が伸びるが，その伸び $\lambda' - \lambda$ を角度 $\theta$，質量 $m$，光速 $c$，プランク定数 $h$ で表し，$\theta$ の関数としてグラフに表せ。必要なら $\dfrac{\lambda'}{\lambda} + \dfrac{\lambda}{\lambda'} \fallingdotseq 2$ の近似を用いよ。

---

**解説**

> 光子と電子のビリヤードですか？　ますます光って粒子なんだなって実感がわいてきました。

そうなんだ。光はミクロのレベルで衝突実験をするとき，粒としての側面を強く見せてくれるんだね。

キミの言ったとおり，コンプトン効果では，光子$\left(\text{エネルギー } h\dfrac{c}{\lambda},\right.$ 運動量 $\left.\dfrac{h}{\lambda}\right)$ と電子との弾性斜衝突（熱発生なし，外力なし）として考える。

**STEP2** での式変形は，メチャクチャワンパターンなので覚えよう。

では，コンプトン効果のストーリーを組み立てていくよ。

(1) **STEP1** 保存則の式を立てる

次の図で《全エネルギー保存則》より，

$$\overset{\text{前}}{\overbrace{h\dfrac{c}{\lambda} + 0}} = \overset{\text{後}}{\overbrace{h\dfrac{c}{\lambda'} + \dfrac{1}{2}mv^2}} \cdots\cdots ①$$

$x$, $y$ 各方向の《全運動量保存則》より，

$$\begin{cases} x: \underbrace{\dfrac{h}{\lambda}}_{\text{前}} = \underbrace{\dfrac{h}{\lambda'}\cos\theta + mv\cos\phi}_{\text{後}} \cdots\cdots \text{②} \\[4mm] y: \underbrace{0}_{\text{前}} = \underbrace{\dfrac{h}{\lambda'}\sin\theta - mv\sin\phi}_{\text{後}} \cdots\cdots \text{③} \quad \cdots\cdots \boxed{答} \end{cases}$$

エネルギー $h\dfrac{c}{\lambda}$
運動量 $\dfrac{h}{\lambda}$

(2) **STEP2** 測定できない値 $v$, $\phi$ を消去し，波長の伸び $\lambda' - \lambda$ を求める

コンプトン効果で測定できるのは，衝突後の光子の方向 $\theta$ とその波長 $\lambda'$ だけなんだ。だから，①②③式から測定できない電子に関する量 <u>$v$, $\phi$ を消去していく。</u>

②より，$mv\cos\phi = \dfrac{h}{\lambda} - \dfrac{h}{\lambda'}\cos\theta \cdots\cdots$ ②′

③より，$mv\sin\phi = \dfrac{h}{\lambda'}\sin\theta \cdots\cdots$ ③′

$(②′^2 + ③′^2) \div 2m$ より $\phi$ を消去して，

$$\frac{1}{2}mv^2 = \frac{h^2}{2m}\left\{\left(\frac{1}{\lambda}\right)^2 + \left(\frac{1}{\lambda'}\right)^2 - 2 \times \frac{1}{\lambda\lambda'}\cos\theta\right\} \cdots\cdots \text{④}$$

（$\cos^2\phi + \sin^2\phi = 1$, $\cos^2\theta + \sin^2\theta = 1$ を用いた。）

④を①に代入して，<u>$v$ を消去して，</u>

$$\frac{hc}{\lambda} = \frac{hc}{\lambda'} + \frac{h^2}{2m}\left\{\left(\frac{1}{\lambda}\right)^2 + \left(\frac{1}{\lambda'}\right)^2 - 2 \times \frac{1}{\lambda\lambda'}\cos\theta\right\}$$

$$\therefore\quad hc\left(\frac{\lambda' - \lambda}{\lambda\lambda'}\right) = \frac{h^2}{2m}\left\{\left(\frac{1}{\lambda}\right)^2 + \left(\frac{1}{\lambda'}\right)^2 - 2 \times \frac{1}{\lambda\lambda'}\cos\theta\right\}$$

入試に出るおきまりの式変形なので，十分に慣れておくこと。

$$\therefore\quad \lambda' - \lambda = \frac{h}{2mc}\left(\frac{\lambda'}{\lambda} + \frac{\lambda}{\lambda'} - 2\cos\theta\right)$$

ここで与えられた近似を用いると，

$$\lambda' - \lambda \fallingdotseq \frac{h}{mc}(1 - \cos\theta) \cdots\cdots \boxed{答}$$

この 答 の式をグラフにすると，次のように $1 - \cos\theta$ の形のグラフになる。……答

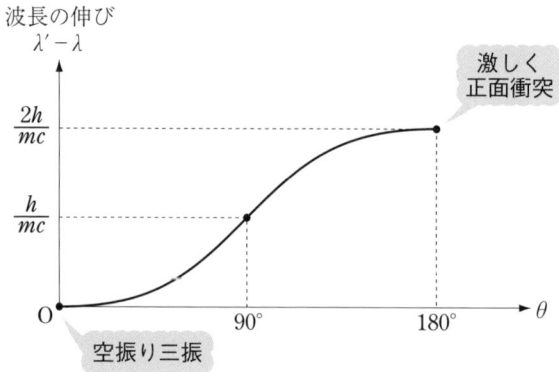

波長の伸び
$\lambda' - \lambda$

$\frac{2h}{mc}$ ……… 激しく正面衝突

$\frac{h}{mc}$

O　90°　180°　$\theta$

空振り三振

例えば，$\theta = 0$ では $\lambda' - \lambda = \dfrac{h}{mc}(1 - 1) = 0$ だけど，どんなイメージ？

$\theta = 0$ ということは，空振り三振。全く衝突していないから，何も変化していないのは当たり前です。

そうだ。では，$\theta \to$ 大ほど，$\lambda' - \lambda$ は大きくなる，小さくなる？

$1 - \cos\theta$ は大きくなるから，そう，$\theta \to$ 大ほどバチーン!!と激しく衝突して，$\lambda' - \lambda$ は大きく変化しています。

まさに，光子と電子のビリヤードが実感できるでしょ。

以上のようにして，光子のエネルギー $h\dfrac{c}{\lambda}$ と，さらに運動量 $\dfrac{h}{\lambda}$ までもが実証されたのだ。

問題ごとのストーリーを1つひとつまとめ，何も見ないで展開できるようにしておこう！

# ま と め

**①** 現代(原子)物理学の３つの新常識
① 光は，粒でもある。
② 電子は，波でもある。
③ 質量は，消えたり生じたりすることもある。

**②** 電子の発見のストーリー
① トムソンの陰極線の実験→電子の比電荷 $\dfrac{e}{m}$ の測定
② ミリカンの実験→電気素量 $e$ の測定

**③** アインシュタインの光子仮説
振動数 $\nu$，波長 $\lambda$，光速 $c$ の光は，次のような光子の流れともみなせる。

質量 $m = 0$

$\sim\!\!\!\sim\!\!\!\longrightarrow c\,(一定)$

１粒あたりの
$\begin{cases} エネルギー & E = h\nu = h\dfrac{c}{\lambda} \\[2mm] 運動量 & P = \dfrac{h}{\lambda} = h\dfrac{\nu}{c} \end{cases}$

$(h = 6.63 \times 10^{-34}\,\text{J·s}：プランク定数)$

**④** 光電効果の３大基本式①②③を求めるストーリー
① 光電方程式　$1個 \times h\nu = W + 1個 \times \dfrac{1}{2}mv_{\max}^{2}$
② 限界振動数 $\nu_0$ の式　$h\nu_0 = W$
③ 阻止電圧 $V_\text{S}$ の式　$\dfrac{1}{2}mv_{\max}^{2} = eV_\text{S}$

**⑤** コンプトン効果のストーリー
光子と電子の弾性斜衝突とみなす(おきまりの式変形)。

# 第13章 電子の波動性

▲原子の世界では誰もが忍者

## STORY ① 電子波

### 1 ド・ブロイの類推

　今まで波の性質のみをもっていると思われていた光が，粒としての性質ももっていることがわかったね。

　すると，今まで粒の性質のみもっていると思われていた電子も，ひょっとしたら，そう，波の性質ももっているのではないかと考えたスルドイ人が出てきた。貴族の出で元歴史学者という異色の経歴をもつ物理学者ド・ブロイで1924年のことだ。

| 19世紀（1801〜1900年） | | | 20世紀（1901〜2000年） | |
|---|---|---|---|---|
| 光 とは | 波の性質のみ | もしかすると → | 光 とは | 粒の性質も |
| 電子とは | 粒の性質のみ | | 電子とは | 波の性質も？ |

図1　類推しよう（アナロジー）

242 ｜ 原 子 編

**・POINT ❶・** ド・ブロイの電子波仮説

質量 $m$，速さ $v$ で走り，運動量 $P = mv$ をもつ電子は，次のような波動（電子波〈でんしは〉）ともみなせる。

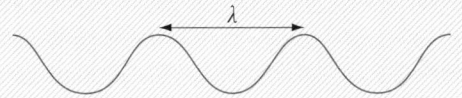

波長 $\lambda = \dfrac{h}{P} = \dfrac{h}{mv}$

（$h = 6.63 \times 10^{-34}$〔J·s〕：プランク定数）

 この $\lambda = \dfrac{h}{P}$ という式は，光子の運動量の式 $P = \dfrac{h}{\lambda}$ を単に逆にしただけじゃないですか。

　その通り。ド・ブロイ自身も，そのように類推して，この式をつくったんだ。

 あれ！　波だから，波の基本式 $v = f\lambda$ は成立しないんですか？

　じつは成立しないんだ。この $v$ というのは，あくまでも粒としての電子の速さ $v$ であって，波形の平行移動の速さではないんだね。このあたりの話も大学の量子力学になってしまう。とにかく，今は電子波の波長 $\lambda$ のみが定義されていると思ってほしい。

 粒としての電子が波の性質ももっているなら，もしかしたら，目の前の机や私たちの体も……，ひょっとして，波なんですか？

　じつにその通り！　それらを一般に物質波〈ぶっしつは〉というんだ。

 え～！ でも，ボクの体は波うってなんかいないですよ。

じゃあ，ちなみにキミの体重が，$m = 66\,\mathrm{kg}$ として，速さ $v = 1\,\mathrm{m/s}$ で動いているとしよう。では，ド・ブロイがつくった式を使って，波長 $\lambda$ を計算すると，

$$\lambda = \frac{h}{mv}$$
$$= \frac{6.6 \times 10^{-34}}{66 \times 1}$$
$$= 1.0 \times 10^{-35}\,[\mathrm{m}]$$

図2　波うつ体!?

なんと，$10^{-35}\,\mathrm{m}$ の波長‼　こんなの目に見えるかい？　ムリでしょ。そう，日常生活のスケールでは，この波の性質は，全く目立たないんだ。しかし，もしキミが原子サイズの体になって生活していたら，すべてのモノは激しく波うっているはずだよ。そして，互いに重なり合ったり，干渉したり，透過したり，回折したり，波としての性質を十分に発揮できているはずだよ。

たとえば，電子顕微鏡で観察したウイルスの写真を見たことがあるでしょ。そこでは，電子波を光波の代わりに使用して，「レンズ」で電子波を屈折させて拡大像を見ているんだ。

コンピューターの LSI でもこの性質を十分に使っているんだよ。

図3　原子の世界では波の性質が目立つ

たとえば，本来電流の流れることができない絶縁体の壁も，非常に薄くしていくと電子が波として通り抜けられるようになる「トンネル効果」などだ。

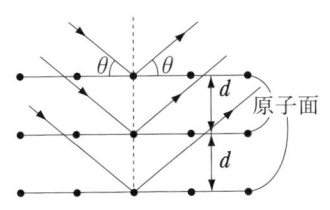

**チェック問題 1** 　**電子波の干渉**　　　　標準**10**分

　プランク定数を $h$ とする。

　電圧 $V$ で加速した電子(質量 $m$，電荷 $-e$)を間隔 $d$ で並んだ原子面と $\theta$ の方向に照射し，$\theta$ の方向に散乱される電子線の干渉を考える。

(1)　電圧 $V$ で加速した電子の速さ $v$ を求めよ。

(2)　(1)の電子がもつ電子波の波長 $\lambda$ を求めよ。

(3)　反射電子線が強め合うための加速電圧 $V$ の値を自然数 $n$ を用いて求めよ。

**解説** 　1927年に行われた，電子が波の性質ももつことを確かめた有名な実験だ。またまた，原子のおきまりストーリーをステップ式でまとめながら解いていこう。

(1)　**STEP1** 　電圧 $V$ で加速した電子線の波長 $\lambda$ を求める

　　　電子を電圧 $V$ で加速するということは，どういうことですか？

　「電圧 $V$ で加速する」ときたら，図 a のようなコンデンサーの図を必ずかく。

　この装置は，コンデンサー内の電場から受ける電気力によって電子を打ち出す装置で，「電子銃」ともよばれているんだ。

　この装置の図をかかせるテストも多いから，何も見ないでかけるようにしておこう。

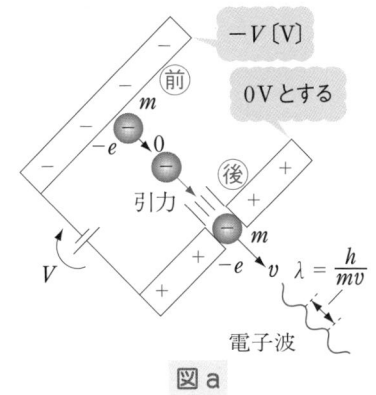

図 a

第13章　電子の波動性 | **245**

ここで,《エネルギー保存則》より,

$$(-e)(-V) = \frac{1}{2}mv^2$$

<u>前の電気力による</u>　<u>後の運動</u>
位置エネルギー　　エネルギー

$$\therefore \quad v = \sqrt{\frac{2eV}{m}} \cdots\cdots ① \quad \cdots\cdots 答$$

(2) 電子波の波長は POINT ① (p.243)より,

$$\lambda = \frac{h}{mv} = \frac{h}{\sqrt{2meV}} \cdots\cdots ② \quad \cdots\cdots 答$$

　　　　　　①より

あとは,光と全く同様に,回折・屈折・干渉を考えていいよ。

(3) STEP2 波長 λ の電子波の行路差を求め,干渉条件を考える

図 b で光波と同じく

光の《干渉の原則1》(p.163)より,
強め合うには,

$$\underbrace{2 \times d\sin\theta}_{行路差} = n\lambda \quad (n:自然数)$$

②を代入して,

$$2 \times d\sin\theta = \frac{nh}{\sqrt{2meV}}$$

$$\therefore \quad V = \frac{n^2h^2}{8d^2me\sin^2\theta} \cdots\cdots 答$$

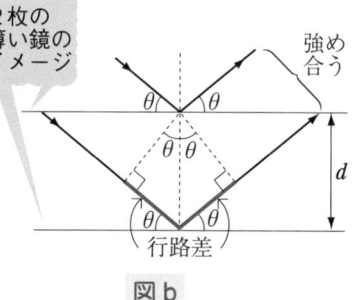

2枚の
薄い鏡の
イメージ

強め
合う

図 b

反射による位相のずれは?

　反射による位相のずれは,上下の面は,ともに同等の反射なので,相殺されてしまうから,考えなくてもいいんだ!

// 原子モデル

⑫ STORY② でトムソンが1897年に電子を発見したことを話したね。この電子は，すべての物質に共通に含まれる負の電気をもった粒子だ。

一方，物質というのは全体としては電気的に中性だ。

よって，物質中には，負の電気を打ち消すような正の電気をもった部分が存在するはず。

この「正の電気をもった部分」が，原子の中でどのように分布しているかについて，1904年トムソン自身は次のモデルを定唱した。これは図4のように正の電荷が原子の中に球状に広がって分布しており，その中に電子がちらばって存在しているものだ。まるで「ブドウパン」（パンが正電荷，ブドウが電子）のようだね。

同じ年，日本の長岡半太郎は図5のように中心に大きな正の電気の核があり，その周りを電子が回っているという原子モデルを提唱した。まるで「土星とその輪」のような形をしているね。

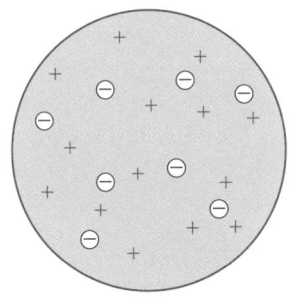

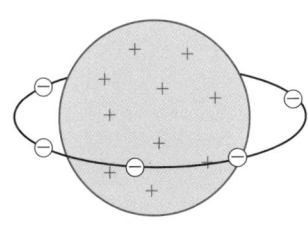

図4　トムソンの原子モデル　　　図5　長岡の原子モデル

どちらのモデルが正しいかは，1909年ラザフォードらによって次ページの図6のように，α粒子（p.266）という重い小さな正の電気をもった粒子の流れを金の原子に衝突させる実験によって判定されるはずであった。

しかし，実際に実験をしてみると，思いもよらない結果が出た。

なんと，α粒子の流れの一部に，「カキーン」と180°はね返って
くるα粒子があったのだ。**図4**のトムソンモデルでも，**図5**の長岡の
モデルでも，正の電気は空間的に「広がって分布」しているので，α粒
子の進路を曲げることはあっても，180°はね返すことなどありえない。
　この結果を分析したラザフォードは1911年，**図7**のように原子の中心
には極めて微小な正の硬くて重い電気をもつ芯(原子核)があるという
新たな原子モデルを提唱した。

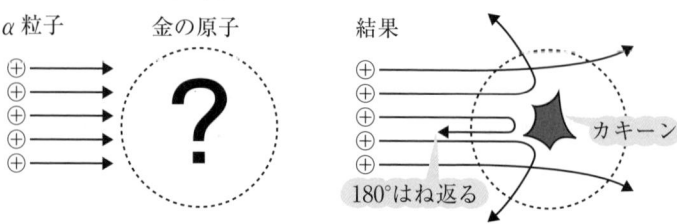

図6　ラザフォードらの実験

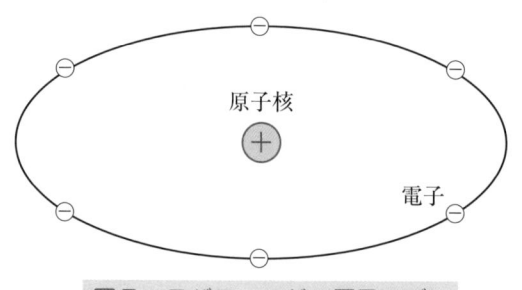

図7　ラザフォードの原子モデル

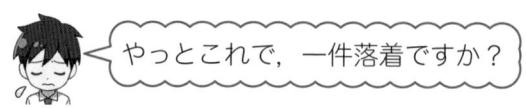

やっとこれで，一件落着ですか？

　いいや。このモデルでも，クルクル回る電子の速ささえ適当に選べ
ば，電子はどんな半径でもとりうるでしょ。つまり，原子のサイズは
不定になってしまうという問題点を抱えていた。その問題点を最終的
に解決したのが1913年のボーアの理論で，次の例題で扱うことにしよ
う。

**チェック問題 2　ボーアの原子モデル**　　標準 **25**分

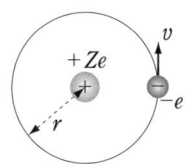

　プランク定数を $h$, 光速を $c$, クーロン定数を $k$ とする。電荷 $+Ze$($Z$ は原子番号)の原子核の周りの半径 $r$ の円軌道を, 質量 $m$ の電子(電荷 $-e$)が速さ $v$ で回っている。

　この電子にはたらく原子核からのクーロン引力と遠心力とがつり合っている。そのつり合いの式は ⎡(1)⎤ となる。また, その電子がもつ全エネルギー $E$ は, 運動エネルギーと電気力による位置エネルギーの和である。この全エネルギーは $E =$ ⎡(2)⎤ と, $k$, $Z$, $e$, $r$ を用いて表せる。

　次に, この電子を波と見ると, その波長 $\lambda$ は $\lambda = \dfrac{h}{mv}$ である。円軌道上にこの波長がぴったり $n$(自然数)個入れる条件式は ⎡(3)⎤ となる。これが円軌道上に電子が波として安定して存在できる条件である。

　電子は粒とも波ともみなせるので, (1)と(3)を同時に満たせる半径が実際に存在しうる半径となる。原子核に近いほうから数えて $n$ 番目の軌道の半径 $r_n$ とそのエネルギー準位 $E_n$ を $m$, $e$, $k$, $h$, $n$, $Z$ を用いて表すと, $r_n =$ ⎡(4)⎤, $E_n =$ ⎡(5)⎤ となる。このように, 電子は $n$ で決まるとびとびの半径とエネルギーをもつ軌道上のみを回ることができる。

　通常, 原子中の電子は $n = 1$(基底状態)にある。このときが半径, エネルギーともに最も小さい。原子にエネルギーを投入していくと $n$ が大きくなり(励起状態), 半径, エネルギーともに大きくなっていく。

　高いエネルギーの励起状態にある電子が, より低いエネルギー状態に落ちこむと, その差の分のエネルギーをもつ光子が発生する。とくに, $n = n_2$ の状態から $n = n_1 (< n_2)$ の状態に移るときに発生する光の波長 $\lambda_{21}$ を求めると, $\lambda_{21} =$ ⎡(6)⎤ となる。

解説　うわ〜，長い問題文ですねえ。

大丈夫。この原子モデルの問題では，超おきまりのストーリーがあるんだ。
1つひとつのステップを追ってみよう。

(1) **STEP 1** 電子を粒子とみなし，その円運動を考える

図 a のように，電子はクーロ
ンの法則により，中心電荷から

$k\dfrac{Ze^2}{r^2}$ の力を受け円運動をする。

また，《回る人》（力学編（p.191）
も見てください）から見ると，
遠心力は，

$m\dfrac{v^2}{r}$ となるね。

それらの力のつり合いの式は，

$m\dfrac{v^2}{r} = k\dfrac{Ze^2}{r^2}$ …… ① ……**答**

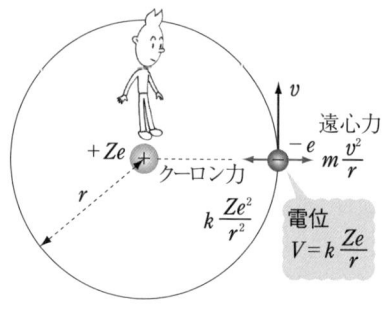

図 a

(2) 中心の $+Ze$ [C] の点電荷は，半径 $r$ だけ離れた電子のいる位置に電位
$V = k\dfrac{Ze}{r}$ [V]をつくるね（電磁気編（p.88）も見てください）。

この電位の中に $-e$ [C] の電子が置かれているので，その電気力による
位置エネルギーは，$(-e) \times k\dfrac{Ze}{r}$ [J]となるね。

よって，この電子のもつ全エネルギー $E$ は，

⊕が⊖の位置につくる電位

$E = \underbrace{\dfrac{1}{2}mv^2}_{\text{運動エネルギー}} + \underbrace{(-e)k\overbrace{\dfrac{Ze}{r}}}_{\text{電気力による位置エネルギー}}$

この式に①を代入し，$mv^2$ を消去して，

$$E = \frac{1}{2}k\frac{Ze^2}{r} - k\frac{Ze^2}{r} = -\frac{kZe^2}{2r} \cdots\cdots ② \cdots\cdots 答$$

あれ，このエネルギー $E$ はどうして負なの？

　それは，電気力による位置エネルギーの基準点を最も高い無限遠に
とったからだよ。いちばん高いところをエネルギー０にしてしまったら，
それより低いところではエネルギーが負になっちゃうでしょ。

(3)　**STEP 2**　電子を波とみなし，その安定条件を考える

　円軌道上に，電子が波として安定して存在できるためには，**図 b**(i)の
ように，円軌道上で電子波がぴったり整数個入って閉じる必要がある
（もし閉じないと**図 b**(ii)のように，１周目の波と２周目の波と３周目の波
……の多くの波が全くでたらめに重なってしまい，その合成波の変位は
０となって消えてしまう）。

　よって，安定条件：$2\pi r = n \times \dfrac{h}{mv} \cdots\cdots ③ \cdots\cdots 答$

　　　　　　　　　　└─┘　　└┘　　　└──┘
　　　　　　　　　１周の長さ　整数　電子波の波長(p.243より)

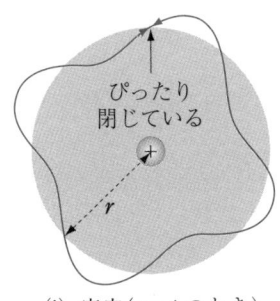
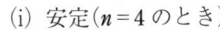
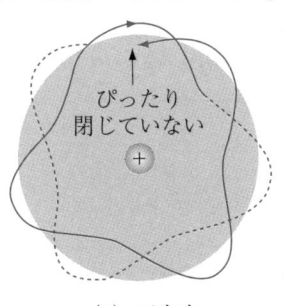

ぴったり
閉じている

ぴったり
閉じていない

打ち消し合って
合成波の変位は０

(i) 安定($n=4$ のとき)　　　　(ii) 不安定

**図 b**

まるで❸の，弦にぴったり整数個の「イモ」が入る固有
振動の話(p.47)と似ています。弦が丸まったみたい。

　いいイメージだよ。

(4) **STEP3** 電子は粒，波両方であるから①，③の共通解をとる

③を $v$ について解いて，①に代入すると，

$$\frac{m}{r} \times \left(\frac{nh}{2\pi mr}\right)^2 = k\frac{Ze^2}{r^2}$$

$$\therefore \quad r = \frac{h^2}{4\pi^2 mkZe^2} \times n^2 \quad (= r_n とおく)\cdots\cdots ④ \quad \cdots\cdots 答$$

ここで質問。$n$ が 1，2，3，4，……と大きくなるほど，④の半径 $r_n$ は大きくなる，小さくなる？

> ④は $n^2$ に比例して，1，4，9，16，……と大きくなります。

そうだ。半径は $n$ とともに大きくなるんだね。だって，$n$ はもともと「1周の中に何個波長が入れるか」でしょ。たくさんの波長が入れる軌道ほど，大きい半径をもつのはあたりまえのことだよね。

(5) ④を②に代入して，

$$E = -\frac{2\pi^2 mk^2 Z^2 e^4}{h^2} \times \frac{1}{n^2} \quad (= E_n とおく)\cdots\cdots ⑤ \quad \cdots\cdots 答$$

ここで，また同じ質問。$n$ が 1，2，3，4，……と大きくなるほど，⑤のエネルギー $E_n$ は大きくなる，小さくなる？

> 今度は，⑤で $\frac{1}{n^2}$ に比例して，$\frac{1}{1}$, $\frac{1}{4}$, $\frac{1}{9}$, $\frac{1}{16}$, ……と小さくなります。

ブブー！ 引っかかったね。⑤の $E_n$ の符号は正かい，負かい？

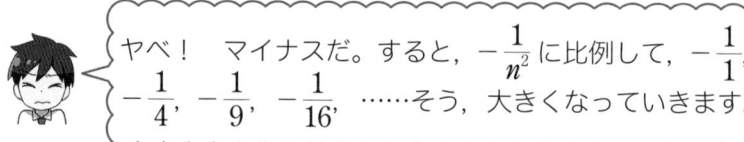

> ヤベ！ マイナスだ。すると，$-\frac{1}{n^2}$ に比例して，$-\frac{1}{1}$, $-\frac{1}{4}$, $-\frac{1}{9}$, $-\frac{1}{16}$, ……そう，大きくなっていきます。

そうだね。マイナスの数の世界では，分母が大きいほど0に近くなり，大きい数になるんだね（例 $-\frac{1}{100}$ は $-\frac{1}{2}$ より大きい）。

まとめると，**図 c** のように，電子は $n$ によって決まる特定のとびとびの半径 $r_n$ とエネルギー $E_n$ をもつ軌道のみ回ることができる。まるで，透明なレールの上しか通れない電車のようだね。あらかじめ決まった道しか走れない。

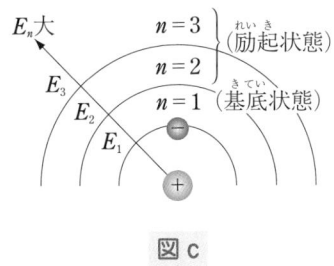

図 c

そして，$n = 1$ のとき，半径とエネルギーがともに最小で，この状態を基底状態（一番底というイメージだね）という。また，$n = 2, 3, 4,$ ……と大きくなると，半径 $r_n$，エネルギー $E_n$ ともに大きくなっていく。この状態を励起状態（エネルギーを加えて，励まして起こしてもち上げた状態というイメージだね）という。

変なことを質問するけど，アメリカの水素原子と日本の水素原子では，どっちがビッグサイズ？

> えーと，マク○ナルドならアメリカのほうがビッグサイズだけど，水素原子は，世界，いや，宇宙どこでも共通の大きさです。

それって，ものスゴイことじゃない？　もし，**STEP1** のように，電子が粒の性質のみをもっているとしたら，速さ $v$ さえ調節すれば，どんな半径の軌道だって回ったっていいはずでしょ。それが **STEP2** のように，電子が波の性質をもっていて，その波がぴったり閉じるという，とっても厳しい条件があったおかげで，半径 $r$ が宇宙普遍の定数 $m$，$e$，$k$，$h$ でガッチリ決まってしまったんだね。つまり，宇宙のどこでも水素原子の大きさは統一されることになるんだよ。

> 電子が波になるなんて信じられませんでしたが，波になっているおかげで，原子の安定性や統一性が保証されるんですね。

その通り。この宇宙はとっても合理的にできているんだね。

(6) **STEP 4** 原子から放射される光の波長を求める

**図d**のように，電子がエネルギーの高い軌道から低い軌道に移るとき，余ったエネルギーが光子（エネルギーのカタマリ）として放出される。その波長 $\lambda$ は

$$h\frac{c}{\lambda_{21}} = E_{n_2} - E_{n_1} \text{ より,}$$

p.226の光子のエネルギーの式より

$$\therefore \quad \lambda_{21} = \frac{hc}{E_{n_2} - E_{n_1}}$$

$$= \frac{h^3 c}{2\pi^2 m k^2 Z^2 e^4} \times \frac{n_1^2 n_2^2}{n_2^2 - n_1^2} \cdots\cdots \boxed{答}$$

（∵ ⑤で $n = n_1$, $n = n_2$ としたものを代入した）

図d の説明：$E_{n_2}$ 大、$E_{n_1}$ 小、差のエネルギーを光子として放出

ところで，キミは化学で炎色反応という実験をやったことある？

 あります。火であぶると，その元素特有の色が出るやつでしょ。Na は黄色，Li は赤，Cu は緑でしたっけ。

そう。その原理がまさに，この(6)の $\boxed{答}$ なんだよ。

 どういうこと？

原子から出る光の色（波長 $\lambda_{21}$）がホラ，その元素の種類（原子番号 $Z$）によって決まるでしょ。元素特有の色が出るわけだよ。

 なるほど。化学の基本の実験結果が数式だけで解き明かされていくのですね。

それが大学で学ぶ量子化学だ。化学反応を電子や電子波で分析していくムチャクチャ面白い学問だよ。

それにしても不思議だね。原子のカタマリに過ぎないボクたちが原子のことを考えているなんて……

## STORY③ X 線

　1895年にレントゲンは陰極線の実験(p.218)をしているときに，実験室内の黒い紙で包んで全く光が入らないようにしてあったはずの写真フィルムが，感光していることに気づいたんだ。X線と名づけられたその放射線は，強い透過性をもち，電場や磁場によって曲がらないことから，電気を帯びた荷電粒子の流れではなく，非常に波長の短い電磁波(高エネルギーの光子)であることがわかった。

　現在では，その強い透過性を利用して，病院ではレントゲン撮影による診断，空港などでは荷物のチェックなどに幅広く活用されているね。

　X線を発生させるには，図8のようにフィラメントで加熱して出てきた熱電子を，高電圧で加速し，陽極のターゲット金属に「ゴツーン！」と衝突させて，その際の運動エネルギーの減少分を光子( ＝ エネルギーのカタマリ)として放出させる。これがX線の発生装置だ。

 まるで，ピューンと走ってきた電子が，壁に顔をゴツーンとぶつけて目から火花が出るみたいですね。

　ここで，放出されるX線の波長と，その波長をもって飛び出してくる光子の数(X線の強度)の関係を調べると図9のようになる。これをX線のスペクトルという。そのスペクトルは次の2つの部分からなる。

㋐　連続的に分布するX線(連続X線)で最短波長 $\lambda_{min}$ をもつ
㋑　ピーク状に分布するX線(特性X線)で特定の波長 $\lambda_1, \lambda_2$ に集中する

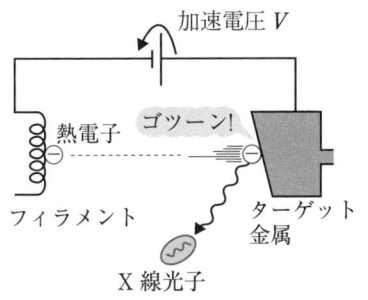

図8　X線の発生装置

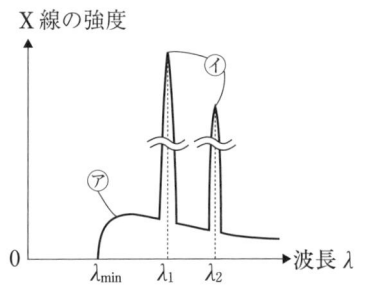

図9　X線のスペクトル

連続って何が連続しているんですか。そもそも**図9**の見方が全然わからないです。

　たとえば，ある選挙で全部で 10000 人の人が投票したとしよう。その開票の結果のイメージを**図10**に表すよ。

　A 氏に　　 0 票，B 氏に　 500 票，
　C 氏に 1000 票，D 氏に 6000 票，
　E 氏に 1500 票，F 氏に 1000 票
入ったとしよう。

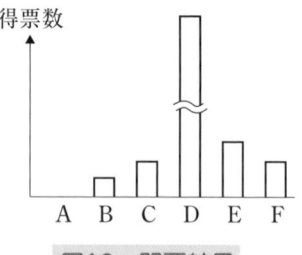

得票数

図10　開票結果

D 氏が人気ですね！
A 氏は残念！

　そうだね。これと全く同様に，発生した光子（X線）を合計で，たとえば 10000 個として，そのX線を各波長ごとに集計し，この波長をもつX線は 20 個発生，あの波長では 50 個発生……というように，各波長ごとに発生したX線の個数をまとめたのが**図11**のグラフなんだ。

その波長をもつ X 線（光子）の数

図11　X 線の波長 $\lambda$ による分布

波長 $\lambda_1$ と波長 $\lambda_2$ がずいぶん「人気」ですね。
また，$\lambda_{\min}$ 以下の波長のX線は全く出ていませんね。

　そうだね。まずわかることは，波長 $\lambda_1$，$\lambda_2$ をもつX線の数が圧倒的に多いことだ。この波長 $\lambda_1$，$\lambda_2$ をもつX線を特性（固有）X線というんだ。なぜ特性X線というかといえば，このX線の波長 $\lambda_1$，$\lambda_2$ は加速電圧 $V$ に関係なく，**図8**のターゲット金属の種類に特有の性質だけで決まってしまうからだ。また，ある最短波長 $\lambda_{\min}$ よりも長い波長をもち，連続的にダラダラと分布するX線を連続X線というんだ。

---

**・POINT　❷・** **2種のX線の波長 $\lambda$ の分布**

㋐　連続X線：最短波長 $\lambda_{\min}$ よりも長い波長領域に連続的に分布

㋑　特性X線：ターゲット金属の種類のみで決まる特定の波長をもつ

---

(1) p.255の**図8**で加速電圧$V$のとき，ターゲット金属と衝突する直前の電子の速さ$v$，および連続X線の最短波長$\lambda_{\min}$を求めよ。ただし，光速を$c$，プランク定数を$h$，電子の電荷を$-e$，質量を$m$，フィラメントから出た直後の電子の速さを0とする。

(2) (1)で加速電圧$V$を増加させるとき，p.255の**図9**のX線のスペクトルの形の変化の様子を説明せよ。

(3) チェック問題 **1**（p.245）の格子面の間隔が$d$の結晶に対して(1)のX線を用いて，X線回折を利用して格子間隔を測定する。そのために必要な加速電圧$V$の最小値を求めよ。

**解 説** (1) 《連続X線の発生ストーリー2ステップ》で解こう。

**STEP1** 電子を高電圧$V$で加速する。

チェック問題 **1**（p.245）でも見たように，**図a**のような陰極（フィラメント）と陽極（ターゲット金属）からなる一種の「コンデンサー」で加速する。《エネルギー保存則》より，

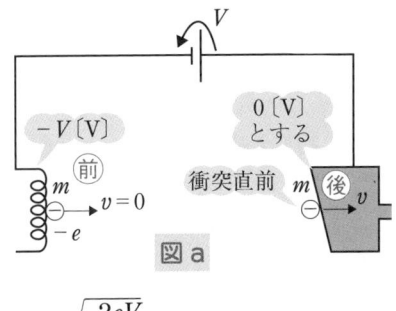

$$(-e)(-V) = \frac{1}{2}mv^2$$

前の電気力による　後の運動
位置エネルギー　　エネルギー

$$\therefore \quad v = \sqrt{\frac{2eV}{m}} \quad \cdots\cdots 答$$

**STEP2** 加速された電子が，ターゲット金属に衝突したときに発生する光子（X線）の波長を求める。

**図b**のように衝突後，発生する熱を$Q$，光子の波長を$\lambda$とすると，発生熱エネルギーも含めた《エネルギー保存則》より，

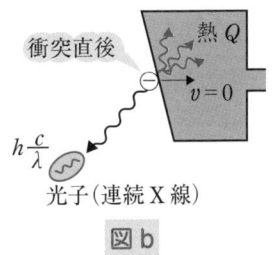

光子（連続X線）

図 b

$$\underbrace{(-e)(-V)}_{\substack{\text{図aの\maru{前}の}\\\text{エネルギー}}} = \underbrace{\frac{1}{2}m \cdot 0^2 + h\frac{c}{\lambda} + Q}_{\text{図bのエネルギーの和}}$$

$$\therefore \quad \lambda = \frac{hc}{eV - Q} \quad (Q \text{が小さいほど，} \lambda \text{は小さくなる})$$

ここで，1回1回ごとの衝突によって発生する熱 $Q$ は，アットランダムにいろいろな値をとるね。

だから，そのときに発生するX線の波長 $\lambda$ もいろいろな値をとる。よって，波長分布が連続的に分布することになる。これが連続X線の意味だ。その中でも，最も短い波長 $\lambda_{\min}$ になるのは，$Q = 0$ のときで，

$$\lambda_{\min} = \frac{hc}{eV - 0} = \frac{hc}{eV} \quad \cdots\cdots ① \quad \cdots\cdots \boxed{答}$$

(2) 加速電圧 $V$ を大きくすると，**図 c** のように全体の強度が強くなるとともに，

(i) 連続X線は，①式より，その最短波長 $\lambda_{\min}$ が小さくなる。
（$\lambda_{\min} \to \lambda_{\min}'$ へ）

(ii) 特性X線はターゲット金属の種類のみで決まるので，その波長 $\lambda_1$, $\lambda_2$ は変わらない。

$\boxed{答}$ は図 c

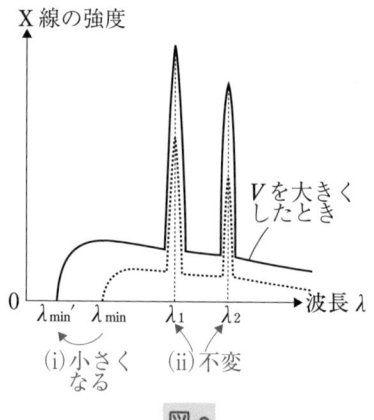

図 c

(3) X線も光の一種なので干渉する。図dのように，間隔 $d$ の格子面で干渉するためには，X線が $d$ の往復分 $2d$ 以下に収まるような波長をもたないと，強め合う条件を満たせないので，

$$\lambda_{\min} \leqq 2d$$

①を代入して，

$$\frac{hc}{eV} \leqq 2d \quad \therefore \quad V \geqq \frac{hc}{2ed} \quad \cdots\cdots \boxed{答}$$

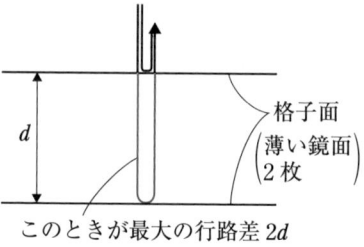

このときが最大の行路差 $2d$

図 d

チェック問題 **4** 〉 **X線（特性X線）** 📖やや難 **15分**

チェック問題 **2** (p.249)で扱った原子番号 $Z$ の原子を考える。p.255の**図8**でのターゲット金属がこの原子からできているものとする。

すると，p.252の⑤式により，中心から数えて $n$ 番目の軌道を回る電子のエネルギー準位は $Z$ と $n$ の関数として，

$$E(Z,\ n) = -E_0\frac{Z^2}{n^2}$$

と書ける。ここで $E_0 = \dfrac{2\pi^2 mk^2e^4}{h^2}$ である。

今，フィラメントから加速されてきた電子がターゲット金属原子の $n = 1$ の軌道の電子をはねとばし，空いた $n = 1$ の軌道に $n = 2$ の軌道電子が移るときに発生する特性X線の波長が $\lambda = 1.8 \times 10^{-10}$ [m]であったとき，このターゲット金属の原子番号 $Z'$ を求めよ。ただし，水素原子の場合，電子が $n = 3$ の軌道から $n = 2$ の軌道に移るときには，波長が $656.3 \times 10^{-9}$ [m]の可視光を発する。

**解説**

一体ぜんたいどうやって特性X線が発生しているのかイメージできません。

では《特性X線の発生ストーリー3ステップ》でイメージしよう。

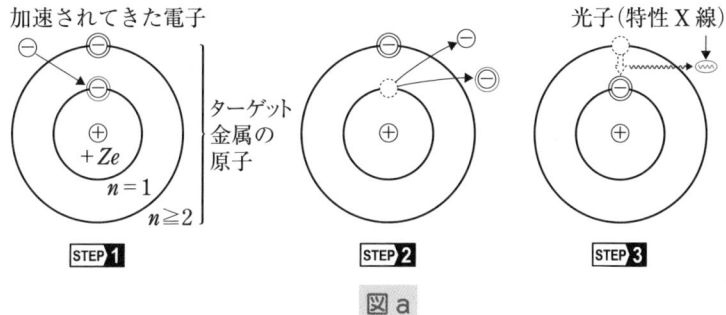

図 a

加速されてきた電子

ターゲット金属の原子

$+Ze$

$n = 1$

$n \geq 2$

STEP **1**

STEP **2**

光子（特性X線）

STEP **3**

**STEP 1** 電圧 $V$ で加速させてきた電子 ⊖ がターゲット金属の原子に近づく。

**STEP 2** その電子 ⊖ が原子の $n = 1$ の軌道にある電子 ⊖ をたたき出し，$n = 1$ の軌道に空席 ○ が生じる。

**STEP 3** その空席に $n \geqq 2$ の軌道にある電子 ⊖ が落ちこむ際に，余ったエネルギーが光子（特性X線）の形で放出される。

 まるで一種の「ダルマ落とし」みたいですね。

まさにその通り！　ここで，本問でわかっていることは，**図b** のように水素原子（$Z = 1$）の $n = 3$ から $n = 2$ の軌道に移るときに出てくる光子の波長が $\lambda_{32} = 656.3 \times 10^{-9}$ 〔m〕ということだ。《エネルギー保存則》と与式より，

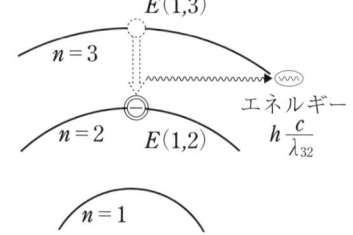

$$h\frac{c}{\lambda_{32}} = E(1,\ 3) - E(1,\ 2)$$

$$= E_0\left(\frac{1^2}{2^2} - \frac{1^2}{3^2}\right) \cdots\cdots ①$$

図b

ここで，求めるターゲット金属の原子番号を $Z'$ とすると，$n = 2$ から $n = 1$ の軌道に移るときの特性X線の波長が $\lambda_{21}' = 1.8 \times 10^{-10}$ 〔m〕なので，**図c** より，

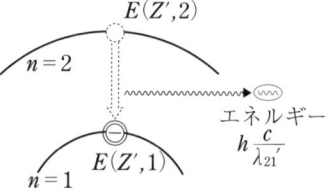

$$h\frac{c}{\lambda_{21}'} = E(Z',\ 2) - E(Z',\ 1)$$

$$= E_0\left(\frac{Z'^2}{1^2} - \frac{Z'^2}{2^2}\right) \cdots\cdots ②$$

辺々 ① ÷ ② して，

$$\frac{\lambda_{21}'}{\lambda_{32}} = \frac{5}{27Z'^2}$$

図c

$$\therefore\ \ Z' = \sqrt{\frac{5\lambda_{32}}{27\lambda_{21}'}} = \sqrt{\frac{5 \times 656.3 \times 10^{-9}}{27 \times 1.8 \times 10^{-10}}} \fallingdotseq 26 \cdots\cdots \boxed{答}$$

これは「鉄」だね。特性X線の波長から，金属の種類が分析できるんだ。

# ま と め

① ド・ブロイの電子波仮説

質量 $m$，速さ $v$ で走り，運動量 $P = mv$ をもつ電子

は，波長 $\lambda = \dfrac{h}{P} = \dfrac{h}{mv}$ の波動ともみなせる。

（$h = 6.63 \times 10^{-34}\mathbf{J \cdot s}$：プランク定数）

㊟ 波の基本式 $v = f\lambda$ は成立しない。

㊟ 電子のみでなく，すべての粒子はこの波の性質ももつ（物質波）。

② 電子波の干渉のストーリー

① 加速電圧 $V$ で加速された電子の波長 $\lambda$ を求める。

② ①の波長をもつ光と全く同様に干渉条件を考える。

③ 原子モデルのおきまりのストーリー

① 電子を粒と見て，その円運動を考える。

② 電子を波と見て，その波長がぴったり円軌道に入る条件を考える。

③ ①②の共通解により，とびとびの半径とエネルギーをもつ軌道上を電子が回っていることがわかる。

④ 2種のX線の発生ストーリー

① 連続X線→$\lambda_{\min} < \lambda$ で連続分布

→《連続X線の発生ストーリー2ステップ》

② 特性X線→特定の $\lambda$ に集中分布

→《特性X線の発生ストーリー3ステップ》

# 原子核

▲宇宙は「無」から生まれた

## STORY①  原子核のつくりとその表し方

### 1 原子核のつくり

　原子核とは，⑬ STORY② でも話したように，原子において，電子が回っている軌道の中心にある正の電気をもつ硬い芯のことだ。原子核は，陽子と中性子という2種類の粒子からできている。

　では問題。原子核を「リンゴ」の大きさまで引き伸ばしたら，その周りの電子が回っている軌道はどのくらいの大きさになるかな？

だいたい東京ドームぐらいはありますよね。そんなにはないかな……

　なんと……山手線1周ぐらいはあるんだ。

ヒエー〜，なんて原子って大きいの……

　ちがうでしょう。「なんて原子核は小さいの」でしょ（笑）。で，次の図1と図2に，ヘリウム原子を例にとってまとめてある。原子核をつ

くる粒子を核子というよ。

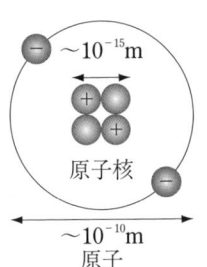

| | | | 記号 | 電荷 | 質量 |
|---|---|---|---|---|---|
| 核子 | | 陽子<br>(proton) | $^1_1$p | $+e$ | $m_\mathrm{p}$とする |
| | | 中性子<br>(neutron) | $^1_0$n | 0 | $\fallingdotseq m_\mathrm{p}$ |
| | | 電子<br>(electron) | $^0_{-1}$e | $-e$ | $\fallingdotseq 0\left(\fallingdotseq \dfrac{1}{1836}m_\mathrm{p}\right)$ |

図1　ヘリウム原子の例　　図2　原子を構成する粒子たち

 図2の表の中の記号 $^1_1$p, $^1_0$n, $^0_{-1}$e というのが何を意味しているのかわかりません。

まず，p，n，e は，それぞれの英語名の頭文字だ。そして，左上と左下の記号はこれから説明するよ。

## 2 記号ではどう表すの？

図1のヘリウム原子核を記号で表すと次のようになる。

$^4_2$He

→ 質量数 $A$：陽子と中性子の数の和（おおよその質量の目安）
→ 元素記号（原子番号 20 までは覚えてほしい）
→ 原子番号 $Z$：陽子の数（$+e$〔C〕を単位とした電荷）

つまり，$^4_2$Heというのは，ヘリウム原子核の質量が陽子1個の質量 $m_\mathrm{p}$〔kg〕の約4倍，電荷が $+e$〔C〕の2倍ということを表すんだ。

 上が質量，下が電荷ですか。では，さっきの $^1_1$p, $^1_0$n, $^0_{-1}$e は？

$^1_1$p は質量は $m_\mathrm{p}$ の1倍，電荷は $+e$〔C〕の1倍だ。$^1_0$n は質量は $m_\mathrm{p}$ の約1倍，電荷は0となる。最後に，$^0_{-1}$e の質量はほぼ0，電荷は $+e$〔C〕の $-1$ 倍ということを表す。やっぱり，上は質量，下は電荷だね。

## 3 同位体って何？

原子番号(化学的性質)は同じで，質量数(質量)が異なる原子どうし
を互いに同位体であるという(例 $^1_1H$，$^2_1H$(重水素)，$^3_1H$(三重水素))。

 すると，重水素を含んだ水をなめても，味は全く変わらな
いということですか？

そうだよ。でも，放射性同位体には体に悪いものもあるからやめて
おこうね。

## 4 反応式にはどんなルールがあるのか？

> 反応前後で質量数の和，原子番号の和はそれぞれ変化しない。

例
和8                和8
$^7_3Li + ^1_1H \longrightarrow ^4_2He + ^4_2He$
和4                和4

これは，反応前後で核子数の和と全電荷がそれぞれ保存されるため
なんだ。

 この本もとうとうこの
章でラスト。名残惜し
い気持ちをこらえて，
最後まで一気に読み進
めていこう！

# STORY 2 — α，β，γ 崩壊と放射線

## 1 核子間にはたらく２つの力とは？

　核子，つまり，陽子や中性子の間には，次の２つの力が同時にはたらいているよ。

① 　第１の力……陽子間にはたらくクーロン反発力（離れていてもはたらく）

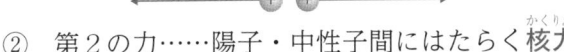

② 　第２の力……陽子・中性子間にはたらく核力（強力な引力で接近しないとはたらかない力で，強い力（p.288）によって生じる）

　一方では，バラバラになりた〜い，他方ではくっつきた〜いですか。

　そうなんだ。原子核の中では，以上の２つの互いに反対の作用をもつ力が同時にはたらいている。

　よって，原子核は安定でなくて，たとえば①が勝ると核分裂，②が勝ると核融合を起こす。つまり，不安定な原子核は，より安定な状態を目指して結合の組換え（核反応）を起こすんだ。

　また，陽子と中性子のバランスが非常に悪い原子核は，自発的に崩壊を起こしていく。その崩壊の仕方には，３つの代表例がある。

　その３つの代表例には，α崩壊，β崩壊，γ崩壊という名前がつけられているんだ。では，それらの崩壊を順に見ていくことにしよう。

　α，β，γ崩壊もなぜそうなるかを理由づけして，まとめていこう。

## 2 α崩壊のイメージ

原子番号が大きすぎる原子核(例 $^{238}_{92}$U (ウラン238)など)では,陽子が多すぎるので, 1 で見た①と②どっちの力が勝るかい？ そして,どのように崩壊すると思う？

陽子が多すぎると,①のクーロン反発力が勝ります。そして,よりバラバラになろうとします。

そうだ。ただし,勝手にバラバラにならずに,図3のように,対称性がよくガッチリ結合した4人組($^4_2$He)が,ひとかたまりとして飛び出してくる。この4人組が単位として飛び出してくる崩壊をα崩壊という。そして,この4人組である$^4_2$Heのことを,α線またはα粒子という。

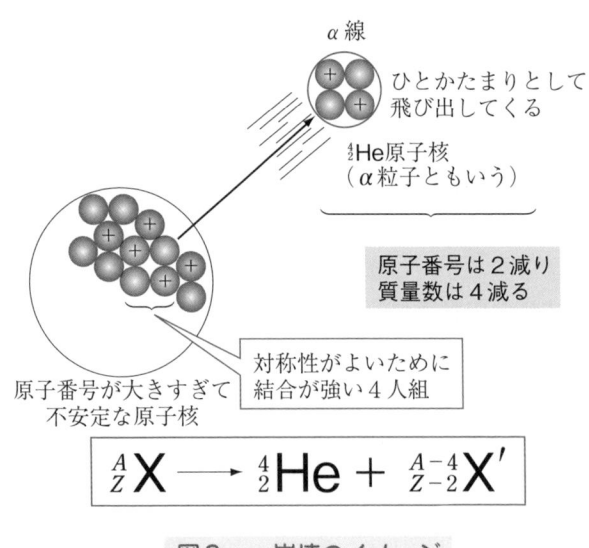

α線

ひとかたまりとして飛び出してくる

$^4_2$He原子核
(α粒子ともいう)

原子番号は2減り
質量数は4減る

対称性がよいために結合が強い4人組

原子番号が大きすぎて不安定な原子核

$$^A_Z X \longrightarrow {}^4_2 He + {}^{A-4}_{Z-2} X'$$

図3　α崩壊のイメージ

## 3 β崩壊のイメージ

陽子に比べて中性子が過剰な原子核(例 $^{14}_{6}C$(炭素14)など)では,中性子を減らし,陽子を増やしたほうがより安定になるよね。

 中性子(電荷 0 )が陽子(電荷$+e$〔C〕)に変わるなんて,電荷保存に反しますよ。ムリです。

だから,単に中性子が陽子に変わるのではなく,**図4**のように,同時に電子が 1 個生じればいいのだ。すると,全電荷保存の式は,

$$\underset{\text{中性子}}{0} = \underset{\text{陽子}}{+e} + \underset{\text{電子}}{(-e)}$$

となり,満たされることになるね。この崩壊形式を**β崩壊**という。このとき,発生し飛び出す電子のことを**β線**という。(実際には,反電子ニュートリノ(p.289)とよばれる電気的に中性な微粒子も発生し,飛び出してくる。)

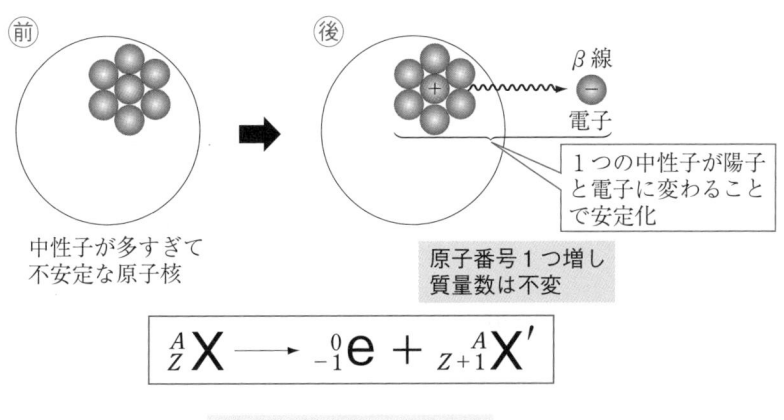

〔前〕

〔後〕

β線
電子

1つの中性子が陽子と電子に変わることで安定化

中性子が多すぎて不安定な原子核

原子番号 1 つ増し
質量数は不変

$$^{A}_{Z}X \longrightarrow ^{\ 0}_{-1}e + ^{\ A}_{Z+1}X'$$

**図4 β崩壊のイメージ**

## 4 γ崩壊のイメージ

2のα崩壊や3のβ崩壊をした直後の原子核は，その反動で激しく振動したり，回転したりしている(プリンからスプーンでひと口取ると「プルプル」するイメージ)。つまり，高エネルギー状態になっている。

図5のように，その運動が「ピタ！」と止み，低エネルギー状態に落ちつくとしよう。

このとき，余ったエネルギーが電磁波(光子)の形で放出(p.254の(6)と似ているね)される。これをγ崩壊といい，飛び出す電磁波(光子)をγ線という。

 崩壊といったって，何もコワレていないじゃないですか？

そうなんだ。γ崩壊によって，原子番号も質量数も何も変わらないんだ。「崩壊」というのは「ウソ」だよね。

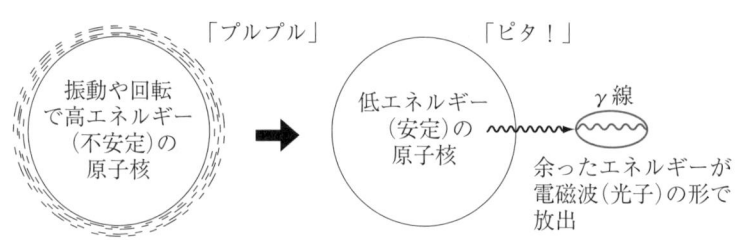

原子番号・質量数ともに不変

図5　γ崩壊のイメージ

## 5 α，β，γ線のランキング

以上のα，β，γ線は放射線（ほうしゃせん）の代表例であるが，その能力には次のような序列がある。

α線は，一番大きさが大きく電荷も大きいので，最も電離作用（標的となる物質にぶつかり，ポンポンと電子を弾き出していく能力）は強い。逆にγ線は，電荷が０で電離作用は弱い。

また，α線のように電離作用が強いほど自身のエネルギーを急速に失いやすいので，透過能力（とうかのうりょく）（標的となる物体のより奥深くまで入り込んでいく能力）は弱い。

以上をポイントにして覚えるとよい。

<table>
<tr><td></td><td>電離作用 ←→ 透過能力</td><td>正反対の能力</td></tr>
</table>

|  | 電離作用 ←→ 透過能力 | |
|---|---|---|
| α線 | 大 | 小 |
| β線 | 中 | 中 |
| γ線 | 小 | 大 |

ボクサーにたとえると，α線は，パンチに破壊力があるけど，スタミナは弱く，すぐ止まってしまう選手。γ線はパンチ力は弱いけど，スタミナが長く持続する選手だね。

まあそんなもんだね。α線は紙一枚で止まってしまうけど，その紙はボロボロに破壊。γ線はコンクリートの壁を何mも透過するけど，コンクリートはほとんど無傷だ。

---

### ・POINT ❶・ α，β，γ崩壊

① α崩壊　$^A_Z X \longrightarrow \underbrace{^4_2 He}_{α線} + ^{A-4}_{Z-2} X'$

② β崩壊　$^A_Z X \longrightarrow \underbrace{^{\ 0}_{-1} e}_{β線} + ^{\ \ A}_{Z+1} X'$

③ $\underset{ウソ}{γ崩壊}$　何も壊れていない。$\underset{γ線}{電磁波（光子）が出るだけ。}$

---

$\alpha$, $\beta$, $\gamma$ 崩壊　　　　　　易 **6**分

(1) 次の□をうめよ。

(ア) $^{\square}_{4}\text{Be} + ^{4}_{2}\text{He} \longrightarrow ^{12}_{\square}\square + ^{1}_{0}\text{n}$

(イ) $^{235}_{92}\text{U} + ^{1}_{0}\text{n} \longrightarrow ^{93}_{\square}\text{Sr} + ^{\square}_{54}\text{Xe} + 3 \times ^{1}_{0}\text{n}$

(ウ) $^{14}_{6}\text{C} \longrightarrow ^{\square}_{\square}\square + \beta$ 線

(エ) $^{10}_{5}\text{B} + ^{1}_{0}\text{n} \longrightarrow ^{\square}_{\square}\square + \alpha$ 線

(2) $^{232}_{90}\text{Th}$ が崩壊をくり返していくと，やがて鉛 Pb になる。それは次のどれか。また，その間に $\alpha$ 崩壊，$\beta$ 崩壊を何回ずつ行うか。

$$^{206}_{82}\text{Pb} \quad ^{207}_{82}\text{Pb} \quad ^{208}_{82}\text{Pb} \quad ^{209}_{82}\text{Pb} \quad ^{210}_{82}\text{Pb}$$

**解説** ルールは1つ。質量数(上の数字)の和と，原子番号(下の数字)の和は，反応の前後で保存すること。また，原子番号 **20** までの元素記号は覚えておくこと。

| 覚え方 | 水 $_{1}\text{H}$ | 兵 $_{2}\text{He}$ | リー $_{3}\text{Li}$ | ベ $_{4}\text{Be}$ | ボ $_{5}\text{B}$ | ク $_{6}\text{C}$ | $_{7}\text{N}$ | の $_{8}\text{O}$ | $_{9}\text{F}$ | 船 $_{10}\text{Ne}$ |
|---|---|---|---|---|---|---|---|---|---|---|
| | なな $_{11}\text{Na}$ | 曲 $_{12}\text{Mg}$ | り $_{13}\text{Al}$ | シッ $_{14}\text{Si}$ | プ $_{15}\text{P}$ | ス $_{16}\text{S}$ | $_{17}\text{Cl}$ | ラー $_{18}\text{Ar}$ | ク $_{19}\text{K}$ | か $_{20}\text{Ca}$ |

また，$\alpha$ 線が $^{4}_{2}\text{He}$，$\beta$ 線が $^{0}_{-1}\text{e}$ であることも覚えておこう。

それ以外の元素記号は覚えなくていいけど，巻末付録の周期律表で確認しておこう。本問では U(ウラン)，Sr(ストロンチウム)，Xe(キセノン)，Th(トリウム)だ。

(1) (ア)　和13　　　　和13

$^{\boxed{9}}_{4}\text{Be} + ^{4}_{2}\text{He} \longrightarrow ^{12}_{6}\boxed{\text{C}} + ^{1}_{0}\text{n}$ ……**答**

和6　　　　和6

(イ)　和236　　　　　　和236

$^{235}_{92}\text{U} + ^{1}_{0}\text{n} \longrightarrow ^{93}_{38}\text{Sr} + ^{\boxed{140}}_{54}\text{Xe} + 3 \times ^{1}_{0}\text{n}$ ……**答**

和92　　　　　和92

(ウ)　$^{14}_{6}\text{C} \longrightarrow {}^{14}_{7}\boxed{\text{N}} + {}^{0}_{-1}\text{e}$ ……答

和14（上部）／和6（下部）

(エ)　$^{10}_{5}\text{B} + {}^{1}_{0}\text{n} \longrightarrow {}^{7}_{3}\boxed{\text{Li}} + {}^{4}_{2}\text{He}$ ……答

和11（上部）／和5（下部）　和11（上部）／和5（下部）

(2)

> 反応式が与えられていないし，そもそも $\alpha$ 崩壊，$\beta$ 崩壊を何回したかわからないから，反応式を書きようがないです。

　大丈夫。そんなときには，$\alpha$ 崩壊を $n$ 回，$\beta$ 崩壊を $m$ 回したと勝手に仮定して反応式をつくるのがコツだよ。

$$^{232}_{90}\text{Th} \longrightarrow n \times {}^{4}_{2}\text{He} + m \times {}^{0}_{-1}\text{e} + {}^{\square}_{82}\text{Pb}$$

和 $4n + 0 + \square$（上部）

和 $2n + (-1)m + 82$（下部）

$$\therefore \begin{cases} 232 = 4n + \square \cdots\cdots ① \\ 90 = 2n + (-1)m + 82 \cdots\cdots ② \end{cases}$$

　ここで，①式で $n$ が整数なので，許されるのは，与えられた選択肢のうち，$\square = 208$，$n = 6$ 回の組み合わせだけ。

　よって，②式に代入して，$m = 4$ 回となる。

　したがって，$^{208}_{82}\text{Pb}$ で $\alpha$ 崩壊は $6$ 回，$\beta$ 崩壊は $4$ 回……答

## 1 半減期 $T$ の考え方

たとえば，大人数 $N_0$ 人で，次のような一種のロシアンルーレット風のゲームをしたとしよう。各自がコインを持ち，そのコインを $T$ 秒に1回の割合で振っていく。コインの表$\left(\text{表と裏の出る確率はそれぞれ } \frac{1}{2}\right)$が出た人は自爆するとしよう(何と恐ろしいゲームだ)。

すると，**図6**のように，ゲームが始まってから $T$ 秒後には，生き残りの人数は $N_0$ の半分の $\frac{1}{2}N_0$ 人，さらに $T$ 秒後にはその半分の $\frac{1}{4}N_0$ 人，……という具合に減っていく。この**生き残りの数 $N$ が半減する時間間隔**を**半減期 $T$** という。不安定な原子核の崩壊も全く同じなんだ。$T$ は，原子核の種類によって決まる定数だ。より不安定で崩壊しやすい原子核ほど半減期 $T$ は短い。

$t=0$ 　　　　　　　$t=T$ 　　　　　　　$t=2T$

生き残り $N_0$ 人　　　生き残り $\frac{1}{2}N_0$ 人　　　生き残り $\frac{1}{4}N_0$ 人

**図6　コインを $T$ 秒おきに振っていく**

実際には，アボガドロ数($6.02\times10^{23}$ 個)レベルの大量の原子核があり，各原子核はバラバラのタイミングで「コインを振っている」ので，**図7**のように，生き残りの数 $N$ はダラダラと減っていく。

$t=0$ で $N=N_0$, $t=T$ で $N=N_0\times\dfrac{1}{2}$, $t=2T$ で $N=N_0\times\left(\dfrac{1}{2}\right)^2$, $t=3T$ で $N=N_0\times\left(\dfrac{1}{2}\right)^3$, ……となるので，一般に，

$$t \text{ 秒後 } \quad N = N_0 \times \left(\frac{1}{2}\right)^{\frac{t}{T}}$$

と表せることになるね。

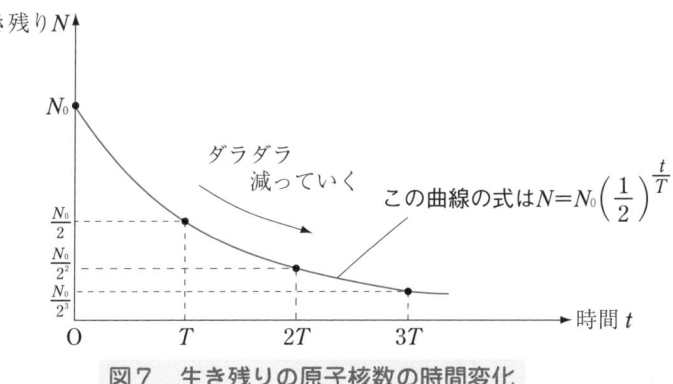

図7　生き残りの原子核数の時間変化

では，ここで質問。$t = 3T$ までに崩壊した原子核数は何個？

さっきやったばかりじゃないですか。$N = N_0 \times \left(\frac{1}{2}\right)^3$ 個です。

アチャー，引っかかった！　いま聞いているのは崩壊した数だよ。キミの答えたのは生き残りの数でしょ。

すると，$N_0 - N_0\left(\frac{1}{2}\right)^3$ 個です。

そうだよ。崩壊と生き残りを区別してよ。

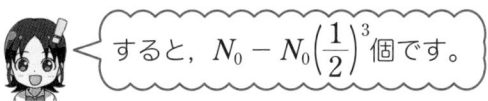 半減期

不安定な原子核の生き残りの数が，半減するのに要する時間間隔のこと。半減期が短いほど，より崩壊しやすい原子核である。

次の(ア)〜(オ)の空欄をうめて，文章を完成させなさい。

$^{210}_{84}$Po（ポロニウム）は， [ア] 崩壊をして安定な $^{[イ]}_{82}$Pb（鉛）になる。今,ある量の Po から出てくる放射線数をカウントしたところ,はじめ 372 個/分だったのが,276 日後には 93 個/分になっていた。$^{210}_{84}$Po の半減期は [ウ] 日であり，276 日後には,Po の数は,はじめの量の [エ] 倍に減少し，276 日間で出てきた放射線の総数は，はじめの Po の原子数の [オ] 倍にあたる。

**解 説** (ア) 原子番号が 2 減ったので，$\alpha$ 崩壊 ……答

和210

(イ) $^{210}_{84}$Po $\longrightarrow$ $^{206}_{82}$Pb $+ ^4_2$He ……答

(ウ) （単位時間あたりに出てくる放射線数）は（生き残っている原子核数）に比例するので，

$$\frac{（276日後の Po の数）}{（はじめの Po の数）} = \frac{93}{372} = \frac{1}{4} = \left(\frac{1}{2}\right)^2$$

ここで，$\dfrac{N}{N_0} = \left(\dfrac{1}{2}\right)^{\frac{t}{T}}$ の式より，

$$\frac{276 日}{T} = 2 \quad \therefore \quad T = 138 日 ……答$$

(エ) (ウ)より，$\dfrac{1}{4} = 0.25$ 倍……答

(オ) （276 日間の放射線の総数）＝（276日間に崩壊した Po の数）

＝（はじめの Po の数）−（276日後の Po の数）

＝（はじめの Po の数）$\times \left(1-\dfrac{1}{4}\right)$

＝（はじめの Po の数）$\times 0.75$ 倍……答

## 2 放射能と吸収量の単位

 ベクレル〔Bq〕とかシーベルト〔Sv〕ってよく聞きますが，そもそもどんな単位なんですか？

たとえば，キミの机の上に消しゴムがあるとしよう。その消しゴムがもつ放射能の強さというのは，その消しゴムの中で1秒あたりに崩壊する原子核の数のことだ。単位は〔個/s〕＝〔Bq〕(ベクレル)で表され，その値は，物質のカタマリの中に含まれる放射性同位体の原子核の数に比例し，半減期が短い(崩壊しやすい)種類であるほど大きくなる。

このように，ベクレルというのは，ある量の物質のカタマリが，放射線をどのくらい激しく出すのかを表す単位なんだ。ここで注意したいのは，そのカタマリが1gなのか1tなのかこれによって値が全然違ってくることだ。

ベクレルとは逆に，放射線をどのくらい受けたのかを表す単位がグレイ〔Gy〕やシーベルト〔Sv〕だ。たとえば，鉛のブロック1kgが放射線を受けて，ちょうど1Jのエネルギーを吸収したとき，この鉛のブロックは1〔J/kg〕＝〔Gy〕(グレイ)の放射線を吸収したという。

さらに，放射線の受け手が特に人体であるときは，その人体に対する影響はエネルギーの吸収量だけでなく，放射線の種類にも左右されるので，その違いも考慮した〔Sv〕(シーベルト)という単位で表し，その量を等価線量という。たとえば，p.269で見たように電離作用が高い$\alpha$線では1 Gy = 20 Svに換算される。それに対して，$\beta$線や$\gamma$線，X線では1 Gy = 1 Svで換算される。

さらに，人体が受けた組織・器官による違いも考慮した量を実効線量といい，この単位にも〔Sv〕を用いる。

ここで注意したいことが2つある。1つめは，Svはある期間中に受けた累積の吸収量だから，1時間あたりでなのか1年間あたりでなのかによって値が大きく変わってしまうこと。2つめは，$1 \times 10^{-3}$ Sv = 1 mSv(ミリシーベルト)，$1 \times 10^{-6}$ Sv = $1 \mu$Sv(マイクロシーベルト)とmや$\mu$によって数字が大きく違ってしまうことだ。

ちなみに，日本において我々が自然界から浴びる放射線量(実効線量)は，1年間あたりで約2 mSvであることは覚えておくとよい。

# STORY④ /// アインシュタインの式

## 1 やはり，まずは単位に注意しよう

〔eV〕と〔u〕って，何の単位かわかるかい？

> 〔eV〕は，電圧 V（ボルト）の仲間ですか？
> 〔u〕は，長さの単位かな？

あれれ～？　日常では使わない単位だからねえ。

まず，〔eV〕は，「エレクトロンボルト」といって，エネルギーの単位だ。その定義は，「電子（$-e$〔C〕）を電位 $-1$ V の位置に置いたときにもつ電気力による位置エネルギーが 1 eV となる」ので，

$$(-e)〔C〕\cdot(-1)〔V〕= e〔J〕= 1〔eV〕$$

一方，〔u〕は，「ユニット」といって，陽子 1 個あたりの質量を約 1 u とした質量の単位だ。正式には炭素原子核 $^{12}_{6}C$ の質量を 12 u と約束したものだ。

これら 2 つの単位だけは，しっかり定義しておこう。

---

### ◆POINT ③◆ 原子核物理学でよく使う単位

① エネルギーの単位換算

1 eV（エレクトロンボルト）$= e$〔J〕$= 1.6 \times 10^{-19}$〔J〕

※ $e$ は電気素量（電子の電気量は $-1.6 \times 10^{-19}$ C）

1 MeV（メガエレクトロンボルト）$= 10^6$ eV

② 統一原子質量単位〔u〕（ユニット）

$^{12}_{6}C$ の質量を 12 u と約束。

（1 核子あたり 1 u でほぼ質量数に等しい。1 u $\fallingdotseq 1.66 \times 10^{-27}$〔kg〕）

---

## 2 核反応では，なぜばく大なエネルギーが発生するのか？

 どうして核反応では，化学反応に比べ，ケタ違いに大きなエネルギーが発生するのですか？

　基本的に化学反応も核反応も，不安定な状態(高エネルギー状態)から，より安定な状態(低エネルギー状態)へ，結合の組み合わせを変え(p.265)，余ったエネルギーを発生させていることには変わりはないんだ。

　しかし，どうして核反応では，化学反応に比べ，ケタ違いにばく大なエネルギーが発生するのか。

　そう，それは結合の強さの違いによるんだ。化学反応では，クーロン力のみによって，原子間隔 $10^{-10}$ [m] の距離で結合の組み換えが起こるだけだけど，核反応では，クーロン力と核力によって，核子間隔の $10^{-15}$ [m] の距離で結合の組み換えが起こるんだ。その結合の強さは，化学反応の場合の数百万倍も強いんだ。具体的な例で考えよう。

　図8のように，陽子と中性子の結合について考える。陽子と中性子が結合すると，強力な核力によって超安定化し，化学反応とは比べものにならないぐらい超低エネルギー状態になる。このとき，余ったばく大なエネルギーが発生する($\sim$数百万 eV(化学反応ではせいぜい数 eV))。

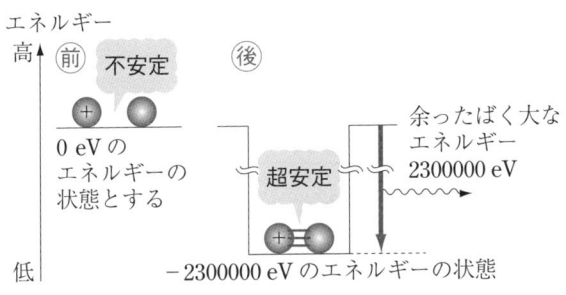

**図8　陽子と中性子の核力による結合**

## 3 結合エネルギーとは，結合するエネルギーではない。

　トツゼンだけど，このチョークを折るのと，この鉄のはさみを折るのはどっちが大変かな？

 チョークは簡単に「ポキ」だけど，鉄のハサミはちょっとやそっとじゃ折れないですね。

　そうだね。それだけ鉄のはさみのほうがガッチリしていて，逆にチョークのほうがもろいということだね。

　同じように，原子核をバラバラにするのに必要なエネルギーが，1核子あたりで大きければ大きいほど，その原子核はガッチリ結合していて，とても安定であるということがいえるね。

　図9のように原子核を1コ1コの陽子や中性子にまでバラバラにするのに要するエネルギーを，その原子核の結合エネルギーという。

　「結合」という言葉に惑されないでね。「結合」とは全く逆の「バラバラにする」のに要するエネルギーだからね。

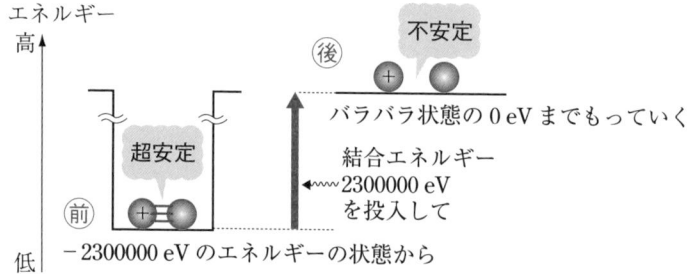

図9　結合エネルギー

・POINT 4・ 結合エネルギー

原子核をバラバラの核子にするのに要するエネルギーのこと（1個の核子あたりの結合エネルギーが大きいほど安定な原子核といえる）

## 4 質量もエネルギーの一種って，どういうこと？

　ここで，2択の問題。**図10**の⑦と④では，全く同じばねを伸ばしただけだ。どちらのほうが質量が大きいかな？

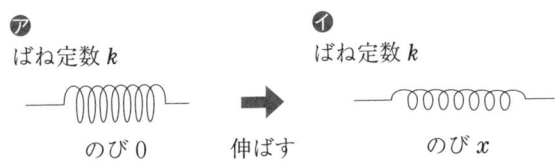

**図10　どっちの質量が大きい？**

え～，だって全く同じばねでしょ。伸ばした状態だって自然長の状態だって，同じ質量でしょ。

　実際に測ってみると，なんと④の伸ばした状態のばねのほうがわずかに質量が大きいんだ。

ええ!!　それは驚きです。でも，どうして伸ばすと重くなるの？

　アインシュタインは，相対性理論の中で，こう結論づけたんだ。

> **質量とは，エネルギーの形態の1つである。**

質量がエネルギーと言われても，よくわかりません。

　確かにそうだね。では，上の**図10**に合うようにわかりやすく言いかえると，

> **同じモノであっても，エネルギーが高い状態であるほど，その質量は大きい。**

つまり，同じばねであっても，引き伸ばして高いエネルギー状態にあるほど，質量は大きいということなんだ。ばねを引き伸ばす際に投入したエネルギー $\frac{1}{2}kx^2$ の分，ばねの質量が増しているということなんだ。要は，

> 質量というものは永久不変なものではなく，エネルギーを放出すれば減少するし，エネルギーを投入すると増えるものである。

ということなのだ。

> すると，たとえ何もないところでも，エネルギーを投入しさえすれば，質量つまり物質が生じてしまうということですか？

そういうことだ。私たちの宇宙もそのようにして生まれてきたのではないかと，現代の宇宙論では推測されているんだ。

> 質量がエネルギーなんて，ビックリだね。

## 5 アインシュタインの式の使い方

p.277の**図8**の 2300000 eV って，具体的にどういう計算から出てきたんですか？

いい質問だ。

「エネルギーを具体的に計算せよ」ときたら，次の1905年に提唱されたアインシュタインの式だ。$E = Mc^2$ という超有名な式だね。

> **・POINT 5・** 《アインシュタインの式》
>
> 光速 $c = 3.0 \times 10^8$ **m/s** として
> ① 質量 $M$ 〔kg〕はエネルギー $E = Mc^2$ 〔J〕に相当する。
> ② 核反応などによって，質量が $\varDelta M$ 〔kg〕減少するとき，エネルギー $\varDelta E = \varDelta Mc^2$ 〔J〕が発生する。
> （単位は〔m/s〕〔kg〕〔J〕を用いることに注意）

たとえば，p.277の**図8**の反応では

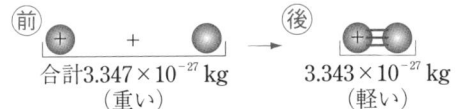

と，なんと同じ陽子1個，中性子1個なのに，バラバラの状態でいるよりも，結合した状態のほうが軽い，つまりエネルギーが低いんだ。

いま，質量が $\varDelta M = 0.004 \times 10^{-27}$ kg だけ減少しているので，《アインシュタインの式》より，発生するエネルギー $\varDelta E$ は，

$$\begin{aligned}
\varDelta E &= \varDelta M \times c^2 \\
&= 0.004 \times 10^{-27} \times (3.0 \times 10^8)^2 \\
&= 3.6 \times 10^{-13} \text{ 〔J〕} \\
&= 3.6 \times 10^{-13} \div (1.6 \times 10^{-19}) \text{ 〔eV〕} \\
&= 2.25 \times 10^6 \text{ 〔eV〕 （約 2300000 eV）}
\end{aligned}$$

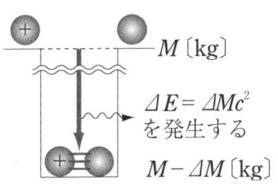

となって，**図8**の結果が計算できたわけだ。

**チェック問題 3〉 アインシュタインの式**　　　　標準 **15**分

　静止しているホウ素 $_5^{10}\text{B}$ に，運動エネルギーの無視できる速さの遅い中性子を当てたところ，$_5^{10}\text{B} + \text{n} \longrightarrow {}_3^7\text{Li} + \text{X}$ の核反応が起きた。

(1)　X を元素記号に質量数と原子番号をつけて表せ。

(2)　反応で発生したエネルギー $E$ はいくらか。

(3)　反応で生じた Li と X の運動エネルギーはそれぞれいくらか。

　ただし，それぞれの質量は，$_5^{10}\text{B} : 10.0129\,\text{u}$，$_3^7\text{Li} : 7.0160\,\text{u}$，$_0^1\text{n} : 1.0087\,\text{u}$，$\text{X} : 4.0026\,\text{u}$ とする。また，$1\,\text{u}$ の質量は，$9.3 \times 10^2\,\text{MeV}$ のエネルギーに相当する。答は有効数字 2 桁で答えよ。

**解説**

(1)　
$$\underset{\text{和}\,5}{\overset{\text{和}\,11}{_5^{10}\text{B} + {}_0^1\text{n}}} \Rightarrow \underset{\text{和}\,3+Z}{\overset{\text{和}\,7+A}{{}_3^7\text{Li} + {}_Z^A\text{X}}}$$

質量数と原子番号の保存より
$A = 4$, $Z = 2$ で
$\text{X} = {}_2^4\text{He}$　……**答**

(2)　　アインシュタインの式って，どうやって使えばいいの？

　**図 a** のように，反応の⑪⑭のエネルギー変化を図にまとめよう。

　今，$1\,\text{u}$ の質量が $9.3 \times 10^2\,\text{MeV}$ のエネルギーに相当するから，⑪，⑭のそれぞれの全質量に $9.3 \times 10^2\,\text{MeV}$ を掛けたものが，⑪，⑭のエネルギーになるよ。

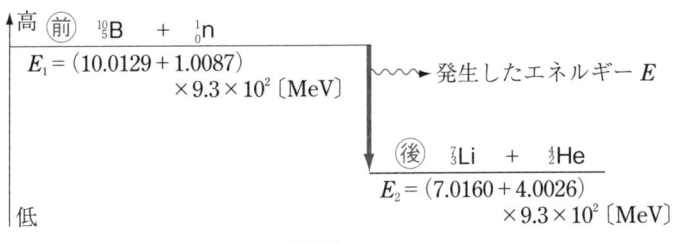

$$E_1 = (10.0129 + 1.0087) \times 9.3 \times 10^2 \, [\text{MeV}]$$

発生したエネルギー $E$

(後) $^7_3\text{Li}$ + $^4_2\text{He}$

$$E_2 = (7.0160 + 4.0026) \times 9.3 \times 10^2 \, [\text{MeV}]$$

図 a

図 a で発生したエネルギー $E$ は，$E_1$ と $E_2$ の差に相当するので，

$$E = E_1 - E_2$$
$$= 0.0030 \times 9.3 \times 10^2 \, [\text{MeV}]$$
$$= 2.79 \, [\text{MeV}] \fallingdotseq 2.8 \, [\text{MeV}] \quad \cdots\cdots 答$$

となる。

(3) 図 b のように，この反応の(前)(後)の図をかいてみよう。

 あれ，この図って分裂ですよね？

その通りだ。すると，力学（[力学編]（p.139）も見てください）でやったね。

外力がないので，運動量保存です。でも，あれ？質量は何を使えばいいのかなあ。

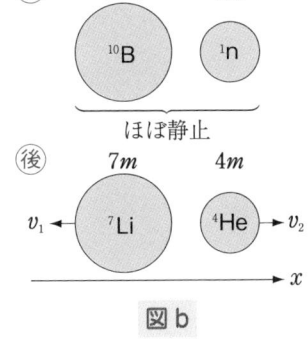

図 b

力学的な計算では，**質量比は質量数の比で代用してもいいよ。**

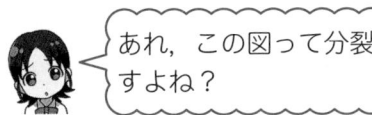
$$0 = -7mv_1 + 4mv_2 \quad \cdots\cdots ①$$

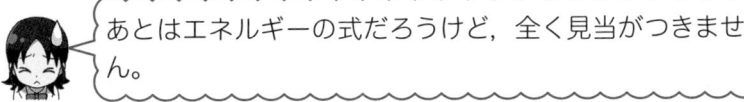 あとはエネルギーの式だろうけど，全く見当がつきません。

反応の⑩⑩で運動エネルギーが増えたよね。それは，(2)で計算した発
生エネルギーの分になるね。すると，

$$\underbrace{\frac{1}{2}\cdot7mv_1{}^2 + \frac{1}{2}\cdot4mv_2{}^2}_{\text{運動エネルギーの増加分}} = \underbrace{E_1 - E_2}_{\text{発生エネルギー}} = 2.79 \,[\text{MeV}] \cdots\cdots ②$$

①より，$v_2 = \frac{7}{4}v_1$で，$v_2{}^2 = \frac{7^2}{4^2}v_1{}^2$として，②に代入すると，

$$\frac{1}{2}(7m)v_1{}^2 + \frac{1}{2}(4m)\cdot\frac{7^2}{4^2}v_1{}^2 = 2.79$$

$$\frac{1}{2}(7m)v_1{}^2 + \frac{1}{2}(7m)\cdot\frac{7}{4}v_1{}^2 = 2.79$$

$$\frac{1}{2}(7m)v_1{}^2\left(1 + \frac{7}{4}\right) = 2.79$$

$$\underbrace{\frac{1}{2}\cdot7mv_1{}^2}_{{}^7\text{Liの運動エネルギー}} = \frac{2.79}{1+\dfrac{7}{4}}$$

$$\fallingdotseq 1.01 \,[\text{MeV}] \fallingdotseq 1.0 \,[\text{MeV}] \cdots\cdots 答$$

$$\underbrace{\frac{1}{2}\cdot4mv_2{}^2}_{{}^4\text{Heの運動エネルギー}} = 2.79 - 1.01 = 1.78 \,[\text{MeV}] \fallingdotseq 1.8 \,[\text{MeV}] \cdots\cdots 答$$

(1) $^4_2$He と $^7_3$Li は 1 核子あたりの結合エネルギーの比較から
どちらのほうが安定といえるか。ただし，陽子，中性子お
よびそれぞれの原子核の質量は
$^1_1$H：$1.6726 \times 10^{-27}$kg，$^1_0$n：$1.6749 \times 10^{-27}$kg，$^4_2$He：$6.6447 \times 10^{-27}$kg，
$^7_3$Li：$11.6478 \times 10^{-27}$kg とし，光の速さ $c = 3.0 \times 10^8$m/s とする。

(2) $^{235}_{92}$U の核子 1 個あたりの結合エネルギーは 7.6 MeV であ
る。また，$^{140}_{54}$Xe と $^{94}_{38}$Sr の核子 1 個あたりの結合エネルギーは
8.4 MeV と 8.6 MeV である。次の(ア)と(イ)に入る数字をうめよ。
ただし，(イ)はこの反応で発生するエネルギーである。

$^{235}_{92}$U $\longrightarrow$ $^{140}_{54}$Xe + $^{94}_{38}$Sr + $\boxed{ (ア) }$ × $^1_0$n + $\boxed{ (イ) }$ 〔MeV〕

**解説** (1) 結合エネルギーとはバラバラにするのに要するエネルギーだ。
原子核でエネルギー計算ときたら，必ずおきまりのエネルギー変化の図
（図a，b）をかこう。

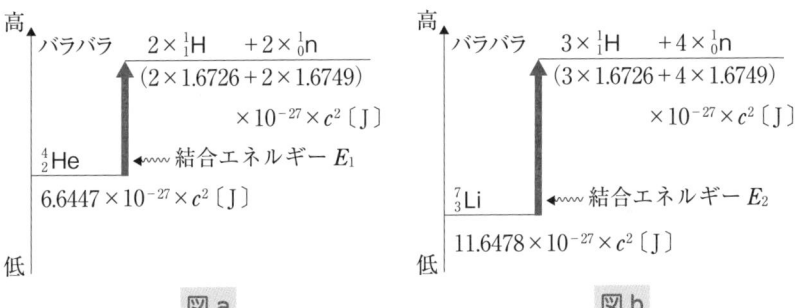

図a　　　　　　　　　　図b

図aより $^4_2$He の結合エネルギー $E_1$ は，
$$E_1 = (2 \times 1.6726 \times 10^{-27} + 2 \times 1.6749 \times 10^{-27})c^2 - 6.6447 \times 10^{-27} \times c^2$$
$$\fallingdotseq 4.5 \times 10^{-12} \text{〔J〕}$$
図bより $^7_3$Li の結合エネルギー $E_2$ は，
$$E_2 = (3 \times 1.6726 \times 10^{-27} + 4 \times 1.6749 \times 10^{-27})c^2 - 11.6478 \times 10^{-27} \times c^2$$
$$\fallingdotseq 6.3 \times 10^{-12} \text{〔J〕}$$

すると $E_2 > E_1$ だから $_3^7\text{Li}$ のほうが安定なのですね。

いいや。この $E_1$ や $E_2$ というのは原子核全体をバラバラにするのに要するトータルのエネルギーのことだ。核子の数さえ多ければトータルとしての結合エネルギーは大きくなってしまう。ハリガネ 1 本を折るのとチョーク 1 万本を折るのとでは，後者のほうが大変だよね。安定かどうかは 1 核子あたりに直さないとわからないんだ。

そこで $E_1$，$E_2$ をそれぞれの核子数で割って 1 核子あたりに直すと，

$_2^4\text{He}$ では，$E_1 \div 4 \doteqdot 1.1 \times 10^{-12}$〔J〕

$_3^7\text{Li}$ では，$E_2 \div 7 \doteqdot 0.90 \times 10^{-12}$〔J〕

以上より，$_2^4\text{He}$ のほうが安定となる。……答

(2)(ア) まず左辺と右辺の比較で （ア）$=x$ として，

$$\underset{\text{和 }92}{\overset{\text{和 }234+x}{_{92}^{235}\text{U} \longrightarrow _{54}^{140}\text{Xe} + _{38}^{94}\text{Sr} + x \times _0^1\text{n}}}$$

この式より，$x = 1$ ……答

(イ) バラバラ状態のエネルギーを基準($0\,\text{MeV}$)としてエネルギー図を図 c のようにつくるのがコツ。与えられたものが，核子 1 個あたりの結合エネルギーであることに注意しよう。また，$_0^1\text{n}$ はすでにバラバラであるので結合エネルギーを考えなくてよい。

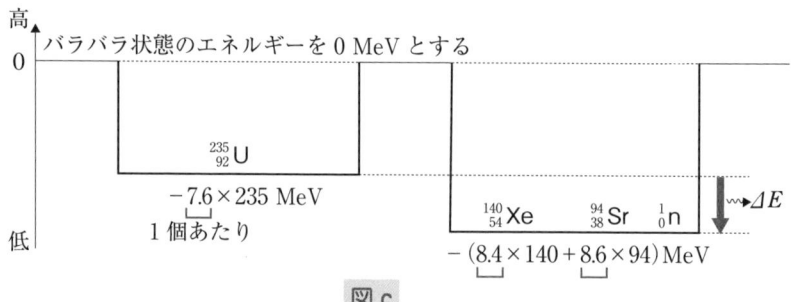

図 c

図より発生するエネルギー $\varDelta E$ は，

$$\varDelta E = (8.4 \times 140 + 8.6 \times 94) - (7.6 \times 235)$$
$$\doteqdot 2.0 \times 10^2 \,〔\text{MeV}〕 \quad\text{……答}$$

宇宙を構成している原子核と素粒子に関する記述として最も適当なものを，次の①〜⑦のうちから一つ選べ。

① 原子核の内部では，正の電荷をもった陽子と負の電荷をもった中性子がクーロン力によって結びついている。

② ばらばらの状態にある陽子6個と中性子6個の質量の和は，$^{12}_{6}C$ の原子核の質量よりも大きい。

③ 陽子の内部ではクォークが2個結びついており，クォークの内部では電子とニュートリノが1個ずつ結びついている。

④ 素粒子であるクォークは電荷をもたず，電気的に中性である。

⑤ 自然界に存在する基本的な力は，重力，電磁気力，強い力の3種類であると考えられている。また力を媒介する粒子はゲージ粒子とよばれている。

⑥ 物質を構成する素粒子はクォークとレプトンの2種類に分類できる。電子はクォークの一種である。

⑦ ヒッグス粒子とは物質の電荷の起源となる粒子である。

**解説**

トホホ……宇宙語が飛び交っています……

大丈夫。まず解説文を〜〜で正 誤を判定しつつひととおり読んで，最後に**POINT ⑥**でおおまかにまとめればいいよ。

① p.265で見たように，陽子と中性子とは核力（強い力（後述）によって生じる）で結びついているね。そもそも中性子は電荷をもたずクーロン力（電気力）ははたらかないからね。……誤

② p.280で見たように，原子核をばらばらにするのに投入したエネルギー（結合エネルギー）の分，質量は増すよ。……正 答

③　陽子や中性子は，**図a**のように，**クォーク**とよばれる素粒子(内部構造をもたず，それ以上分割できない)が3個結びついてできている。クォークには**表b**のように記号 d u s c b t で表される6種類がある。陽子は(d u u)の3つで，中性子は(u d d)の3つで構成される。クォークどうしはグルーオン(強い力の媒介粒子)によって強く結びつけられており，クォークを単独で取り出すことはできないんだ。……誤

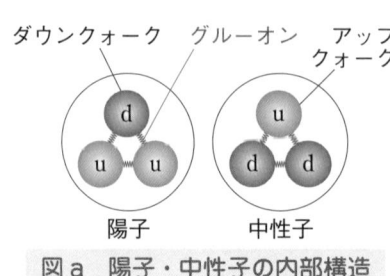

ダウンクォーク　グルーオン　アップクォーク

陽子　　中性子

**図a　陽子・中性子の内部構造**

**表b　クォークのメンバー**

| 粒子名 | 記号(反粒子) | 電荷 |
|---|---|---|
| ダウンクォーク | d($\bar{d}$) | $-e/3(e/3)$ |
| アップクォーク | u($\bar{u}$) | $2e/3(-2e/3)$ |
| ストレンジクォーク | s($\bar{s}$) | $-e/3(e/3)$ |
| チャームクォーク | c($\bar{c}$) | $2e/3(-2e/3)$ |
| ボトムクォーク | b($\bar{b}$) | $-e/3(e/3)$ |
| トップクォーク | t($\bar{t}$) | $2e/3(-2e/3)$ |

④　**表b**のようにクォークは $-\dfrac{e}{3}$ や $+\dfrac{2}{3}e$ の電荷をもつ。陽子は(d u u)の3つで合計 $\left(-\dfrac{e}{3}+\dfrac{2}{3}e+\dfrac{2}{3}e\right)=+e$ の正電荷をもち，中性子は(u d d)の3つで合計 $\left(+\dfrac{2}{3}e-\dfrac{e}{3}-\dfrac{e}{3}\right)=0$ となり電荷をもたない。……誤

⑤　現在では自然界には重力・電磁気力・弱い力($\beta$崩壊(p.267)を引き起こす力)，強い力(クォーク間を結びつける力)の4種類の力(4つの力)のみが存在することがわかっているんだ。……誤

　　**表c**のように，素粒子物理学では，これら4つの力はある種の粒子をキャッチボールすることによって生じるものと考えるんだ。この力を媒介する素粒子をゲージ粒子というよ(表のうち，グラビトンについては，現在未発見)。

**表c　4つの力とその媒介粒子(ゲージ粒子)のメンバー**

| 4つの力 | ゲージ粒子 | | | 到達距離 | 相対的強さ |
|---|---|---|---|---|---|
| | 粒子名 | 記号 | 電荷 | | |
| 電磁気力 | 光子 | $\gamma$ | 0 | $\infty$ | $\sim 10^{-2}$ |
| 弱い力 | W粒子<br>Z粒子 | $W^-(W^+)$<br>$Z^0$ | $-e(+e)$<br>0 | $\sim 10^{-17}$ [m] | $\sim 10^{-13}$ |
| 強い力 | グルーオン | g | 0 | $\sim 10^{-15}$ [m] | 1とする |
| 重力 | グラビトン | － | 0 | $\infty$ | $\sim 10^{-39}$ |

⑥　レプトンとは，非常に軽く内部構造をもたない素粒子で，クォークとは違い，単独で取り出すことができる。レプトンには，**表d**のように，電荷をもつ電子・ミュー粒子・タウ粒子と，電荷をもたない3種類のニュートリノとがあるよ。……誤

**表d　レプトンのメンバー**

| 粒子名 | 記号(反粒子) | 電荷 |
|---|---|---|
| 電子 | $e^-(e^+)$ | $-e(+e)$ |
| ミュー粒子 | $\mu^-(\mu^+)$ | $-e(+e)$ |
| タウ粒子 | $\tau^-(\tau^+)$ | $-e(+e)$ |
| 電子ニュートリノ | $\nu_e(\overline{\nu_e})$ | 0 |
| $\mu$ニュートリノ | $\nu_\mu(\overline{\nu_\mu})$ | 0 |
| $\tau$ニュートリノ | $\nu_\tau(\overline{\nu_\tau})$ | 0 |

⑦　ヒッグス粒子は，あらゆる空間を満たし，その中を動く他の素粒子に抵抗を与える。その抵抗の大きさによって，各素粒子の質量が決まってくるんだ(例；光子は抵抗ゼロで動けるので質量ゼロ)。……誤

---

**・POINT ❻・　宇宙を構成する素粒子**

素粒子：内部構造をもたず，それ以上分割できない基本粒子で，次の①②③の3タイプが知られている。

① 物質をつくる2種類の素粒子
　(i)　クォーク：複数結びついて陽子や中性子などを構成する素粒子 (duscbtの6種類)
　　　　(陽子・中性子の内部ではクォークが3個結びついている)
　(ii)　レプトン：非常に軽く，単独で存在できる素粒子
　　　　(電子，ミュー粒子，タウ粒子，ニュートリノ)

② 4種類の力(電磁気力・弱い力・強い力・重力)を媒介する素粒子
　；ゲージ粒子　(光子，**W(Z)**粒子，グルーオン，グラビトン)

③ 質量の起源となる素粒子
　；ヒッグス粒子

以上で原子編は終わりだけど，ものすごいあやしげな，謎めいた，SFチックな分野でしょう。しかし，これがこの自然界のまぎれもない真実なんだ。

　大学に入ると，⑫，⑬は量子力学（りょうしりきがく），⑭は相対性理論（そうたいせいりろん）や素粒子物理学（そりゅうしぶつり）へつながっていくんだ。続きは，大学で十分に堪能（たんのう）してください。世の中にこんなに面白い学問があるのかと，感動しまくることうけあいだよ。

　この原子編で，2度も登場したアインシュタインだけど，彼の天才性を物語る3つのエピソードがある。

　1つめは，奇跡の年とよばれる1905年のことだ。26才の彼は，特許庁勤めの多忙な中，3月に光子説（p.226），4月にブラウン運動，6月に$E = Mc^2$の特殊相対性理論（p.281）と3本立て続けに論文を発表したんだ。そのどれもが，ほかのノーベル賞級の論文を10本束ねてもかなわないほどの歴史的大論文なんだ。降ってわいたように，インスピレーションがほとばしったんだろう。

　2つめは，彼の論文がほかの人の論文を引用することのない「完全オリジナル」のものであったことだ。普通の論文の半分のページは「○○の論文によると」という文章で埋まっていることが多いんだ。ところが，彼の論文は，イキナリ結論からはじまり，これによって「今までの謎がすべて解けるよ」というスタイルだからね。読んでみると鳥肌ものですよ。

　3つめは，後年，彼の友人で，日本人初のノーベル賞受賞者である湯川秀樹博士が彼の自宅を訪ねてみると，本に埋もれて暮らしていると思いきや，本が全くなかったらしい。つまり，彼は，ほかの人のすでに完成した知識を全く必要としていなかったんだね。

　「全く，頭の中を見てみたい」という言い方があるけど，それは，まさに彼にあてはまる言葉だよね。……と思ったら，アインシュタインの脳は研究用に保存されていて，なんと，その一部が日本のとある国立大学の医学部にあるらしいんだ。

ムチャクチャ面白い分野だね。
この続きは大学で研究していこう！

# 第 14 章

# ま と め

## ① $\alpha$, $\beta$, $\gamma$ 崩壊

① $\alpha$ 崩壊：$^4_2\text{He}$ が飛び出す。

② $\beta$ 崩壊：$^0_{-1}\text{e}$ が飛び出す。

③ $\gamma$ 崩壊：電磁波(光子)が発生する。

## ② 半減期 $T$

生き残りの放射性原子核の数が半減する時間間隔。

## ③ アインシュタインの式

① 質量 $M$ (kg)は，エネルギー $E = Mc^2$ (J)に相当する。

$(c = 3 \times 10^8$ (m/s)：光速)

② 質量が $\varDelta M$ (kg)消滅するとき，

エネルギー $\varDelta E = \varDelta Mc^2$ (J)が発生する。

$\left(\begin{array}{l}\text{エネルギーの単位：}1\,\text{eV} = e\,\text{(J)}, \ 1\,\text{MeV} = 10^6\,\text{eV}\\ \text{質量の単位：}1\,\text{u} \fallingdotseq \text{核子 1 個の質量}\end{array}\right)$

## ④ 結合エネルギー

原子核をバラバラの核子にするのに要するエネルギー

## ⑤ 核反応の力学

① 全運動量保存(質量は質量数で代用)

② 発生エネルギー $\varDelta Mc^2 =$ 全運動エネルギーの増加分

## ⑥ クォーク・レプトン・ゲージ粒子・ヒッグス粒子とは

# 漆原晃の POINT索引

# 重要語句の索引

この本を書くにあたり尽力いただきました㈱KADOKAWAの原賢太郎, 山﨑英知両氏, 多々良拓也氏に感謝いたします。

# MEMO

# 一 波動現象

① 波が異なる媒質の境界面に入るとき

→ 反射 → 自由端反射

（端が自由または屈折率のより小さい物質に出会い反射）

→ 固定端反射

（端が固定または屈折率のより大きい物質に出会い反射）

→ 屈折 → とくに屈折角が 90° を超えると全反射

② 波が狭いすき間を通りぬけるとき

→ 回折 （すき間が波長に比べ狭いほどよく回折する）

③ 波源または観測者が媒質（空気）に対して運動
するとき

→ ドップラー効果 （振動数の変化が起こる唯一の現象）

## 音波

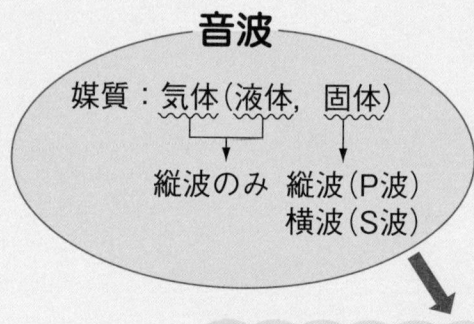

媒質：気体（液体，固体）

↓　　　　↓

縦波のみ　縦波（P波）
横波（S波）

ともに上の①～④の

# の全体系 一

④ 波が重なるとき（実際に見えるのは合成波のみ）

(i) 振動数（波長）がわずかに異なる波どうしが重なるとき

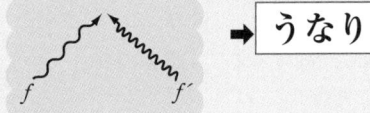 ➡ うなり

(ii) 振動数（波長）が同じ波どうしが重なるとき

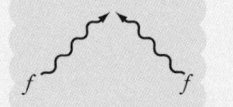 ➡ 干渉

(iii) 振動数（波長）は同じで互いに逆行する波どうしが重なるとき

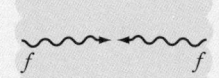 ➡ 定常波

### 波の重なり3タイプ

(i)うなり
$f \fallingdotseq f'$

(ii)干渉
$f = f$

(iii)定常波
$f = f$
かつ逆行

### 光波

媒質：なし（電磁波）
横波

各現象は共通に生じる

# 元素の周期表

| 族<br>周期 | 1 | 2 | 3 | 4 | 5 | 6 | 7 | 8 | 9 |
|---|---|---|---|---|---|---|---|---|---|
| 1 | ₁H<br>水素<br>1.008 | | | | | | | | |
| 2 | ₃Li<br>リチウム<br>6.941 | ₄Be<br>ベリリウム<br>9.012 | | | | | | | |
| 3 | ₁₁Na<br>ナトリウム<br>22.99 | ₁₂Mg<br>マグネシウム<br>24.31 | | | | | | | |
| 4 | ₁₉K<br>カリウム<br>39.10 | ₂₀Ca<br>カルシウム<br>40.08 | ₂₁Sc<br>スカンジウム<br>44.96 | ₂₂Ti<br>チタン<br>47.87 | ₂₃V<br>バナジウム<br>50.94 | ₂₄Cr<br>クロム<br>52.00 | ₂₅Mn<br>マンガン<br>54.94 | ₂₆Fe<br>鉄<br>55.85 | ₂₇Co<br>コバルト<br>58.93 |
| 5 | ₃₇Rb<br>ルビジウム<br>85.47 | ₃₈Sr<br>ストロンチウム<br>87.62 | ₃₉Y<br>イットリウム<br>88.91 | ₄₀Zr<br>ジルコニウム<br>91.22 | ₄₁Nb<br>ニオブ<br>92.91 | ₄₂Mo<br>モリブデン<br>95.95 | ₄₃Tc<br>テクネチウム<br>〔99〕 | ₄₄Ru<br>ルテニウム<br>101.1 | ₄₅Rh<br>ロジウム<br>102.9 |
| 6 | ₅₅Cs<br>セシウム<br>132.9 | ₅₆Ba<br>バリウム<br>137.3 | 57-71<br>ランタノイド | ₇₂Hf<br>ハフニウム<br>178.5 | ₇₃Ta<br>タンタル<br>180.9 | ₇₄W<br>タングステン<br>183.8 | ₇₅Re<br>レニウム<br>186.2 | ₇₆Os<br>オスミウム<br>190.2 | ₇₇Ir<br>イリジウム<br>192.2 |
| 7 | ₈₇Fr<br>フランシウム<br>〔223〕 | ₈₈Ra<br>ラジウム<br>〔226〕 | 89-103<br>アクチノイド | ₁₀₄Rf<br>ラザホージウム<br>〔267〕 | ₁₀₅Db<br>ドブニウム<br>〔268〕 | ₁₀₆Sg<br>シーボーギウム<br>〔271〕 | ₁₀₇Bh<br>ボーリウム<br>〔272〕 | ₁₀₈Hs<br>ハッシウム<br>〔277〕 | ₁₀₉Mt<br>マイトネリウム<br>〔276〕 |

元素記号 …… ₂He
原子番号 …… ヘリウム
元素名 ……
原子量 …… 4.003

金属元素
非金属元素

常温で固体　　常温で液体　　常温で気体

| ランタノイド | ₅₇La<br>ランタン<br>138.9 | ₅₈Ce<br>セリウム<br>140.1 | ₅₉Pr<br>プラセオジム<br>140.9 | ₆₀Nd<br>ネオジム<br>144.2 | ₆₁Pm<br>プロメチウム<br>〔145〕 | ₆₂Sm<br>サマリウム<br>150.4 |
|---|---|---|---|---|---|---|
| アクチノイド | ₈₉Ac<br>アクチニウム<br>〔227〕 | ₉₀Th<br>トリウム<br>232.0 | ₉₁Pa<br>プロトアクチニウム<br>231.0 | ₉₂U<br>ウラン<br>238.0 | ₉₃Np<br>ネプツニウム<br>〔237〕 | ₉₄Pu<br>プルトニウム<br>〔239〕 |

| 10 | 11 | 12 | 13 | 14 | 15 | 16 | 17 | 18 | 族／周期 |
|----|----|----|----|----|----|----|----|----|------|
| | | | | | | | | 2 **He** ヘリウム 4.003 | 1 |
| | | | 5 **B** ホウ素 10.81 | 6 **C** 炭素 12.01 | 7 **N** 窒素 14.01 | 8 **O** 酸素 16.00 | 9 **F** フッ素 19.00 | 10 **Ne** ネオン 20.18 | 2 |
| | | | 13 **Al** アルミニウム 26.98 | 14 **Si** ケイ素 28.09 | 15 **P** リン 30.97 | 16 **S** 硫黄 32.07 | 17 **Cl** 塩素 35.45 | 18 **Ar** アルゴン 39.95 | 3 |
| 28 **Ni** ニッケル 58.69 | 29 **Cu** 銅 63.55 | 30 **Zn** 亜鉛 65.38 | 31 **Ga** ガリウム 69.72 | 32 **Ge** ゲルマニウム 72.63 | 33 **As** ヒ素 74.92 | 34 **Se** セレン 78.97 | 35 **Br** 臭素 79.90 | 36 **Kr** クリプトン 83.80 | 4 |
| 46 **Pd** パラジウム 106.4 | 47 **Ag** 銀 107.9 | 48 **Cd** カドミウム 112.4 | 49 **In** インジウム 114.8 | 50 **Sn** スズ 118.7 | 51 **Sb** アンチモン 121.8 | 52 **Te** テルル 127.6 | 53 **I** ヨウ素 126.9 | 54 **Xe** キセノン 131.3 | 5 |
| 78 **Pt** 白金 195.1 | 79 **Au** 金 197.0 | 80 **Hg** 水銀 200.6 | 81 **Tl** タリウム 204.4 | 82 **Pb** 鉛 207.2 | 83 **Bi** ビスマス 209.0 | 84 **Po** ポロニウム 〔210〕 | 85 **At** アスタチン 〔210〕 | 86 **Rn** ラドン 〔222〕 | 6 |
| 110 **Ds** ダームスタチウム 〔281〕 | 111 **Rg** レントゲニウム 〔280〕 | 112 **Cn** コペルニシウム 〔285〕 | 113 **Nh** ニホニウム 〔278〕 | 114 **Fl** フレロビウム 〔289〕 | 115 **Mc** モスコビウム 〔289〕 | 116 **Lv** リバモリウム 〔293〕 | 117 **Ts** テネシン 〔293〕 | 118 **Og** オガネソン 〔294〕 | 7 |

| 63 **Eu** ユウロビウム 152.0 | 64 **Gd** ガドリニウム 157.3 | 65 **Tb** テルビウム 158.9 | 66 **Dy** ジスプロシウム 162.5 | 67 **Ho** ホルミウム 164.9 | 68 **Er** エルビウム 167.3 | 69 **Tm** ツリウム 168.9 | 70 **Yb** イッテルビウム 173.0 | 71 **Lu** ルテチウム 175.0 |
|----|----|----|----|----|----|----|----|----|
| 95 **Am** アメリシウム 〔243〕 | 96 **Cm** キュリウム 〔247〕 | 97 **Bk** バークリウム 〔247〕 | 98 **Cf** カリホルニウム 〔252〕 | 99 **Es** アインスタイニウム 〔252〕 | 100 **Fm** フェルミウム 〔257〕 | 101 **Md** メンデレビウム 〔258〕 | 102 **No** ノーベリウム 〔259〕 | 103 **Lr** ローレンシウム 〔262〕 |

漆原　晃（うるしばら　あきら）
　代々木ゼミナール物理科講師。
　東京大学理学部物理学科卒、東京大学大学院理学系研究科修了。
「酸化物巨大磁気抵抗効果の発見」によって、日本物理学会論文賞を
受賞。その論文は世界論文引用件数でトップ10に入り、21世紀の重
要なテクノロジー分野の1つである「スピントロニクス」を開拓した。
日本の物理教育に革命を起こすべく教育界に転身し、現在に至る。
　根本概念をわかりやすく説明し、明快な解法によって難問も基本問
題と同じように解けてしまうことを実践する講義は、受講生の成績急
上昇をもたらすと大人気。その講義は映像授業「フレックス・サテラ
イン」として、全国の代ゼミ校舎、代ゼミサテライン予備校などで受
講可能。
　著書に、本書の姉妹書である『改訂版　大学入試　漆原晃の　物理
基礎・物理［力学・熱力学］が面白いほどわかる本』『改訂版　大学
入試　漆原晃の　物理基礎・物理［電磁気］が面白いほどわかる本』、
ハイレベル受験生用の参考書『難関大入試　漆原晃の　物理［物理基
礎・物理］解法研究』（以上、KADOKAWA）、『漆原の物理　明快解
法講座　四訂版』『漆原の物理　最強の99題　四訂版』（以上、旺文
社）などがある。

かいていばん　　だいがくにゅうし　　うるしばらあきら
改訂版　大学入試　漆原晃の
ぶつりきそ　ぶつり　はどう　げんし　　　おもしろ　　　　　ほん
物理基礎・物理［波動・原子］が面白いほどわかる本

2023年 5 月26日　初版発行
2024年 8 月10日　　4 版発行

　　　　うるしばら　あきら
著者／漆原 晃

発行者／山下 直久

発行／株式会社KADOKAWA
〒102-8177　東京都千代田区富士見2-13-3
電話　0570-002-301（ナビダイヤル）

印刷所／株式会社加藤文明社印刷所
製本所／株式会社加藤文明社印刷所

本書の無断複製（コピー、スキャン、デジタル化等）並びに
無断複製物の譲渡及び配信は、著作権法上での例外を除き禁じられています。
また、本書を代行業者などの第三者に依頼して複製する行為は、
たとえ個人や家庭内での利用であっても一切認められておりません。

●お問い合わせ
https://www.kadokawa.co.jp/（「お問い合わせ」へお進みください）
※内容によっては、お答えできない場合があります。
※サポートは日本国内のみとさせていただきます。
※Japanese text only

定価はカバーに表示してあります。

©Akira Urushibara 2023　Printed in Japan
ISBN 978-4-04-605225-4　C7042